高等院校石油天然气类规划教材

录 井 方 法 与 技 术

刘强国　刘应忠　刘　岩　主编

U0317435

石 油 工 业 出 版 社

内 容 提 要

本书主要阐述石油勘探和开发过程中录井方法与技术的基本原理和应用等内容,主要包括工程录井、地质录井、气测录井、地球化学录井、定量荧光录井、核磁共振录井、元素录井、成像录井等,并结合大量的实例,阐述了各项方法与技术的适用范围。

本书可作为高等院校录井技术与工程专业教材,也可供地球物理测井、测控仪器、石油地质、石油工程等相关专业师生以及生产和科研单位的录井工作者参考。

图书在版编目(CIP)数据

录井方法与技术 / 刘强国,刘应忠,刘岩主编. —
北京:石油工业出版社,2017.10(2024.2重印)
高等院校石油天然气类规划教材
ISBN 978 – 7 – 5183 – 2166 – 7

Ⅰ. ①录… Ⅱ. ①刘… ②刘… ③刘… Ⅲ. ①录井—
高等学校—教材 Ⅳ. ①TE242.9

中国版本图书馆 CIP 数据核字(2017)第 241986 号

出版发行:石油工业出版社
        (北京市朝阳区安定门外安华里2区1号楼   100011)
        网   址:www. petropub. com
        编辑部:(010)64523697   图书营销中心:(010)64523633
经   销:全国新华书店
排   版:北京市密东股份有限公司
印   刷:北京中石油彩色印刷有限责任公司

2017 年 10 月第 1 版   2024 年 2 月第 3 次印刷
787 毫米×1092 毫米   开本:1/16   印张:23.25
字数:590 千字

定价:50.00 元

《录井方法与技术》编写人员名单

主　　编：刘强国　　刘应忠　　刘　岩

参编人员：（按姓名拼音排序）

陈恭洋　　长江大学

韩永刚　　川庆钻探工程公司地质勘探开发研究院

李　立　　川庆钻探地质勘探开发研究院

李双龙　　长城钻探录井公司

刘德伦　　川庆钻探地质勘探开发研究院

刘强国　　长江大学

刘　岩　　长江大学

刘应忠　　中石油工程技术分公司

刘志刚　　中原油田录井公司

马光强　　胜利油田地质录井公司

唐家琼　　川庆钻探地质勘探开发研究院

杨光照　　大庆钻探地质录井二公司

袁必华　　川庆钻探地质勘探开发研究院

赵淑英　　大庆钻探地质录井一公司

钟宝荣　　长江大学

朱根庆　　重庆奥能瑞科石油技术有限责任公司

前　言

录井技术是一项古老的、与钻井技术相伴生的随钻资源勘查工程技术。录井的本意就是记录、录取钻井过程中的各种相关信息(地质的、矿产的、工程的),采集与矿产直接相关的样品(如岩石、地层流体)。在石油地质领域中,录井技术是油气勘探开发活动中最基本的技术,是发现、评估油气藏最及时、最直接的手段,具有获取地下信息及时、多样、分析解释快捷的特点。

经过长期的生产实践,按照录井技术的特点及其所发挥的功能,我国的录井技术大致经历了四个发展阶段:第一阶段(1955 年以前)是初期的地质录井,主要以人工记录钻时、测量井深、捞取砂样、荧光检测和地质描述为主,同时观察钻井液槽面显示,这个时期录井技术的主要特点是以记录和汇总井筒地质资料、建立岩性剖面为主要任务,解释与评估油气藏的功能较弱;第二阶段(1955—1983 年)是以增加了气测录井(热导检测仪)为特点,大大地增强了油气层的评价功能;第三阶段(1983—1996 年)是以钻井工程监测为核心的综合录井仪发展阶段,通过安装在钻台和钻井液池中的各类传感器获取钻井和钻井液参数,其核心任务是保证安全和优快钻井,其地质服务功能基本没有增加;第四阶段(1996 年至今)是分析录井技术发展阶段,其特点是将各种室内实验分析测试设备小型化和快速化,并应用于录井现场,相继发展了显微图像录井、岩屑伽马扫描、定量荧光、X 射线荧光、热解分析及色谱、X 衍射、核磁共振、拉曼光谱、红外光谱、离子色谱、同位素录井等一系列先进的分析测试技术录井,实现了由工程录井向地质录井本源的回归,在地层评价、烃源岩评价、储层评价、油气层评价等方面都取得了长足的进步,尤其是针对复杂油气藏和特殊钻井工艺,都相应开发出了配套的录井技术系列,极大地满足了油田生产的需要。

总结迄今为止的录井技术体系,一个显著的特点都是针对一个既定的钻探目标,最大限度地满足地质资料录取和钻井工程安全监控两大要求,被动地接受地质上和工程上的各项指令,其主动决策功能很弱。自 1996 年我国开始引入 LWD 和 MWD 技术以来,“定测录一体化”技术的发展逐步受到重视。由于既定地质目标设计上的各种不确定性,在实际钻探过程中,目标会偏离原来的设计,需要根据实际测量和录井资料实时地改变井眼轨迹,最大限度地钻开油气层,实现最经济的找油目标。这就标志着录井技术开始逐步由被动向主动转变,由过去的哨兵逐步向参谋甚至参谋长的角色转换,真正发挥录井作为一项最直接、最及时、不能重现、更不可替代的勘探技术的重要作用。

录井技术的核心就是各种信息和样品的采集技术以及对这些信息做出科学、合理解释的方法。而现代录井技术体系已经清晰地展示出了一个全新的学科和专业的形成——录井技术与工程。现代录井技术主要包括井位测量、钻井地质设计、岩屑录井、岩心录井、工程录井、气体录井、岩石热解与热蒸发烃色谱地球化学录井、定量荧光录井、现场岩矿分析、岩石物性录井、地层压力检测、现场随钻分析决策、录井信息传输和存储、油气层评价、单井评价等技术系列;地面和井下参数传感采集理论、地质和工程异常状况识别理论、信息和资源两级开发理论等核心的理论体系已逐步形成。井场信息中心的建设构建了多学科、多专业高度集中融合与交叉的平台，为各路专家协同决策和未来的远程控制录井的实现提供了可能。由此可见，录井学科已呈现出鲜明的交叉学科的特点。

然而，对比所有的石油工程技术的发展，唯有录井专业长期缺失学科和专业与之对应，这势必造成理论体系的不完备和技术体系的发展混乱。具体表现为技术的发展仅仅停留在应对生产问题的技术革新层面，缺乏基础理论研究和支撑，直接导致应用录井技术解决复杂的地质和工程问题常常显得束手无策，对录井技术的发展方向难以有效地把握。而更深层次的影响则是专业人才培养的缺失，造成人力资源的严重匮乏，直接影响了录井技术的科学发展和应用。与此同时，从国家、教育、科研、企业等各个环节上，都没有录井学科发展、人才培养以及录井科技发展等战略性规划。所有从事录井技术研发与生产服务的工作者，都只能眼巴巴地看着其他相关学科的蓬勃发展，几十年来都在幻想着有朝一日能有自己的学科归属、有自己的学历教育、有自己的专业学会或行业协会等。

为此，在国内三大石油公司和以上海神开为代表的民营录井企业的大力支持下，经过深入调研与论证，2010 年 4 月，长江大学正式申报"录井技术与工程"作为国家"空间、海洋和地球探索与资源开发利用"新兴产业领域内的本科专业，通过了湖北省教育厅组织的专家论证，正式呈报教育部并得到了教育部的批示，同意长江大学在"勘查技术与工程"一级学科专业内开设"录井技术与工程"方向的本科教育，与矿场地球测井、地球物理勘探方向并列。

随后，2011 年 6 月 29 日，在长江大学召开了"录井技术与工程"专业本科教学方案研讨会，来自三大石油公司和全国各油田单位的专家审查了人才培养方案的各个环节，对校企联合办学具体事宜进行了研讨；2011 年 7 月 30 日在东北石油大学召开的"石油地质与勘探专业教学与教材规划研讨会第三次会议"上正式通过立项三本录井本科专业教材：《录井地质学》、《录井仪器原理》和《录井方法与技术》作为石油行业"十二五"规划教材；2011 年 8 月 25 日，石油工业出版社在长江大学又组织了包括中国石油 7 个单位（中国石油工程技术分公司、大庆录井一公司、大庆录井二公司、长城钻探录井公司、渤海钻探第一录井公司、川庆钻探地研院、西部钻探克拉玛依录井工程公司）、中国石化 4 个单位（中国石化石油工程技术研究院测录所、胜利录井公司地质研究解释中心、胜利地质录井公司工艺研究所、中原石油勘探局录井处）、2 个仪器厂家（上海神开石油设备有限公司、中国电子科技集团第 22 研究所）等企业专家在内的三本教材的编写会议；2011 年 9 月，长江大学从全校 09 级相关专业的优秀学生中选拔了 65 名学生，组建成录井 10901、10902 两个录井实验班，从 10 级的学生中选拔了 39 名学生，组建了录井 11001 班；2012 年 9 月，从 11 级学生中选拔了 57 名学生，组建了录井 11101 和 11102 班，同年录井专业纳入学校正式招生计划，年计划 2 个班共 60 名。

"录井方法与技术"作为录井专业的核心课程，在编写大纲确立后，编者在不断征求企业专家意见的同时，以讲稿的形式在录井专业教学中已投入使用了 4 届。经过多次修改，最终确定了本书的内容。

本书比较系统地阐述了各种录井原理、方法和技术，以及录井方法和技术的应用。全书共分为八章。第一章，常规地质录井，主要论述了现场岩屑录井、岩心录井等相关的方法与技术。第二章，工程录井，主要论述了工程参数、钻井液参数的录井方法与技术，以及钻井异常实时监测方法。第三章，气测录井，全面地论述了气测录井的基础理论、钻井液中地层气体分析技术、气测录井解释方法。第四章,地球化学录井,分别论述了岩石热解分析技术、饱和烃气相色谱分析技术和轻烃气相色谱分析技术。第五章为定量荧光录井,主要阐述了定量荧光录井的基本理论与原理,定量荧光录井仪器与测量方法以及定量荧光录井的应用技术。第六章为核磁共振录井,内容包括:核磁共振录井技术原理、核磁共振录井资料录取及整理、核磁共振录井资料的解释与应用。第七章为元素录井,主要阐述了元素录井基本理论、元素录井原理、元素录井数据处理、元素录井资料的解释以及元素录井资料的应用。第八章为成像录井,主要阐述了成像录井基本原理、成像录井技术、图像处理技术、成像录井资料的应用。第九章为远程录井,主要阐述了远程录井与井场信息化建设、井场信息中心系统、远程传输网络等。

本书由刘强国、刘应忠、刘岩主编。各章编写人员如下:前言、绪论由刘强国编写;第一章由陈恭洋、马光强编写;第二章由刘应忠、马光强、刘强国编写;第三章由李双龙、刘强国编写;第四章由赵淑英编写;第五章、第六章由杨光照编写;第七章由刘德伦、朱根庆、袁必华、韩永刚、李立、唐家琼编写;第八章由刘志刚编写;第九章由钟宝荣编写。

在本书的编写过程中,得到了下述单位的大力支持和关心,分别是:中国石油天然气集团公司工程技术分公司;中国石油化工集团(股份)公司石油工程管理部;石油工业出版社;大庆油田第一录井公司;大庆油田第二录井公司;胜利石油管理局地质录井公司;长城钻探工程有限公司录井公司;川庆钻探地质勘探开发研究院;中原油田地质录井公司等。对于它们的支持和帮助,在此一并表示衷心的感谢!

本书为录井专业的系列教材,直接影响录井专业人才培养质量和水平,编者深知责任的重大,恐有不妥之处,望使用本书的广大读者,特别是录井专业人士批评指正。

编　者

2017 年 4 月

目　　录

绪论 ………………………………………………………………………………… 1

第一章　常规地质录井 ……………………………………………………… 9

第一节　岩心录井 …………………………………………………………… 9

第二节　岩屑录井 …………………………………………………………… 27

第三节　钻井液录井 ………………………………………………………… 36

第四节　荧光录井 …………………………………………………………… 42

第五节　井壁取心 …………………………………………………………… 45

第六节　其他录井资料的收集 ……………………………………………… 47

思考题与习题 ………………………………………………………………… 53

第二章　工程录井 …………………………………………………………… 55

第一节　工程录井与钻井事故的关系 ……………………………………… 56

第二节　录井实时钻井工况监测方法 ……………………………………… 62

第三节　钻井工程异常智能预警技术 ……………………………………… 84

思考题与习题 ………………………………………………………………… 94

第三章　气测录井 …………………………………………………………… 95

第一节　气测录井的基础理论 ……………………………………………… 95

第二节　气相色谱分析技术 ………………………………………………… 105

第三节　气体录井解释评价方法 …………………………………………… 117

第四节　气测解释评价应用分析 …………………………………………… 132

思考题与习题 ………………………………………………………………… 138

第四章　地球化学录井 ……………………………………………………… 139

第一节　现场岩石热解分析技术 …………………………………………… 139

第二节　现场饱和烃气相色谱分析技术 …………………………………… 156

第三节　轻烃气相色谱分析技术 …………………………………………… 164

思考题与习题 ………………………………………………………………… 171

第五章　定量荧光录井 ……………………………………………………… 172

第一节　定量荧光录井技术原理 …………………………………………… 172

第二节　定量荧光录井资料录取及整理 …………………………………… 181

第三节　定量荧光录井资料的解释与应用 ………………………………… 189

思考题与习题 ………………………………………………………………… 221

第六章　核磁共振录井 ·· 222

第一节　核磁共振录井原理 ··· 222

第二节　核磁共振录井资料录取与整理及影响因素 ····················· 230

第三节　核磁共振录井资料的解释与应用 ···································· 234

思考题与习题 ·· 250

第七章　元素录井 ··· 251

第一节　元素录井基础 ·· 251

第二节　元素录井原理 ·· 272

第三节　元素录井数据处理 ·· 286

第四节　元素录井的解释评价方法 ··· 289

第五节　元素录井的应用实例 ·· 300

思考题与习题 ·· 312

第八章　成像录井 ··· 313

第一节　成像录井原理 ·· 313

第二节　成像录井方法 ·· 314

第三节　图像处理技术 ·· 325

第四节　图像分析技术 ·· 328

思考题与习题 ·· 334

第九章　远程录井 ··· 335

第一节　远程录井与井场信息化建设 ··· 336

第二节　井场信息中心系统的体系结构 ··· 337

第三节　远程传输网络 ·· 341

第四节　井场数据交换协议标准 ·· 347

第五节　井场信息系统集成平台 ·· 355

思考题与习题 ·· 359

参考文献 ·· 360

绪　论

录井是一项系统工程，是一项重要的石油工程技术。录井是面向钻井过程，进行第一性资料采集的井筒技术。它是在钻井过程中应用电子技术、计算机技术及分析技术，借助分析仪器进行各种石油地质、钻井工程及其他随钻信息的采集（收集）、分析处理，进而达到发现油气层、评价油气层和实时钻井监控目的的一项随钻石油勘探技术。如今，录井技术已发展成为石油勘探技术中的一个独立学科，具有广阔的发展前景。

一、录井技术的发展历史

1. 国外录井技术发展历史

从技术发展的角度来看，1929 年井场开始形成人工监测法，来观察钻井液槽中是否有油花或气泡，或检查钻井液槽底的物质确定含油气层位。通过进行连续取心，减少漏掉油气层，但该方法时间太长，成本太高。30 年代中期，紫外线用来检测含油情况及相关的油砂。1937 年，伯恩斯道尔石油公司总工程师 Hayward 将连续录井曲线同钻井液和岩屑分析综合起来，将钻井液的含油气分析与钻速结合起来，用录井曲线显示钻井液含油气分析的结果，以钻速相对于井深绘制。早期的录井曲线只有钻速（钻时）以及油和气在钻井液中的含量曲线。由于大部分工作都与钻井液有关，"钻井液录井"一词便由此得名。在现场有时还使用"泥浆录井"一词。

1952 年，气体色谱分析仪投放市场。1959 年，研制出定量确定钻井液中烃类物质的方法和设备，一种被称为蒸馏器的装置（VMS）获专利并得以应用，一系列钻井液录井仪器得以试验性应用（如质谱仪、红外光谱仪、氢火焰检测器等）。结果这些仪器在当时都被证明不适合现场应用，而被冷落一旁，唯有气体色谱分析仪大受青睐。钻井液的色谱分析成了当时钻井液录井服务的标准特征。

1966 年，从录井曲线上鉴别压力异常层的基础理论建立，井场钻井液录井服务加上新的测量手段和异常压力预测技术结合（压力监测）。监测钻井液池体积、钻井液流量、泵压和节流压力、钻压、转盘转速以及泥（页）岩密度等参数的一系列仪器设备相继问世。这些测量的或计算得来的参数用于绘制曲线以指示异常地层压力的存在，可帮助工程人员最大限度地提高钻速和更精确地确定套管下深。

1977 年，法国石油学会研制成功了"生油岩评价仪"，用以在井场岩屑分析，来鉴定生油岩的生油潜能，并提出了现场快速评价油气层的烃气比值法。

20 世纪 80 年代初期，SPWLA（职业测井分析家协会）组成一个委员会，注重研究井与井之间钻井液录井曲线的一致性和准确性。他们于 1981 年出版了钻井液录井曲线格式标准和烃检测器调校标准。同期，荧光法在检测油基钻井液和岩屑的含油显示方面效果很好，而核磁共振技术也被用来从岩屑中确定孔隙度、渗透率方面的数据。

20 世纪 80 年代中期,将随钻测量(MWD)与钻井液录井(地面数据监控)结合起来提供地层评价和钻井工程服务。

井场到办公室的数据传输技术始于 70 年代,80 年代得到推广应用。由于数据传输技术有广泛的应用以及不同的公司使用不同厂家的产品,导致出现了多种多样的数据格式和数据传输模式。美国成立了 IADC(the International Association of Drilling Contractors)和 RIM(the Rig Instrumentation and Measurement)信息传输委员会,并于 1989 年出版了钻井液录井数据(资料)传输标准(WITS - Well site information transfer specification、LAS - Log ASCII Standard、LIS - Log Information Standard)。该标准成为目前录井行业通用标准。

2. 国内录井技术发展历史

经过长期的生产实践,按照录井技术的特点及其所发挥的功能,我国的录井技术大致经历了四个发展阶段,前言中已述及,在此不再赘述。

从我国录井设备的发展来看,我国在 20 世纪 50 年代初期主要是手工方式录井,该阶段的典型特征是纯手工操作,没有仪器,肉眼观察、定性描述岩屑,记钻时要划方钻杆。1955 年从苏联引进半自动气测仪,从此开始了使用仪器的历史。1957 年钻井液检测技术引入录井范畴。1964 年研制出全自动气测仪,1974 年推出 SQC - 701 型气测仪,而当时的西方国家已经开发出第一代面板式综合录井仪。80 年代初期,法、英、美等国将计算机技术引入录井领域,制造出第二代脱机式综合录井仪。随着电子技术和计算机技术的高速发展,80 年代中期西方国家又推出了第三代联机式综合录井仪,其中具有代表性的有我国于 1984 年引进的法国 Geoservices 生产的 TDC 综合录井仪。80 年代后期及 90 年代,西方国家又推出第四代无二次仪表、基于 WINDOWS 环境的联机式综合录井仪。世界上几个技术发达的国家为了适应国际石油勘探开发的需要和国际录井市场竞争的需要,每隔三五年就推出一种录井仪器新机型,每隔十年录井技术的发展就会上一个新台阶。近年来,定量荧光录井技术、核磁共振录井技术及快速色谱技术等也已运用于录井工程中。我国从 80 年代后期开始研制国产综合录井仪,包括上海石油仪器厂于 1988 年推出 SDL - 1 地质录井仪、SQC882 气测录井仪,新乡二十二所于 1991 年推出 SLZ - 1 综合录井仪。近年来,国内生产厂商也加快了产品升级步伐,如新乡二十二所生产的 SLZ - 2A 型综合录井仪、上海神开生产的 SK2000 型综合录井仪就相当于国外生产的第四代综合录井仪。

二、录井技术的体系和作用

1. 录井技术的体系

录井技术是随着油气勘探开发的需求而逐步发展起来的一门井筒技术,是油气勘探开发技术的重要组成部分,录井技术经历了岩心、岩屑录井阶段,以及常规地质、气测、综合录井、地球化学录井等多项技术综合发展阶段,现在已经形成了十大核心技术系列:(1)工程井位测量;(2)钻井地质设计;(3)地质剖面建立;(4)油、气、水识别评价;(5)钻井工程实时监控及油气层保护;(6)录井资料处理;(7)录井资料解释评价;(8)地质综合研究;(9)录井信息远程传输应用;(10)录井设备研制开发。这些技术系列在油气勘探开发过程中发挥了重要作用。

录井技术体系不仅涵盖了录井资料采集、整理,录井信息传输等技术,还包括了钻井地质设计、随钻监控、随钻评价、井筒综合评价等相关技术。录井技术体系既要求完善已有的录井技术,开发新的录井技术,也要求根据钻探状况(地下地质情况、钻探技术状况)形成不同的录井技术系列。总的来讲,录井技术体系应是录井技术与相关技术之间相互联系、相互作用的有机整体。

录井技术体系要素包括:井位测量技术、钻井地质设计技术、岩屑录井技术、岩心录井技术、工程录井技术、气测录井技术(包括非烃气录井技术)、岩石热解地球化学录井技术、轻烃色谱分析录井技术、荧光录井技术(包括定量荧光录井技术)、现场岩矿分析技术、岩石物性录井技术、地层压力检测技术、现场随钻分析决策技术、录井信息传输和存储技术、油气层评价技术、单井评价技术等。录井技术体系示意图如图0-1所示。

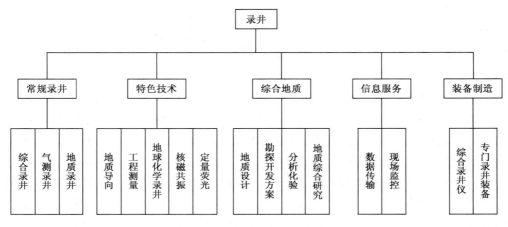

图 0 - 1　录井技术体系示意图

针对不同的钻探对象,录井技术应有不同的组合,形成相应的录井技术系列。根据现在面临的地下地质情况及钻井条件,录井系列可按以下分类建立:一般砂泥岩地层录井技术系列、砂砾岩体地层录井技术系列、古潜山(火成岩、变质岩)地层录井技术系列、浅气层录井技术系列、煤型气录井技术系列、深井(超深井)录井技术系列、高压地层录井技术系列、水平井录井技术系列、油基钻井液录井技术系列、欠平衡钻井录井技术系列、PDC钻头条件下录井技术系列等。

录井资料采集的定量化、信息化是录井技术体系建立的关键。因此,要用信息技术不断提高六种能力——井位测量能力、钻井地质设计能力、现场录井能力、现场分析决策能力、单井综合地质评价能力、录井仪器制造能力,应重点发展地层信息识别技术,油气信息识别技术,现场录井信息传输、存储技术,录井数据库技术等,这是当前录井技术体系建设的核心内容。

录井技术是一门多学科渗透、多项技术综合,传统与现代结合的井筒技术。可以预见,不久的将来通过录井技术体系的完善,钻井过程中的地层识别能力将大大提高,复杂地质条件和不同钻井技术下的录井能力、综合评价水平将大幅度提高。在各种复杂条件下及时、准确地建立地质剖面,发现油气显示,评价油气层,提供保护油气层所需的参数,优化钻井,满足勘探开发需要,提高勘探开发效益,录井技术将做出更大贡献。

2. 录井技术的作用

录井技术广泛应用于油气勘探开发过程中的钻探过程。它不仅在新区勘探过程中对参数井、预探井、探井有广泛的应用,而且对老区开发过程中的开发井、调整井的施工也有着十分明显的作用。录井技术是油气勘探开发活动中最基本的技术,是发现油气藏、评价油气藏最及时、最直接的手段,具有获取地下信息及时、多样,分析解释快捷的特点。

1)地层评价

地层评价是勘探过程中的一项基础工作。地层评价包括岩性的确定、地层划分、构造分析、沉积环境分析、岩相古地理分析及以单井评价为基础进行区域对比。

在勘探过程中,利用综合录井收集的大量资料可以有效地进行随钻地层评价。通过岩屑、岩心、井壁取心,泥(页)岩密度、碳酸盐含量等资料,参考钻时、转盘扭矩等参数变化,结合MWD、FEMWD(随钻地层评价仪)获取的电阻率、自然伽马、中子孔隙度、岩石密度等资料,可以建立单井地层剖面、岩性剖面及单井沉积相和岩相古地理分析。利用综合录井计算机系统的多井对比(multiwell)软件可以进行多井的对比。随钻进行小区域的地层对比,建立区域构造剖面,进行随钻分析、及时修改设计、预报目的层、卡准取心层位和古潜山顶面、确定完钻井深等工作。

2)油气资源评价

油气资源评价是勘探活动中最主要的工作之一。油气资源评价的好坏直接关系到勘探效果。资源评价做得好,有利于提高勘探的成功率和效益,减少探井钻探口数,有助于加快勘探的步伐,从而具有很大的经济效益和社会效益。

综合录井配套的各种技术和仪器设备可以在现场提供从单井油气层的发现、解释到储层的分析、评价,生油层的生油资源评价等一整套手段和方法。在钻探现场及时、准确地进行油气资源评价,从单井评价到区域评价都可以快速进行并能及时做出评价报告。

(1)及时、准确发现油气层。

发现油气层是资源评价的基础。录井技术使用了多种方法来检测、发现钻井中油气显示,在一般的岩屑录井、岩心录井、荧光录井的基础上,综合录井使用气测录井(包括定量脱气分析、岩屑分析、VMS真空蒸馏脱气分析、岩石热解分析、定量荧光分析等方法)能及时有效、准确地发现油气显示。除上述方法外,现场录井还可利用钻井液电阻率、温度、流量、钻井液池体积等参数进行井下流体的分析、判断,以发现油气显示。

(2)油气层解释与评价。

录井技术不仅可以快速、准确地发现油气显示,而且还可以利用自身的手段进行油气层的综合解释,大大提高了现场资料的运用效果。

在评价油气水层方面,主要依靠岩屑、岩心的油砂含量、含油饱满程度、滴水情况以及气测组分、地球化学异常信息、钻井液全脱信息、岩石热解色谱信息、钻井液罐装轻烃与热解烃信息、钻井液录井信息(电导率、密度、黏度、氯离子、池体积)等,结合各个地区区域的基本特征,采用气测的皮克斯勒法、三角形法、比值法、3H法(Wh、Bh、Ch)、地层含气量法、灌满系数法、地球化学B-P法、亮点法、组分对比法、定量荧光孔渗性指数与荧光强度法、油性指数与荧光强度法、岩石热解色谱图谱形态法结合各种数据对比进行解释评价。

(3)储集层评价。

在钻井施工现场利用岩屑、岩心描述(包括视孔隙度、粒度、圆度、分选、胶结类型、胶结物、结构、构造等参数的描述),对储集层的储集空间、油气运移通道等储集条件进行分析,充分利用核磁共振录井仪测量孔隙度、渗透率、含油饱和度,利用地球化学录井仪测量TOC(总有机碳)、STOC(残余碳)、I_H(氢指数)、D(降解潜率)、I_s(重烃指数)、S_t(总烃含量)等参数确定储层类型、含油级别,估算产能,现场计算单层油气地质储量等。

（4）生油层评价。

生油层评价实际是生油资源评价。综合录井使用热解色谱地球化学录井仪测量 STOC、TOC、I_H、D、S_1、S_4（残余碳加氢生成油量）等参数进行生油层的有机质类型、成熟度、有机质丰度、生油气量、排烃量及生油潜力等参数的计算,总体评价生油资源。

（5）单井油气资源综合评价。

在上述四项工作基础上,利用综合录井计算机系统应用软件对所钻井的油气层、生油层进行统计分析,对该井做单井综合油气资源评价,为用户提供单井油气资源综合评价报告。在此基础上,可以利用多井对比软件进行横向区域油气资源评价,寻找有利的生油、储油部位,直接指导勘探部署。由于评价报告来源于钻井现场,因而其所具有的及时性、准确性是其他技术不可替代的。

3）钻井实时监测

（1）工程异常监测。

在钻进过程中,常见的工程异常主要有井涌、井喷、井漏、钻具失效、钻头异常、卡钻、溜钻、顿钻、井壁坍塌、井下压力异常等。录井实时采集钻时、钻压、悬重、立管压力、转盘扭矩、转速、钻井液性能等大量参数,并计算出地层压力系数、钻井液水力学参数等。系统进行实时屏幕显示、曲线记录,根据作业公司的施工设计,指导和监督井队按设计施工。如发现有异常变化则及时判断,分析原因,提供工程事故预报,以使施工单位超前及时采取相应措施,减少井下事故的发生,达到节约成本、提高钻井效益的目的。由于现场录井对工程参数监测和异常预测具有实时性、连续性、准确性、及时性、指导性等显著特点,为高效、安全钻井施工发挥着其他手段无法代替的作用。

（2）地层压力监测。

钻井施工的安全、油气层的保护均与地层压力有关。要实现安全钻井和油气层保护,关键在于选用合理的钻井液性能参数,其中最主要的参数是钻井液密度。

钻井过程中钻井液密度的调整是由所钻遇的地层岩性及地层压力所决定的。要实现钻井安全,油层不被污染和压死,就必须要实现钻井过程中的井筒液柱压力与地层孔隙压力的动态平衡。要实现这个目的,关键在于在施工过程中进行实时的地层压力监测,根据地层压力变化情况,及时调整钻井液性能,这就是录井在勘探中的另一个重要作用。

录井技术用于检测地层压力的方法主要有 dc 指数法、Sigma 法、泥（页）岩密度法、地温梯度法、标准化钻速法,并结合气体参数、钻井液温度、出口密度、电阻率、流量等参数绘制压力趋势线。通过综合分析,及时检测异常地层压力的存在,并求出地层压力数据。

根据所得的地层压力资料和数据,就可以正确地选用钻井液密度和适当的套管程序,使每口井或同一口井的逐个井段均能实现平衡钻井,即所谓"压而不死、活而不喷"的钻进。这样既能防止油层污染,不至于破坏产层,保证第一次揭开产层的质量,又能大大地提高钻井速度,而且还能控制气侵、防止井喷、压制失控井喷。同时,也可避免井漏、卡钻等事故。利用综合录井资料检测地层压力,可以实现钻井施工安全和优质、高速、低耗最优化钻井。

4）定向井、水平井的地质导向

当前先进的录井设备配有 MWD、FEMWD 或 LWD。通过接收、处理 MWD（或 FEMWD、

LWD)信息,以及配合常规录井的有关参数,实现设计的油藏数据信息资料与录井实时录取的数据资料比对,判断在水平井或其他定向井钻井中实钻井眼轨迹与设计轨迹和油气层段的空间关系,为控制井眼轨迹提供信息,确保井眼沿着目的油气层段穿越,为定向井、水平井的施工提供地质导向,提高钻井成功率,降低开发成本。

5)数据资源共享平台

计算机技术的高速发展为录井技术增添了强有力的技术支持,为油气勘探提供了更为广泛的服务。利用数据终端网为地质师、钻井工程师、钻井平台司钻、监督及作业公司提供远程终端。不同用户可以根据自身的需要从中心数据库中提取如岩心、储层评价、油藏描述、井控、钻井时效分析、地层压力评价等数据进行处理、分析,指导钻井施工、地层评价和油气资源评价,同时将获得的各种评价报告利用远传设备传回基地。现场录井综合信息平台如图0-2所示。

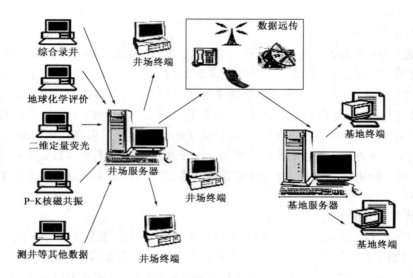

图 0-2　现场录井综合信息平台示意图

三、录井技术的发展趋势

录井技术的发展与油气勘探开发以及其他工程技术专业的发展特征类似,具有加速发展的趋势。新技术、新理论、新方法出现的周期越来越短;各种专业学科技术之间的交叉、渗透日益深入,专业界线越来越模糊;多种技术方法的综合应用日趋广泛;多个部门之间的联合日渐普遍,合作越加紧密,科技创新的意义越来越突出;地球化学技术、质谱分析技术、信息技术和自控技术等高新技术在录井行业的推广应用会越来越广泛深入,产生的影响会越来越巨大、深远。

1. 录井资料自动采集和信息定量化

随着录井信息采集的自动化、智能化,岩屑、岩心等实物资料的采集、描述,将摆脱人工原始记录、手工人力操作的历史,而实现自动取样、自动描述。录井信息的采集将朝着全面自动化、智能化方向发展。

现场测量由定性向定量化发展,实现资料采集标准化。岩石含油量、钻井液含油量、含油砂比例、不同成分岩屑含量、矿物含量将实现定量化分析。定量脱气分析、定量荧光分析、岩屑定量分析将成为现实。

录井信息的采集对象、途径、方式可能要发生改变，反映地层本质特征的图像、数字信息可能成为采集的主体。岩屑荧光成像录井、岩心成像录井、岩屑伽马录井、岩心伽马录井、随钻录井等新技术将会得到广泛应用，运用综合录井参数反演地层岩性、划分岩性界面也将成为成熟的技术。

由于科技的快速发展，录井资料采集、记录在实现自动化的同时，数据采集量化程度和精度将进一步提高，原来受到人为因素影响所致录井数据采集精度相对较低的状况将得到改善。快速色谱、光谱录井，显微分析技术等精细录井技术手段将广泛投入应用。

随着互联网的普及、数据传输技术的进步使远程大容量高速信息传输成为现实。使传统录井信息的采集、处理方式得到改进，井场与基地人员在录井信息采集、加工、处理等方面的分工将改变。大量的技术专家将集中在基地对分布在不同地区甚至不同国家的录井现场进行监控，对随钻处理采集到的录井信息进行综合分析与处理，并可对现场录井设备进行远程诊断与维护，甚至可以进行远程遥控操作。

随着计算机技术的发展和录井技术本身的进步，今后已经量化的录井参数会变得更加灵敏、准确；原来未量化的参数将通过新的方法和手段进行量化。实施量化的过程，必将促进技术的发展，将更准确反映地下地质情况，提高资料的可对比性，利用多个手段提高油气层的发现率和解释精度；与此同时，录井软件将向系统化、平台化、网络化发展，综合录井仪将成为井场信息采集、汇总、处理评价、远程传输的区域综合处理评价信息平台。

2. 录井技术的系列化

随着油气勘探工作面临对象的复杂化和新领域的扩展，使得录井对象复杂化，同时对录井技术也提出了更高的要求。针对不同的钻探对象，录井技术应有不同的组合，形成相应的录井技术系列，例如：砂砾岩剖面录井技术系列；疏松砂岩浅气层录井技术系列；煤层气地层录井技术系列；石灰岩等裂缝性地层录井技术系列；高压地层录井技术系列；非烃气录井技术系列；油气层评价技术系列；特殊钻井条件下的录井技术系列；单井地质评价技术系列；随钻地质预测与决策技术系列；录井信息传输技术系列等。

3. 录井技术随钻地下化

实时反演地下地层信息的随钻地层评价技术（LWD）目前在国外得到快速的发展，这使得录井技术由地面向地下发展。录井技术与其他勘探专业技术的主要区别就在于它的实时性，时刻跟随于石油钻井施工，具备及时快速的特点。因此录井技术的发展趋势必然是随钻录井，使录井的各种检测仪器深入到地下去，随钻地下检测与随钻解释评价是录井技术发展的必由之路。随钻录井技术的发展为录井技术向高层次发展开辟了广阔的前景。目前已研制出了机械效率录井和卡钻指示器的解释方法，该方法已成功地用于监控钻头状态和钻柱的磨损，实现了安全优化钻井的目的。可以预期在今后的发展中，随钻录井技术在随钻岩性信息检测、随钻油气信息检测、随钻井底压力与温度信息检测等井底信息的检测方面将得到迅速的发展。FEMWD随钻录井的出现，预示着将录井、地震、测井、地层测试融为一体的发展趋势。

4. 录井技术发展的科学化

目前我国录井技术已发展成为一个独立的产业。从信息的获取到信息的服务再到勘探的决策已经成为一个完整的产业链。它是信息产业在油气勘探方面的一个分支。

　　录井技术已发展成为一项具有自身产业理论的技术。它包括地下和地面的参数检测和采集理论、异常状况识别理论、信息资源两级开发理论。在今后的发展中应加强各种参数的传感与检测理论、异常识别理论、信息源的解释评价理论及其他相关理论的研究,为录井技术的发展奠定坚实的理论基础。

第一章
常规地质录井

地质录井是在钻井过程中,应用专用设备、工具和相应的工作方法,依据技术标准取全、取准直接和间接反映地下地质情况和施工情况的各项资料、数据的工作。

地质录井的基本任务是取全、取准各项资料、数据,为油气田的勘探和开发提供可靠的第一性资料。同测井、测试工作一样,地质录井是油气勘探开发系列技术的组成部分,在各自的业务领域为油气勘探开发发挥着重要作用。随着录井技术的不断进步,地质录井的业务不断拓展,除了传统的建立地层柱状剖面和发现油气层外,还肩负着评价油气层和保护油气层的任务。地质录井已从勘探家的耳目,逐渐上升为勘探家的有力助手,现已成为勘探家的重要参谋,在勘探开发中起着越来越不可替代的作用。

地质录井主要包括岩心、岩屑、钻井液、荧光、井壁取心录井及其他录井资料的收集等,主要是靠人工方法完成。地质录井的特点一是简便易行,应用普遍,且为第一手资料,真实可靠,信息量大,便于综合应用;二是由于录井内容均是随钻采集,可随钻进行评价,具有获取地下信息及时、分析解释快捷的特点,是发现和评价油气层最及时的手段,便于勘探家们根据录井的情况及时做出决策,以便有效地指导进一步的钻进和勘探工作。

第一节　岩　心　录　井

在露头区,地质家可以方便地观察研究岩层的各种特征,而在覆盖区,岩石深埋地下,在勘探开发过程中,当地质家直接研究岩石时,就需要把岩石从地下取出来进行研究。所谓"岩心录井",就是在钻井过程中用一种取心工具,将井下岩石取上来(这种岩石就称为岩心),并对其进行观察、描述和分析化验,综合研究而取得各项地质资料的方法。

一、岩心录井过程及方法

1. 钻井取心的原则及取心层位的确定

1)钻井取心的原则

钻井取心是取得油层物性,油层含油、气、水情况,检查油田开发效果等宝贵资料的重要方法,但由于钻井取心成本高、速度慢,在勘探开发过程中,只能根据地质任务要求,适当安排取心。

(1)新区第一批探井应采用点面结合、上下结合的原则将取心任务集中到少数井上,或者用分井、分段取心的方法,以较少的投资,获取探区比较系统的取心资料,或按见油气显示取心的原则,利用少数井取心资料获得全区地层、构造、含油性、储油物性、岩电关系等资料。

（2）针对地质任务的要求，安排专项取心。如开发阶段，要检查注水效果，部署注水检查井取心；为求得油层原始饱和度采用油基钻井液和密闭钻井液取心；为了解断层、接触关系、标准层、地质界面而布置专项任务取心。

（3）其他地质目的取心，如完钻时的井底取心、潜山界面取心、油水过渡带的取心等。

2）取心层位的确定

为了加快油气田的勘探开发步伐，在已确定的取心井中不是全井都取心，而常常是分段取心，因此，要合理选择取心层位。一般以下情况应当进行取心：

（1）储集层的孔隙度、渗透率、含油饱和度、有效厚度不清楚的层位。

（2）地层岩性、电性关系不明，影响测井解释精度的层位。

（3）地层对比变化较大或不清楚的区域，应对标准层进行取心。

（4）当地层层位不清时，需要取心证实。

（5）研究生油岩特征的层位，应对生油岩进行取心。

（6）需要检查开发效果及注水效果的层位。

（7）有特殊目的需要取心的层位。

2. 取心工具

取心工具主要由取心钻头、岩心爪、岩心筒、回压阀、扶正器等组成（图1-1）。

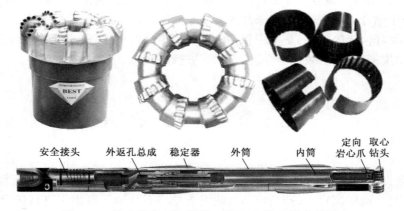

图1-1 取心钻头（纵、横面）、岩心爪、取心筒实物图

1）岩心筒

岩心筒包括外岩心筒、内岩心筒两部分。

（1）外岩心筒：连接钻头与钻具，承受和传递钻压，带动钻头旋转并保护内筒。

（2）内岩心筒：容纳和保护岩心，下面接岩心爪。

内外岩心筒连接处，装有悬挂式滚动轴承，取心钻进时，使内岩心筒不转动而保护岩心。

2）岩心爪

岩心爪装于内岩心筒与取心钻头之间，用于割取岩心、承托已割岩心，使之顺利到达地面。

3）分水接头

分水接头连接在悬挂轴承之上，作用是引导钻井液从内岩心筒的环形空间流至钻头水眼冲刷井底，与回压阀一起保护内岩心筒的岩心不受钻井液冲损。

3. 取心方式

根据对岩心资料的不同要求,钻井取心方式分为常规取心和特殊取心。

1)常规取心

常规取心一般是指水基钻井液取心。根据取心工具的差异,又分短筒取心,中、长筒取心,橡皮筒取心。短筒取心是指取心钻进中不接单根,它的工具中只有一节岩心筒(一般为9m左右),在取心工作中最常采用,适合任何地层条件。中、长筒取心是指取心钻进中要接单根,取心工具中有多节岩心筒。中、长筒取心目的是降低取心成本。橡皮筒取心是指取心工具中有特制的橡皮筒,通过橡皮筒与工具的协调作用,能将岩心及时有效地保护起来,其目的是提高特别松散易碎地层的岩心收获率。由于目前橡皮筒耐温性能的限制,只适用井温不超过80℃的地层。

2)特殊取心

对岩心有一定特殊要求的钻井取心称为特殊取心。它多用在油田开发阶段,通常有下列几种方式:

(1)油基钻井液取心:指在油基钻井液条件下进行的取心。其目的是取得不受钻井液自由水污染的岩心,以求准储层原始含油饱和度资料,为合理制定油田开发方案提供依据,它适用于砂岩油田。但其工作条件极差,对人体危害大,污染环境,且成本高。为克服油基钻井液取心的缺点,又研制出了一种替代方法——密闭取心。

(2)密闭取心:采用密闭取心工具与密闭液,在水基钻井液条件下取出几乎不受钻井液自由水污染的岩心。密闭取心时在钻井液中加入"示踪剂",以检查所取出的岩心是否被钻井液侵入及侵入程度。由于油基钻井液取心成本高,所以在密闭取心质量指标有可靠保证的条件下,密闭取心可近似代替油基钻井液取心。以注水方式开采的砂岩油田,在开发过程中为检查油田注水效果,了解地下油层水洗情况及油水动态,常采用密闭取心。

(3)保压密闭取心:采用保压密闭取心工具与密闭液,在水基钻井液条件下,取得能保持储层流体完整性的岩心。也就是能取得不受钻井液自由水污染并保持井底条件下储层压力的岩心。为准确求取当时井底条件下储层流体饱和度、储层压力、相对湿度及储层物性等资料,采用保压密闭取心。

(4)海绵取心:指内岩心筒装有特制海绵衬管的取心。采用预饱和的海绵衬管,在水基钻井液条件下,能取得含油饱和度相当准确的岩心。这是国外近年来发展起来的一种取心,工艺结构不太复杂,但成本高,适用于中硬—硬地层。

(5)疏松砂岩保形取心:指在疏松砂岩地层中保持岩心原始(出筒前)形状的取心。因为在疏松砂岩地层,由于岩心强度低,不成柱,岩心出筒后就往往自成一堆散砂,岩心物性资料无法获得。因此,保持岩心原有形状,避免人为破坏,就成为保形取心的技术关键。目前,多级双瓣组合式岩心筒、橡皮筒、玻璃钢内筒以及复合材料衬筒,均可满足保形取心的要求,但唯有多级双瓣组合式岩心筒成本低,使用方便。

(6)定向取心:采用定向取心工具,取出能反映地层倾角、倾向、走向等构造参数的岩心。在油气藏勘探、开发过程中,为直观了解储层的构造参数,全面掌握地质构造的复杂性及其变化,采用定向取心。它对松散易碎的地层不适用。

在实际工作中采用哪种取心方式,应根据油气田在勘探开发中的不同阶段所需完成的地质任务来确定。如在勘探阶段,为了解岩性和含油性情况,采用水基钻井液取心;在开发阶段,为取得开发所需的资料数据,可采用油基钻井液或密闭取心。

4. 取心前的准备工作

(1)取心前应收集好邻井、邻区的地层、构造、含油气情况及地层压力资料,若在已投入开发的油田内取心,则应收集邻井采油、注水、压力资料。在综合分析各项资料后,根据地质设计的要求,作好取心井目的层地质预告图。

(2)丈量取心工具和专用接头,确保钻具、井深准确无误。分段取心时,取心钻具与普通钻具的替换,或连续取心时倒换使用的岩心筒长度,都应分别做好记录。要准确计算到底方入,并记录清楚,为判断真假岩心提供依据。

(3)取心工作中要明确分工,确保岩心录井工作质量。一般分工是:地质录井队长负责具体组织和安排,对关键环节进行把关;地质大班负责岩心描述和绘图;岩心采集员负责岩心出筒、丈量、整理、采样和保管等工作;小班地质工负责钻具管理,记录钻时,计算并丈量到底方入、割心方入,收集有关地质、工程资料、数据。岩心出筒时,各岗位人员要通力配合,专职采集人员做好出筒、丈量、整理和采样工作。

(4)在钻达预定取心层位前,应根据邻井实钻资料及时对比本井实钻剖面,抓住岩性标准层或标志层、电性标准层或标志层,卡准取心层位。若该井无岩性标准层、标志层或者地层变化较大,则必须进行对比测井。对比测井后,根据测井对比结果,决定取心层位。

(5)检查各种工具、器材是否齐全,如岩心盒、标签、挡板、水桶、帽子、刮刀、劈刀、榔头、塑料筒、玻璃纸、牛皮纸、石蜡、油漆、放大镜、钢卷尺、熔蜡锅等。

5. 取心过程中应注意的事项

1)准确丈量方入

取心钻进中只有量准到底方入和割心方入,才能准确计算岩心进尺和合理选择割心层位。实际工作中,常见到底方入与实际井深不符,主要原因是井底沉砂太多,或井内有落物,或井内有余心使钻具不能到底,或者钻具计算有误差等。遇到这种情况,应及时查明原因,方可开始取心钻进。

丈量割心方入时,指重表悬重与取心钻进时悬重应该一致,这样计算出的取心进尺与实际取心进尺才相符,否则就会出现差错。

2)合理选择割心层位

合理选择割心层位是提高岩心收获率的主要措施之一。如割心位置选择不当,常使疏松油砂岩心的上部受到钻井液冲刷而损耗,下部岩心爪抓不牢而脱落。理想的割心层位是"穿鞋戴帽",顶部和底部均有一段较致密的地层(如泥岩、泥质砂岩等)以保护岩心顶部不受钻井液冲刷损耗,底部可以卡住岩心不致脱落。

现场钻遇理想割心层位的机会不多,当充分利用内岩心筒的长度仍不能钻穿油层时,应结合钻时,在钻时较大部位割心;若钻时无变化,则采取干钻割心的办法。

3)取全取准取心钻进工作中的各项地质资料

在进行取心钻进时,应齐全准确地收集好各项地质资料,以配合岩心录井工作的进行。

钻时和岩屑资料可供选择割心位置参考。在岩心收获率低时,岩屑资料还是判断岩性的依据。

在油气层取心时,应及时收集气测资料及观察槽面油、气、水显示,并做好记录,供综合解释时参考。必要时,还应取样分析。

4)在取心钻进时,不能随意上提下放钻具

当上提后再下放时,易使活动接头卡死或失灵,把已取的岩心折断、损耗,降低岩心收获率。取心时还应根据岩心筒的长度掌握好取心进尺,以免因岩心进不去岩心筒而把大于岩心筒长度的岩心磨掉。

6. 岩心出筒、丈量和整理

1)岩心出筒及清洗

(1)岩心筒起出井口后,要防止岩心滑落。

(2)岩心出筒前应丈量岩心内筒的顶空和底空,顶空是岩心筒内上部无岩心的空间距离,底空是岩心筒内下部(包括钻头)无岩心的空间距离。

(3)岩心出筒:岩心出筒的关键在于保证岩心的完整和上下顺序不乱。岩心出筒的方法有多种,现场常用的有手压泵出心法、钻机或电葫芦提升出心法和水泥车出心法等。用机械出心法出筒时,岩心筒内的胶皮塞长度应等于或大于岩心筒内径的1.5倍,胶皮塞直径应等于内筒内径。用水泥车、手压泵出心时,必须使用本井取心钻进时所用的钻井液,严禁用清水或其他液体顶心。接心要特别注意顺序,先出筒的为下部岩心,后出筒的为上部岩心,应依次排列在出心台,不能弄乱顺序。岩心全部出完要进行清洗,但对含油岩心要特别小心,不能用水冲洗,只能用刮刀刮去岩心表面的滤饼,并观察其渗油、冒气情况,做好记录。油基钻井液取出的岩心,用无水柴油清洗。密闭取心的岩心,用三角刮刀刮净或用棉纱擦净即可。严禁储集层岩心与外界水接触。

(4)冬季出心,一旦发生岩心冻结在岩心筒内,只许用蒸气加热处理,严禁用明火烧烤。

(5)岩心出筒时,必须有地质人员严守筒口,负责接心,保证岩心顺序不乱。

2)岩心丈量

(1)判断真假岩心:假岩心松软,像滤饼,手指可插入,剖开后成分混杂,与上下岩心不连续,多出现在岩心顶部,可能为井壁掉块或余心碎块与滤饼混在一起进入岩心筒而形成的。假岩心不能计算长度。另外,凡超出该筒岩心收获率的岩心要特别注意,只有查明井深后,才能确定是否为上筒余心的套心。

(2)岩心丈量:岩心清洗干净后,对好岩心茬口,磨光面和破碎岩心要堆放合理,用红铅笔或白漆自上而下划一条丈量线,箭头指向钻头的方向,标出半米和整米记号。岩心由顶到底用尺子一次性丈量,长度精确到厘米。

(3)岩心收获率计算:

$$岩心收获率 = \frac{实取心长度(m)}{取心进尺(m)} \times 100\% \qquad (1-1)$$

每取心一筒均应计算一次收获率,当一口井取心完毕,应计算出全井岩心收获率:

$$总岩心收获率 = \frac{累计岩心长(m)}{累计取心进尺(m)} \times 100\% \qquad (1-2)$$

计算结果取小数点后两位。

3)岩心整理

(1)将丈量好的岩心,按井深顺序自上而下,从左到右依次装入岩心盒内,放岩心时,如有斜口面、磨损面、冲刷面和层面都要对好,排列整齐。若岩心是疏松散砂,或是破碎状,可用塑料袋或塑料筒装好,放在相应位置。

（2）每筒岩心都应做好 0.5m、1.0m 长度记号,便于进行岩心描述,以免分层厚度出现累计误差。岩心盒内的岩心应进行编号。岩心编号可用带分数表示。如表示这块 $4^5/_{51}$ 岩心是第四次取心,本次取心共分 51 块,本块是其中第 5 块(图 1－2)。

编号方法是在岩心柱面上涂一小块长方形白漆,待白漆干后,用墨笔将岩心编号:写在长方形白漆上(图 1－2)。岩心编号的密度一般以 20～30cm 为宜,在本筒范围内,按自然断块自上而下逐块涂漆编号,或用卡片填写后贴在该块岩心之上。这一方法对破碎和易碎的岩心尤为适用。

（3）盒内两次取心接触处用挡板隔开,挡板两面分别贴上标签,标签上注明上下两次取心的筒次、井段、进尺、岩心长度、收获率和块数,便于区分检查。岩心盒外进行涂漆编号(图 1－2)。

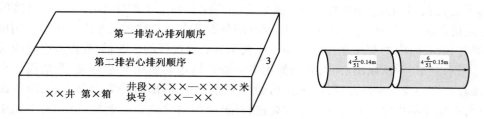

图 1－2　岩心盒编号及岩心丈量与标签的粘贴

在岩心整理过程中,应对岩心的出油、出气及其他含油气情况进行观察,在出油出气的地方用彩色铅笔加以圈定,并作文字记录。对大段碳酸盐岩地层的岩心,还应及时作含油、含气试验。试验的具体方法详见岩心描述。

整理工作完成以后,对于用作分析含油饱和度的油砂应及时采样、封蜡,以免油气逸散。对于保存完整的、有意义的化石或构造特征应妥善加以保护,以免弄碎或丢失。

二、岩心描述内容及方法

岩心是研究岩性、物性、电性、含油性等最可靠的第一性资料。通过对岩心的观察描述,对于认识地下地质构造、地层岩性、沉积特征、含油气情况以及油气的分布规律等都有相当重要的意义。

1.岩心描述前的准备工作

在描述岩心之前应做好下列准备工作:

（1）收集取心层位、次数、井段、进尺、岩心长度、收获率、岩心出筒时的油气显示情况等资料和数据。

（2）准备浓度为 5% 或 10% 的稀盐酸、放大镜、双目实体显微镜、试管、荧光灯、荧光对比系列、氯仿或四氯化碳、镊子、滤纸、小刀、2m 的钢卷尺、榔头、劈岩心机、铅笔、描述记录及做含水试验所用的器材。

（3）将岩心抬到光线充足的地方,检查岩心排放的顺序是否正确,如有放错位置的岩心,要查明原因,放回正确位置,并进行岩心长度的复核丈量,以免造成描述失误。

（4）检查岩心编号、长度记号应齐全完好,岩心卡片内容填写应齐全准确,发现问题要查明原因,及时整改。

（5）沿岩心同一轴线并尽量垂直层面，将岩心对半劈开，岩心编号或长度记号被损坏时，应立即补好。

2. 岩心描述的分层原则

（1）一般长度大于或等于10cm，颜色、岩性、结构、构造、含油情况等有变化者均需分层描述。

（2）在岩心磨光面，岩心的顶、底部或油浸级别以上的含油岩性、特殊岩性、标准层、标志层，即使厚度小于10cm也要进行分段描述（作图时可扩大到10cm）。

3. 碎屑岩岩心描述

岩心描述是一项专业性很强的地质研究工作，根据研究目的的不同，其描述的内容也有很大的差别。如岩心描述时，首先应当仔细观察岩心，在此基础上给予恰当定名；然后，详细描述颜色、成分（碎屑成分和胶结物）、结构、构造、化石及含有物、胶结类型、含油情况、接触关系、物理性质、化学性质等，对有意义的地质现象应绘素描图或照相。

1）定名

采用的定名原则是：颜色——突出特征（含油情况、胶结物成分、粒级、化石等）——岩石本名。如浅灰色油斑细砂岩、浅灰色灰质砂岩、灰色含螺中砂岩。定名时，一般都将含油级别放在颜色之后，以突出含油情况，然后依次排列化石和粒度。

定名时应注意下列三种情况：

（1）当岩石中砾石、灰质、白云质含量在5%～25%之间时，定名时可用"含"字表示，含量在25%～50%之间时，定名中用"质"或"状"字表示，如浅灰色含白云质粉砂岩、灰色灰质砂岩、灰白色砾状砂岩等。

（2）若岩石粒级不均一，可用含量大于50%的粒级定名，其余粒级，可在描述中加以说明。除粉细砂岩外，不定复合粒级。如可定浅灰色粉细砂岩，不能定浅灰色中粗砂岩。

（3）当同一段岩心中出现两种岩性时，都要在定名中体现出来。主要岩性在前，次要岩性在后，如浅灰绿色砂质泥岩及浅灰色粉砂岩。但对已作条带或薄夹层处理的岩性，不必在定名中表现出来。

应该指出的是，在定名时一定要统一定名原则，否则就失去了对比的基础。

2）颜色

颜色是沉积岩最醒目的特征，它既反映了矿物成分的特征，又反映了当时的沉积环境。描述颜色时，应按统一色谱的标准，以干燥新鲜面的颜色为准。岩石的颜色是多种多样的，描述时常遇到以下三种情况：

（1）单色：指岩石颜色均一，为单一色调，如灰色细砂岩。为表示同一颜色色调的差别，可用深浅来形容，如深灰色泥岩、浅灰色细砂岩。

（2）单色组合（也称复合色）：由两种色调构成，描述时，次要颜色在前，主要颜色在后，如灰白色粉砂岩，以白色为主，灰色次之。单色组合也有色调深浅之分，如浅灰绿色细砂岩、深灰绿色细砂岩。

（3）杂色组合：由三种或三种以上颜色组成，且所占比例相近，即为杂色组合，如杂色砾岩。

3）含油、气、水情况

岩心的含油、气、水情况是岩心描述的重点内容之一，描述时既要进行详细观察，做好文字记录,还应做一些小型试验,以帮助判断地层的含油、气丰富程度。

(1)含油产状:指油在岩心纵向、横向上的分布状况。观察含油产状时,将含油岩心劈开,在未被钻井液侵入的新鲜面上,观察岩心含油情况与岩石结构、胶结程度、层理、颗粒分选程度的关系。描述时,可用斑点状、斑块状、条带状、不均匀块状、沿微细层理面均匀充满等词语分别描绘不同的含油产状。

(2)含油饱满程度:分三种情况描述(表1-1、图1-3)。

表1-1　孔隙性岩心(石)含油级别划分(据《地质监督与录井手册》编辑委员会,2001)

含油级别	含油面积%	含油饱满程度	颜色及均一性	油脂感及油味	滴水
饱含油	>95	含油均匀饱满,常见原油外渗,仅局部见不含油斑块	看不到岩石本色,原油多为黄色或棕褐色,分布均匀	油脂感强,可染手,油味很浓	珠状,不渗
富含油	70~95	含油均匀较饱满,新鲜面有时见原油外渗,含较多的不含油的斑块或条带	难以看到岩石本色,多为浅棕—黄褐色,原油充填分布较均匀	油脂感较强,可染手,油味浓	珠状或半珠状,基本不渗
油浸	40~70	含油较均匀但不饱满,少部分呈条带状、斑块状分布	含油部分基本看不到岩石本色	油脂感较弱,一般不污手,油味较浓	半珠状,微渗
油斑	5~40	含油不饱满,不均匀,多呈斑块状、条带状分布	可见岩石本色,仅含油部分呈灰褐色、深褐色	无油脂感,不污手,油味淡	含油处半珠状,缓渗
油迹	<5	肉眼可见零星状含油痕迹,氯仿浸泡及滴照荧光明显	基本为岩石本色,仅局部油迹处呈浅灰褐色	无油脂感,不污手,可闻到油味	滴水缓渗—渗
荧光	无法估计	肉眼观察无含油痕迹,滴照有荧光显示,浸泡定级≥7级	全为岩石本色	无油脂感,不污手,一般闻不到油味	除凝析油外,基本都渗

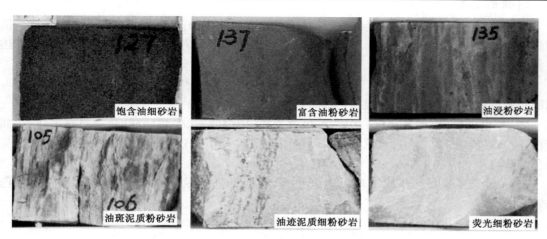

图1-3　不同含油级别的岩心照片

①含油饱满:颗粒孔隙全部被原油充满,达到饱和状态。岩心呈棕褐色或黑褐色(视原油颜色而不同),新鲜面上油汪汪的。出筒时原油外渗,染手,油脂感强。

②含油较饱满:颗粒孔隙被原油均匀充填,但未达到饱和状态,颜色稍浅,新鲜面上原油均匀分布,没有外渗现象,捻碎后可染手,油脂感较强。

③不饱满:颗粒孔隙的一部分或不同程度被原油充填,远未达到饱和状态,颜色更浅,呈浅棕褐色或浅棕色,新鲜面上发干或有含水迹象,油脂感弱。

(3)含油级别:砂岩含油级别主要根据含油产状、含油饱满程度、含油面积等综合考虑确定。一般分为6个含油级别。

①饱含油:含油面积大于或等于95%,含油饱满,分布均匀,孔隙充满原油并外渗,颗粒表面被原油糊满,局部偶见不含油斑块和条带,棕褐色或黑褐色,基本不见岩石本色,疏松—松散,油脂感强,极易染手,油味浓,具原油芳香味,滴水不渗呈圆珠状。

②富含油:含油面积在75%~95%,含油较饱满,分布较均匀,有封闭的不含油斑块或条带,棕褐色、棕黄色,疏松,油脂感较强,手捻后易染手,油味较浓,具原油芳香味,滴水不渗呈圆珠状。

③油浸:含油面积在40%~75%,含油不饱满,分布较均匀,黄灰—棕黄色,不含油部分见岩石本色,油脂感弱,可染手,有水渍感,原油芳香味淡,含油部分滴水呈馒头状。

④油斑:含油面积在5%~40%,含油不饱满、不均匀,呈斑块状、条带状或星点状。颜色以岩石本色为主,无油脂感,不染手,原油味很淡,含油部分滴水呈馒头状。

⑤油迹:含油面积小于5%,含油极不均匀,肉眼可见含油显示,呈零星斑点状或薄层条带状分布,基本呈岩石本色,无油脂感,不染手,略有原油味,含油部分滴水缓渗。

⑥荧光:肉眼看不见含油部分,荧光系列对比在六级或六级以上,颜色为岩石本色。

(4)含油、气、水实验及观察。

①四氯化碳(CCl_4)试验:将岩样捣碎,放入干净试管内加入约两倍岩样体积的四氯化碳或氯仿,摇匀浸泡十分钟,若溶液变为淡黄、棕黄或棕褐、黄褐等色时,证明岩心含油,若溶液未变色,可将溶液倒在洁白干净的滤纸上,待挥发后用荧光灯照射,观察滤纸上的颜色、产状并做好记录。

②丙酮试验:将岩样粉碎,放入试管内,加两倍于岩样体积的丙酮,摇匀后,再加入与丙酮体积等量的蒸馏水。如含油,则溶液变混浊;若无油,则仍保持透明。

③含气试验:在地下,岩层的孔隙、裂缝空间常被液体或气体充填。岩心取出地面后,由于压力逐渐降低,岩心里的气体就要外逸。试验方法是把刚出筒的岩心,立即冲去岩心表面的钻井液,并把岩心放入预先准备的一盆清水中进行观察,看看有无气泡冒出。若有气泡,应记录冒出气泡的部位、强弱、声响程度、气味、数量及延续时间等内容,供油、气层综合解释时参考。

④含油砂岩的含水程度观察:观察含油岩心劈开面的含水程度,对判断含油岩心是油层、水层或油、水同层有一定实际意义。

观察时应将岩心劈开,看新鲜面上含油部分颜色是否发灰(含水时呈灰色),有水外渗否,然后进行滴水试验。

滴水试验常是用滴管把水滴在含油岩心的新鲜面上,观察水的渗入速度和停止渗入后所呈现的形状。通常根据渗入速度和形状可分为5级(图1-4):

一级:滴水立即渗入;

二级:10min内渗入,水滴呈薄膜状;

三级:10min内水滴呈凸透镜状,浸润角<60°;

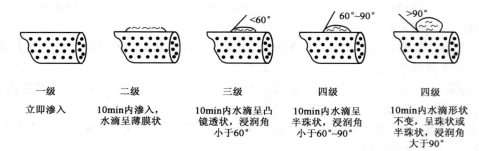

一级	二级	三级	四级	四级
立即渗入	10min内渗入，水滴呈薄膜状	10min内水滴呈凸镜透状，浸润角小于60°	10min内水滴呈半珠状，浸润角小于60°~90°	10min内水滴形状不变，呈珠状或半珠状，浸润角大于90°

图1-4　滴水级别的划分(据中国石油天然气总公司勘探局,1993)

四级:10min 内水滴呈球状,浸润角 60°~90°;

五级:10min 内水滴呈圆珠状或半珠状,浸润角 >90°。

油和水几乎是互不溶解的。因此,可以根据滴水试验的结果,大致确定含油砂岩中的含水程度,含水多时为一、二级,含油多时为四、五级。在油、水过渡带取心或检查井取心时,可根据滴水试验定性地了解油、水分布规律及水洗油程度。

⑤含油砂岩被钻井液水浸程度的观察:在用水基钻井液取心时,含油岩心被浸泡在钻井液之中。钻井液水侵入岩心柱形成了侵入环。侵入环的深度和颜色变化,反映了岩层的胶结程度和亲水性能,也反映了岩层本来的含水程度。所以也称为"含油岩心水洗程度"。对于疏松、分选好的砂岩,钻井液水可以侵入很深,即侵入环很厚,有时甚至将岩心柱内大部分原油排出岩心,只剩下岩心柱中心含油。在岩性相同的条件下,含水多的砂岩,亲水性能好,因而侵入环厚,而含油多、含水少的砂岩,侵入环较薄。根据对钻井液水侵入程度的观察分析,可以帮助判断油层、油水同层及含油水层。

⑥含水级别:含水砂岩的含水级别一般可分2级。含水:岩心具明显水湿感,灰色,新鲜面有渗水现象,久置仍具有潮湿感,滴水呈薄膜状,或立即渗入,多伴有硫化氢味(地层水中含硫化氢);弱含水:微具水湿感,稍放后水湿感消失,滴水薄膜状(渗或微渗)。

4)矿物成分

在现场工作中,用肉眼或借助放大镜、实体双目显微镜可见的矿物成分均应描述,如石英、长石、暗色矿物、岩块、砾石等,描述时,主要矿物以"为主"表示,其余矿物含量在 30%~20% 时,用"次之"表示,含量在 10%~5% 时,用"少量"表示,含量小于 5% 时,用"微含"表示,当含量不能估计百分比时,用"少见"或"偶见"表示。

5)结构

结构描述的内容包括粒度、磨圆度、球度、分选程度、胶结物的成分、胶结程度等内容。

(1)粒度:根据颗粒直径分为砾(>1mm)、粗砂(1~0.5mm)、中砂(0.5~0.25mm)、细砂(0.25~0.10mm)、粉砂(0.10~0.01mm)、黏土(<0.01mm)六级。

(2)磨圆度:指碎屑颗粒原始棱角被磨圆的程度,分为圆状、半圆状、次棱角状、棱角状四个级别。

(3)球度:根据碎屑颗粒三个轴的长度比例分为圆球状、椭球状、扁球状、长扁球状四种形状。

(4)分选程度:分为好(主要粒级颗粒含量 >75%)、中等(主要粒级颗粒含量为 50%~75%)、差(主要粒级颗粒含量 <50%)三级。

（5）胶结物的成分：常见的有泥质、高岭土质、灰质、白云质、石膏质、凝灰质、硅质、铁质等。

（6）胶结程度：一般分为松散、疏松、致密三级。介于两级之间而近于某级时，可在某级之前加"较"表示，如胶结较疏松。

6）构造

构造描述的内容应包括层理、层面特征、颗粒排列、地层倾角及其他特征（如擦痕、裂纹、裂缝、错动等），其中以层理描述最为重要。

（1）层理描述：层理除着重描述其形态、类型及其显现原因和清晰程度外，还应描述组成层理的颜色、成分、厚度。对不同类型的层理，描述重点也有所区别：

①水平层理：描述显示层理的矿物颜色和成分、粒度变化、层的厚度、界面清晰程度、连续性、界面上是否有生物碎片、云母片、黄铁矿等及其分布情况。

②波状层理：描述显示层理的矿物颜色和成分、界面清晰程度、波长、波高及对称性、连续性、粒度变化等内容。

③斜层理：描述显示层理的矿物颜色和成分、界面清晰程度、粒度变化、顶角、底角、形态（直线或曲线）。

④交错层理：描述显示层理的矿物颜色和成分、层厚度、连续性、倾角、交角、形态。

⑤压扁层理和透镜状层理：描述显示层理的矿物颜色、成分、厚度、形态、对称性等。

⑥递变层理：描述粒度变化情况、厚度等。

描述层理时应注意两个问题：

①在岩心柱上若能看出是斜层理时，劈岩心一定要注意方向性，否则将岩心劈开后会把斜层理误认为水平层理，交错层理误认为斜层理，而造成描述上的错误。

②含油较好的岩心，必须在岩心劈开后立即对层理特征进行观察、描述，否则层理很快会被油污染而无法辨认、描述。

（2）层面特征描述：层面特征主要是指波痕、泥裂、雨痕、冰雹痕、晶体印痕、生物活动痕、冲刷面和侵蚀下切痕迹；对层面特征的描述可以帮助我们判断岩石的生成环境、判断地层的顶底。

（3）波痕：包括风成波痕和水成波痕。描述时应将波痕的形状、大小、波高、波长、波痕指数、对称性详细记录下来，以判断波痕的形成条件，进而推断岩层形成时的沉积环境。由于岩心柱较小，观察波痕时，有时只能见到波痕的一部分，见不到完整的波痕。在这种情况下，就应该实事求是，见到多少描述多少，切忌生搬硬套。

（4）雨痕：多为椭圆或圆形，凹穴边沿耸起，略高于层面。

（5）冰雹痕：较大且深，形态不规则，应描述凹穴形状、大小、深度及分布情况。

（6）晶体印痕：应描述形状、大小、充填或交代物质的性质等。

（7）生物活动痕：应描述数量、大小、分布状况、充填物的成分、与层面的关系等内容。

（8）冲刷面和侵蚀下切痕迹：描述时应注意观察其形态、侵蚀深度，尤其要注意观察冲刷面或侵蚀面上下的岩性、构造、化石、含有物特征以及上覆沉积物中有无下伏沉积物碎块等，据此判断沉积环境，有无沉积间断。

（9）颗粒排列情况的描述：主要指砾石的排列情况。对砾石的描述主要注意砾石排列有无方向性，其最大偏平面的倾向是否一致，倾角多少，以及倾向与斜层理的关系等。这些资料是判断砾石形成时沉积环境的重要依据。

砂粒的排列主要应观察颗粒排列与成分的关系、与层理的关系,以及颗粒排列是否带韵律性特征等。

(10)对地层倾角的描述:岩心倾角的大小反映了构造的形态。在岩心中,对清晰完整的层面都应测量其倾角,并将测量结果记录下来。

此外,在描述裂缝、小错动时,应记录数量、产状,有无充填物及充填物性质等特征。

对揉皱构造、搅混构造、虫孔构造、斑点和斑块构造等都应详加描述。

7)接触关系

描述时应仔细观察上下岩层颜色、成分、结构、构造的变化及上下岩层有无明显的接触界线、接触面等,综合判断两岩层的接触关系。接触关系分为渐变接触、突变接触(角度不整合、平行不整合)、断层接触、侵蚀接触等。

(1)渐变接触:不同岩性逐渐过渡,无明显界线。

(2)突变接触:不同岩性分界明显,见到风化面时,应描述产状及特征。

(3)断层接触:在岩心中见到断层接触时,应描述产状、上下盘的岩性、伴生物(断层泥、角砾)、擦痕、断层倾角等。

(4)侵蚀接触:一般侵蚀面上有下伏岩层的碎块或砾石的沉积,上下岩层接触面起伏不平。应描述侵蚀面的形态、侵蚀深度、砾石成分及形态、分布状况等。

对岩心见到的断层面、风化面、水流痕迹等地质现象应详细描述它们的特征及产状。

8)化石

对化石的描述包括化石的颜色、成分、大小、形态、数量、产状、保存情况等。

(1)颜色:与描述岩石一样,按各地统一色谱描述。

(2)成分:动物化石的硬壳部分是否为灰质或被其他物质(如硅质、方解石、白云质、黄铁矿)所交代。

(3)大小:介形虫和蚌壳的长轴、短轴的长度,塔螺的高度,体螺环的直径、平卷螺的直径等。

(4)形态:化石的外形、纹饰特征、清晰程度。

(5)数量:化石数量的多少可用"少量""较多""富集"等词描述。"少量"表示数量稀少,不易发现;"较多"表示分布普遍,容易找到;"富集"表示数量极多,甚至成堆出现。描述时"少量""较多""富集"可分别用"+""++""+++"表示。对大化石可直接用数字表示,当量多不易指出数量时,可用"较多"或"富集"表示。

(6)产状:指化石的分布是顺层面分布,或是自身成层分布,或是杂乱分布,化石的排列有无一定方向,化石分布与岩性的关系等。

(7)保存情况:指化石保存的完整程度。可按完整、较完整、破碎进行描述。

9)含有物

含有物指地层中所含的结核、团块、孤砾、条带、矿脉、斑晶及特殊矿物等。描述时应注意其名称、颜色、数量、大小、分布特征以及它们和层理的关系等。

10)物理性质

物理性质应描述硬度、断口、光泽、味、风化程度、可塑性、燃烧程度、透明度等内容。

11)化学性质

化学性质主要指岩石遇稀盐酸反应情况。现场常用浓度为5%~10%的盐酸溶液对岩心

进行实验,观察并记录反应情况。反应强度可分为四级:

(1)强烈:加盐酸后立即反应,反应强烈,迅速冒泡(冒泡量多),并伴有吱吱响声,用"＋＋＋"符号表示。

(2)中等:加盐酸后立即反应,虽连续冒泡,但不强烈,响声也较小,用"＋＋"符号表示。

(3)弱:加盐酸后缓慢起泡,冒泡数量少,且微弱,用"＋"号表示。

(4)加盐酸后不冒泡,无反应,用"－"符号表示。

12)素描图或岩心照片

岩心中的重要地质现象,或用文字无法说明的地质现象,如层理的形态特征、砾石或化石的排列情况、上下岩层间的接触关系、裂缝的分布特点、含油产状等都应当绘素描图或岩心照片予以说明。每幅素描图或岩心照片应注明图名、比例尺、所在岩心柱的位置(用距顶的尺寸表示)和图幅相对于岩心柱的方向。

4. 黏土岩定名和描述内容

黏土岩主要有高岭土黏土岩、蒙脱石黏土岩、伊利石黏土岩、海泡石黏土岩、泥岩、页岩等几种类型。

1)黏土岩定名

黏土岩定名包括颜色、含油级别、特殊矿物(如硫磺)、特殊含有物、非黏土矿物和黏土矿物。

2)黏土岩的描述内容

黏土岩描述内容包括颜色,黏土矿物成分及非黏土矿物的成分、含量、变化等情况,遇盐酸反应情况,物理性质,化学性质,结构,构造,含油情况,含有物及化石,接触关系等。

(1)颜色:按标准色谱确定,同时描述岩石颜色的变化及分布等情况。

(2)黏土矿物成分及非黏土矿物的成分、含量、变化等情况,并描述遇盐酸的反应情况。有机质含量较多时,应详细描述。

(3)物理性质:包括黏土岩的软硬程度、可塑性、断口、吸水膨胀性、可燃程度、燃烧气味、裂缝等。软硬程度分为软(指甲可刻动)、硬(小刀可刻动)、坚硬(小刀刻不动)三级。二者之间时,可用"较"字形容,如较软、较硬。

(4)化学性质:同碎屑岩描述。

(5)结构:黏土岩结构按颗粒的相对含量可分为黏土结构、含粉砂(砂)黏土结构、粉砂(砂)质黏土结构;按黏土矿物的结晶程度及晶体形态可分为非晶质结构、隐晶质结构、显晶质结构;黏土岩的结构还包括鲕粒及豆粒结构、内碎屑结构、残余结构等几种。

(6)构造:包括层理、干裂、雨痕、晶体、印痕、生物活动痕迹、水底滑动、搅混构造等。

①层理的描述:黏土岩多在静水或水流较微弱的环境下沉积而成,故以水平层理为主,且常具韵律性。其描述方法与碎屑岩水平层理的描述相同。

②层面特征的描述:黏土岩层面特征指泥裂、雨痕、晶体印痕等。这些特征是判断沉积环境的重要标志。

③泥裂:描述时要注意裂缝的张开程度、裂缝的连通情况以及裂缝中充填物的性质,同时,还应注意上覆岩层的岩性特征。

④雨痕:描述时要注意雨痕的大小、分布特点以及上覆岩层的岩性特征。

⑤晶体印痕:描述时要注意印痕的大小、分布特点以及上覆岩层的岩性特征。

此外,黏土岩中还可见结核、团块构造、斑点构造、假角砾构造等,都应详细描述。

(7)含油情况:黏土岩一般是层面或裂缝中具有含油显示,含油级别为油浸(含油面积大于25%)、油斑(含油面积小于25%到肉眼可见的含油显示)两级,达不到饱含油程度和含油级,并且油斑与油迹的划分界线不易掌握,荧光级显示作用意义不大,故仅采用油浸、油斑两个含油级别。应描述含油显示的颜色、产状等。

(8)含有物及化石:同碎屑岩描述。

(9)接触关系:同碎屑岩描述。

5. 碳酸盐岩定名和描述内容

1)碳酸盐岩定名

碳酸盐岩定名包括岩石的颜色、含油级别、主要结构组分、构造、岩石名称。

2)碳酸盐岩的描述内容

碳酸盐岩描述应特别着重裂缝、溶洞的分布状态、开启程度、连通情况和含油气产状等。描述内容包括颜色、结构组分、化学性质、构造含油情况、化石及含有物、接触关系等内容。

(1)颜色:按标准色谱确定,还应描述颜色的变化和分布状况。

(2)结构组分:碳酸盐岩主要由颗粒、泥、胶结物、晶粒、生物格架五种结构组分组成。

①颗粒:包括内碎屑、鲕粒、生物颗粒、球粒、藻粒等。描述前把岩石新鲜面用浓度5%或10%的稀盐酸浸蚀2min,再用水洗净,在放大镜下观察,描述其数量、大小、分布状况。

②泥:描述其含量及分布状况。

③胶结物:应描述胶结物成分、胶结类型,如晶簇状胶结、粒状嵌晶胶结、连晶胶结。

④晶粒:描述晶粒形状、大小等内容。

⑤生物格架:描述数量、大小、形态、排列及分布状况。

(3)化学性质:同碎屑岩描述。

(4)构造:包括层理、鸟眼构造、虫孔构造、缝合线、缝、洞等。应描述各构造的形态、分布状况等。

①层理:同碎屑岩描述。

②鸟眼构造:描述形状、大小、分布状况、充填程度、充填物成分等。

③虫孔构造:描述形态、孔径、延伸情况、数量、与层面的关系、充填程度、充填物成分等内容。

④缝合线:描述数量、形态、凹凸幅度、延伸方向、与层面关系等。

⑤间隙缝:描述数量、大小、形态、开启程度、充填物质成分等。

⑥缝、洞:裂缝宽度大于2mm称为大缝;宽度为1~2mm称为中缝;宽度小于1mm称为小缝。洞包括溶洞和晶洞,孔径大于10mm称为大洞;孔径5~10mm称为中洞;孔径2~5mm称为小洞;孔径小于2mm称为溶孔、针孔。孔洞被张开缝所串通,称为缝连洞。裂缝有两次充填,称为缝中缝;被充填的宽裂缝中的晶洞,称为缝中洞;不同期次的裂缝相互穿插,称为切割缝。未被充填或未全部充填的裂缝,称为张开缝;全部被充填的裂缝,称为充填缝。

应描述缝洞的类型、数量、长度、宽度(洞为直径)、形态、充填情况、充填物成分、缝洞关系、分布状况及以层为单位统计缝洞的密度、连通程度、开启程度。

$$裂缝密度(条/m) = 裂缝条数/岩心长度(m) \qquad (1-3)$$

$$孔洞密度(个/m) = 孔洞个数/岩心长度(m) \qquad (1-4)$$

$$裂缝开启程度（\%）=（张开缝条数/裂缝总条数）\times 100\% \qquad (1-5)$$
$$孔洞连通程度（\%）=（连通孔洞数/孔洞总个数）\times 100\% \qquad (1-6)$$

（5）含油情况：包括岩心含油的颜色、产状、原油性质及钻遇该层时的钻时变化、槽面显示，洗岩心时的盆面显示、气测值的变化情况、钻井液性能变化情况等。碳酸盐岩含油级别的划分见表1-2。

表1-2　碳酸盐岩含油级别的划分

级别	含油缝洞占岩石总缝洞,%	含油产状	颜色	油脂感	气味	滴水试验
富含油	≥50	裂缝、孔洞发育,原油浸染明显,含油均匀,有外渗现象	油染部分呈棕褐或棕黄色,其他部分呈岩石本色	较强,可染手	原油芳香味较浓	油染部分不渗,呈圆珠状
油斑	<50	肉眼可见,含油不均匀,呈斑块状或斑点状	油染部分呈浅棕色或浅棕黄色,其他部分呈岩石本色	较弱	原油芳香味淡	沿裂缝孔隙缓渗
荧光	肉眼看不见	荧光系列对比在六级以上(含六级)	岩石本色			

碳酸盐岩岩心在出筒静置8h后,必须复查含油情况。描述时,对用肉眼未发现油气显示的岩心,必须用荧光灯,进行干照、滴照、系列对比。确定含油级别及产状,各项试验结果必须记录在描述中。岩心越破碎,越应仔细观察并做试验,证实是否有油气显示。

（6）化石及含有物：同碎屑岩描述。

（7）接触关系：同碎屑岩描述。

6. 可燃有机岩定名和描述内容

可燃有机岩主要指煤、沥青、油页岩等类型。

1）可燃有机岩定名

可燃有机岩定名包括颜色、岩性等。

2）可燃有机岩的描述内容

（1）煤：主要描述颜色、纯度、光泽、硬度、脆性、断口、裂隙、燃烧时气味、燃烧程度、含有物及化石的数量及分布状况等。

（2）油页岩、碳质页岩、沥青质页岩：描述颜色、岩石成分、页理发育情况、层面构造、含有物及化石情况、硬度、可燃情况及气味等内容。

7. 蒸发岩定名和描述内容

蒸发岩包括石膏岩、硬石膏岩、盐岩、钾镁盐岩、芒硝—钙芒硝岩、硼酸盐岩等类型。

1）蒸发岩定名

蒸发岩定名包括颜色、岩性。定名时以含量大于50%的矿物命名,如石膏岩。含量小于50%时,参加其他岩石定名。

2）蒸发岩的描述内容

蒸发岩的描述内容包括颜色、成分、构造、硬度、脆性、含有物及化石等内容。

8. 岩浆岩定名及描述内容

岩浆岩主要有安山岩、玄武岩、花岗岩、橄榄岩、辉长岩、闪长岩、流纹岩等。

1）岩浆岩定名

岩浆岩定名是根据颜色、含油级别、结构、构造、矿物成分综合命名。岩浆岩必需选样进行镜下鉴定，以鉴定后的定名为准。

2）岩浆岩的描述内容

岩浆岩的描述内容包括颜色、矿物成分、结构、构造、含油情况等内容。

（1）颜色：应描述岩石颜色的变化及所含矿物颜色的变化、分布状况。

（2）矿物成分：描述用肉眼或借助放大镜观察到的各种矿物及含量变化。

（3）结构：包括全晶质结构、半晶质结构、玻璃质结构、等粒结构、不等粒结构、文象结构、蠕虫结构等。应描述结构名称、组成某些结构的矿物成分等内容。

（4）构造：包括块状构造、带状构造、斑杂构造、晶洞构造、气孔和杏仁构造、流纹构造、原生片麻构造等。应描述组成某些构造的成分、颜色及晶洞、气孔的形状、直径、充填物成分等。

（5）含油情况：描述含油颜色、产状等情况，含油级别的划分与碳酸盐岩相同。

9. 火山碎屑岩定名和描述内容

火山碎屑岩包括集块岩、火山角砾岩、凝灰岩等类型。

1）火山碎屑岩定名

首先根据物质来源和生成方式，划分出火山碎屑岩类型，再根据碎屑物质相对含量和固结成岩方式，划分岩类，又根据碎屑粒度和粒级组分的种属，划分基本种属，最后以碎屑物态、成分、构造作为形容词进行定名，即颜色、含油级别、结构、岩性，例如灰色油斑凝灰岩。火山碎屑岩必须选样进行镜下鉴定。

2）火山碎屑岩的描述内容

火山碎屑岩的描述内容包括颜色、成分、结构、构造、化石及含有物、含油气情况等。

（1）颜色：火山碎屑岩颜色主要取决于物质成分和次生变化。常见的颜色有浅红、紫红、绿、浅黄、灰绿、灰、深灰等色。

（2）成分：火成碎屑物质按组成及结晶状况分为岩屑、晶屑、玻屑。

（3）结构：包括集块结构（集块含量大于50%）、火山角砾结构（火山角砾含量大于75%）、凝灰结构（火山灰含量大于75%）、沉凝灰结构等。凝灰质含量小于50%时，参加其他岩性定名，如凝灰质砂岩、凝灰质泥岩等；含量小于10%时，不参加定名。另外还需描述磨圆度、分选情况等，描述同碎屑岩描述。

（4）构造：包括层理、斑杂、平行、假流纹、气孔、杏仁等构造。描述同碎屑岩描述。

（5）含油情况：同碎屑岩描述。

（6）化石及含有物：同碎屑岩描述。

10. 变质岩定名和描述内容

变质岩常见的主要有片麻岩、片岩、千枚岩、大理岩等类型。

1）变质岩定名

变质岩定名是根据原岩、主要变质矿物、结构、构造的特征进行分类定名，包括颜色、含油级别、变质矿物、构造、岩石基本类型。变质岩应选样进行镜下鉴定。

2）变质岩的描述内容

变质岩的描述内容包括颜色、矿物成分、结构、构造、含油情况、含有物等。

（1）颜色：应描述颜色的变化和分布情况。

（2）矿物成分：变质岩的矿物成分十分复杂，既有和岩浆岩、沉积岩共有的矿物类型，又有自身独具的矿物类型，如一些变质矿物。变质岩中不含副长石（霞石、石榴子石）、鳞石英、透长石等矿物。

（3）结构：主要有变余结构、变晶结构、交代结构、碎裂及变形结构。

（4）构造：主要有变余构造（包括变余流纹、变余气孔——杏仁构造、变余枕状、变余条带）、变成构造（包括斑点构造、板状构造、千枚状构造、片状构造、片麻状构造）、混合构造（网脉状构造、角砾状构造、眼球状构造、条带状构造、肠状构造、阴影状构造）。

（5）含油情况：同碳酸盐岩描述。

（6）含有物：同碎屑岩描述。

三、岩心采样和岩心保管方法

1. 岩心采样

1）采样要求

（1）油浸以上的油砂每米取 10 块，油斑及以下砂岩和含水砂岩每米取 3 块。

（2）碳酸盐岩类：一般岩性每米取 1～2 块，油气显示段及缝洞发育段每米取 5 块。

（3）样品长度一般 8～10cm，松散岩心取 300g。

2）注意事项

（1）采样前首先要检查岩心顺序，核对岩心长度。

（2）采样时应将岩心依次对好，沿同一轴面劈开，用同一侧岩心取样，另一侧保存。

（3）用作含油饱和度的样品，必须在出筒后两小时内采样并封蜡。

（4）水砂每米采一块样品，并填写标签，用纸包好。

（5）样品必须统一编号，从第一筒到最后一筒顺序排列，不能一筒心编一次号。

（6）岩心样品分析项目，由地质任务书或使用单位确定。

（7）采样完毕，应填写送样清单一式三份（两份上交，一份自存），并随样品送分析化验单位。

2. 岩心保管

将岩心装箱后，应按先后顺序存放在岩心房内，严防日晒、雨淋、倒乱、人为损坏、丢失。每取一个井段的岩心后应及时要求管理单位验收，验收合格后，将岩心送岩心库统一保管。入库时要求填写详细的入库清单，包括井号、取心井段、取心次数、心长、进尺、收获率、地层层位、岩心箱数等（图 1-2）。

四、岩心录井草图的编绘方法

为了便于及时分析对比及指导下一步的取心工作，应将岩心录井中获得的各项数据和原始资料（如岩性，油气显示，化石，构造，含有物及取心收获率等），用统一规定的符号，绘制在岩心录井草图上。岩心录井草图有两种,一种为碎屑岩岩心录井草图(图1-5),一种为碳酸盐岩岩心录井草图。

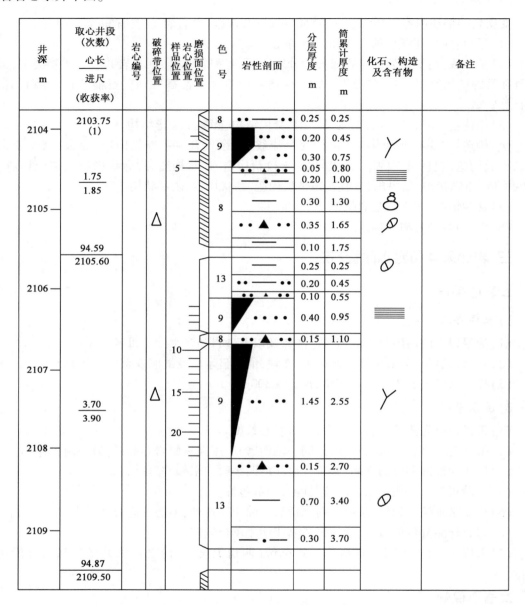

图1-5　岩心录井草图

编制碎屑岩岩心录井草图的步骤如下:

(1)按标准绘制图框。

(2)填写数据:将所有与岩心有关的数据(如取心井段、收获率等)填写在相应的位置上,数据必须与原始记录相一致。

(3)深度比例尺为1:100,深度记号每10m标一次,逢100m标全井深。

(4)第一筒岩心收获率低于100%时,岩心录井草图由上而下绘制,底部空白。下次收获率大于100%时(有套心),则岩心录井草图应由下而上绘制,将套心补充在上次取心草图空白部位。

（5）每次第一筒岩心的收获率超过100%时,应根据岩心情况合理压缩成100%绘制。

（6）化石及含有物,用图例绘在相应地层的中部。化石及含有物分别用"1""2""3"符号代表"少量""较多""富集"。

（7）样品位置、磨损面、破碎带,按该筒岩心距顶位置用符号分别表示在不同的栏内。

（8）岩心含油情况除按规定图例表示外,若有突出特征时,应在"备注"栏内描述。钻进中的槽面显示和有关的工程情况也应简略写出,或用符号表示。

五、岩心录井在油气田勘探开发中的作用

岩心录井资料是最直观地反映地下岩层特征的第一性资料。通过对岩心的分析、研究可以解决以下问题:

（1）获得岩性、岩相特征,进而分析沉积环境。

（2）获得古生物特征,确定地层时代,进行地层对比。

（3）确定储集层的储油物性及有效厚度。

（4）确定储集层的"四性"（岩性、物性、电性、含油性）关系。

（5）取得生油层特征及生油指标。

（6）了解地层倾角、接触关系、裂缝、溶洞和断层发育情况。

（7）检查开发效果,获取开发过程中所必需的资料。

第二节　岩　屑　录　井

地下的岩石被钻头破碎后（图1-6）,随钻井液被带到地面（图1-7）,这些岩石碎块称为岩屑,又常称为"砂样"。在钻井过程中,地质人员按照一定的取样间距和迟到时间,连续收集和观察岩屑并恢复地下地质剖面的过程,称为岩屑录井。由于岩屑录井具有成本低、简便易行、了解地下情况及时和资料系统性强等优点,因此,在油气田勘探开发过程中被广泛采用。

破岩方式	切削	压碎	研磨	水射流
适应岩石	塑性岩层	脆性岩层	硬岩层	松软岩层
钻头类型	 刮刀钻头  PDC钻头	 牙轮钻头	 金刚石钻头	 射流功率强的钻头

图1-6　常用的钻头类型及适应的岩层

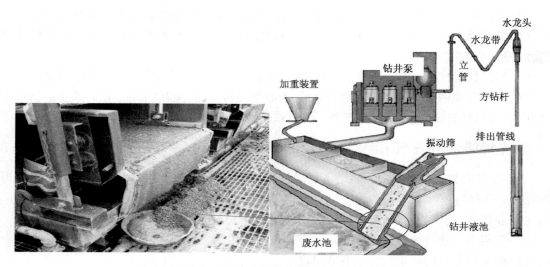

图 1 - 7　钻井现场地质循环系统及岩屑捞取处示意图

一、岩屑录井过程及方法

1. 岩屑迟到时间的测定

岩屑录井要获取具有代表性的岩屑,关键是做到两点,一是井深准,二是岩屑迟到时间准。井深准必须管理好钻具;岩屑迟到时间准必须按一定间距测准岩屑迟到时间,岩屑迟到时间是指岩屑从井底返至井口取样位置所需的时间,岩屑迟到时间准确与否,直接影响岩屑的代表性和真实性。常用的测定岩屑迟到时间的方法有以下两种。

1)理论计算法

理论计算公式为

$$T = \frac{V}{Q} = \frac{\pi(D^2 - d^2)}{4} \cdot H \qquad (1-7)$$

式中　T——岩屑迟到时间,min;

$\quad\quad V$——井内环形空间容积,m^3;

$\quad\quad Q$——钻井泵排量,m^3/min;

$\quad\quad D$——钻杆外径,m;

$\quad\quad H$——井深,m。

这个计算公式是把井眼看作是一个以钻头为直径的圆筒,而实际井径常大于理论井径,在计算时也未考虑岩屑在钻井液上返过程中的下沉,所以,理论计算的迟到时间与实测迟到时间往往不符。因此,在实际工作中,仅用它做参考,或只在1000m以内的浅井中使用。

一般来说,岩屑比钻井液落后的时间有如下的经验关系:

$$T_{上C} = T_{上M} \times \frac{1}{5} \qquad 浅井(<1200m) \qquad (1-8)$$

$$T_{上C} = T_{上M} \times \frac{1}{4} \qquad 中深井(1200 \sim 3000m) \qquad (1-9)$$

$$T_{上C} = T_{上M} \times \frac{1}{4} \qquad 深井(>3000m) \qquad (1-10)$$

2) 实测法

由于理论计算的钻井液上行时间($T_{上M}$)存在一定的误差,一般较实际情况偏小,而且该误差随井深增大而增大。出现上述误差的原因主要是由于井径不规则(扩径)和泵上水系数实际偏低(即泵排量实际偏小)所致。因此,钻井液循环时间通常采用实测。

实测法是现场中最常用的方法,也是比较准确的方法。其方法是:选用与岩屑大小、相对密度相近似的物质作指示剂,如染色的岩屑、红砖块、瓷块等,在接单根时,把它们从井口投入到钻杆内。指示剂从井口随钻井液经过钻杆内到井底,又从井底随钻井液沿钻杆外的环形空间返到井口振动筛处,记下开泵时间和发现第一片指示剂的时间,两者之间时间差即为循环周时间。指示剂从井口随钻井液到达井底的时间叫下行时间,从井底上返至振动筛处的时间叫上行时间,所求的迟到时间就是指示剂的上行时间,即

$$T = T_{循环} - T_{下行} \qquad (1-11)$$

因为钻杆、钻铤内径是规则的(如果用内径不同的混合柱时,要分段计算)。所以,下行时间 $T_{下行}$ 可以通过下式算出:

$$T_{下行} = \frac{V_1 + V_2}{Q} \qquad (1-12)$$

式中　V_1——钻杆内容积,L;

　　　V_2——钻铤内容积,L;

　　　Q——泵排量,L/s。

使用实测法,要求在钻达录井井段前50m左右实测岩屑迟到时间,进入录井井段后,每钻进一定录井井段,必须实测成功一次迟到时间,以提高岩屑捞取的准确性。

在实际工作中还常常应用特殊岩性法来校正迟到时间,利用大段单一岩性中的特殊岩性(如大段砂岩中的泥岩,大段泥岩中的砂岩,大段泥岩中的灰岩、白云岩等),在钻时上表现出特高或特低值,记录钻遇时间和返出时间,二者之差即为真实的岩屑迟到时间,用这个时间校正正在使用的迟到时间,可以保证取准岩屑资料。

2. 岩屑取样及整理方法

岩屑返出地面后,地质人员根据设计的捞样间距在振动筛前捞取岩屑。岩屑捞取后要进行洗样、晒(或烤)样、描述、装袋、入库等工作。

1) 岩屑的捞取

(1)取样时间。岩屑的捞取必须严格按照迟到时间连续进行,以确保岩屑的真实性、准确性。

$$取样时间 = 钻达时间 + 岩屑迟到时间 \qquad (1-13)$$

①泵出口流量无变化时:

$$T_2 = T_3 + T_1 \qquad (1-14)$$

式中　T_2——捞样时间,min;

　　　T_3——钻达取样深度时间,min;

　　　T_1——岩屑迟到时间,min。

②变泵时间早于钻达取样深度的时间时:

$$T_2 = T_3 + T_1 \cdot \frac{Q_1}{Q_2} \qquad (1-15)$$

式中　Q_1——变泵前钻井液出口流量,m³/min;

Q_2——变泵后钻井液出口流量，m^3/min。

③变泵时间晚于钻达取样深度的时间，早于捞样时间：

$$T_2 = T_4 + (T_5 - T_4) \cdot \frac{Q_1}{Q_2} \qquad (1-16)$$

式中　T_4——变泵时间，min；

　　　T_5——变泵前捞样时间，min。

④如果连续变泵，由式（1-16）确定捞样时间。

（2）取样间距。取样间距的大小，应根据对探区地质情况的了解程度和本井的任务而定。取样间距在地质设计中，一般都有明确的规定。

（3）取样位置。在一般情况下，岩屑是按取样时间在振动筛前连续捞取的，砂样盆放在振动筛前，岩屑沿筛布斜面落入盆内（图1-7）。

（4）取样方法。岩屑捞取过程中，除了捞取时间的准确外，还要做到捞取岩屑纯净、分量足、有代表性、有连续性。在取样时间未到时，若砂样盆已经装满，此时，不能将上面的岩屑除掉，而应垂直切去盆内岩屑的一半，将留下的另一半岩屑拌匀，若盆内岩屑再次接满，同样按上述方法处理，以保证岩屑捞取的连续性。岩屑捞取数量按现行规定，一般无挑样任务时，岩屑每包不少于500g；有挑样要求时，岩屑每包不少于1000g。

2）岩屑的清洗

捞取出的岩屑应缓缓放水清洗，并进行充分搅动，水满时应慢慢倾倒，要防止悬浮细砂和较轻的物质（沥青块、油砂块、碳质页岩、油页岩等）被冲掉，直至清洗出岩屑本色，清洗时要注意观察盆面有无油气显示。

3）岩屑的晾晒

捞出的岩屑清洗干净后，要按深度顺序在砂样台上晾晒，在雨季或冬季需要烘烤时，要控制好烘箱温度。含油岩屑严禁火烤。

4）岩屑的包装、整理

岩屑晾晒干后，有挑样任务的分装两袋，一袋供挑样用，一袋用来描述及保存，每袋应不少于500g。装岩屑时，要把同时写好井号、井深、编号的标签放入袋内。

将袋装岩屑按照井深顺序从左到右、从上到下依次排列于岩屑盒中，并在盒外标明井号、盒号、井段和包数。用于挑样的岩屑要分袋，挑样完毕后不必保存；供描述用的岩屑，描述完后，要按原顺序放好，并妥善保管，一口井完毕后作为原始资料入库保存（图1-8）。

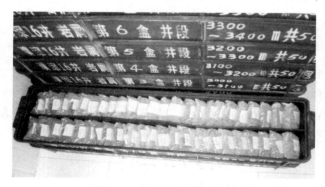

图1-8　岩屑的包装、整理

二、岩屑描述方法

现场捞取的岩屑，由于受多种因素的影响，每包岩屑并不是单一的岩性，而是十分混杂的。这就要求我们进行岩屑描述工作，将地下每一深度的真实岩屑找出来，给予比较确切的定名，才能真实地恢复和再现地下地质剖面。因此，岩屑描述是地质录井工作中一项重要的工作。

1. 真假岩屑的识别

1）真岩屑

在钻井中，钻头刚刚从某一深度的岩层破碎下来的岩屑，也叫新岩屑（图1-9）。一般地讲，真岩屑具有下列特点：

牙轮钻头岩屑　　　　　　　　　PDC钻头岩屑

图1-9　真岩屑的特点

（1）色调比较新鲜。

（2）个体较小，一般碎块直径2~5mm，依钻头牙齿形状大小长短而异，极疏松砂岩的岩屑多呈散沙状。

（3）碎块棱角较分明。

（4）如果钻井液携带岩屑的性能特别好，迟到时间又短，岩屑能即时上返到地面的情况下，较大块的、带棱角的、色调新鲜的岩屑也是真岩屑。

（5）高钻时，致密坚硬的岩类，其岩屑往往较小，棱角特别分明，多呈碎片或碎块状。

（6）成岩性好的泥质岩多呈扁平碎片状，页岩呈薄片状。疏松砂岩及成岩性差的泥质岩屑棱角不分明，多呈豆粒状。具造浆性的泥质岩等多呈泥团状。

2）假岩屑

假岩屑指真岩屑上返过程中混进去的掉块及不能按迟到时间及时返到地面而滞后的岩屑，也叫老岩屑（图1-10）。假岩屑一般有下列特点：

（1）色调欠新鲜，比较而言，显得模糊陈旧，表现出岩屑在井内停滞时间过长的特征；

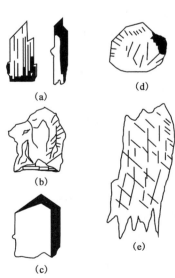

图1-10　各类真假岩屑形状示意图
（a）新钻页岩；（b）新钻石灰岩；（c）新钻泥岩；
（d）残留岩屑；（e）垮塌岩屑

（2）碎块过大或过小,毫无钻头切削特征,形态失常;

（3）棱角欠分明,有的呈混圆状;

（4）形成时间不长的掉块,往往棱角明显,块体较大;

（5）岩性并非松软,而破碎较细,毫无棱角,呈小米粒状岩屑,是在井内经过长时间上下往复冲刷研磨成的老岩屑。

2. 描述前的准备

1）器材准备

器材准备包括稀盐酸、放大镜、双目实体显微镜、试管、荧光灯、有机溶液（氯仿或四氯化碳）、镊子、小刀及描述记录等。

2）资料收集

资料收集包括钻时、整跳钻情况、取样间距、气测数据、槽面或盆面油气显示情况、钻遇油气显示的层位、岩性、井段等。

3. 描述方法

（1）仔细认真、专人负责:描述前应仔细认真观察分析每包岩屑。一口井的岩屑由专人描述,如果中途需换人,二人应共同描述一段岩屑,达到统一认识、统一标准。

（2）大段摊开、宏观细找:岩屑描述要及时,应在岩屑未装袋前,在岩屑晾晒台上进行描述。若岩屑已装袋,描述时应将岩屑大段摊开(不少于10包岩屑),系统观察分层。描述前必须检查确保岩屑顺序准确。宏观细找是指把摊开的岩屑大致看一遍,观察岩屑颜色、成分的变化情况,找出新成分出现的位置,尤其含量较少的新成分和呈散粒状的岩性更需仔细寻找。

（3）远看颜色、近查岩性:远看颜色,易于对比,区分颜色变化的界线。近查岩性是指对薄层、松散岩层及含油岩屑、特殊岩性需要逐包仔细查找、落实并把含油岩屑、特殊岩性及本层定名岩性挑出,分包成小包,以备细描和挑样。

（4）干湿结合,挑分岩性:描述颜色时,以晒干后的岩屑颜色为准,但岩屑湿润时,颜色变化、层理、特殊现象和一些微细结构比较清晰、容易观察区分。挑分岩性是指分别挑出每包岩屑中的不同岩性,进行对比,帮助判断分层。

（5）参考钻时、分层定名:钻时变化虽然反映了地层的可钻性,但因钻时受钻压、钻头类型、钻头新旧程度、钻井泵排量、转速等因素影响,所以不能以钻时变化为分层的唯一根据,应该根据岩屑新成分的出现和百分含量的变化,参考钻时,上追顶界、下查底界的方法进行分层定名。

（6）含油岩性、重点描述:对百分含量较少或成散粒状的储集层及用肉眼不易发现、区分油气显示的储集层,必须认真观察,仔细寻找,并做含油气的各项试验,不漏掉油气显示层。

（7）特殊岩性,必须鉴定:不能漏掉厚度0.5m以上的特殊岩性,并详细描述。特殊岩性以镜下鉴定的定名为准。

4. 分层原则

（1）岩性相同而颜色不同或颜色相同而岩性不同,厚度大于0.5m的岩层,均需分层描述。

（2）根据新成分的出现和不同岩性百分含量的变化进行分层。

（3）同一包内出现两种或两种以上新成分岩屑,是薄层或条带的显示,应参考钻时进行分层。除定名岩性外,其他新成分的岩屑也应详细描述。

（4）见到少量含油显示的岩屑，甚至仅有一颗或数颗，必须分层并详细描述。

（5）特殊岩性、标准层、标志层在岩屑中含量较少或厚度不足 0.5m 时，必须单独分层描述。

5. 定名原则

定名时要概括和综合岩石基本特征，包括颜色、含油级别、特殊含有物、特殊矿物、结构、构造化石、岩性。

6. 岩屑描述内容

（1）分层深度：岩屑分层深度以钻具井深为准。连续录井描述第一层时，在分层深度栏写出该层顶界深度和底界深度，以后只写各层底界深度。

（2）岩性定名：同岩心各种岩性定名要求。碎屑岩岩屑含油级别中不使用饱含油级，套用含油、油浸、油斑、油迹、荧光五级定名。

（3）描述内容：包括颜色、矿物成分、结构、构造、化石及含有物、物理性质及化学性质、含油程度等，可按岩心描述中各类岩性描述内容参照执行。

（4）岩性复查：中途测井或完井测井后，发现岩电不符合处需及时复查岩屑。复查前需进行剖面校正，找出测井深度与钻具井深的误差，在相应深度的前后复查岩屑，寻找与电性相符的岩性并在描述中复查结果栏进行更正。若复查结果与原描述相同时，应注明已复查，表示原描述无误。

7. 岩屑描述时应注意的事项

描述岩屑时应注意下列问题：

（1）岩屑描述应及时，必须跟上钻头，以便随时掌握地层情况，做出准确地质预告，使钻井工作有预见性。

（2）描述要抓住重点，定名准确，文字简练，条理分明，各种岩石的分类、命名原则必须统一，描述中所采用的岩谱、色谱、术语等也应统一。

（3）对岩屑中出现的少量油砂，要根据具体情况对待，若第一次出现可参考别的资料定层，若前面已出现过则应慎重对待，既不能盲目定层，也不能草率否定，必须综合分析再作结论。如果综合分析后，仍不能做结论，可将所见到的油砂及含油情况记录在岩屑描述记录纸上，供综合解释参考。

对不易识别的油砂，应作四氯化碳试验，或用荧光灯照射。在新探区的第一批探井，应对所有岩屑进行荧光普查，以免漏掉油气层。

（4）要认真鉴别混油钻井液中的假油砂和地面油污染而成的假油砂，要对这种假油砂的形成追根求源，查明原因，证据确凿之后才能将其否定。

（5）对油气显示层、标准层、标志层、特殊岩性层进行描述时，要挑出实物样品，供综合解释和讨论试油层位时参考。另外，还应将少量样品用纸包好，待描述完后，仍放在岩屑袋中，供挑样和复查岩屑时参考。

三、岩屑录井草图的编绘

岩屑录井草图就是将岩屑描述的内容（如岩性、油气显示、化石、构造、含有物等）、钻时资料等，按井深顺序用统一规定的符号，绘制下来。岩屑录井草图有两种，一种为碎屑岩岩屑录井草图（图 1 – 11），一种为碳酸盐岩岩屑录井草图。下面着重介绍碎屑岩岩屑录井草图的编绘方法。

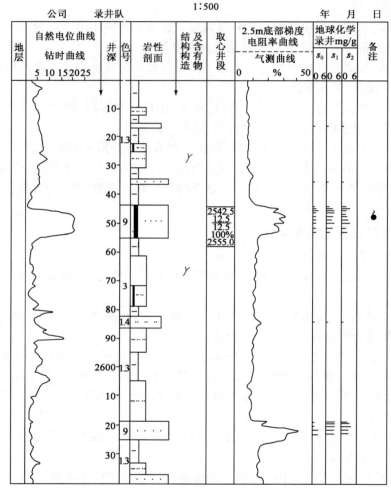

图 1-11　岩屑录井草图

编制碎屑岩岩屑录井草图的步骤如下：

（1）按标准绘制图框。

（2）填写数据：将所有与岩屑有关的数据填写在相应的位置上，数据必须与原始记录相一致。

（3）深度比例尺为1:500，深度记号每10m标一次，逢100m标全井深。

（4）绘制钻时曲线；若有气测录井则还应绘制气测曲线。

（5）颜色、岩性按井深用规定的图例、符号逐层绘制。

（6）化石及含有物、油气显示用图例绘在相应地层的中部。化石及含有物分别用"1""2"

"3"符号代表"少量""较多""富集"。

（7）有钻井取心时,应将取心数据对应取心井段绘在相应的栏上。

（8）有地球化学录井时,将地球化学录井的数据画在相应的深度上。

（9）完钻后,将测井曲线(一般为自然电位曲线或自然伽马曲线和电阻率曲线)透在岩屑草图上,以便于复查岩性。

（10）岩屑含油情况除按规定图例表示外,若有突出特征时,应在"备注"栏内描述。钻进中的槽面显示和有关的工程情况也应简略写出,或用符号表示。

四、岩屑录井的影响因素

与钻井取心比较起来,岩屑录井虽然既经济,又简便,同样能达到了解井下地层剖面及含油气情况的目的。但是由于种种影响因素的存在,使岩屑的代表性(即准确性)在不同程度上受到一定影响,以致影响到岩屑录井的质量。

影响岩屑代表性的因素如下:

（1）钻头类型和岩石性质的影响:钻头类型及新旧程度的差异,所破碎的岩屑形态有差异,相对密度也有差异,所以上返速度也就不同。如片状岩屑受钻井液冲力及浮力的面积大,较轻,上返速度快;粒状及块状岩屑与钻井液接触面积小,较重,上返速度较慢。由于岩屑上返速度的不同,直接影响到岩屑迟到时间的准确性,进而影响了岩屑深度的正确性和代表性。

（2）钻井液性能的影响:钻井液是钻井的血液,它起着巩固井壁、携带岩屑、冷却钻头等作用。在钻进过程中钻井液性能的好坏,将直接影响钻井工程的正常进行,也严重影响地质录井的质量。如采用低密度、低黏度钻井液或用清水快速钻进时,井壁垮塌严重,岩屑特别混杂,使砂样失去真实性。若钻井液性能好、稳定,井壁不易垮塌,悬浮能力强时,岩屑就相对的单纯,代表性强。

在处理钻井液过程中,若性能变化很大,特别是当钻井液切力变小时,岩屑就会特别混杂。在正常钻进中,未处理钻井液时,钻井液在井筒环形空间中一般形成三带:靠近钻具的一带是正常钻井液循环带,携带并运送岩屑,靠近井壁的地方形成滤饼;二者之间为处于停滞状态的胶状钻井液带,而其中混杂有各种岩性的岩屑。当钻井液性能未发生变化时,胶状钻井液带对正常钻井液循环带的影响较小,所以在钻井液循环带里岩屑混杂情况较轻。处理时,钻井液性能突然变化,切力变小,破坏了三带的平衡状态,停滞的胶状钻井液带中混杂的各种岩屑进入循环带里,与所钻深度的岩屑一同返出地面,造成岩屑特别混杂。只有当新的平衡形成以后,这种混杂现象才会停止。

（3）钻井参数的影响:钻井参数对岩屑准确性的影响也是很明显的,当排量大时,钻井液流速快,岩屑能及时上返;如果排量小,钻压较大,转速较高,钻出的岩屑较多,又不能及时上返,岩屑混杂现象将更加严重。尤其是当单泵、双泵频繁倒换时,钻井液排量及流速也会频繁变化,最容易产生这种现象。

（4）井眼大小的影响:钻井参数不变,若井眼不规则,钻井液上返速度也就不一致。在大井眼处,上返慢,携带岩屑能力差,甚至在"大肚子"处出现涡流使岩屑不能及时返出地面,造成岩屑混杂,而在小井眼处,钻井液流速快,携带岩屑上返及时。由于井眼的不规则,钻井液流速不同,岩屑上返时快时慢,直接影响迟到时间的准确性,并造成岩屑的混杂。

（5）下钻、划眼的影响:在下钻或划眼过程中,可能把上部地层岩屑带至井底,与新岩屑混杂在一起,返至地面,致使真假难分。这种情况在刚下钻到底后的前几包岩屑中最容易见到。

(6)人为因素的影响:司钻操作时加压不均匀,或者打打停停都可能使岩屑大小不一,上下混杂,给识别真假岩屑带来困难。

五、岩屑录井资料的应用

岩屑录井草图主要应用于下列几方面:

(1)提供研究资料:岩屑录井资料是现场地质录井工作中最直接地了解地下岩性、含油性的第一性资料。通过岩屑录井,可以掌握井下地层岩性特征,建立井区地层岩性柱状剖面;可以及时发现油气层;通过对暗色泥岩进行生油指标分析,以便了解其区域的生烃能力。

(2)进行地层对比:把岩屑录井草图与邻井进行对比,及时了解本井岩性特征、岩性组合、钻遇层位、正钻层位,还可检查和验证本井地质预告的符合程度,以便及时校正地质预告,进一步推断油、气、水层可能出现的深度,指导下一步钻井工作的进行。

(3)为测井解释提供地质依据:岩屑录井草图是测井解释的重要地质依据,对探井来说,综合利用岩屑录井草图,可大大提高测井解释的精度。在砂泥岩剖面中,特殊岩性含油往往不能在电性特征上有明显反映,仅凭电性特征解释油气层常常感到困难,此时岩屑录井草图的重要性就更加突出。

(4)配合钻井工程的进行:在处理工程事故的过程中,如卡钻、倒扣、泡油等项工作中,经常应用岩屑录井草图,以便分析事故发生的原因,制定有效的处理措施。在进行中途测试、完井作业过程中也要参考岩屑录井草图。

(5)岩屑录井草图是编绘完井综合录井图的基础:完井综合录井图中的综合解释剖面就是以岩屑录井草图为基础绘制的。岩屑录井草图的质量直接影响着综合图的质量。岩屑录井草图的质量高,综合解释剖面的精度也就高;相反,岩屑录井草图质量低,不仅使综合解释剖面质量降低,而且将会大大增加解释过程中的工作量。

岩屑录井是地质录井工作中最基础的工作,除岩心录井外,常规录井中其他录井工作都是配合岩屑录井的。岩屑录井是目前钻进过程中了解地下地质情况及油气显示的主要手段,而其他录井工作则进一步补充说明岩屑录井的可靠性和准确性,包括岩屑录井在内的各种录井资料的综合,又是进行地质综合研究的基础。因此,地质录井工作者,应做好这项工作,以提高工作质量,为油田勘探、开发负责,为加速石油工业的发展提供可靠的基础资料。

第三节　钻井液录井

钻井液,俗称泥浆,是石油天然气钻井工程的血液。普通钻井液是由黏土、水和一些无机或有机化学处理剂搅拌而成的悬浮液和胶体溶液的混合物,其中黏土呈分散相,水是分散介质,组成固相分散体系。

由于钻井液在钻遇油、气、水层和特殊岩性地层时,其性能将发生各种不同的变化,所以根据钻井液性能的变化及槽面显示,来判断井下是否钻遇油、气、水层和特殊岩性的方法称为钻井液录井。

一、钻井液功能、录井原则及要求

1. 钻井液的功能

（1）带动涡轮、冷却钻头和钻具。

（2）携带岩屑、悬浮岩屑、防止岩屑下沉。

（3）保护井壁、防止地层垮塌。

（4）平衡地层压力、防止井喷与井漏。

（5）将水动力传给钻头，破碎岩石。

2. 钻井液录井原则和要求

（1）任何类别的井，在钻进或循环过程中都必须进行钻井液录井。

（2）区域探井、预探井钻进时不得混油，包括机油、原油、柴油等，不得使用混油物，如磺化沥青等。若处理井下事故必须混油时，需经探区总地质师同意，事后必须除净油污后方可钻进。

（3）必须用混油钻井液钻进时，要收集油品及混油量等数据，并且一定要做混油色谱分析。

（4）下钻划眼或循环钻井液过程中出现油气显示，必须进行后效气测或循环观察，取样做全套性能分析，并落实到具体层位或层段上。

（5）遇井涌、井喷应采用罐装气取样进行钻井液性能分析。

（6）遇井漏，应取样做全套性能分析。

（7）钻井液处理情况，包括井深、处理剂名称、用量、处理前后性能等，都要详细记入观察记录中。

3. 钻井液的性能要求

钻井液种类繁多，其分类各异，主要有水基钻井液、油基钻井液和清水。

水基钻井液一般是用黏土、水、适量药品搅拌而成，是钻井中使用最广泛的一种钻井液。油基钻井液以柴油（约占90%）为分散剂，加入乳化、黏土等配成，这种钻井液失水量小，成本高，配制条件严格，一般很少使用，主要用于取心分析原始含油饱和度。清水钻进适用于井浅、地层较硬、无严重垮塌、无阻卡、无漏失及先期完成井。

地质录井人员必须了解钻井液的基本性能及其测量方法，能在不同的地质条件下合理使用钻井液。

钻井液性能要求包括以下几方面：

（1）钻井液相对密度。钻井液相对密度是指钻井液在20℃时的质量与同体积4℃的纯水质量之比。用专门的钻井液天平仪测量。调节钻井液密度主要是用来调节井内钻井液柱的压力。相对密度越大，钻井液柱越高，对井底和井壁的压力越大。在保证平衡地层压力的前提下，要求钻井液相对密度尽可能低些。这样，易于发现油气层，钻具转动时阻力较小，有利于快速钻进。当钻入易垮塌的地层和钻开高压油、气、水层时，为防止地层垮塌及井喷，应适当加大钻井液密度；而钻进低压油、气层及漏失层时，应减小钻井液密度，使钻井液柱压力近于低压层压力，以免压差过大发生井漏。总之调节钻井液密度，应做到对一般地层不塌不漏，对油、气层压而不死，活而不喷。

（2）钻井液黏度。钻井液黏度是指钻井液流动时的黏滞程度。一般用漏斗黏度计测定其大小，常用时间"s"来衡量黏度的大小。对于易造浆的地层钻井液黏度可以适当小一些；而易于垮塌及裂缝发育的地层,黏度则可以适当提高,但不宜过高,否则易造成泥包钻头或卡钻,钻井液脱气困难,砂子不易下沉,影响钻速。因此,钻井液黏度的高低要视具体情况而定。通常在保证携带岩屑的前提下,黏度低一些好。

(3)钻井液切力。使钻井液自静止开始流动时作用在单位面积上的力,即钻井液静止后悬浮岩屑的能力称为钻井液切力,其单位为 Pa。切力用浮筒式切力仪测定。钻井液静止 1min 后测得的切力称初切力,静止 10min 后测得的切力称终切力。

钻井要求初切力越低越好,终切力适当。切力过大,钻井泵启动困难,钻头易泥包,钻井液易气侵。而终切力过低,钻井液静止时岩屑在井内下沉,易发生卡钻等事故,对岩屑录井工作也带来许多困难,使岩屑混杂,难以识别真假。

(4)钻井液失水量和滤饼。当钻井液柱压力大于地层压力时,钻井液在压差的作用下,部分钻井液水将渗入地层中,这种现象称为钻井液的失水性。失水的多少称为钻井液失水量。其大小一般以 30min 内在一个大气压力作用下,用渗过直径为 75mm 圆形孔板的水量表示,单位为 mL。

钻井液失水的同时,黏土颗粒在井壁岩层表面逐渐聚结而形成滤饼。滤饼厚度以 mm 表示。测定滤饼厚度是在测定失水量后,取出失水仪内的筛板,在筛板上直接量取。

钻井液失水量小,滤饼薄而致密,有利于巩固井壁和保护油层。若失水量太大,滤饼厚,易造成缩径现象,起下钻遇阻遇卡,并且降低了井眼周围油层的渗透性,对油层造成损害,降低原油生产能力。

(5)钻井液含砂量。钻井液含砂量是指钻井液中直径大于 0.05mm 的砂粒所占钻井液体积的百分数。一般采用沉砂法测定含砂量。钻井液含砂量高易磨损钻头,损坏钻井泵的缸套和活塞,易造成沉砂卡钻,增大钻井液密度,影响滤饼质量,对固井质量也有影响。因此,做好钻井液净化工作是十分重要的。

(6)钻井液酸碱值(pH 值)。钻井液的 pH 值表示钻井液的酸碱性。钻井液性能的变化与pH 值有密切的关系。例如 pH 值偏低,将使钻井液水化性和分散性变差,切力、失水上升;pH值偏高,会使黏土分散度提高,引起钻井液黏度上升;pH 值过高时,会使泥岩膨胀分散,造成掉块或井壁垮塌,且腐蚀钻具及设备。因此,对钻井液的 pH 值应要求适当。

(7)钻井液含盐量。钻井液含盐量是指钻井液中含氯化物的数量。通常以测定氯离子(Cl⁻,简称氯根)的含量代表含盐量,单位为 mg/L。它是了解岩层及地层水性质的一个重要数据,在石油勘探及综合利用找矿等方面都有重要的意义。

二、钻井液录井方法

钻进时,钻井液不停地循环,当钻井液在井中和各种不同的岩层及油、气、水层接触时,钻井液的性质就会发生某些变化,根据钻井液性能变化情况,可以大致推断地层及含油、气、水情况。当油、气、水层被钻穿以后,若油、气、水层压力大于钻井液柱压力,在压力差作用下,油、气、水进入钻井液,随钻井液循环返出井口,并呈现不同的状态和特点,这就要求进行全面的钻井液录井资料收集。油、气、水显示资料,特别是油、气显示资料,是非常重要的地质资料。这些资料的收集有很强的时间性,如错过了时间就可能使收集的资料残缺不全,或者根本收集不到资料。

1. 油、气、水显示的分级

按钻井液中油、气、水显示的情况,依次分为四级:

（1）油花气泡：油花或气泡占槽面面积30%以下。

（2）油气侵：油花或气泡占槽面面积30%以上，钻井液性能变化明显。

（3）井涌：钻井液涌出至转盘面以上不超过1m。

（4）井喷：钻井液喷出转盘面1m以上。喷高超过二层平台称强烈井喷。

2. 油、气显示资料收集

钻入目的层后应注意观察钻井液槽、钻井液池液面和出口情况，并定时测量钻井液性能。

（1）观察钻井液槽液面变化情况：观察槽面时主要包括四方面的内容：①记录槽面出现油花、气泡的时间，显示达到高峰的时间，显示明显减弱的时间，并根据迟到时间推断油、气层的深度和层位；②观察槽面出现显示时油花、气泡的数量占槽面的百分比，显示达到高峰时占槽面的百分比，显示减弱时占槽面的百分比；③油气在槽面的产状、油的颜色、油花分布情况（呈条带状、片状、点状及不规则形状）气泡大小及分布特点等；④槽面有无上涨现象，上涨高度，有无油气芳香味或硫化氢味等，必要时应取样进行荧光分析和含气试验等。

（2）观察钻井液池液面的变化情况：应观察钻井液池液面有无上升、下降现象，上升、下降的起止时间，上升、下降的速度和高度。池面有无油花、气泡及其产状。

（3）观察钻井液出口情况：油气侵严重时，特别是在钻穿高压油、气层后，要经常注意钻井液流出情况，是否时快时慢、忽大忽小，有无外涌现象。如有这些现象，应进行连续观察，并记录时间、井深、层位及变化特征。井涌往往是井喷的先兆，除应加强观察外，还应通知工程上做好防喷准备工作。

（4）收集钻井液性能资料：钻遇油、气层时由钻井人员定时连续测量钻井液密度、黏度，直到油气显示结束为止。地质人员除收集钻井液性能资料外，还应随时观察，详细记录钻井液性能变化情况，供以后综合解释、讨论下套管及试油层位时参考。

3. 水侵显示资料收集

1）水侵的资料收集

钻开水层以后，地层水在压力差的作用下进入钻井液中，引起钻井液性能的一系列变化，这就是水侵现象。由于地层水含盐量的不同，可分为淡水侵和盐水侵。

淡水侵的特点：钻井液被稀释，密度、黏度均下降，失水量增加，流动性变好，钻井液量随水量的增加而增加，钻井液池液面上升。

盐水侵的特点：钻井液性能将受到严重破坏，黏度和失水增大，流动性迅速变差，呈不能流动的"豆腐脑"状或呈清水状，氯离子含量剧增。

水侵时应收集下列资料：

（1）水侵的时间、井深、层位；

（2）钻井液性能、流动情况、水侵性质；

（3）钻井液槽和钻井液池显示情况；

（4）定时取样做氯离子滴定实验。

2）氯离子滴定实验

钻进过程中如钻遇盐水层，特别是高压盐水层时，氯离子含量的变化很快，其含量突然巨增，并迅速破坏钻井液性能，常引起井下事故或井喷。因此，对氯离子含量的测定是很有现实意义的。现将氯离子含量测定的原理、方法及注意事项分述如下：

（1）测定原理。

以铬酸钾溶液（K_2CrO_4）作指示剂，用硝酸银溶液（$AgNO_3$）滴定氯离子（Cl^-），因氯化物是强酸生成的盐，首先和 $AgNO_3$ 作用生成 $AgCl$ 白色沉淀。当氯离子（Cl^-）和银离子（Ag^+）全部化合后，过量的 Ag^+ 即与铬酸根（CrO_4^{2-}）反应生成微红色沉淀，指示滴定终点。

（2）使用试剂。

①5%铬酸钾溶液（5g 铬酸钾溶于 95mL 蒸馏水中）；

②稀硝酸溶液（HNO_3）；

③0.02mol/L、0.1mol/L 硝酸银溶液；

④pH 试纸；

⑤硼砂溶液或小苏打溶液；

⑥过氧化氢（H_2O_2）。

（3）操作步骤。

取钻井液滤液 1mL，置入三角烧杯中，加蒸馏水 20mL，调节混合液的 pH 值至 7 左右，加入 5%铬酸钾溶液 2～3 滴，使溶液显淡黄色，以硝酸银溶液（盐水层用 0.1mol/L，一般地层用 0.02mol/L硝酸银溶液）缓慢滴定，至滤液出现微红色为止。记下硝酸银溶液的消耗量，则滤液中的氯离子含量可由下式求出：

$$\rho_{Cl^-} = \frac{cV\dfrac{M_{Cl}}{1000}}{Q} \times 10^6 \qquad (1-17)$$

式中　c——硝酸银溶液物质的量浓度（已知），mol/L；

　　　V——硝酸银溶液用量，mL；

　　　M_{Cl}——氯的摩尔质量，为 35.45g/mol；

　　　Q——滤液体积，mL；

　　　ρ_{Cl^-}——滤液中氯离子浓度，mg/L。

滤液体积取 1mL 时，上式可简化为

$$\rho_{Cl^-} = cV \times 35.5 \times 10^3 \qquad (1-18)$$

（4）注意事项。

①滴定前必须使滤液的 pH 值保持在 7 左右；若 pH > 7，用稀硝酸溶液调整；若 pH < 7，用硼砂溶液或小苏打溶液调整。

②加入铬酸钾指示剂的量应适当，若过多，会使滴定终点提前，使计算结果偏低，若过少，会使滴定终点推后，则计算结果偏高。

③滴定不宜在强光下进行，以免 $AgNO_3$ 分解造成终点不准。

④当滤液呈褐色时，应先用过氧化氢使之褪色，否则在滴定时妨碍滴定终点的观察。

⑤滴定前应将硝酸银溶液摇均匀，然后再滴定。

⑥全井使用试剂必须统一，以免造成不必要的误差。

4. 油气上窜速度的计算

当油气层压力大于钻井液柱压力时，在压差作用下，油气进入钻井液并向上流动，这就是油气上窜现象。在单位时间内油气上窜的距离称为油气上窜速度。

油气上窜速度是衡量井下油气活跃程度的标志。油气上窜速度越大，油气层能量越大。如果井底油气活跃，钻井液静止时间长，油气柱越来越长，当达到一定长度后，钻井液柱压力就会远低于油气层压力，严重时就会发生井喷。所以，在现场工作中准确计算油气上窜速度具有重要意义,是做到油井压而不死、活而不喷的依据。

通常在钻过高压油气层后,当起钻后再下钻循环钻井液时,要对油侵、气侵作观察、记录,并计算油气上窜速度。计算方法有以下两种:

(1)迟到时间法:设在静止时间段内油气从油气层上窜到井深 H_1 处(图 1 - 12),油气上窜速度为

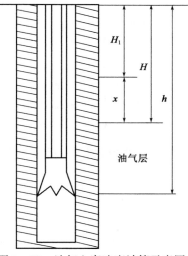

$$v = \frac{H - \left[\frac{h}{t}(T_1 - T_2)\right]}{T_0} \qquad (1 - 19)$$

式中　v——油气上窜速度,m/h;

　　　H——油气层深度,m;

　　　h——循环钻井液时钻头所在井深,m;

　　　t——钻头所在井深的迟到时间,min;

　　　T_1——见油气显示时间,min;

　　　T_2——下到 h 深度后开泵时间,min;

　　　T_0——井内钻井液静止时间,h。

图 1 - 12　油气上窜速度计算示意图

H_1—上窜油气所处的深度,m;

x—上窜油气离油气层的距离,m

油层深度可通过气测录井等判断。起钻时,整个过程中都关泵,停止钻井液循环;下钻时,钻井液静止时间较长,为防止井下复杂情况发生,下钻到某一井段就开泵循环;钻井液静止时,由于没有环空压耗,油气会较多地从油气层流到井眼中,并向上流动。钻井液静止时间是从起钻关泵到下钻开泵循环时的时间差。

(2)容积法:下钻过程中,多次替钻井液时适用于用容积法计算上窜速度,但误差较大。实际计算时,常用每米井眼容积代替井眼每米理论容积。

$$V = \frac{H - \left[\frac{Q}{V_c}(T_1 - T_2)\right]}{T_0} \qquad (1 - 20)$$

式中　Q——钻井泵排量,L/min;

　　　V_c——井眼环形空间每米理论容积,L/m。

在钻遇高压水层时,也可以用上述两个公式计算上窜速度。

三、钻井中影响钻井液性能的地质因素

了解钻井过程中影响钻井液性能的地质因素,对于判断油、气、水层和岩屑的变化十分重要。影响钻井液性能的地质因素是比较复杂的,归纳起来有以下几方面:

(1)高压油、气、水层。当钻穿高压油气层时,油气侵入钻井液,造成密度降低、黏度升高。当钻遇淡水层时,密度、黏度和切力均降低,失水量增大。钻遇盐水层时,黏度增高后又降低,密度下降,切力和含盐量增加。水侵会使钻井液量增加。

(2)盐侵。当钻遇可溶性盐类,如岩盐($NaCl$)、芒硝(Na_2SO_4)或石膏($CaSO_4$)时,会增加钻井液中的含盐量,使钻井液性能发生变化。由于岩盐和芒硝这些含钠盐类的溶解度大,使钻井液中 Na^+ 浓度增加,使其黏度和失水量增大。当盐侵严重时,还会影响黏土颗粒的水化和分散程度,而使黏土颗粒凝结,黏度降低,失水量显著上升。

(3)钙侵。钻遇石膏层或钻水泥塞而带入了氢氧化钙时,均发生钙侵,使黏度和切力急剧增加,有时甚至使钻井液呈豆腐块状,失水量随之上升,当氢氧化钙侵入时还将使钻井液的 pH

值增大。

(4)砂侵。砂侵主要由于黏土中原来含有的砂子及钻进过程中岩屑的砂子未清除所致。含砂量高,则导致钻井液密度、黏度和切力增大。

(5)黏土层。钻遇黏土层或页岩层时,因地层造浆使钻井液密度、黏度增高。

(6)漏失层。钻井液漏失在钻井中是经常遇到的,轻微的漏失,类似于高度的失水现象。在一般情况下,钻进漏失层时要求钻井液具有高黏度、高切力,以阻止钻井液流入地层。但在漏失严重时,应根据发生漏失的地质条件,立即采取行之有效的堵漏措施。

四、钻井液录井资料的应用

(1)在钻进过程中通过钻井液槽、池油气显示发现并判断地下油气层,通过钻井液性能的变化分析研究井下油气水层的情况。

(2)利用钻井过程中钻井液性能的变化可以判断井下特殊岩性。

(3)通过进出口钻井液性能及量的变化,发现水层、漏失层或高压层。

(4)通过钻井液录井发现盐层、石膏层、疏松砂层、造浆泥岩层等。

(5)加强钻井液循环槽、池面观察及液面定时观测记录。及时发现油气显示、井漏或井喷预兆,盐膏侵等异常情况,采取必要措施,确保安全钻进。

(6)合理调整钻井液性能,保证近平衡钻进,可以防止钻井事故的发生,保证正常钻进,加快钻井速度,降低钻井成本。为发现油气层、保护油气层提供措施依据,是打好井、快打井、科学打井的重要措施与前提。

第四节 荧 光 录 井

一、荧光录井的原理

石油是碳氢化合物,除含烷烃外,还含有 π – 电子结构的芳香烃化合物及其衍生物。芳香烃化合物及其衍生物在紫外光的激发下,能够发射荧光。原油和柴油,不同地区的原油,虽然配制溶液的浓度相同,但所含芳香烃化合物及其衍生物的数量不同,π – 电子共轭度和分子平面度也有差别,故在365nm近紫外线的激发下,被激发的荧光强度和波长是不同的。这种特性称为石油的荧光性,荧光录井仪根据石油的这种特性,将现场采集的岩屑浸泡后,便可直接测定砂样中的含油量。

二、荧光录井的准备工作

(1)紫外光仪——发射光波长小于 3.65×10^{-7} m 的高灵敏度紫外岩样分析仪一台,内装15W 紫外灯管一支或8W 紫外灯管二支(图1 – 13)。

(2)标准定性滤纸。

(3)有机溶剂(分析纯):使用分析纯的氯仿、四氯化碳或正己烷。

(4)其他设备:试管(直径12mm,长度100mm)、磨口试管(直径12mm,长度100mm)、10倍放大镜、双目显微镜、滴瓶(50mL)、盐酸(浓度5% ~10%)、镊子、玻璃棒、小刀等。

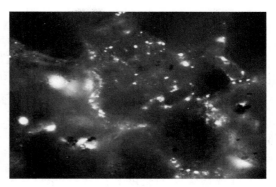

图 1 – 13　荧光箱及发荧光的岩屑

三、荧光录井的工作方法

现场常用的荧光录井工作方法有岩屑湿照、干照、滴照和系列对比。

1. 岩屑湿照、干照

这是现场使用最广泛的一种方法。它的优点是简单易行，对样品无特殊要求，且能系统照射，对发现油气显示是一种极为重要的手段。为了及时有效地发现油气显示，尤其对轻质油，各油田采取了湿照和干照相结合的方法，使油气层发现率有了很大的提高。

（1）砂样捞出后，洗净、控干水分，立即装入砂样盘，置于紫外光岩样分析仪的暗箱里，启动分析仪。干照则是取干样置于紫外光岩样分析仪内，启动分析仪，观察描述。

（2）观察岩样荧光的颜色和产状，与本井混入原油的荧光特征进行对比，排除原油污染造成的假显示（表 1 – 3）。

表 1 – 3　真假荧光显示判别表

表征部位	假　显　示	真　显　示
岩样	由表及里浸染，岩样内部不发光	表里一致，或核心颜色深，由里及表颜色变浅
裂缝	仅岩样裂缝边缘发光，边缘向内部浸染	由裂缝中心向基质浸染，缝内较重，向基质逐渐变轻
基质	晶隙不发光	晶隙发荧光，当饱和时可呈均匀弥漫状
荧光颜色	与本井混入原油一致	与本井混入原油不一致

（3）观察荧光的颜色，排除成品油发光造成的假显示（表 1 – 4）。

表 1 – 4　原油、成品油荧光判别表

油品名称	原油	成品油					
		柴油	机油	黄油	丝扣油	红铅油	绿铅油
荧光颜色	黄、棕褐等色	亮紫色、乳紫蓝色	天蓝色、乳紫蓝色	亮乳蓝色	蓝色、暗乳蓝色	红色	浅绿色

（4）用镊子挑出有荧光显示的颗粒或在岩心上用红笔画出有显示的部位。

（5）在自然光或白炽灯光下认真观察，分析岩样，排除上部地层掉块造成的假显示。

（6）观察岩样的荧光结构，若仅见砾石或砂屑颗粒有荧光，而胶结物无荧光，可能为早期油层遭受破坏的再沉积或早期储层被后期充填的胶结物填死而形成的假显示。

2. 滴照

（1）取定性滤纸一张，在紫外光下检查，确保洁净无油污。

（2）把湿照挑出来的荧光显示岩屑一粒或数粒，放在备好的滤纸上，用有机溶剂清洗过的镊柄碾碎。

（3）悬空滤纸，在碾碎的岩样上滴一至二滴有机溶剂。待溶剂挥发后，在紫外光下观察。若为岩心，可先在岩心的荧光显示部位滴一至二滴有机溶剂，停留片刻，用备好的滤纸在显示部位压印，再在紫外光下观察。

（4）若滤纸上无荧光显示，则为矿物发光。

（5）观察荧光的亮度和产状，按表1-5划分滴照级别，若为二级或二级以上，则参加定名。

表1-5　荧光级别的划分

滴照级别	一级	二级	三级	四级	五级
荧光特征	模糊晕状，边缘无亮环	清晰晕状，边缘有亮环	明亮，呈星点状分布	明亮，呈开花状、放射状	均匀明亮或呈溪流状

（6）观察荧光的颜色，划分轻质油和稠油（表1-6）。

表1-6　轻质油和稠油荧光的特征

轻质油荧光	稠油荧光
轻质油含胶质、沥青质不超过5%，而油质含量达95%以上，其荧光的颜色主要显示油质的特征，通常呈浅蓝、黄、金黄、棕色等	稠油含胶质、沥青质可达20%~30%，甚至高达50%，其荧光颜色主要显示胶质、沥青质的特征，通常为颜色较深的棕褐、褐、黑褐色

3. 系列对比法

这是现场常用的定量分析方法。其操作方法是：取1g磨碎的岩样，放入带塞无色玻璃试管中，倒入5~6mL氯仿，塞盖摇匀，静置8h后与同油源标准系列在荧光灯下进行对比，找出发光强度与标准系列相近似的等级。用式（1-21）计算样品的沥青含量：

$$Q = \frac{A \cdot B}{G} \times 100\% \tag{1-21}$$

式中　　Q——被测岩样的石油沥青百分含量，%；

　　　　A——被测岩样同级的1mL标准溶液中的沥青含量，g；

　　　　B——被测岩样用的氯仿溶液体积，mL；

　　　　G——样品质量，g。

然后用求得的结果与标准系列石油沥青含量表对比，得到对应的荧光级别（表1-7）。

表1-7　原油标准系列液的含油量

级别	含量，%	含油浓度，g/mL	级别	含量，%	含油浓度，g/mL
1	0.000310	0.000000661	6	0.010000	0.0000195
2	0.000630	0.00000122	7	0.020000	0.0000391
3	0.001250	0.00000244	8	0.0400	0.0000781
4	0.002560	0.00000488	9	0.0780	0.000156
5	0.005000	0.00000976	10	0.1560	0.000313

级别	含量,%	含油浓度,g/mL	级别	含量,%	含油浓度,g/mL
11	0.3125	0.000625	14	2.5000	0.0050
12	0.6250	0.00125	15	5.0000	0.0100
13	1.2500	0.00250			

四、荧光录井的应用

（1）荧光录井灵敏度高，对肉眼难以鉴别的油气显示，尤其是轻质油，能够及时发现。

（2）通过荧光录井可以区分油质的好坏和油气显示的程度，正确评价油气层。

（3）在新区新层系以及特殊岩性段，荧光录井可以配合其他录井手段准确解释油气显示层，弥补测井解释的不足。

（4）荧光录井成本低，方法简便易行，可系统照射，对落实全井油气显示极为重要。

第五节　井壁取心

井壁取心指用井壁取心器按预定的位置在井壁上取出地层岩样的过程。通常是在测井后进行。

取心器一般有 36 个孔，孔内装有炸药，通过电缆接到地面仪器上，在地面控制取心深度，并点火、发射。点火后，炸药将取心筒强行打入井壁，取心筒被钢丝绳连接在取心器上，上提取心器可将岩样从地层中取出（图 1 – 14）。

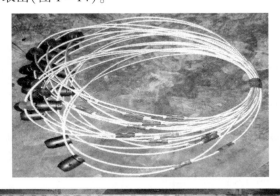

图 1 – 14　装有岩心筒的钢丝绳套和取心器主体

一、确定井壁取心的原则

井壁取心的目的是为了证实地层的岩性、物性、含油性以及岩性和电性的关系，或者为满足地质方面的特殊要求。一般情况下下列地层均应进行井壁取心。

（1）在钻进过程中有油气显示的井段，必须进一步用井壁取心加以证实。

（2）岩屑录井过程中漏取岩屑的井段，或者钻井取心时岩心收获率过低的井段。

（3）测井解释有困难,需井壁取心提供地质依据的层位,如可疑油层、油层、油水同层、含油水层、气层等。

（4）需进一步了解储油物性,而又未进行钻井取心的层位。

（5）录井资料和测井解释有矛盾的地层。

（6）某些具有研究意义的标准层、标志层及其他特殊岩性层。

（7）为了满足地质的特殊要求而选定的层位。

井壁取心具体位置由地质、气测、测井绘解人员根据岩心录井、岩屑录井、测井、气测等资料在现场进行综合分析、共同协调确定。

二、井壁取心录井过程及操作方法

1. 跟踪取心

跟踪井壁取心就是通过跟踪某一条测井曲线,找准取心深度,用取心器在井壁上取出岩心。目前常用的跟踪曲线有1:200比例尺、2.5m底部梯度电阻率、自然电位曲线、深侧向电阻率曲线等。取心前,在被跟踪曲线上选一特征明显的曲线段,然后将带有测井电极系的取心器放到被跟踪的明显特征曲线以下,自下而上测一条测井曲线,对比跟踪图上两条曲线的幅度、形状是否一致,一致即可进行取心;若特征曲线深度不一,则应调节跟踪图,使两条曲线深度一致,再进行取心。

开始取心时,一边上提电缆,一边测曲线,当记录仪走到被跟踪曲线上的第一个取心位置时,说明井下电极系的记录点正好位于第一个预定的取心深度上,但各个炮口还在取心位置以下。为使第一个炮口与第一个取心深度对齐,还必须使取心器上提一段距离,这段上提值就是首次零长。首次零长就是测井电极系记录点到第一炮口中心的距离。各炮口间距为0.05m,第二个炮口的零长等于首次零长加0.05m,以下各炮口依次类推(图1-15)。

2. 岩心出筒

当全部点火放炮后,即将炮身提出井口,这时工作人员应依次取下岩心筒,对号装入准备好的塑料袋中。岩心出筒时,每出一颗岩心,立即把深度标上,防止把深度弄乱。出筒时要注意不要把岩心弄碎,尽可能保持完整性。对已出筒的岩心,由专人用小刀刮去滤饼,检查岩心是否真实,岩性是否与要求相符,如不符合要求,应通知炮队重取。

三、井壁取心的描述和整理

井壁取心描述内容基本上与钻井取心描述相同。但由于井壁取心的岩心是用井壁取心器从井壁上强行取出的,岩心受钻井液浸泡、岩心筒冲撞严重,在描述时,应注意以下事项:

（1）在描述含油级别时应考虑钻井液浸泡的影响,尤其是混油和泡油的井,更应注意。

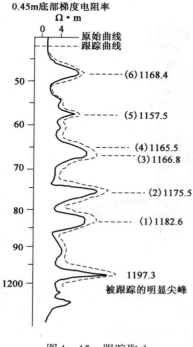

图1-15　跟踪取心

（2）在注水开发区和油水边界进行井壁取心时,岩心描述应注意观察含水情况。

（3）在可疑气层取心时,岩心应及时嗅味,进行含气试验。

（4）在观察和描述白云岩岩心时,有时也会发现白云岩与盐酸作用起泡,这是岩心筒的冲撞作用使白云岩破碎,与盐酸接触面积大大增加的缘故。在这种情况下应注意与灰质岩类的区别。

（5）如果一颗岩心有两种岩性时,则都要描述。定名可参考测井曲线所反映的岩电关系来确定。

（6）如果一颗岩心有三种以上的岩性,就描述一种主要的,其余的则以夹层和条带处理。

岩心描述完后,将岩心用玻璃纸包好,连同标签一起装入井壁取心盒内,并在盒上注明井号、井深和编号,对有油气显示的含油岩心通常用红笔打上记号,以便查找。此外,应填写送样清单,并将送样清单和井壁取心描述记录送交指定单位。

四、井壁取心录井资料的应用

由于井壁取心是用取心器直接将井下岩石取出来,直观性强,方法简便,经济实用。因此,在现场工作中被广泛使用。

（1）井壁取心与岩心一样属于实物资料,可以利用井壁取心来了解储集层的物性、含油性等各项资料。

（2）利用井壁取心进行分析实验,可以取得生油层特征及生油指标。

（3）用以弥补其他录井项目的不足。

（4）用以解释现有录井资料与测井资料不能很好解释的层位。

（5）利用井壁取心可以满足一些地质的特殊要求。

第六节　其他录井资料的收集

在钻进过程中除了收集上述录井资料外,还有一些在钻进过程中必须收集的资料,有的是很重要的资料,因此也应做到齐全准确。

一、地质观察记录填写

地质观察记录是地质值班人员根据现场所观察到的现象,用文字按规定要求记录下来的工作成果,是重要的第一性原始资料。观察记录的填写是地质录井工作的一项重要内容,填写得好坏与否直接关系到地质资料的齐全准确,甚至影响油田的勘探开发。举例来说,如果油气显示资料记录不全不准,就会影响资料的整理,影响试油层位的确定。因此,有经验的现场地质人员都非常重视这项工作。

1. 探井地质观察记录填写的内容

1）工程简况

按时间顺序简述钻井工程进展情况、技术措施和井下特殊现象,如钻进、起下钻、取心、电测、下套管、固井、试压、检修设备及各种复杂情况（跳钻、整钻、遇阻、遇卡、井喷、井漏等）。

第一次开钻时,应记录补心高度、开钻时间、钻具结构、钻头类型及尺寸、用清水开钻或钻井液开钻。

第二、三次开钻时,应记录开钻时间、钻头类型及尺寸、钻具结构、水泥塞深度及厚度、开钻钻井液性能。

2)录井资料收集情况

录井资料收集情况是观察记录的主要内容之一,填写时应力求详尽、准确。一般应填写下列内容:

（1）岩屑:取样井段、间距、包数,对主要的岩性、特殊岩性,标准层应进行简要描述。

（2）钻井取心:取心井段、进尺、岩心长、收获率、主要岩性、油砂长度。

（3）井壁取心:取心层位、总颗数、发射率、收获率、岩性简述。

（4）测井:测井时间、项目、井段、比例尺以及最大井斜和方位角。

（5）工程测斜:测时井深、测点井深、斜度。

（6）钻井液性能:相对密度、黏度、失水、滤饼、含砂、切力、pH 值。

3)油、气、水显示

将当班发现的油、气、水显示按油、气、水显示资料应收集的内容逐项填写。

4)其他

填写迟到时间实测情况、正使用的迟到时间、当班工作中遇到的问题和下班应注意的事项。

2. 生产井、注水井地质观察记录填写内容

生产井、注水井按简易观察记录格式逐项填写,不得空白任何一项。若个别项中内容较多,表格填不下,可另用纸写上,贴在观察记录之中。

二、特殊情况的资料收集

在钻进过程中的特殊情况有:钻遇油气显示、钻遇水层、中途测试、原钻机试油、井涌、井喷、井漏、井塌、跳钻、蹩钻、放空、遇阻、遇卡、卡钻、泡油、倒扣、套铣、断钻具、掉钻头（或掉牙轮或掉刮刀片）、打捞、井斜、打水泥、侧钻、卡电缆、卡取心器以及井下落物等。出现这些情况对钻井工程和地质工作有不同程度的影响。钻进中遇到这些情况时,收集好有关的资料,对于制定工程施工措施、做好地质工作都有一定的意义。

1. 钻遇油气显示

钻遇油气显示时应收集下列资料:

1)观察钻井液槽液面变化情况

（1）记录槽面出现油花、气泡的时间,显示达到高峰的时间,显示明显减弱的时间。

（2）观察槽面出现显示时油花、气泡的数量占槽面的百分比,显示达到高峰时占槽面的百分比,显示减弱时占槽面的百分比。

（3）油气在槽面的产状、油的颜色、油花分布情况(呈条带状、片状、点状及不规则形状)、气泡大小及分布特点等。

（4）槽面有无上涨现象,上涨高度,有无油气芳香味或硫化氢味等,必要时应取样进行荧光分析和含气试验等。

2)观察钻井液池液面的变化情况

应观察钻井液池液面有无上升、下降现象,上升、下降的起止时间,上升、下降的速度和高度。池面有无油花、气泡及其产状。

3)观察钻井液出口情况

油气侵严重时,特别是在钻穿高压油、气、水层后,要经常注意钻井液流出情况,是否时快时慢、忽大忽小,有无外涌现象。如有这些现象,应进行连续观察,并记录时间、井深、层位及变化特征。

4)观察岩性特征

取全取准岩屑,定准含油级别和岩性。

5)相关资料的收集

(1)收集钻井液相对密度、黏度变化资料。

(2)收集气测数据变化资料。

(3)收集钻时数据变化资料。

(4)收集井深数据及地层层位资料。

2. 钻遇水层

钻遇水层时应收集钻遇水层的时间、井深、层位;收集钻井液性能变化情况;收集钻井液槽和钻井液池显示情况;定时或定深取钻井液滤液做氯离子滴定,判断水层性质(淡水或盐水)。

3. 中途测试

1)基本数据

基本数据有井号、测试井深、套管尺寸及下深、测试层井段、厚度、测试起止时间、测试层油气显示情况和测井解释情况(包括上、下邻层)、井径。

2)测试资料

(1)非自喷测试资料。包括以下内容:

①测试管柱数据:测试器名称及测试方法、管柱规范及下深、记录仪下深、压力计下深、坐封位置、水垫高度。

②测试数据:坐封时间、开井时间、初流动时间、初关井时间、终流动时间、解封时间、初静压、初流动压力、初关井压力、终流动压力、终关井压力、终静压、地层温度。

③取样器取样数据:油、气、水量,高压物性资料。

④测试成果:回收总液量、折算油、气、水日产量,测试结论。

(2)自喷测试资料。包括以下内容:

①自喷测试地面资料:放喷起止时间,放喷管线内径或油嘴直径,管口射程,油压,套压,井口温度,油、气、水日产量,累计油、气、水产量。

②自喷测试井下资料:高压物性取样资料有饱和压力、原始气油比、地下原油黏度、地下原油密度、平均溶解系数、体积系数、压缩比、收缩率、气体密度。

③地层测压资料:流压、流温、静压、静温、地温梯度、压力恢复曲线。

(3)地面油、气、水样分析资料。

4. 原钻机试油

原钻机试油应收集的资料有:

1）基本数据

基本数据有井号、完钻井深、油层套管尺寸及下深、套补距、阻流环位置、管内水泥塞顶深、钻井液密度、黏度、试油层位、井段、厚度、测井解释结果。

2）通井资料

通井资料有通井时间、通井规外径、通井深度。

3）洗井资料

洗井资料有洗井管柱结构及下深、洗井时间、洗井方式、洗井液性质及用量、泵压、排量、返出液性质、返出总液量、漏失量。

4）射孔资料

射孔资料有时间、层位、井段、厚度、枪型、孔数、每米孔密、发射率、压井液性质、射孔后油气显示、射孔前后井口压力等。

5）测试资料

测试资料同中途测试应收集的测试资料。

5. 井涌、井喷

井内液体喷出转盘面1m以上称为井喷，喷高不到1m或钻井液出口处液量大于钻井泵排量称为井涌。发生井涌、井喷时应收集下列资料：

（1）收集记录井涌、井喷的起、止时间及井深、层位、钻头位置。

（2）收集记录指重表悬重变化情况、泵压变化情况。

（3）收集记录井喷、井涌物性质、数量（单位时间的数量及总量）及井喷、井涌方式（连续或间歇井喷、井涌），喷出高度或涌势。

（4）收集记录井涌及井喷前后的钻井液性能。

（5）观察收集放喷管线压力变化情况。

（6）记录压井时间、加重剂及用量，加重过程中钻井液性能的变化情况。

（7）取样做油、气、水试验。

（8）记录井喷原因分析及其他工程情况，如钻进、放空、循环钻井液、起下钻等工作。

6. 井漏

井漏时应收集下列资料：

井漏起止时间、井深、层位、钻头位置；漏失钻井液量（单位时间漏失的钻井液量及漏失的总量）；漏失前后及漏失过程中钻井液性能及其变化；返出物、返出量及返出特点，返出物中有无油气显示，必要时收集样品送化验室分析；堵漏时间，堵漏物名称及用量，堵漏前后井内液柱变化情况，堵漏时钻井液返出量；堵漏前后的钻井情况，以及泵压和排量的变化。此外，还应分析记录井漏原因及处理结果。

7. 井塌

井塌是指井壁坍塌，主要是由于地层被钻井液浸泡后造成的垮塌。井塌容易堵塞井眼、埋死钻具、引起卡钻或因垮塌堵塞钻井液循环空间而造成憋泵，将地层憋漏。比较严重的井壁坍塌是有先兆的，或者在刚开始出现时就可以从一些现象间接观察到，如钻具转动不正常，泵压突然升高（憋漏时降低）、岩屑返出也不正常等。井塌时应分析井塌的原因，查明可能出现井塌的井深、岩性,以备讨论处理措施时参考,同时还应记录泵压、钻井液性能变化情况、处理措施及效果。

8. 跳钻、蹩钻

钻进中钻头钻遇硬地层时(如石灰岩、白云岩或胶结致密的砾岩),常不易钻进,并且使钻具跳动,这种钻具跳动的现象就是跳钻。跳钻易损坏钻具,也容易造成井斜。

在钻进中,因钻头接触面受力及反作用力不均匀,使钻头转动时产生蹩跳现象,这就是蹩钻。刮刀钻头钻遇硬地层或软硬间互的地层时常产生蹩钻现象。

在跳钻或蹩钻时应记录井深、地层层位、岩性、转速、钻压及其变化,处理措施及效果。但需注意的是应把地层引起的跳钻、蹩钻现象与因钻头旷动、磨损、井内落物引起的跳钻、蹩钻现象区别开来。

9. 放空

当钻头钻遇溶洞或大裂缝时,钻具不需加压即可下放而有进尺,这种现象就叫放空。放空少者几寸,多者几米,以溶洞或裂缝的大小而定。遇到放空时要特别注意井漏或井喷发生。放空时应记录放空井段、钻具悬重、转速变化、钻井液性能及排量的变化,是否有油气显示等。如同时发生井漏、井喷,则应按井漏、井喷资料收集内容做好记录。

10. 遇阻、遇卡

由于井壁坍塌、滤饼黏滞系数大、缩径井段长、循环短路、井眼形成"狗腿子""键槽"等原因都可能引起遇阻、遇卡。有时钻井液悬浮力差,岩屑不能返出也可能引起遇阻、遇卡。遇阻、遇卡时应记录遇阻、遇卡井深,地层层位,遇阻时悬重减少数,遇卡时悬重增加数及原因分析,处理情况等。

11. 卡钻

由于种种原因使遇阻、遇卡进一步恶化,造成井中的钻具不能上提或下放而被卡死,这就是钻井工程中的卡钻。

常见的卡钻有井壁黏附卡钻、键槽卡钻、砂桥卡钻或井下落物造成卡钻等。

卡钻以后,地质人员应记录好卡钻时间、钻头所在位置、钻井液性能、钻具结构、长度、方入、钻具上提下放活动范围、钻具伸长和指重表格数的变化情况。同时应及时计算卡点,根据岩屑剖面或测井资料查明卡点层位、岩性,以便配合工程分析卡钻原因,采取合理解卡措施。

卡点深度计算公式如下:

$$H = K \frac{L}{P} \qquad\qquad (1-22)$$

$$K = EF/10^5 = 21F$$

式中 H——卡点深度,m;

  L——钻杆连续提升时平均伸长,cm;

  P——钻杆连续提升时平均拉力,t;

  K——计算系数;

  E——钢材弹性系数($2.1 \times 10^6 \mathrm{kg/cm^2}$);

  F——管体切面积,$\mathrm{cm^2}$。

卡钻事故发生后,一般都是上提、下放钻具或转动钻具,并循环钻井液,以便迅速解卡,如果这些方法无效或无法进行时,常采用下列方法解卡:

1)泡油

泡油是较常用的一种解卡办法。由于泡油的结果,必然使钻井液大量混油,污染地层,造成一些假油气显示现象。因此,在泡油时,地质人员应详尽记录好油的种类、数量、泡油井段、泡油方式(连续或分段进行)、泡油时间、替钻井液情况及处理过程并取样保存。这些资料数据的记录对于岩屑描述、井壁取心描述和气测、测井资料的分析应用有相当重要的参考意义。

泡油量计算方法如下:

$$Q = V_1 + V_2 = 0.785(R_2 - D_2)HK + 0.785d_2h \qquad (1-23)$$

式中　Q——泡油量,m^3;

V_1——管外泡油量,m^3;

V_2——管内留油量,m^3;

R_2——井眼直径,m;

D_2——钻具外径,m;

H——管外所需油柱高度,m;

K——环形空间容积系数(一般为1.2~1.5);

h——管内油柱高度,m;

d_2——钻具内径,m。

一般情况下,应使卡点以下全部钻具泡上油,并使钻杆内的油面高于管外油面,即 $h > H$。泡油时,必须用专门配制的解卡剂,一般不用原油和柴油。

还需注意的是,对于已经钻遇油、气、水层的井,特别是钻遇高压油、气、水层的井,泡油量不能无限度的加大,若泡油量太大,将使井筒内钻井液柱的压力小于地层压力,导致井涌、井喷等新情况的出现,不但不能解卡,反而会使事故恶化。在这种情况下,地质人员应提供较确切的油、气、水显示及地层压力资料,以备计算泡油量时参考。

2)倒扣和套铣

当卡钻后泡油处理无效时,就要倒扣或套铣。

倒扣时钻具的管理及计算是相当重要的,尤其是在正扣钻具与反扣钻具交替使用的情况下,更应做到认真细致,否则,由于钻具不清或计算有误,都可能造成下井钻具的差错,影响事故的处理。因此,值班人员应详细了解、记录落井钻具结构、长度、方入、倒扣钻具以及落井钻具倒出情况。

套铣时除记录钻具变化情况外,还应记录套铣筒尺寸、套铣进展情况等。

3)井下爆炸

在井比较深,而且卡点位置也比较深的情况下,当采用其他解卡措施无效时,常被迫采用井下爆炸,以便迅速恢复钻进。井下爆炸时,应收集预定爆炸位置、井下遗留钻具长度,以及实探爆炸位置、实际所余钻具长度。爆炸结束,打水泥塞侧钻时,还应收集有关的资料数据。

12. 断钻具、落物及打捞

钻具折断落入井内称为断钻具。可以从泵压下降、悬重降低判断出来。断钻具时应收集落井钻具结构、长度、钻头位置、鱼顶井深、原因分析及处理情况。

落物指井口工具、小型仪器落入井内，如掉入测斜仪、测井仪、榔头、掉牙轮、扳手或电缆等。落物时应收集落物名称、长度、落入井深、处理方法及效果。

打捞是在打捞落井钻具及其他落物时除收集落鱼长度、结构及鱼顶位置外，还应收集打捞工具名称、尺寸、长度，以及打捞时钻具结构、长度、打捞经过及效果。必须指出的是，在打捞落井钻具时，地质人员应准确计算鱼顶方入、造扣方入、造好扣时的方入，并在方钻杆上分别做好记号，以便配合打捞工作的顺利进行。

13. 打水泥塞和侧钻

在预计井段用一定数量的水泥把原井眼固死，然后重新设计钻出新眼，就是打水泥塞和侧钻的过程。当井斜过大，超过质量标准或井下落入钻具和其他物件，不能再打捞时，都采用打水泥塞、侧钻的办法处理。事前，地质人员应查阅有关地质资料，配合工程人员，选择合理的封固井段及侧钻位置。此外，应收集以下资料：

（1）打水泥塞时应记录预计注水泥井段、水泥面高度、厚度及打水泥塞的时间、井深、注入水泥量、水钻井液相对密度（最大、最小、平均）、注入井段。

（2）侧钻时应记录水泥面深度、侧钻井深、钻具结构，同时要注意钻时变化、返出物的变化，为准确判断侧钻是否成功提供依据。

（3）侧钻时需作侧钻前后的井斜水平投影图，求出两个井眼的夹壁墙，以指导侧钻工作的顺利进行。

另外，由于侧钻前后的两个井眼中同一地层的厚度和深度必然不同，以致相应录井剖面也不相同。因此，在侧钻过程中，应从侧钻开始时的井深开始录井，避免给岩屑剖面的综合解释工作带来麻烦。

思考题与习题

1. 如何识别真假岩屑？

2. 钻井取心的原则是什么？取心层位如何确定？

3. 碎屑岩岩心描述有哪些内容？

4. 碎屑岩的定名原则是什么？

5. 碎屑岩的颜色如何描述？

6. 某井 10:00 钻到 1000m，10:20 钻到 1001m，11:00 钻到 1002m。10:00 前钻井液出口流量 15m³/min，10:10 钻井液出口流量为 12m³/min，11:10 钻井液出口流量为 16m³/min。钻井液出口流量为 15m³/min 时，迟到时间为 25min，分别求 1000m、1001m、1002m 的岩屑取样时间。

7. 碎屑岩含油、气、水情况下如何描述？

8. 岩心、岩屑描述的分层原则是什么？

9. 目前石油行业碎屑岩含油级别如何划分？

10. 碎屑岩的结构主要包括哪些内容？

11. 如何进行荧光滴照？

12. 确定井壁取心的原则是什么？

13. 岩屑录井资料主要应用于那些方面？

14. 简述荧光录井的应用。

15. 简述岩心录井在油气田勘探开发中的作用。

16. 简述井壁取心在油气勘探开发中的作用。

第二章
工程录井

由于在钻井施工过程中存在大量的模糊性、随机性和不确定性,造成施工作业风险较高。在钻井作业中,由于对深埋在地壳内的岩石的认识不清(客观因素)、设备和技术因素(工程因素)以及作业者的决策失误(人为因素),在钻井施工过程中随时可能发生工程复杂和事故,是威胁钻井安全的最大隐患,也是影响经济效益的重要因素。综合录井技术能实时监测钻井工程的多项参数,并进行量化分析,实现现场工程异常预报,使有关技术人员能够及时发现因井下异常而直接导致的综合录井相关参数的变化,及时做出分析,果断采取应急措施,从而避免钻井事故的发生,达到钻井施工安全、投入减少、勘探开发整体效益提高的目的。

综合录井技术是在地质录井基础上发展起来的一项集随钻地质观察分析、气体检测、钻井液参数测量、地层压力预测和钻井工程参数测量为一体的综合性现场录井技术。录井在现场钻井施工中主要有两大作用:一是地质服务,采集和分析各项地质资料和参数,做好地层跟踪评价、地层显示分析和油气水层发现和评价等工作;二是工程服务,实时采集和分析钻井参数,发现并预报工程参数异常变化和可能导致工程复杂或已经形成的突发性事故,并提供其他工程辅助服务。综合录井技术具有以下特点:

实时性——通过自动监控手段,将钻井施工中各参数变化以及设备的动态情况真实、实时以图文形式显示出来,达到直观的效果。

及时性——根据各项录井参数的变化,能够及时发现异常、分析异常,并及时提供解决方法及下步施工意见。

准确性——综合录井仪的测量探头具有较高的测量精度,各项参数的细微变化均能反映出来,因此能准确地测量出参数的变化情况。

指导性——综合录井不只为一口井服务,它所录取的资料可以作为同一地区其他井施工中重要的参考依据,具有广泛的指导作用,特别是地层压力监测数据在邻井钻井施工中具有重要的指导意义。

多样性——综合录井不仅能为地质服务,同时有大量的参数都是与工程、钻井有关,并且通过不同的应用软件,能够解决施工中的许多技术问题。因此,综合录井具有多用途、多功能的特点。

钻井是一项复杂的系统工程,安全、快速钻井,需要钻井、钻井液、录井等作业方的密切合作。工程录井是为钻井施工提供参数采集、监测预报和工程辅助服务的一项综合应用技术。狭义的工程录井是指对钻井工况的监测与预报。广义的工程录井则包括与钻井工程有关的各项参数采集、分析与评价,即工程、钻井液和地层压力录井。工程录井的应用基础是钻井,离开了钻井工程,录井就没有生存和发展的空间。钻井则需要工程录井提供发现隐患和事故预报的技术支持。工程录井需要从钻井和钻井液获得更多的信息,才能及时发现钻井过程中出现的问题和隐患,准确进行事故预报,减少和避免事故发生。这种依存关系使得工程录井在钻井监测预报方面具有其他任何技术都无法替代的优势。主要表现在以下几个方面：

（1）录井利用所掌握的区域地质资料，提前做好工程监测预报的技术方案，制定有效的施工对策，为钻井安全施工提供技术保障。

（2）录井实时采集钻井、钻井液、油气水、岩性、地层压力等信息，根据各项参数变化情况发现和预报钻井复杂情况，减少或避免工程事故的发生。

（3）长期为钻井服务，积累了丰富的工程录井资料、成功经验和失败教训，形成了一套有效的钻井复杂事故分析评价方法和工程辅助系统，对钻井施工措施的制定具有很好的指导和帮助作用。做好工程录井技术应用的关键首先是要加强现场实时监测；其次要及时发现和预报钻井事故隐患，再就是要做好钻井工程辅助工作。

随着钻井技术发展和新工艺的应用，钻井的自动化、智能化水平的明显提高，安全、高效钻井有了更强的技术保障。工程录井始终以"一切为减低钻井施工风险，提高钻井施工安全和效益"为宗旨，积极应对钻井和钻井液技术、工艺的发展，与钻井一起共同面对油气勘探开发中存在的技术问题，不断开展技术创新和推广应用，在安全、高效钻井方面发挥着重要作用。

第一节　工程录井与钻井事故的关系

钻井是一项隐蔽的地下工程，具有难度大、周期长、成本高的特点，在钻井过程中存在着大量的模糊性、随机性和不确定性问题，由于对客观情况的认识不清或主观意识的决策失误，各种事故与复杂情况发生的可能性随时存在，是威胁钻井安全的最大隐患，也是影响勘探经济效益和社会效益的主要因素，一旦发生井下复杂或事故，处理难度很大、事故处理周期长，成本浪费极大，有时甚至导致井筒报废。为保障钻井安全，需要密切关注钻井施工过程，及时对现场各种异常信息进行综合分析，判断钻井工程参数的异常变化，做到对各种钻井工程异常事件做出早期预报，避免工程事故及复杂情况的发生或阻止已发生的异常情况进一步恶化。因此，提高钻井事故及复杂情况预报水平，对于钻井工程具有重要的社会和经济意义。

一、综合录井测量参数与钻井的关系

1. 工程参数

工程录井参数包括井深、钻时、转盘转速、泵冲、扭矩、悬重、钻压、立管压力和套管压力。

钻进基本过程包括钻进、接单根、起下钻、换钻头、循环钻井液等。

（1）钻进：钻头破碎岩石使井眼不断加深。当钻头快要接触井底时，由司钻操作，开泵，启动转盘，慢慢使钻头接触井底，逐渐给钻头施加一定的钻压（钻压是指钻进时施加于钻头上的压力），转盘旋转带动钻具转动，钻头就可以边挤压边切削井底岩石，使岩石不断破碎，自钻头水眼喷出的高速钻井液射流，及时地将破碎的岩屑冲离井底，然后由钻井液带出地面。钻井过程也就是井眼加深的过程。

（2）接单根：通过接单根使钻具不断加长。当方入（在钻进过程中，方钻杆在转盘补心以下的长度称为方入，在方补心面以上的方钻杆有效长度称为方余）全部打完之后，停转盘，停泵,上提方钻杆母接头出转盘面,用吊卡卡住钻具,用大钳卸开方下钻杆扣,然后拉方钻杆与小鼠洞内的单根钻杆相接,开泵,启动转盘,下放钻具,恢复正常钻进。这一过程叫接单根。

（3）起下钻:将井内钻具起出或将井内起出的钻具重新下到井内。

（4）换钻头:起出钻具卸掉旧钻头换上新钻头重新下入井中。

（5）循环钻井液:钻头提离井底并保持钻井液的循环。

钻柱把地面的动力传给钻头,所以,钻柱是从地面一直延伸到井底的,井有多深,钻柱就有多长。随着井的加深,钻柱重量将逐渐加大。过大的钻压将会引起钻头、钻柱、设备的损坏,所以必须将大于钻压的那部分钻柱重量吊悬起来,不作用到钻头上。钻柱在钻井液中的重量称为悬重,大于钻压需要而吊悬起来的那部分重量称为钻重。

1）钻压的计算

$$钻压 = 钻具总重 - 大钩负荷 \qquad (2-1)$$

式中　钻具总重——钻头、钻铤、钻杆、各种接头等所有下井工具重量的总和,t;

　　　大钩负荷——大钩所承受的钻具重量,t。

2）井深和方入的计算

进行钻时录井必须先计算井深,井深计算不准,钻时记录必然也会不准,还会影响到岩屑录井、岩心录井的质量,造成一系列无法纠正的错误。

井的最上部称为井口,井的最下部称为井底,井周围的侧壁为井壁,井眼的直径为井径,全部井眼为井身,全部井身中的某段为井段,井口转盘面到地面基墩的距离称补心高。井深指井口转盘面到井底的距离(井深的起始零点是转盘面)(图2-1)。计算公式为

$$井深 = 钻具总长 + 方入 \qquad (2-2)$$

其中　　　　钻具总长 = 钻头长度 + 钻铤长度 + 钻杆长度 + 各种接头长度

有关方入的概念如下:

（1）方入:方钻杆在转盘面以下的长度。

（2）方余:方钻杆在转盘面以上的长度。

（3）到底方入:钻具下到井底时的方入。

（4）整米方入:钻具下到整米时的方入。

（5）取心方入:取心钻具下到井底时的方入。

（6）割心方入:取心钻具开始割心时的方入。

（7）交接班方入:交接班时的方入。

2. 钻时录井

钻时是指每钻进一定厚度的岩层所需要的时间,单位为 min/m。钻时是钻速(m/h)的倒数。钻进速度的快慢,一方面取决于地下岩石的可钻性;另一方面又要取决于钻井措施,如钻压、转速、排量的配合,钻井液性能、钻头类型及使用情况等。因此,根据钻时的大小,既可以帮助判断井下地层岩性变化和缝洞发育情况,又能帮助工程人员掌握钻头使用情况,提高钻头利用率,改进钻进措施,提高钻速,降低成本。钻时录井特点是简便、及时。

目前现场记录钻时的仪器有综合录井仪、气测仪、钻时仪。各有其优缺点,自动化程度不一样,只要安装使用得当,都能满足钻时精度的要求。

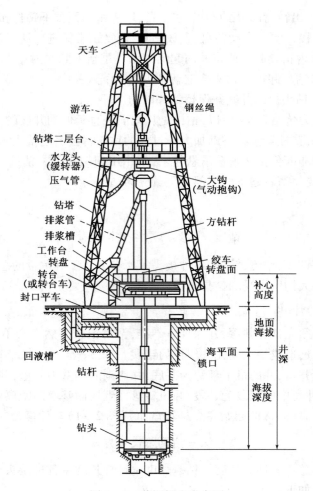

图 2 - 1　井深概念示意图

1）影响钻时变化的因素

（1）岩石性质：岩石性质不同，可钻性不同，其钻时的大小也不同。在钻井参数相同的情况下，软地层比坚硬地层钻时小，疏松地层比致密地层钻时小，多孔、缝的碳酸盐岩比致密的碳酸盐岩钻时低。

（2）钻头类型与新旧程度：根据地层选钻头，达到优质快速钻进。新钻头比旧钻头钻进速度快，钻时小，钻头使用到后期钻时会逐渐增大。

（3）钻井参数：在地层岩性相同的情况下，若钻压大，转速高，排量大，钻头喷嘴水功率大，则钻头对岩石的破碎效率高，钻时低；反之，钻时就高。

2）钻时及钻时曲线的应用

（1）可定性判断岩性，解释地层剖面。

疏松含油砂岩钻时最小；普通砂岩钻时较小；泥岩、石灰岩钻时较大；玄武岩、花岗岩钻时最大。

对于碳酸盐岩地层，利用钻时曲线可以判断缝洞发育井段。如突然发生钻时变小、钻具放空现象，说明井下可能遇到缝洞渗透层。同一岩类，随埋深和胶结程度等不同，反映在钻时曲线上也各不相同。

（2）在无测井资料或尚未进行测井的井段，钻时曲线与岩屑录井剖面相结合，是划分层位、与邻井做地层对比、修正地质预告、卡准目的层、判断油气显示层位、确定钻井取心位置的重要依据。

（3）在钻井取心过程中，钻时曲线可以帮助确定割心位置。

（4）在地层变化不大的时候，钻时急剧增大，有助于判断是不是发生堵心现象。

（5）钻井工程人员也可以利用钻时分析井下情况，正确选用钻头，修正钻井措施，统计纯钻进时间，进行时效分析。

3. 钻井液参数

钻井液在钻遇油、气、水层和特殊岩性地层时其性能将发生各种不同的变化，根据钻井液性能的变化及槽面显示，来判断井下是否钻遇油、气、水层和特殊岩性的方法称为钻井液录井（表2-1）。

表2-1　钻井液参数的应用

参　　数	用　　途
流量	钻井液出口流量变化与入口流量对比，可以监测是否有钻井液漏失和地层流体进入，及时预报井涌、井漏、井喷
体积	测量钻井液池体积变化，可以监测是否有钻井液漏失和地层流体进入，及时预报井涌、井漏、井喷
密度	反映钻井液中的固相物质含量，可以监测地层流体进入，及时预报井涌、井漏和井喷，为计算地层压力等提供实时数据参数，为调整钻井液性能、优化钻井提供方案
温度	钻井液温度的变化可以间接反映地热梯度，是监测异常压力的重要参数，监测是否有钻井液漏失和地层流体进入，及时预报井涌、井漏和井喷
电导率	监测钻井液的电导率变化，根据变化趋势监测是否有地层流体进入，判断侵入钻井液中地层流体的性质

钻井液参数主要包括出口流量、钻井液池体积（总体积、1～4号池体积）、温度（进、出口）、密度（进、出口）、电导率（进、出口）。

4. 钻井事故监测的其他录井参数

1）气测录井参数

气测录井就是利用综合录井仪色谱部分随钻测量钻井液中烃类气体的含量及组分特征，根据储集层天然气组分含量的相对变化来区分油气水层，并进行油气层评价。据统计结果表明，除个别井外，凡是钻遇油气层，几乎都能见到气测异常显示。但由于钻井液中可能混合各种气体，且有泵抽空、起下钻、接单根、循环钻井液等钻井作业都有可能引起地层天然气的侵入，从而造成各种气测峰值。因此，如何正确识别各种气测异常，是发现和评价油气层的关键，同时也是预报事故复杂的依据。

2）与地层压力监测有关参数

如ECD、dc指数、Sigma指数、地层压力、地层破裂压力等，称为地层压力参数。这些参数对于预测异常地层压力、预报井漏等因异常地层压力导致的复杂情况具有重要意义。

二、综合录井参数的用途

综合录井仪应用于钻井工程中，使钻井作业的全过程都处于仪器的监控之下，并随着录井技术的发展及对钻井工程认识的进步,逐步实现从后期的被动发现到先期的主动预报。仪器房内的联机计算机在进行实时监控的同时,可将采集到的信息按要求进行打印,并可按要求将所有信息以数字或曲线的形式发送到钻台上和监督房内的显示器上,使现场监督和井队的工程技术人员能够及时掌握井下和地面的状况,从而有效地保障安全钻井。

综合录井工程监测范围广泛,监测参数包括地质参数、工程参数、钻井液参数等(表2-2)。所有参数都能实时记录、存盘和传输,并实时完成全部参数曲线连续绘制。

表2-2 工程监测常用的综合录井参数

类 型	项 目
实测参数	大钩高度、扭矩、转盘转速、钻压、大钩负荷、泵压、套压、出口和入口密度、出口和入口温度、出口和入口电导率、池体积、出口流量、H_2S 气体、全烃、烃组分、H_2、CO_2 等
计算参数	井深、迟到井深、钻头位置、垂直井深、方入、方余、钻压、钻时、钻速、起下钻速度、ECD、dc 指数、Sigma 指数、地层压力、地层破裂压力、入口流量、钻头压降、钻头水马力、钻头使用时间等

钻井工程的事故隐患存在于钻井的全过程中,各种作业阶段的监测内容及所监测的参数见表2-3。不同的钻井阶段所监测的内容和关注的重点是不同的,因而其监测的参数和参数的变化特征是不一样的(表2-4)。

表2-3 不同钻井作业阶段录井监测内容与参数表

工作状态	钻 进	提下钻	特 殊 作 业
监测内容	(1)提升系统:阻卡、溜钻、放空等; (2)循环系统:泵刺、地面管线刺、钻具刺、水眼刺、水眼堵、井壁垮塌、卡钻等; (3)旋转系统:钻头老化、泥包、憋钻等; (4)池体积增减:井漏、油气水侵、溢流、井涌等; (5)地质类:地层岩性变化、油气水显示、地层压力异常、H_2S 等	提下钻速度、灌浆情况、阻卡	电测、下套管、固井、地破试验、特殊处理(如处理事故等)
监测参数	钻时、钻压、大钩负荷、大钩位置、转盘转速、扭矩、泵速、泵压、排量、总池体积、出口密度、入口密度、出口温度、入口温度、出口电导率、入口电导率、气测总烃、组分(C_1、C_2、C_3、iC_4、nC_4、iC_5、nC_5)	大钩负荷、大钩位置、总池体积	大钩负荷、大钩位置、转盘转速、扭矩、泵速、泵压、排量、总池体积、出口密度、入口密度、出口温度、入口温度、出口电导率、入口电导率、气测总烃、组分(C_1、C_2、C_3、iC_4、nC_4、iC_5、nC_5)

表2-4 主要综合录井参数在事故判断中的用途

类 别	参 数	用 途
钻井液参数	流量	钻井液出口流量变化,与入口流量对比可以监测是否有钻井液漏失和地层流体进入,及时预测井涌、井漏、井喷
	体积	测量钻井液池体积变化,可以监测是否有钻井液漏失和地层流体进入,及时预测井涌、井漏、井喷
	密度	钻井液密度反映了钻井液中的固相物质含量,可以监测地层流体进入,及时预测井涌、井漏、井喷,为计算地层压力等提供实时数据参数,为调整钻井液性能,优化钻井提供方案

类　别	参　数	用　途
钻井液参数	温度	钻井液温度的变化可间接反映地热梯度,是监测异常压力的重要参数,监测是否有钻井液漏失和地层流体进入,及时预测井涌、井漏、井喷
	电导率	是监测钻井液的电导率变化,根据变化趋势监测是否有地层流体进入,判断侵入钻井液中地层流体的性质
钻井工程参数	钻时	是通过绞车换算参数,反映了钻穿单位厚度地层所用的时间,可以判断钻头使用情况
	转数	转盘转数传感器用以测量转盘转速,提供优化钻井、压力检测所需的数据
	泵冲	泵冲传感器用以测量钻井泵每分钟的活塞动作次数,根据输入的单冲泵容积、泵效率等参数计算出入口流量,计算迟到时间及其他派生参数
	悬重(大钩负荷)	通过测量大钩悬重参数变化,可以判断钻井工作状态(坐卡、解卡、钻进、起下钻、离井底)计算钻压,提供优化钻井所需的数据,判断卡钻、遇阻、掉钻具等工程事故
	钻压	钻头对地层的压力,通过悬重换算得到,判断溜钻、顿钻事故
	扭矩	通过测量扭矩参数变化,可以反映钻头使用及工程异常情况(钻头泥包、钻磁终结、井塌、钻具扭断等)、地层储层物性等
	立管压力(泵压)	通过测量立管压力参数变化,可以监测循环系统的工作状态(开泵、停泵、循环钻井液),提供水动力学计算,优化钻井所需的实时数据,判断工程事故(刺钻具、憋泵、堵水眼、掉水眼、掉钻具等)
	套管压力	通过测量套压参数变化,可以监测井筒内压力变化,为测试计算地层压力梯度和处理工程事故,制定方案提供可靠依据
	深度	绞车传感器用于测量井深、钻时、钻头位置、大钩高度、速度和判断运动方向

各项工程参数与钻井工况之间存在着密切的关系。钻井工程设备包括钻井液循环系统、动力驱动系统、旋转系统,各系统间都是相互关联的。如动力系统要给钻机施加动力,驱动钻机旋转系统带动钻具转动,同时也驱动钻井泵运转向井下泵入钻井液等,完成一套钻井全过程。

这些系统在正常状态时所有参数保持相对稳定,钻井设备正常运转、井筒情况良好。通过对现场情况的观察和分析,将相关参数的变化关联起来就能反映钻井过程中各系统的工作状态。若一旦发生参数异常,就反映出钻井状态与井筒、地层等发生了变化(表2-5)。

表2-5　工程参数与钻井工况的关系

参 数 关 联	钻 井 工 况
大钩负荷与大钩高度关联	说明吊悬系统的工作状态
钻头位置、大钩负荷与立压关联	说明钻井状态
钻压与米进尺关联	说明岩性的变化和送进
井底上空与未完钻时关联	说明井底的时空关系
转速与扭矩关联	说明旋转系统的工作状态
立压与泵冲的关联	说明循环系统的状态
总池体积与溢漏情况关联	说明井筒与地层的平衡关系

参 数 关 联	钻 井 工 况
入口流量与出口流量关联	说明循环系统的状态
入口密度与出口密度关联	说明岩屑的浓度变化
入口温度与出口温度关联	说明钻开层的地温场
入口电导与出口电导关联	说明地层水的侵入
扭矩与钻时关联	说明钻头的磨损状况
大钩负荷、立管压力与泵冲的关联(刺漏报警)	说明钻具的安全状态

第二节　录井实时钻井工况监测方法

综合录井技术是伴随油气田勘探开发的需求和科技的不断进步逐渐发展起来,为油气勘探开发提供实时钻井状态、地质信息、钻井工程和油气评价的一门井筒监测技术。

现代的综合录井技术与钻井仪表相比,无论是应用范围、应用方法和管理模式上都有本质的区别,综合录井作业为钻井工程提供了层次更深、覆盖更广的技术信息和管理信息,其不断完善的随钻监控作用,为钻井带来了巨大的经济效益。尤其是现代计算机技术和网络技术的高速发展,信息采集精度越来越高,速度越来越快,将综合录井仪作为钻井现场信息中心,具有快速处理和识别能力,为及时提供钻井异常预警提供了保证。

及时综合分析,判断钻井工程参数的异常变化,做出工程异常预报,可以避免工程事故的发生和事故的进一步恶化。要做到这一点,就需要对钻井工程事故的预测技术、参数选取进行研究。综合录井在工程上最重要的作用就是工程异常状况的监测,是现场最及时、最有效钻井工程异常情况的监测。

安全钻井和优化钻井一直是综合录井工作的主要研究课题之一。利用综合录井进行钻井事故预警的研究和探索经历了一个逐步发展过程。

在录井历史的早期,录井仪器的采集手段非常原始,对于事故的认识也很肤浅,参数异常报警是最常用的报警方式,采用单一参量、单一门限的逻辑判别方式,通过设置某些参数的上下限来对该参数进行报警。实际上不能对事故进行有效预报。

随着录井技术的发展,综合录井仪采集的参数大大增加,精度也有了很大的提高,随之出现了人工经验报警方法。这种方法要求操作人员能够仔细观察和了解工程等各方面参数的变化趋势,然后依靠自己多年来积累的经验对常见的工程事故进行报警。

随着现代计算机技术和网络技术的高速发展,利用人工智能技术自动对工程参数异常监测和工程事故复杂预警成为各录井公司研究的重点,目前已取得一定的成果,该项技术的成功一定会成为录井技术服务新的发展起点。

一、引起钻井工程复杂和事故的原因

事故预防是一种常规和常用的重复性技术,同时又是一种低成本投入,获得高收益的有效手段,因此,我们应该从各个方面入手,谨慎行事,针对不同情况,做出正确的判断和推理,强化事故预防工作,确保钻井生产的正常运行。

安全是最大的节约,事故和复杂是最大的浪费,最大限度地减少事故复杂时效是我们进行事故预防的最主要目的。钻井工程事故的发生,并不是一种客观存在,是可以避免的。综合录井作为安全钻井的参谋,更应利用掌握的录井资料,针对不同情况,配合井队做出正确的判断和推理,强化事故预防工作,最大限度地克服客观的不安全因素,引导它们向好的方面转化,确保钻井生产的正常运行。总的说来,钻井工程事故发生的原因主要有地质因素和工程因素。

1. 地质因素

钻井的对象是地层,而地层的结构有硬有软,压力系统有高有低,孔隙有大有小。要了解设计井的地层孔隙压力、地层破裂压力、地层坍塌压力及一些特殊地层(如盐膏、软泥岩等)的蠕变压力,它们是井深结构和钻井液设计的主要依据。要知道在同一个裸眼井段内不能让喷、漏层同时存在,也不能让蠕变层与漏层同时存在。对一些特殊地层如在一定温度、压力下发生蠕变的盐层、膏层、沥青层、富含水的软泥岩层、吸水膨胀的泥页岩层、裂缝发育容易坍塌剥落的泥页岩层、煤层及某些火成岩层都应有较详细的了解,这些地层是造成井下复杂问题的主要对象。也应该对一些地质现象如断层、裂缝、溶洞、特高渗透层的位置及各种地层流体的存在等有所了解。

引起钻井作业中复杂与事故的主要地质因素见表2-6,以上这些因素对安全钻井来说至关重要,但地质勘探部门所提供的比较详细的资料是油气层资料,而对工程上所需要的重要资料则提供不多,或不够详细,甚至有些数据与实际情况相距甚远;另外,即使已经开发的油田,由于注水开发的结果,地下的压力系统变化很大,也很难以邻井的资料作为主要依据,这就使钻井过程往往不得不打遭遇战,因而复杂情况屡屡发生。

表2-6　钻进中产生复杂与事故的主要地质因素

序号	项目	类别	产生复杂的主要原因	主要复杂性质	可能引发的事故
1	岩性	泥页岩	含高岭土、蒙脱石、云母等硅酸盐矿物,具有可塑性、吸附性和膨胀性	剥落、掉块等井壁不稳定	起下钻阻卡,可造成沉砂卡钻
		砂砾岩	含石英、燧石块,大小悬殊,泥质胶结的不均匀性	蹩、跳、渗漏	粘扣、粘卡、断钻具、掉牙轮
		砂岩粉砂岩	含石英、长石,胶结物为铁质、钙质和硅质,具有极高的硬度	极强的研磨性、跳钻	钻头缩径、掉牙轮、断钻具
		石膏岩盐层	有弹性迟滞和弹性后效现象,易蠕动、溶解、垮塌	蠕变、缩径	起下钻阻卡易卡钻
		碳酸岩层	主要成分 CaO、MgO 和 CO_2 等,有溶解与重结晶等作用	形成溶剂与裂缝	产生漏失、阻卡、卡钻
2	地层压力	高孔隙压力	高密度钻井液中高固相含量,恶化钻井液性能,加大井底压差	钻速慢、滤饼厚、压差大、井涌、溢流	压差卡钻、井喷
		低破裂压力	使用堵漏材料,恶化钻井条件	井漏、堵漏	卡钻、井塌
3	地质构造	褶皱	地层变形产生裂缝与内应力和大倾角地层	井斜、漏失、井塌	卡钻
		断层	地层变位产生断裂与断层	井斜、漏失	卡钻

造成井下复杂的地质因素是客观存在、不可更改的。因此，录井工作者有必要对钻井事故和复杂问题发生发展的主要原因要有一个清晰的认识，一旦发现异常或发现有价值的地下信息时，思想上会有正确的判断，行动上第一时间通报工程方面，为钻井工程的正确决策赢得最宝贵的时机，及时采取正确的措施，只有这样，才能把复杂情况带来的损失降至最低限度。

2. 工程因素

工程因素就是主观因素的具体反映。在钻井过程中，可能会由于思想认识的模糊或者某种片面局部利益驱动，铤而走险，为钻井事故和复杂的发生创造了条件。如在开钻前未严格地按科学的方法进行井深结构设计，使同一裸眼段喷、漏层并存，治喷则漏，治漏则喷；或片面强调节约钻井液处理剂，使钻井液性能恶化，造成裸眼井段中的某些地层缩径或坍塌，或钻井液密度不合适造成井喷、井漏或井塌。或起下钻速度过快，产生过大抽吸压力，把油气层抽喷或把松软地层抽塌；或产生过大激动压力，把地层压漏。或钻机设备故障，迫使钻具不能活动或不能循环钻井液。

工程因素大多都是人为的因素。钻井工程是隐蔽工程，井下情况看不见、摸不着，在异常发生初期，完全依赖经验和知识去判断，不同的人会有不同的认识，可能做出不同的结论，而正确的结论只有一个。现在井下的情况并非完全不可知，现代录井技术已经能够对地质、工程、钻井液参数进行较系统的采集、记录与计算处理，通过分析，能够预知下部地层是否有高压层存在，同时还能通过实时监测各项参数，及时发现变化，能做到在复杂情况发生的初期，就可利用现有的资料和录井工作中长期积累的经验加以分析判断，及时得出较切合实际的结论。影响井下复杂与事故的主要工程因素主要见表2-7。

表2-7　影响井下复杂与事故的主要工程因素

序　号	项　目	主要技术要求	主要作用
1	井身结构	套管封固不同压力层系与不稳定地层	防塌、防卡、防喷、防漏
2	钻井设备	钻井泵排量可调，有足够的功率	清洗井底、净化井筒、防卡、防钻头泥包
		转盘软特性，转速可调	防蹩、防断
		顶驱	及时处理复杂，减少卡钻
		固控完好，处理量满足要求	降低固相含量
3	井控设备	压力级别与地层压力匹配，试压合格	防喷、节流压井
4	钻井液	根据地层岩性、压力，选择合适的类型与性能参数	防塌、防卡、防钻头泥包、提高钻速
5	钻具结构	根据地层岩性、倾角、钻井工艺条件选择钻具结构及井下工具	防斜、防断、防振、防卡、防掉
6	钻井仪表	要求全面准确反映钻井参数	提供钻进中井下真实动态、信息，准确及时判断井下情况
7	钻头选择	根据地层可钻性选择钻头类型与钻进参数	提高钻速，防掉、防跳
8	操作技术	严格遵守钻井中各项技术操作规程和技术标准	防止操作失误、违规，使井下情况复杂化或造成更大事故

序　号	项　　目	主要技术要求	主　要　作　用
9	应急或处理措施	准确判断井下情况,制订正确的处理措施,及时分析、修正处理方案,具有多种应急手段	减少失误,减少时间损失,提高事故处理效率和一次成功率
10	钻井用器材与工具	质量合格、性能可靠	少发生或不发生井下事故,保证顺利钻进

充分认识复杂情况与事故的成因机理,不单是处理复杂与事故的必要条件,也能为工程监测指明方向,有针对性、有目的性地提前加以关注和防范。

二、录井参数进行工程异常判别的方法

实时测量的工程参数和资料异常显示是判别标准,是异常事件解释和预报的依据,在无人为因素干扰、无特定的要求或规定情况下,录取的任意一项资料或参数符合表 2-8 的情况则为异常。

表 2-8　钻井工程异常与录井工程参数之间的关系

工程异常类别	录井参数特征
工程参数异常	钻时突然增大、减小,或呈趋势性增大、减小; 钻压大幅度波动或突然增大 50kN 以上或钻压突然减小并伴有井深跳变; 除去改变钻压的影响,大钩负荷突然减小 50~60kN; 转盘扭矩呈趋势性增大或减小 10%~20%,或大幅度波动; 转盘转速无规则大幅度波动,或突然减小甚至不转,或人工监测发现打倒转; 立管压力逐渐减小 0.5~1MPa,突然增大、减小 2MPa 或趋势性增大或减小;实时钻进中的钻头成本呈增大趋势
钻井液参数异常	钻井液总池体积相对变化量超过 1~2m³; 钻井液出口密度减小 0.04g/cm³ 以上,或呈趋势性减小或增大; 钻井液出口温度突然增大或减小,或出入口温度差逐渐增大; 钻井液出口电导率或电阻率突然增大或减小; 钻井液出口流量明显大于或小于入口流量; 气体全烃含量高于背景值 2 倍以上,且绝对值大于 0.5% 以上; 二氧化碳含量明显增大; 硫化氢含量超过报警值
地层压力参数异常	泥页岩井段 dc 指数或 Sigma 值相对正常趋势线呈趋势性减小; 泥页岩密度呈趋势下降; 碳酸盐含量明显变化; 岩性明显改变或岩屑中有金属微粒; 岩屑照射有荧光显示

1. 录井参数异常变化的判别

在钻井过程中,钻井参数如钻压、泵压等参数的变化,其代表的含义是不一样的,明白其中的因果关系,对于录井技术人员判断钻井状态是很有帮助的。根据钻井经验,引起变化的原因主要有如下几点:

1）泵压降低的原因

（1）地面原因：包括泵上水不好或进口不通畅；高压管线刺漏；低压管线未关闭；泵转速降低；泵缸泄漏或停泵等。

（2）井下原因：包括钻头掉水眼或钻具刺漏；井下油气水侵发生溢流；井漏；钻具断落；钻井液密度、黏切变化或循环不均；因井下情况或处理剂质量不好在钻井液产生过多气泡等。

2）泵压升高的原因

泵压升高的原因包括：钻头泥包；钻具或钻头水眼堵塞，甚至憋泵；取心钻进时堵心；钻速快，钻屑返至扶正器部分的窄小环空；井壁垮塌；钻井液受盐水、盐膏盐污染等因素造成钻井液性能变化；大量钻屑返到小井径部分拥塞等。

3）上提钻具读数变小的原因

上提钻具读数变小的原因包括：传压管路等组件泄露或堵塞；如排除地面原因，则可能是钻具断落。

4）上提钻具读数变大的原因

上提钻具读数变大的原因包括：钻头泥包；井眼轨迹变化，上提摩阻增大；钻井液性能不好，滤饼松厚，润滑性不好，上提摩阻大；井眼缩径，钻头上行遇卡；井眼内形成键槽，上提遇卡；井下落物将钻具卡在某处；钻井液携砂能力差，有沉砂迹象；存在压差，钻具静止后，有压差卡钻的前兆等。

5）下放钻具读数变小的原因

下放钻具读数变小的原因包括：井眼缩径；前只钻头外径磨损等形成了小井眼；井眼轨迹及钻井液性能的作用，使井壁摩阻增大；"糖葫芦"井眼，存在砂桥；井底有沉砂放不到底；定向井改变钻具组合结构在特别井段遇阻；由于钻井液质量不好，在下钻过程中，滤饼随钻头一起下行，当滤饼堆积到一定程度时，造成下钻遇阻；井眼轨迹的变化等。

6）扭矩增大的原因

扭矩增大的原因包括：钻压增大，钻头旋转扭矩增大；井眼轨迹变化大；钻速快，大量钻屑上返，在扶正器或小井眼处拥塞环空；井下落物；钻头损坏，牙轮旷动或牙轮卡死；卡钻；钻遇复杂地层；钻井液性能恶化，井内摩阻增大；钻井液携砂能力不够，钻屑不能及时返出井眼系统；井塌或井垮等。

7）扭矩突然变小的原因

扭矩突然变小的原因包括：钻具断落；钻井参数变化等。

8）钻速突然变快的原因

钻速突然变快的原因包括：地层岩性的变化，钻遇疏松地层、油气层等；钻遇溶蚀性地层的溶洞，发生"放空"现象，或钻遇断层；在大井眼井段钻进，因钻具断而错开"放空"等。

9）钻速变慢的原因

钻速变慢的原因包括：地层岩性变化；钻头使用后期；钻头水眼冲蚀或钻具刺坏；断钻具、断口对磨，无进尺等。

10）岩屑返出量的变化原因

钻进时岩屑返出量减少的原因主要与进尺慢有关，除此之外还与下列因素有关：

（1）钻井液黏度、切力过低，携砂能力降低，岩屑难以返出井口。

（2）钻井循环排量小，岩屑返出量相对减少。

（3）边漏边钻，岩屑随钻井液流失。

（4）大斜度定向井，钻屑在井壁形成岩屑床。

（5）钻屑在钻井液中水化分散成细颗粒，混入钻井液中，显示是钻井液密度增加。

（6）井眼系统内存在"糖葫芦"井眼，钻屑在此处堆积。

（7）钻进时岩屑返出量增多的原因主要与进尺快有关。

另外还有：

（1）井壁垮塌。

（2）钻井液黏度、切力增大，将井内滞留钻屑带出井口。

（3）在起下钻或短起下钻后，井壁"岩屑床"被破坏，钻屑返出井口。

岩屑对判断井下复杂情况的作用主要表现为：

（1）划眼划出新眼时，岩屑中新鲜岩屑比例占大部分，岩性、厚度与老井眼对比出现重复。

（2）井下金属落物，钻头水眼或钻具刺坏等，岩屑中往往含有金属碎屑（可用磁铁吸出）。

（3）井塌时岩屑中往往杂有大量上部已钻地层的岩屑，通过岩性分析可大概判断井塌层位。

（4）通过岩屑分析，可大概判断井眼是否存在"大肚子"井段。

（5）通过岩屑分析，可判断是否钻至盐膏等复杂地层，以及确定中完或完钻井深。

（6）岩屑形状和大小的变化。岩屑的形状和大小与岩性、钻头类型、切削刃大小、切削刃出刃高度、水力冲蚀程度、钻井排量大小、钻井液性能等多种因素有关。一般井塌掉块或长时间滞留在"大肚子"井眼内的岩屑，形状大小多数都不规则，或者虽然形状规则但棱角均磨圆，没有新鲜断口。

2. 录井参数异常变化原因判别

在实际钻井过程中，井队工程技术人员正是通过这些参数的变化来进行井下工况判断和下步工作安排的。而综合录井仪的参数更多、更精确，当发现和确认某一项参数或数个参数出现异常变化后，更应该结合钻井情况，立即查明原因，进行对比分析和判断，尽快做出解释，为钻井提供建议。各类异常显示的解释原因和非解释原因见表2-9。

表2-9　录井参数异常变化的解释原因及非解释原因

异常显示描述	解释原因	非解释原因
井深跳变	放空，钻遇裂缝孔洞发育地层或高孔隙地层；溜钻，顿钻	深度系统故障，冲井深
钻时显著减小	钻遇油气水层，钻遇欠压实地层，钻遇盐岩层	
钻时显著增大	钻头磨损，地层变化	
大钩负荷增大，钻压减小	井涌，井漏	
大钩负荷减小，钻压增大	溜钻，顿钻	
大钩负荷突然减小	钻具断落	传感器故障
转盘扭矩逐渐增大	钻头轴承或牙轮磨损	
转盘扭矩突然增大	井内复杂情况，卡钻预兆，地层变化	

异常显示描述	解释原因	非解释原因
转盘扭矩大幅度波动	掉牙轮,转盘机械故障	
转盘转速大幅度波动	掉牙轮	
立管压力下降很快然后升高	钻井液密度增大	
立管压力缓慢下降	刺泵,刺钻具,钻井液密度变化	
立管压力突然降低	掉水眼、井漏、断钻具	
立管压力缓慢升高	钻井液黏度增大	
立管压力突然增高	水眼堵	
立管压力先升高后降低,立管压力出现起伏跳跃现象	井涌	
钻头时间成本增大	掉牙轮,掉水眼,水眼堵	
钻头时间成本减小	溜钻	
dc 指数、Sigma 指数减小,偏离正常趋势线	钻遇欠压实地层	
入口流量稳定、出口流量逐渐增大	气侵,油侵,水侵,刺钻具	
入口流量稳定、出口流量起伏跳跃—增大	井涌、井喷预兆	
入口流量稳定,出口流量逐渐减小	微井漏	
泵冲正常,出口流量逐渐减小	刺泵	
入口流量稳定,出口流量大幅度下降或突然降为零	严重井漏	
钻进中池体积缓慢增加	微气侵、油侵或水侵	钻井液加水或加重
钻进中池体积迅速增加 $1\sim3m^3$	油侵、气侵、水侵	停一台泵,停除泥器、除沙器、除气器、转移钻井液
钻进中池体积迅速增加 $3m^3$ 以上	严重气侵、油侵、水侵、井涌、井喷预兆	停泵,转移钻井液
钻进中池体积缓慢减少	微井漏,井眼容积正常增大	开除砂器、除泥器、除气器
钻进中池体积迅速减少	严重井漏或完全漏失	钻井液通过非正常线路循环,人工排放钻井液
钻进中池体积无变化	机械钻速很慢	浮子卡死、仪器故障
接单根时池体积立即增加 $1\sim3m^3$		停泵
接单根后恢复钻进时,池体积增加,但稳定在一定数值	提钻具时的抽汲作用使地层流体进入井眼	人工增加钻井液
接单根后,池体积立即减少 $1\sim3m^3$		开泵
接单根后,池体积减少,但稳定在一定数值	由于正压差钻井液漏入地层	钻台操作损失钻井液
起钻时,池体积增加	因压差或抽汲作用导致井涌或井喷	人工增加钻井液
起钻时,池体积减少		灌钻井液
下钻时,池体积增加		入井钻具体积

异常显示描述	解 释 原 因	非解释原因
下钻时,池体积减少	在激动压力作用下,地层漏失	地面损失钻井液
起下钻时,池体积稳定		测量系统出了故障
入口出口密度值不稳定		钻井液未混和好,钻井液中含有不同比例的空气
出口密度值是常数,不随入口密度的变化而变化		传感器被岩屑埋没
出口密度值突然减小	气侵、油侵、水侵、井涌	
出口密度值逐渐增大		地层吸收钻井液中的水分,细泥和粉砂污染钻井液
电导率增大	钻遇盐岩层,盐水侵入	钻井液添加剂
电导率减小	淡水侵入、油侵、气侵	钻井液中加水,钻井液中含有空气
电导率无变化		传感器露出液面、传感器被岩屑埋没、仪器故障
电导率突然变化		传感器浸没一半
入口温度无变化		仪器故障
出口温度无变化		仪器故障、传感器埋没
出口温度梯度增大	钻遇欠压实地层、钻遇油气层	
钻进中,总烃、烃组分突然升高	油侵、气侵	
接单根,一个迟到时间后总烃、烃组分突然升高	单根气后效异常	
下钻后,近一个迟到时间,总烃、烃组分突然升高	地层后效异常	
H_2S 异常并报警	H_2S 侵入	仪器故障,探头故障
CO_2 异常	CO_2 侵入	
氯离子含量升高	盐水侵	
泥(页)岩密度减小	钻遇欠压实地层	
振动筛上岩屑量增多,呈大块状	井塌	
岩屑干照有荧光异常显示	原油显示	丝扣油、柴油添加剂,无机方解石、白云石
岩屑中有金属微粒	钻头磨损、钻具磨损或套管磨损	

在实际钻井过程中,上述各项录井参数间不是相互孤立的,它们之间存在着一定因果关系,在进行工程监测中应该综合各项(地质、工程、钻井液)参数的变化情况来进行综合分析判断,才能高质量地做好工程监测和事故预报。最直观的工程监测方法是以曲线的形式来监测和预报。随着计算机和通信技术的发展,色谱机进的实现,将所有采集到的参数(工程、气测、钻井液)全都置于同一个监测界面上已经是成熟技术,按照所有参数其内在的相关性组合,并合理定义各参数量程范围,给钻井监测带来了极大的便利。在钻井监测过程中,监测画面所有曲线的形态对应了钻井状态,稳定或不稳定。井下或钻机发生任何异常,曲线都会相应发生变

化,做到及时发现异常,准确判断工况,及时做出施工决策。

三、工程事故类型特征与预报方法

钻井事故及复杂情况都属于钻井异常事件,钻井复杂情况主要有:溢流、井涌、井漏、轻度井塌、砂桥、泥包、缩径、键槽、地层蠕变、地应力引起的井眼变形、钻井液污染及有害气体的溢出。钻井事故主要有:卡钻、井喷、严重井塌、钻具或套管断落、固井失效、井下落物及划出新井眼丢失老井眼等。综合录井是现场实现钻井作业动态监控的一种最为有效的手段。通过对工程复杂类型进行分类总结,并将异常段预报与结果对应,不仅可以对工程事故隐患发生时相关录井参数的变化特征有更进一步的认识,同时,通过经验总结,也可使录井技术人员在今后的录井过程中,在进行事故隐患分析与预报时有了对比参照。避免复杂和事故,保障钻井安全,也有助于提高录井工程监测的水平。

常见的工程异常有井涌、井喷、井漏、钻具失效、钻头异常、卡钻、溜钻、顿钻、井壁坍塌、井下压力异常等。

使用综合录井仪连续测量钻井工程参数,可以实现对钻井施工情况的实时监测。

根据钻井参数类别、钻井工况及引发工程事故的因素等的不同,将工程监测类型分为四类(表2-10)。

表2-10 工程监测类型统计表

类 型	预 报 内 容
循环系统类	泵刺、冲管刺、钻具刺、断钻具、钻头水眼堵、水眼刺等
井筒类	井壁垮塌、缩径、阻卡、卡钻等
钻头类	钻头老化、泥包、溜钻等
地层类	地层流体(油、气、水、H_2S)、井漏、油气水侵、溢流、井涌等地层压力异常等

1. 循环系统类事故

正常循环过程中,钻井液先后流经钻井泵—地面管线—钻具—钻头水眼—环空—地面钻井液罐—钻井泵。整个循环过程要克服地面摩阻,钻具内摩阻,钻头压降,环空压降等阻力,这些阻力的大小与排量、钻井液性能、地面管线尺寸、钻具尺寸、水眼尺寸、环空体积等有关系,所有阻力之和等于泵压。当循环系统局部位置出现异常(如刺、漏、堵等)情况时,钻井液的循环路线及局部位置的钻井液流量就会发生改变,则相应克服的阻力也将发生变化,于是泵压也会发生相应变化(升高、降低)(表2-11)。

表2-11 循环系统类异常发生时录井参数的变化

异 常 类 型	参数异常变化	可 能 原 因
钻具刺	立管压力下降,泵冲增大,出口流量增大,钻时增大,钻头时间成本增大	可能钻具疲劳,泵压过高等
断钻具	立管压力缓慢持续下降,后突然降低;大钩负荷突然减小;转盘扭矩减小;泵冲增大;出口流量增大	可能钻具疲劳
泵刺	泵冲正常,立管压力缓慢下降,出口流量减小,钻时增大,钻头时间成本增大	可能泵压过高,疲劳

异 常 类 型	参数异常变化	可 能 原 因
掉水眼	立管压力下降并稳定在某一数值上,泵冲增大,钻时增大,钻头时间成本增大	可能水眼尺寸不适
水眼堵	立管压力升高,出口流量减小,泵冲下降,钻时增大,钻头时间成本增大	可能有落物、杂物、大块岩屑等

1)事故种类

循环系统类事故主要包括泵刺、钻具刺、水眼刺、水眼堵、掉水眼、断钻具等(表2-11)。其恶性程度为一般性的复杂事故。表现形式主要是泵压异常,断钻具还会在大钩负荷和扭矩上也有变化(表2-12)。

表2-12　循环系统类事故复杂的参数变化

事故复杂类型	工 程 参 数								地质参数		气体参数	
	大钩负荷	悬重	立压	泵速	扭矩	流量	钻速	超拉力	岩屑	其他	烃类	非烃
钻具刺漏			↘	↗	↗	出↗入↗	↘		量减		↘	↘
起下钻断钻具	↓	↓			↓			↓				
钻进断钻具	↓	↓	↓	↗	↓	出↑入↑		↓	量减	有铁屑	↘	↘
掉水眼		↓	↓			↑	↓				↘	↘
堵水眼		↑		↗		↓		量减		↓	↓	
起钻卡钻	↗~		↗~		↑			↑				
下钻遇阻	↘~		↘~									
下钻卡钻	↘		↘		↑	↘						
钻进卡钻	~	↗	↗	~	~	↘	↘		量减	↘	↘	

注:"↓"指下降,"↑"指上升,"↗"指增大,"↘"指减小,"~"指波动或跳变。

2)监测方法

全程实时监测,将泵压曲线的量程尽量设定的实用,以可以明显看出变化为宜。可同时设置泵压参数报警门限,自动报警。发生泵压变化后要立即与司钻沟通,落实原因,因为现场中还会有其他原因也会导致泵压变化(如处理钻井液的过程中钻井液性能不均衡,泵压会缓慢持续的升高和降低,反复变化直至循环均匀)。本类事故发生后,引起的参数变化特征较明显,通常较容易发现与预报。

(1)钻井泵刺漏:钻井泵刺漏是钻井过程中较为常见的小隐患,通常是钻井泵缸体在使用过程中发生刺漏,从而造成泵压降低,及时发现与处理,不仅可以维持正常的钻进泵压,提高钻速,同时还可避免设备的进一步损坏,引发更多的事故发生。

判断泵刺漏的参数主要有泵压和泵速两项参数,其主要表现特征是泵压逐渐降低,而泵速无明显变化。

(2)冲管刺漏:通常是在钻进过程中发生刺漏,从而造成泵压降低,及时发现与处理,不仅可以维持正常的钻进泵压,提高钻速,同时还可避免设备的进一步损坏,引发更多的事故发生。

(3)钻具刺漏:钻具刺漏是钻井中较为常见的现象,发生钻具刺漏的原因是由于钻井所用的钻具较为陈旧,钻井液对钻具腐蚀以及钻进时使用的钻井液泵压较高,这些容易引起钻具刺漏。钻具的扭转振动造成钻具旋转速度时快时慢,当钻具突然加速旋转时,扭矩可能突然增加,又因为钻具与井壁、外螺纹与内螺纹间的交互作用使得在接头处产生很高的热量,从而螺纹脂从螺纹间隙流出,可能造成密封失效,同时高压流体沿着螺纹间隙从管内流出,引起刺扣;轴向拉力也会降低密封能力;上紧扭矩过小,过低的螺纹过盈量也导致较低的密封能力;钻具的横向振动使钻具承受交变的弯曲应力同样会造成密封失效;加工误差,不合理的公差配合也是一个重要的原因。由于钻进中泵压较高等因素的作用,可能使这种影响加剧,从而导致钻具刺漏。

发生钻具刺漏应做到早期预报、判定,停钻检查并及时更换损坏钻具,避免发生钻具刺断等其他恶性事故的发生。判断钻具刺漏的参数主要有泵压和泵速两项参数,其主要表现特征是泵压逐渐降低,而泵速无明显变化。

(4)钻头水眼堵:发生钻头水眼堵的原因主要是下钻过程中由于钻头没有做防堵水眼措施,或钻进时钻井液中大颗粒物体进入水眼,将水眼堵死,造成钻井液无法循环。

复杂发生后,通常只有起钻通水眼,这样将增加一次起下钻,影响钻井时效。这种异常容易及时发现,判断水眼堵的参数主要有泵压和泵速两项参数,在泵速不变的情况下,泵压突然大幅增高,且在停泵后泵压下降缓慢。

(5)钻头水眼刺:发生钻头水眼刺的原因主要是钻头质量不好或水眼安装不到位等。这种异常容易及时发现,判断水眼刺的参数主要有泵压和泵速两项参数,其主要表现特征是泵压降低,而泵速无明显变化或略有上升。

(6)钻头掉水眼:由于水眼安装不到位,钻井液沿水眼周围刺漏,最后刺掉水眼。掉水眼后钻头水马力下降,脱落的水眼引起钻头蹩跳导致钻速下降,降低钻头使用寿命。

掉水眼早期由于钻井液沿水眼周围刺漏,表现为泵压缓慢下降,刺漏到一定程度时水眼被刺掉,表现为泵压不再下降,转盘扭矩跳变,钻速降低,此时水眼可能已掉入井内。掉水眼通常是由于水眼安装不到位,钻井液沿水眼周围刺漏,最后刺掉水眼,通常表现为开始时泵压缓慢下降,刺漏到一定程度,泵压突然降低,水眼刺掉,泵压不再降低,此时如果继续钻进,则发生钻盘和扭矩蹩跳,钻速降低。

(7)钻头本体刺穿:主要原因是钻头质量差,这类事故通常较少见。判断的参数主要有泵压和泵速两项参数,其主要表现特征是泵压降低,而泵速无明显变化或略有上升。

(8)断钻具:钻具断裂在钻具事故中所占比例较大,危害也很严重,导致断钻具事故多是由于使用的钻具较旧,钻进中未及时发现钻具刺漏,或钻进时因溜钻、顿钻引起扭矩急剧升高及起钻过程中遇卡后的野蛮性强提拉等。形成的原因可能有以下几种:

①过载断裂:由于工作应力超过材料的抗拉强度引起的,如钻杆遇卡提升时焊缝热影响区的断裂,蹩钻时的钻具体折断等。

②低应力脆断:主要由于钻具的疲劳损伤。在突然断裂前没有宏观前兆,是最危险的断裂方式之一。另外,应力腐蚀断裂,钻杆接触某些腐蚀介质(如盐酸、氯化物类)时的应力腐蚀断裂等。

③径脆断裂:一般发生在钻杆接头、钻铤和转换接头螺纹部位等截面变化区域或因表面损伤而造成的应力集中区处。由于整个钻具承受复杂的交变应力,有些部位如螺纹根部、焊缝及划伤等缺陷处会出现应力集中,缺口根部应力可高出平均应力几倍或更高,所以缺陷处很快发生裂纹并扩展,直到断裂,疲劳断裂失效是钻具的主要失效形式。

但它们之间不是独立存在的，往往是互相关联互相促进的，但就某一具体事故来说，可能是一种或一种以上的原因造成的。

钻具断落是钻井过程中经常碰到的事故。有的情况比较简单，处理起来比较容易，往往会一次成功。有的处理起来就比较麻烦，因为钻具断落之后，往往伴随着卡钻事故的发生。如果处理不慎，还会带来新的事故。如果造成事故摞事故的局面，那就很难收拾了。

判断钻具断落的参数主要有大钩负荷和泵压两项参数，其主要表现特征是大钩负荷和泵压突然降低，而泵速无明显变化或略有上升。

任何事故的发生、发展到结束，都是一个由质变到量变的过程，综合录井仪通过传感器，真实地记录了这一过程，通过对相关录井参数的回放与分析，可以真实再现整个事故发生、发展过程，不仅有助于下步事故处理方案的制定，同时，通过分析与回顾录井参数变化规律，也能提高录井预报水平，建立和完善事故预报模型，避免类似事故的再次发生。

2. 井筒类事故与复杂情况

此类隐患在钻井过程中较为常见，常见的有井壁垮塌、缩径、阻卡等。而且大的工程事故多与此有关。井壁垮塌与卡钻类工程复杂发生前及发生过程中大钩负荷、扭矩、转盘转速、泵冲及泵压等相关参数均有较明显的变化，主要表现为在泵冲不变的情况下，泵压出现一定幅度的波动，而扭矩则有较大幅度的波动，多呈锯齿状，且时有时无，转盘有一定程度的变化明显。对这类工程隐患的判断，还有一项重要的参数或现象在现场通常没有引起人们的足够重视，那就是井口返出岩屑成分与返出量的变化——在事故发生之前一段时间里，井口返出的岩屑量与正常钻井时相比会有一定程度的增加，并可见到大量的上部地层的掉块。在今后录井过程中，这一现象应当引起现场技术人员足够的重视。

1) 形成机理

造成井壁垮塌的原因较为复杂，有地质方面的原因、物理化学方面的原因和工艺方面的原因，就某一地区或某一口井来说，可能是其中的某一项原因为主，对大多数井来说是综合原因造成的。

（1）地质方面的原因：

①原始地应力的存在。地壳是在不断运动之中，在不同的部位形成不同的构造应力（挤压、拉伸、剪切），这些应力超过岩石强度时便产生断裂而释放能量。这些应力的聚集不足以使岩石破裂时，以潜能的形式储存在岩石之中，当遇到适当的条件时，就会表现出来。当井眼被钻穿后，钻井液柱压力代替了被钻掉的岩石所提供的原始压力，井眼周围的应力被重新分配，被分解为周向应力、径向应力和轴向应力，当某一方向的应力超过岩石强度极限时，就会引起地层破裂，尤其是有些地层本来就是破碎性地层或节理发育地层。虽然井筒中有钻井液液柱压力，但不足以平衡地层的侧向压力，所以，地层总是向井眼剥落或坍塌。

②地层的构造状态。水平位置的地产稳定性较好，多数地层受构造的影响有一定的倾角，随着倾角增大，地层稳定性变差，60°左右的倾角，地层稳定性最差。

③岩石本身的性质。沉积岩中最常见的是砂岩、砾岩、泥页岩、石灰岩等，还有凝灰岩、玄武岩等。由于沉积环境、矿物组分、埋藏时间、胶结程度、压实程度不同而各具特性。以下的岩层是容易坍塌的：未胶结或胶结不好的砂岩、砾岩、砂砾岩；破碎的凝灰岩、玄武岩；因岩浆侵入地层后，冷却过程中，温度下降，体积收缩，形成大量裂纹，有些被方解石充填，大部分未被充填；节理发育的泥页岩；泥页岩在沉积过程中，横向的连续性很好，成岩之后，受构造应力拉伸、

剪切作用,形成许多纵向裂纹,失去它的完整性;断层破碎带及未成岩的地层。

泥页岩中一般含有20%～30%的黏土矿物,若黏土的主要成分是蒙脱石则易吸水膨胀;若主要成分是高岭石、伊利石则易脆裂。岩盐层、膏岩层、膏泥岩、软泥岩等特殊岩层,当用淡水钻井液或不饱和盐水钻井液钻进时,盐层溶解,井径扩大,相邻的夹层失去支撑而垮塌。钻遇石膏或膏泥岩地层时,钻井液液柱压力不能平衡地层坍塌压力,或钻井液中抗盐抗钙处理剂加量不足,使石膏吸水膨胀、分散,也会造成垮塌、掉块。

④泥页岩孔隙压力异常。泥页岩是有空隙的,在成岩过程中,由于温度、压力的影响,使黏土表面的结合水脱离成为自由水,如果处于封闭的环境内,多余的水排不出去,就在空隙内形成高压。钻井时,如果钻井液液柱压力小于空隙压力,空隙压力就要释放。如果泥页岩空隙很小,渗透率很低,当压差超过泥岩强度时,会把泥岩推向井内。

⑤高压储层的影响。泥页岩一般是砂岩油气水层的盖层和底层,如果这些砂岩油气水层是高压的,在井眼钻穿后,在压差作用下,地层的能量就沿着阻力最小的砂岩与泥页岩的层面而释放出来,使交界面处的泥页岩坍塌入井。

(2)物理化学方面的原因:石油天然气钻井多是在沉积岩中进行的,而沉积岩中多是泥页岩,泥页岩都是亲水物质,不同的泥页岩其水化程度及吸水后的表现有很大不同。泥页岩中黏土含量越高、含盐量越高、含水量越少则越易吸水水化。蒙脱石含量高的泥页岩易吸水膨胀,绿泥石含量高的泥页岩易吸水裂解、剥落。钻井液滤液的侵入,黏土内部又发生新的变化,产生新的应力(孔隙压力、膨胀压力等),会削弱黏土的结构,泥页岩吸水后,强度直线下降,会造成坍塌。泥页岩吸水后要经过一段时间,膨胀压力才会显著上升。所以加快钻井速度,争取在泥页岩大规模坍塌之前把井完成是最经济最有效的办法。

(3)工艺方面的原因:地层的性质及地应力的存在是客观事实,不可改变。所以人们只能从工艺方面采取措施防止地层坍塌,如果对坍塌的性质认识不清,工艺方面采取的措施不当,也会导致坍塌的发生。

①钻井液液柱压力不能平衡地层压力。基于压力平衡理论,首先必须采取适当钻井液密度,形成适当的液柱压力,这是对薄弱地层、破碎地层及应力相对集中地层的有效措施。但增加钻井液密度也有两重性。一方面有利于增加对井壁的支撑力。另一方面又会导致钻井液滤液进入地层,增大黏土的水化面积和水化作用,降低泥页岩层的稳定性。在这种情况下,断层或裂缝将释放剪切力而发生横向位移,使井眼形状发生变化,也可使碎裂的地层滑移入井。

②钻井液体系和流变性与地层特性不相适应。钻井液排量大、返速高、呈紊流状态,利于携砂,但容易冲蚀井壁岩石,引起坍塌。但如果钻井液排量小、返速低、呈层流状态,某些松软地层又极易缩径。

③井斜与方位的影响。在同一地层条件下,直井比斜井稳定,而斜井的稳定性又和方位角有关,位于最小水平主应力方向的井眼稳定,位于最大水平主应力方向的井眼最不稳定。

④井液液面下降。起钻时不灌钻井液或少灌钻井液;下钻具或下套管时下部装有回压阀,但未及时向管内灌钻井液,以致回压阀被挤毁,环空钻井液迅速倒流;井漏。所有这些情况会使环空钻井液柱压力下降,使某些地层失去支撑力而发生坍塌。

⑤钻具组合的影响。为保持井眼垂直或稳斜钻进,下部钻具往往采用刚性组合,但如钻铤直径太大、扶正器过多、环空间隙太小,起下钻容易产生压力激动,导致井壁不稳。

2)监测方法

井眼类的异常监测较复杂,需要具备的知识面较多,经验的积累更是非常重要,因为它涉及更多的地质知识甚至钻井液知识。

(1)钻进过程中发生坍塌。如果是轻微的坍塌,会使钻井液性能不稳定,密度、黏度、切力、含砂要升高,返出的岩屑增多,可以发现许多棱角分明的片状岩屑,如果是正钻地层,则钻进困难,泵压升高,扭矩增大,钻头提起后泵压下降至正常值,但钻头放不到井底。如果坍塌层在正钻层以上,则泵压升高,钻头提离井底后,泵压不降,且上提下放都会阻卡。

(2)起钻时发生井塌。起钻时不会发生井塌,但在发生井漏后,或在起钻过程中未灌满钻井液或少灌钻井液,则随时有发生井塌的危险。井塌发生后,上提遇卡,下放遇阻,而且阻力越来越大,但阻力不稳定,忽大忽小。钻具也可以转动,但扭矩增加。开泵时泵压上升,停泵时有回压,起钻时钻杆内反喷钻井液。

(3)下钻前发生井塌。当钻头未进入塌层以前,开泵泵压正常,当钻头进入塌层以后,则泵压升高,悬重下降,井口返出量减少或不返,但当钻头一提离塌层,则一切恢复正常。向下划眼时,阻力不大,扭矩也不大,但泵压忽大忽小,有时会突然升高,悬重也随之下降,井口返出量也呈现忽大忽小的状态,有时甚至断流。从返出的岩屑中可以发现新塌落的带棱角的岩块和经长期研磨而失去棱角的岩屑。

(4)划眼情况不同。如果是缩径造成的遇阻(岩层蠕动除外),经一次划眼即恢复正常,如果是坍塌造成的遇阻,划眼时经常整泵、整钻,钻头提起后放不到原来位置,越划越浅,比正常钻进要困难得多。弄不好还会划出一个新井眼,丢失了老井眼,使井下情况更加复杂。

井筒类事故往往引起恶性卡钻事故,处理这种事故的工序最复杂,耗费时间最多,风险最大,甚至有全井或部分井眼报废的可能。

3. 钻头类事故

钻头是钻井中的重要工具,它是直接影响钻井质量、钻井成本和钻井工程顺利进行的重要因素。因钻头的使用不当引起钻头事故时有发生,利用综合录井技术对钻井工程参数的实时监控,能够有效评价井下钻头的使用情况,避免钻井事故的发生。

钻头是用钻头本体上的牙齿切削地层岩石来实现钻进,当钻头牙齿切削地层岩石到一定程度时,钻头上的牙齿会脱落或磨平,这时机械钻速明显降低,增加钻井成本。

1)钻头类事故的形成机理

(1)产品质量有问题。如牙轮钻头在厂家规定的参数内运行时,仍然发生牙轮裂开、焊缝裂开、巴掌断裂、连接螺纹断裂、密封失效、轴承早期磨损、掉齿、掉水眼等。这些现象,除某些外界因素影响外,主要是产品质量上存在某种缺陷而引起的。刮刀钻头的刮刀片折断落井与刮刀片材质、锻造工艺及焊接质量有关。

(2)使用参数不当。过高的钻压,过高的转速,使钻头过早地产生疲劳现象。送钻不均,使钻头产生冲击负荷。溜钻、顿钻又使钻头在短期内承受超过其设计能力的巨额载荷。这些都足以造成钻头事故。

无论是牙轮钻头的牙轮还是刮刀钻头的刀片,都不可能在同一时间内全部落井,总是先有一个或半个落井,而操作者不查,在井下已有别钻、跳钻或进尺锐减的情况下,仍不甘心起钻,而要反复试探,这样就把第二个、第三个牙轮或刮刀片别入井下,使事故更加恶化。

(3)起下钻过程遇阻遇卡时,操作不当,猛提猛压,除容易造成卡钻外,也容易使钻头受损。

(4)钻头超时使用。任何钻头在一定的钻井方式下都有一个可供参考的使用寿命,但不是固定不变的,它和钻遇的地层条件、钻进参数、钻井液性能、井底温度、井底清洁程度都有密切关系,而且同一个厂家生产的钻头,其质量也非整齐划一,工作寿命也是有区别的。所以不能以厂家介绍的钻头使用时间作为唯一的依据,而应根据钻头在井下的实际工作情况分析判断,决定起钻时间。影响牙轮钻头使用寿命的最主要因素是轴承的磨损。轴承的磨损有个过程,由紧配合到松配合到滚珠掉落、牙轮卡死、牙轮偏磨,直至牙轮脱落是一个较长的过程,有经验的操作者,不难发现其异常现象,如进尺减慢、扭矩增大、转速不匀、别钻、跳钻等。如果停钻及时,绝不会发生问题。

(5)钻头与接头连接螺纹的规范不一致,或者是在大扭矩下将母螺纹胀大,或者不加控制地打倒车造成整个钻头落井。

(6)顿钻造成钻头事故。由于机械故障,或工具失效,或操作失误,或套铣中途遇卡的钻具,都有可能使钻具顿入井底,给钻头施以极大的冲击力,造成部分或整个钻头的落井事故。

钻头类事故往往表现为机械转速逐渐降低,转盘扭矩增大(表2-13)。

表2-13 钻头类事故复杂的参数变化

事故复杂类型	工 程 参 数							地质参数		气体参数	
	大钩负荷	立压	泵速	扭矩	钻时	流量	钻速	岩屑	其他	烃类	非烃
钻头终结	~	↗		↗	↘		↓	细小	有铁屑	↘	↘
钻头泥包		↗		↘~	↗		↓		泥岩	↘	↘

注:"↓"指下降,"↑"指上升,"↗"指增大,"↘"指减小,"~"指波动或跳变。

钻头老化严重的就是掉牙轮,钻头泥包处理不当,严重的也可造成井塌、卡钻、井喷等井下复杂和事故。

2)钻头类事故的识别

(1)钻头老化:钻头钻进时要求井底干净,如果井底有落物或落物打捞不干净,将使钻头的牙齿较早磨平、脱落、缩短钻头的使用寿命。钻头终结后,机械钻速降低,泵压在钻头到底与钻头提离井底时不同,钻头到底后泵压将上升,这是由于钻头老化终结后牙齿磨平或脱落使钻头水眼与井底间隙变小造成泵压上升。另外,钻头老化时还表现为扭矩变小、波动幅度减弱,准确及时判断钻头老化,及时更换钻头,可提高钻井时效。

(2)钻头掉牙轮:牙轮钻头是通过牙轮滚动使牙轮上的牙齿对地层岩石产生冲击破碎实现钻进,牙轮由于长时间在高压下滚动,牙轮上的牙齿、牙轮轴承使用到一定程度就会磨损、松动,甚至脱落。牙轮落井后不能正常钻进,将影响钻井速度,延长施工工期,加大钻井成本。

牙轮钻头使用状况的判断从钻头数据收集开始,如:入井钻头的类型,是新钻头还是旧钻头;如果是旧钻头,它的已纯钻时间、已钻进尺、新度、井底是否干净;新钻头入井后是否按要求磨合,钻头正常钻进时的钻时、钻压、转盘转速、扭矩、所钻岩性剖面等参数之间的变化规律;钻井过程中送钻是否均匀,钻压、转速的搭配是否合理,有无溜钻、顿钻,这些参数要在工程录井监测中建立模式,这样可为以后钻头使用状况提供参考数据。

一般情况下,牙轮钻头异常主要表现为机械钻速变慢,扭矩增加,扭矩波动变大。对钻头的监测就是要在钻头磨损严重、掉牙轮之前做出判断,保证最大限度地使用钻头,而又不发生牙轮事故。

(3)钻头泥包:钻头泥包一般发生在钻遇大段泥岩或泥岩较为松软的地层中。主要由于钻头选型不合理(牙齿大小、水眼大小等)或转盘转速、钻压、泵压等工程参数的搭配不合理,钻头就会泥包,泥包后的钻头机械钻速会明显降低,将会影响钻井工期,如果以泥包钻头起钻还将诱发井涌甚至井喷。

钻头泥包一般发生在钻大段泥岩,钻头泥包后,机械钻速会明显降低,扭矩变小而且波动变小,但有时会出现时大时小的曲线,而且扭矩曲线较钻头没有泥包时平滑。钻头泥包后还表现为钻头到底与钻头离开井底扭矩变化较小,泵压会略微上升,返出的岩屑为泥岩。

钻头泥包的主要判断依据是机械钻速会明显降低;辅助判断依据是扭矩变小而且波动变小,扭矩曲线较钻头没有泥包时平滑。立压会略微上升。

钻头类异常主要表现为,同等钻压条件下,与正常钻井时相比,钻时明显增大,扭矩明显减小,曲线形态也较平滑。

(4)溜钻、顿钻:溜钻一般是司钻送钻不均匀,在钻头上突然施加上超限的钻压,导致钻具压缩、井深突然增加的现象。顿钻一般是在钻头提离井底后,由于未控制好刹把,钻具自然下落,在钻头上突然施加上超限的钻压,导致钻具压缩、井深突然增加的现象。

频繁发生溜钻或顿钻会损害钻头的使用寿命,视其溜钻程度的大小,其后果也不相同。轻者钻头损坏;重者钻头报废,牙轮掉入井底,钻具变形。溜钻在录井参数上最直接的表现为钻压骤然增大,大钩负荷减小。

4. 地层类事故

地层岩性、流体性质及压力的变化一直是钻井工程方面实时关注的。一般从岩屑、岩心的直接观察就可以看出。地层流体(油、气、水等)及地层压力等更是地质和工程等各方面共同关注的重点。准确地判断分析出地层流体性质、地层压力既是钻探的首要目的,也是制定工程措施的主要依据。

在钻井过程中,一般用钻井液液柱压力来平衡地层压力,为保持钻进、起下钻状态的压力平衡,还需要再附加一个压力(0.05~0.15g/cm³)。当这种平衡被破坏后就会发生井漏、油气水侵、溢流、井涌等。

在渗透性好的地层中,在钻井液液柱压力大于地层孔隙压力时会发生漏失。井漏可能是天然的漏失,也可能是人为引起的。如天然裂缝、溶洞性地层漏失,粗颗粒胶结差或未胶结的渗透性漏失,以及施工不当,破坏了压力平衡,是人为引起的漏失。当地层孔隙压力大于静液柱压力时,地层流体会侵入井内,发生油气水侵或溢流,甚至井涌、井喷。

井喷是损失巨大的灾难性事故,常造成机毁人亡,还会造成恶劣的社会影响。这一点必须铭刻在心。井喷失控的危害是多方面的。损坏设备、死伤人员、浪费油气资源、污染环境、污染油气层、报废井、造成大量资金损失、打乱正常的生产秩序。尤其在注重社会效益、经济效益与环境效益的今天,无论是地质家还是工程师都应把防止井喷作为自己的主要职责,凡是明知故犯,或玩忽职守,造成失控井喷事故者都应受到行政的或法律的制裁,不能以"花钱买教训"来进行搪塞。

地层类工程事故主要由地层岩性、流体(油、气、水、H_2S)、溢流、井涌、油气水侵、井漏等方面因素引起。其主要表现形式是钻井液池体积的增减或伴有气测异常且持续不降(表2-14)。

表2-14 地质异常情况主要参数变化特征

事故类型	平均钻时	选择钻时	全烃	进出口密度	进出口温度	进出口电导率	总池体积	出口流量
快钻时、放空	↘	↘						↗
油侵	↘	↘	↗	↘	↑	↘	↗	↗

事故类型	平均钻时	选择钻时	全烃	进出口密度	进出口温度	进出口电导率	总池体积	出口流量
气侵	↘	↘	↗	↘	↑	↘	↗	↗
淡水侵	↘	↘		↘	↑	↗	↗	↗
盐水侵	↘	↘		↘	↑	↗	↗	↗
溢流			↗				↗	↗
井涌	↘	↗	↗	↘	↑		↗	↗
井漏	↘	↘	↘				↘	↘
地温异常					↗			

注:"↑"指上升,"↗"指增大,"↘"指减小。

地层类工程事故属于一般性的复杂程度,严重的也可造成井塌、卡钻、井喷等井下复杂和事故,影响到录取资料,污染储层。

1)溢流、井涌

溢流、井涌的异常表现形式为出口排量增大,钻井液池体积逐渐增大,出口钻井液参数因地层流体性质不同而变化。发生油气侵时,出口钻井液密度降低,黏度上升,出口电导率下降;而发生水侵时,则表现为出口钻井液密度降低,黏度下降,出口电导率上升;油气水侵时气测值急剧上升。

造成井涌及井喷必须有三个基本条件:(1)要有连通性好的地层;(2)要有流体(油、气、水)存在;(3)要有一定的能量,也就是说,要有一定的地层压力。

在钻井过程中,用井底压力(p_m)来平衡地层孔隙流体压力(p_p),那么井底压差 p_e 为

$$p_e = p_m - p_p \tag{2-1}$$

若 $p_m = p_p$,则 $p_e = 0$,在这种情况下,虽可维持钻进,但起钻时可能导致井喷。因为起钻时有个抽吸压力,根据实验结果,抽吸压力相当于减少钻井液密度 $0.03 \sim 0.13 \text{g/cm}^3$。

若 $p_m > p_p$,则 p_e 为正值,为过平衡钻井。在这种情况下,可以维持正常钻进,在起钻时只要抽吸压力不大于 p_e,就不会引起井喷。

若 $p_m < p_p$,则 p_e 为负值,为欠平衡钻井。则井下处于不稳定状态。若 p_e 的绝对值不大于循环钻井液时的环空压耗,可以勉强维持钻进,但不能停泵,一旦停泵就会产生溢流。若 p_e 绝对值大于循环钻井液时的环空压耗,则在钻进时即可产生溢流。

由此可以得出结论,只要在渗透性好的地层中有流体存在,不论其压力高低,只要它的压力高于钻井液液柱压力就能产生溢流。由于溢流的发生,使环空液柱压力越来越低,势必导致井涌甚至井喷。

造成井底压力 p_m 小于地层压力 p_p 的主要原因有以下几种:

(1)地层压力掌握不准,设计的钻井液密度过低。没有准确的地层压力资料,也没有进行及时的地层压力检测,设计的钻井液密度低于地层压力的当量密度,这是在新探区经常碰到的事。即使已经开发的老油田,由于注水开发的结果,地下的压力系统,已不是原来的压力系统,有的开发层地层压力已经降到静水柱压力以下,但有的地层或个别区域由于注入水能量集中,形成了异常高压。这些情况用现有的压力检测方法是不能解决问题的,所以在钻井时往往要打遭遇战。

（2）钻井液液柱高度降低。原因有:起钻时没有灌入钻井液,或灌入量不足,使液面降低;在下钻的过程中,不向管内灌钻井液,或灌入量很少,在循环钻井液时把大量空气混入,造成人为的气侵,也降低了钻井液密度。

（3）起钻时的抽吸压力。在起钻过程中,由于钻具在井内的向上运动,将引起井内液压降低,所降低的压力叫抽吸压力。抽吸压力和钻井液性能、环空大小、钻具结构、起钻速度有直接关系,许多井喷发生在起钻过程,就是抽吸压力起了促喷作用。

（4）停泵时环空压耗消失。循环钻井液时,泵压主要消耗在两个方面:一方面是钻井液循环系统的摩阻损耗,通常称为压耗;一方面是作用在钻头水眼上的压降,它转变为水力功能用以破碎地层和携带岩屑。压耗的绝大部分损失在钻柱内的流动摩阻,只有一小部分损失在环空流动摩阻,在近平衡压力钻进时,正是这一部分压耗对地层压力起着平衡作用,一旦停止循环,便失去了这部分环空压耗,导致井底压力小于地层压力。

根据地层压实原理,凡是高压地层一般都是欠压实的,所以在接近高压层或钻开高压层时,钻速要加快,某些裂缝发育的地层,还会发生跳钻或别钻现象。所以遇到钻速加快或有别钻、跳钻现象时,要注意观察是否会发生溢流,只要有地层流体侵入井内,必然有以下现象发生（表2-15）:

表2-15 井涌复杂的参数变化

事故复杂类型	工程参数			地质参数	气体参数		钻井液参数					
	悬重	立压	流量	岩屑	烃类	非烃	全烃	进/出口密度	H₂、CO₂	进/出口温度	进/出口电导率	总体积
起钻井涌	↘		出↗入↗	大、多	↗	↗	↗	↘		升高	↘	↗
下钻井涌	↗		出↑	大、多	↗	↗	↗	↘		升高	↘	↗
钻进井涌		先↗后↘	出↗入↗	大、多	↗	↗	↗	↘		升高	↘	↗
盐侵								↗			↗	
油气侵			出↗				↗			升高		
水侵			出↗					↘	↗	↗	↗	

注:"↓"指下降,"↑"指上升,"↗"指增大,"↘"指减小,"~"指波动或跳变。

（1）钻井液返出量增大。返出量与注入量的差值就是地层流体的侵入量。

（2）钻井液池液面上升。液面上升越快,说明侵入量越多。

（3）循环系统压力上升或下降。若地层压力高于井底压力,打开高压层时,泵压会上升。但由于油、气、水的侵入,环空液柱压力下降,又可使循环系统泵压下降。

（4）钻进时悬重增加或减少。当钻开高压层时,井底压力增加,悬重要下降。钻井液油气侵后,密度降低,悬重又会增加。若钻遇高压盐水层,盐水密度大于钻井液密度时,则悬重下降;盐水密度小于钻井液密度时,则悬重增加。

（5）返出的钻井液密度下降,黏度上升,温度增高。

（6）返出的钻井液中有油花气泡出现,这是进入油气层的直接标志。

（7）若地层中有硫化氢溢出,钻井液会变成暗色,同时可嗅到臭鸡蛋味。

（8）若钻遇盐水层,则钻井液中氯离子含量增加。若钻遇油气层,则气测时的烃类含量增加。

（9）起钻时灌不进钻井液,或灌入量少于起出的钻具体积。

（10）停止循环时，井口钻井液不间断地外溢。

（11）下钻时返出的钻井液量多于下入钻具应排出的体积，井口外溢间隔时间缩短或不间断地外溢。

（12）钻进时放空，或钻入低压层，会发生井漏，当液面下降到一定程度时，同层或其他层的井底压力小于地层压力时，就转漏为喷。

发现上述情况时，应立即停钻，循环观察，看看是否真正发生了溢流，要防止产生错误的判断。如泵压下降，可能是钻具刺漏；泵压上升，可能是钻头水眼堵塞；悬重下降，可能是钻具折断；钻井液中有气泡，可能是钻井液处理剂所致；井口外溢，可能是钻井液加重不匀所致；钻速加快，不一定是进入高压层，有时可能是进入低压层。总之，要根据各种情况，综合分析，去粗取精，去伪存真，既要尽早地发现溢流，又不要被假象所蒙蔽。

2）井漏

"井漏"是指在油气钻井工程作业中钻井液漏入地层的一种井下复杂情况。井漏的直观表现是地面钻井液罐液面的下降，或井口无钻井液返出，或井口钻井液返出量小于注入量。井漏对油气勘探、开发和钻井作业造成的危害极大，归纳起来有如下几个方面：

（1）损失大量的钻井液，甚至使钻井作业无法进行，井漏的严重程度不同，损失的钻井液量也不一样，少则十几立方米，多则几千甚至上万立方米。

（2）消耗大量的堵漏材料，堵漏是处理井漏的主要手段，往往一次很难见效，需要进行多次，会消耗大量的堵漏材料。

（3）损失大量的钻井时间，井漏到了一定程度，无法继续钻进，必须停钻处理，少则几十小时，多则十几天甚至数月之久。

（4）影响地质工作的正常进行，井漏发生后，尤其是失返井漏，钻屑返不到地面，取不到随钻砂样，对地层无法鉴别，若钻遇的正好是油气层，就会影响对油气层资料的分析。

（5）可能造成井塌、卡钻、井喷等其他井下复杂情况或事故，井漏后，井内液面下降，液柱压力降低，使得井内液柱压力不能平衡地层压力，造成较高地层压力中的油气进入井筒，发生溢流或井喷。由于液柱压力的降低，不能抗衡井壁应力，导致井塌甚至卡钻。如果处理失当，还会导致部分井段或全井段的报废。

（6）造成储层的严重伤害，如果漏层就是储层，由于大量钻井液的漏入及大量堵漏材料的进入，肯定会对储层造成严重的伤害。因此，及时处理井漏、恢复正常钻进是非常重要的工作。

凡是发生钻井液漏失的地层，必须具备下列条件：①地层中有孔隙、裂缝或溶洞，使钻井液有通行的条件；②地层孔隙中的流体压力小于钻井液液柱压力，在正压差的作用下，才能发生漏失；③地层破裂压力小于钻井液液柱压力和环空压耗或激动压力之和，把地层压裂，产生漏失。

形成这些漏失的原因，有些是天然的，即在沉积过程中、地下水溶蚀过程中或构造活动过程中形成的，同一构造的相同层位在横向分布上具有相近的性质。形成钻井液漏失的原因如下：

（1）渗透性漏失。如图 2-2（a）所示，这种漏失多发生在粗颗粒未胶结或胶结很差的岩层中，如粗砂岩、砾岩、含砾砂岩等，只要它的渗透率超过 $14\mu m$，或者它的平均粒径大于钻井液中数量最多的大颗粒粒径的三倍时，在钻井液液柱压力大于地层孔隙压力时，就会发生漏失。

（2）天然裂缝、溶洞性漏失。如图 2-2（b）、（d）所示，如石灰岩、白云岩的裂缝、溶洞、不整合面、断层、地应力破碎带、火成岩侵入体等都有大量的裂缝和孔洞，在钻井液液柱压力大于地层压力时会发生漏失,而且漏失量大,漏失速度快。

（3）孔隙—裂缝性漏失,即前两者因素都具备的综合性漏失。

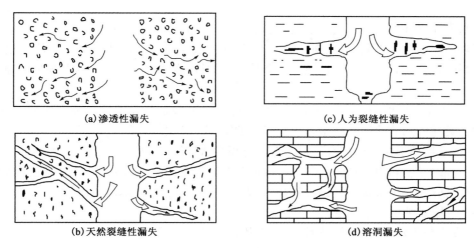

(a) 渗透性漏失   (c) 人为裂缝性漏失

(b) 天然裂缝性漏失   (d) 溶洞漏失

图 2 - 2   漏失的原因及类型

有些井漏的因素却是后天造成的,即人为的因素,这些因素有以下几种:

（1）油田注水开发造成地层压力的变化。油田注水开发后,地层孔隙压力的分布与原始状态完全不同,出现了纵向上压力系统的紊乱,上下相邻两个油层的孔隙压力可能相差很大,而且是高压、常压、欠压层相间存在,出现了多压力层系。造成这些地层压力高低变化的原因是:

①有的层只采不注或采多注少,能量补充不上,形成低压。

②断层遮挡或是地层尖灭,注水井和采油井连通不起来,注入区形成高压,生产区形成低压。

③不同层位的渗透性差别很大,在注水过程中,渗透性好的地层吸水量大,渗透性差的地层吸水量少,形成了不同的地层压力。

④有的层注多采少,或只注不采,形成高压,而常压层则相对成为低压层。

⑤由于固井质量不好,管外窜通,或封隔器不严,管内窜通,或者油层套管发生了问题,如断裂、破裂、漏失,不可能按人们的愿望达到分层配注的目的,该多注的注少了,该少注的注多了,该注的层位没有注进水,不该注的层位却注进了不少的水,于是人为地制造了不少的高压层。在此种区块钻调整井,为了防止井喷,不能不用高密度钻井液钻井,于是那些本来是常压的地层,也相对地变成低压层了,漏失的可能性增加了,而且这些井的漏失往往是多点的长井段的漏失,还可能是喷、漏交替发生。

（2）油田注水开发造成地层破裂压力的变化。由于注水开发,从上而下各层的最低破裂压力梯度不同,其大小与埋藏深度无关,高低压相间存在。在同一层位,上、中、下各部位破裂压力不同。在平面分布上,同一层位在平面上的不同位置破裂压力梯度也不同。造成地层破裂压力梯度下降的原因是:

①压裂、酸化等增产措施使地层裂缝增加。

②由于注水清洗的结果,使地层胶结程度变差,孔隙度变大,不合理的注水又诱发了微细裂缝的产生。

③由于生产油气使地层孔隙压力下降。

④由于各区块各层位的注采程度并不均衡，导致地应力的发生、聚集与释放，产生了许多垂直裂纹。

（3）施工措施不当，造成了漏失。漏失与不漏失是相对而言的，有些地层有一定的承压能力，在正常情况下可能不漏，但因施工措施不当，使井底压力与地层压力的差值超过地层的抗张强度和井筒周围的挤压应力时，地层就会被压出裂缝，发生漏失。造成这种现象的原因有以下几种。

①在加重钻井液时，控制不好，使密度过高，压漏了裸眼井段中抗压强度最薄弱的地层。经验证明，最易压漏的地层是技术套管鞋以下的第一个砂层。

②下钻或接单根时，下放速度过快，造成过高的激动压力，压漏钻头以下的地层。

③钻井液黏度、切力太高，开泵过猛，造成开泵时过高的激动压力，压漏钻头附近的地层。

④快速钻进时，排量跟不上，岩屑浓度太大，钻铤外环空有大量岩屑沉淀，开泵过猛，压力过高，将钻头附近地层压漏。

⑤钻头或扶正器泥包，不能及时清除，以致泵压升高，憋漏地层。

⑥因各种原因，井内钻井液静止时间过长，触变性很大，下钻时又不分段循环，破坏钻井液的结构力，而是一通到底，开泵时憋漏地层。

⑦井中有砂桥，下钻时钻头进入砂桥，由于环空循环不畅，即使用小排量开泵，也会压漏地层，漏失层就在钻头所在位置。

⑧井壁坍塌，堵塞环空，憋漏地层。

井漏是很容易发现的，凡是因液柱压力不平衡而造成的井漏，往往是泵压下降，钻井液进多出少，或只进不返，甚至环空液面下降。凡是因操作不当而造成的井漏，往往是泵压上升，钻井液进多出少，或只进不返，但环空液面不下降，停泵后钻柱内有回压，但活动钻具时除正常摩擦阻力外，没有额外的阻力。凡是因井塌或砂桥堵塞环空而造成的井漏，则泵压上升，钻井液进多出少，或只进不返，停泵时有回压，活动钻具时有阻力而且阻力随着漏失量的增大而增加。

判断井漏的录井参数有钻井液出口排量、钻井液池体积以及泵压、泵排量等参数（表2-16）。钻进过程发生井漏时，录井参数有变化特征为泵冲、泵压不变，出口排量减少或不返钻井液，钻井液池体积减小。下钻过程发生井漏时，录井参数有变化特征为返出钻井液量少于钻柱排开钻井液的体积，或不返钻井液。

表2-16　井漏复杂的参数变化

工 程 参 数			地质参数	气体参数		钻井液参数
事故类型	悬重	立压	流量	岩屑	烃类	非烃	总体积
下钻井漏	↗	↘	出↘0				↘
起钻井漏	↘	↘	出↘入↗				↘
钻进井漏	↗	↘	出↘入↗	量减	↘	↘	↘
循环井漏	↘	↘	出↘入↗	量减	↘	↘	↘

注："↓"指下降，"↑"指上升，"↗"指增大，"↘"指减小，"～"指波动或跳变。

3) 有毒有害气体预报（硫化氢预报）

及时发现和预报有毒有害气体，是确保现场安全的一项重要工作。及时的预报，是预防有害气体对现场施工人员的伤害、保护现场施工人员身心健康的一项重要措施。

在石油天然气中,硫主要以化合物形态存在,分有机硫和无机硫两类。而其中的硫化氢气体是仅次于氰化物的剧毒、易致人死亡的有毒气体。一旦硫化氢气井发生井喷失控,将导致灾难性的悲剧。硫化氢气体不仅严重威胁着人们的生命安全,造成环境恶性污染,同时,它对金属设备、工具及用具也造成严重的腐蚀破坏。我国现已开发的油气田不同程度地含有硫化氢气体,有的含量极高。

2003 年 12 月 23 日,位于重庆市开县高桥镇的中石油川东钻探公司罗家 16H 井发生特大井喷事故,井内喷射出的大量含有剧毒硫化氢的天然气四处弥漫,造成 243 人中毒死亡,2142人入院治疗、6.5 万人被紧急疏散安置。此次事故造成的直接经济损失高达 6400 余万元。

天然气中的硫化氢是客观存在的。因此,为确保人员的绝对安全,杜绝硫化氢井的井喷失控事故,必须要了解硫化氢的来源和危害。

(1)油气井硫化氢来源。

①热作用于油层时,石油中的有机硫化物分解,产生硫化氢。因地层埋藏越深,地温越高,硫化氢含量将随地层埋藏深度增加而增加。如:井深 2600m,硫化氢含量为 0.1% ~ 0.5%,而井深超过 2600m 或更深,则硫化氢含量将超过 2% ~ 23%。地层温度超过 200 ~ 250℃,热化学作用将加剧而产生大量硫化氢。

②石油中烃类和有机质通过储集层水中的硫酸盐的高温还原作用而产生硫化氢。

③通过裂缝等通道,下部地层中硫酸盐层的硫化氢上窜而来。在非热采区,因底水运移,将含硫化氢的地层水推入生产层而产生硫化氢。

(2)钻井作业中硫化氢主要来源。

①某些钻井液处理剂在高温热分解作用下产生硫化氢;

②某些钻井液中细菌的作用;

③钻入含硫化氢地层时侵入井内。

综合录井仪中有专门的硫化氢检测仪实现报警。其报警浓度设置:

第一级报警阈值应设置在 10mg/m³,但不启动报警音响,仅向钻井施工人员提示硫化氢目前浓度值。

第二级报警阈值应设置在 20mg/m³。当空气中硫化氢含量超过安全临界浓度时,监测仪能自动报警,其音响应使井场工作人员皆能听到。二层台应装设音响报警器。

硫化氢气体报警应依据其浓度及对人体的危害分级,分别向不同人员报警并提出建议。不同体积分数硫化氢气侵的报警方式及对策见表 2 - 17。

表 2 - 17 不同体积分数硫化氢气侵时报警级别、方式及对策

硫化氢体积分数,cm³/m³	报警级别	报警方式	处 理 措 施
<5	1	录井仪	录井严密监测硫化氢体积分数变化
5 ~ 20	2	录井仪→钻台	提醒"井口—振动筛—循环池—泵房"一带人员注意
20 ~ 50	3	录井仪→钻台→关键部位	"井口—振动筛—循环池—泵房"一带人员撤离
50 ~ 100	4	录井仪→钻台→全井场	迅速组织井场人员撤离,录井仪操作人员继续监测
>100	5	录井仪→全井场	关井,井场全体人员撤离,进行硫化氢的自动监测

(3)注意事项。

①钻入气层时,应加密对钻井液中硫化氢的测定。

②在新构造上钻第一口探井时,应采取相应的硫化氢监测和预防措施。

③操作人员进入井场中可能有硫化氢泄漏的区域,都应使用硫化氢监测仪监测硫化氢的浓度。硫化氢监测仪的报警点应设置在 10mg/m³,一旦报警,应进入紧急防护状态。(按 SY 6137—2017《硫化氢环境天然气采集与处理安全规范》执行。)

④钻井中发现硫化氢、浓度达到安全临界浓度,应暂时停止钻井,循环钻井液,准备好有关的措施,通知守护船停靠在上风方向待命,方可继续钻井。

⑤在可能有硫化氢的地区的钻井设计中,应尽可能指明含硫化氢的深度,并估计硫化氢的可能含量。提醒作业人员注意,预先采取必需的措施。

⑥在钻井液录井中若发现硫化氢显示,录井人员应及时向钻井监督报告。

⑦钻井中发现硫化氢、浓度达到安全临界浓度,应暂时停止钻井,循环钻井液,准备好有关的措施,通知守护船停靠在上风方向待命,方可继续钻井。

⑧及时发现和预报有毒有害气体,是确保现场安全的一项重要工作。及时的预报,是预防有害气体对现场施工人员的伤害、保护现场施工人员身心健康的一项重要措施。

第三节　钻井工程异常智能预警技术

一、钻井工程异常智能预警的原理

1.传统预警机理分析

1)参数异常报警

参数异常报警是采用单一参量、单一门限的逻辑判别方式,通过设置某些参数的上下限来对该参数进行报警(图 2-3)。

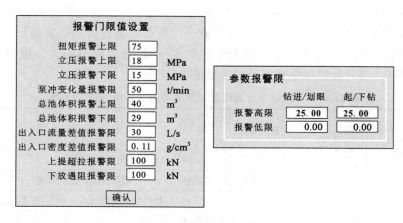

图 2-3　参数异常报警上限的设置

这种报警方法虽然可以进行各种方式的自动报警,但过于简单、单调,只能对参数是否超限进行报警,并不能进行确切的事故复杂预报。

2）工程事故人工经验报警

工程事故人工经验报警是最传统的事故复杂报警方法，它要求操作人员能够仔细观察和了解工程等各方面参数的变化趋势，然后依靠自己多年来积累的经验对某些工程事故进行报警。

这种报警方法要求操作人员要有足够的工程事故复杂的判别经验和精力，并且全部由人工完成，无疑增加了操作人员的负担，也未能跟上录井和计算机技术迅猛发展的步伐。

3）工程事故"二值逻辑"方式报警

二值 1 和 0 是数值逻辑中常用的两个开关量。1：成立（真）；0：不成立（假）。

设命题 $f(x_1)$ 代表第一个参数增大，命题 $f(x_2)$ 代表第二个参数增大，命题 $f(y)$ 代表工程事故，那么二值逻辑判别规则为

$$\text{If } f(x_1) \text{ and } f(x_2), \text{then } f(y) \qquad (2-3)$$

定义 $x_1 \geq 0.4$ 时第一个命题 $f(x_1)$ 成立，$x_2 \geq 0.35$ 时第二个命题 $f(x_2)$ 成立，则有如下二值逻辑表达式：

$$f(x_1) = \begin{cases} 1, x_1 \geq 0.4 \\ 0, x_1 < 0.4 \end{cases} \qquad (2-4)$$

$$f(x_2) = \begin{cases} 1, x_2 \geq 0.35 \\ 0, x_2 < 0.35 \end{cases} \qquad (2-5)$$

$$f(y) = \begin{cases} 1, \text{事故发生} \\ 0, \text{无事故发生} \end{cases} \qquad (2-6)$$

由以上几个表达式可得出如下具体的表达式：

$$\text{If } x_1 \geq 0.4 \text{ and } x_2 \geq 0.35, \text{then } f(y) = 1 \qquad (2-7)$$

图 2-4 形象地表示了上面所说的参数 x_1 和 x_2 在相应区间变化时所得到的输出曲面。

这种报警方法虽然能依靠"二值逻辑"方法和计算机技术实现自动化报警，但从原理不难看出，这种方法的判别结果只有两个——事故发生和未发生，不能提供事故发生的程度信息，如果改变参数的门限值，将导致虚警率、漏警率的变化。

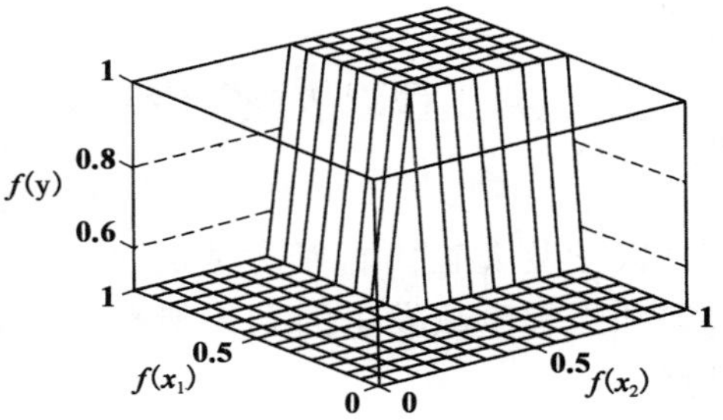

图 2-4　二值逻辑关系示意图

2. 智能化预警的理论依据

智能化预警的基础是要做到智能化诊断，其要求和原则是：

（1）消除人为的消极因素，强化人为的智能因素。

（2）通过分析和训练大量的故障信息数据，使系统具备自我训练、不断升级知识水平的能力。

（3）随着钻井工艺的发展，不断吸收新的故障预警方法。

智能化诊断的理论依据是要采用当前发达的人工智能理论知识，有多种方法，但也都有其各自的优缺点：

1)黑箱理论

黑箱理论(又称系统辨识),属于控制论领域,通过考察系统的输入与输出关系认识系统功能的研究方法。黑箱就是指那些不能打开箱盖,又不能从外部观察内部状态的系统;它是探索复杂系统的重要工具。系统辨识是在输入、输出的基础上,从一类系统中确定一个与所测系统等价的系统。对于钻井事故预报这一难题来说,黑箱理论很适合进行事故的分析工作,但从实时监测角度来看,尚不能满足要求。

2)神经网络

神经网络是具有自学习功能的智能模型,通过对样本模式的学习,模拟信息之间的内在机制。神经网络应用于工程事故的识别是通过把录井采集参数作为输入,通过适当的模型逼近实际的钻井过程;通过对历史资料的学习,可以不断提高模型的拟合度,对于事故多输入多输出的特性可以较好地体现出来。由于神经网络的训练难度很大,在模型构建中带有一定的主观性,更适于进行事故的特征研究工作。

3)模糊理论

模糊数学是研究和处理模糊性现象的数学。模糊数学把传统数学从二值逻辑的基础扩展到连续值上来,本身具有深远的意义。钻井事故本身具有很大的不确定性和随机性,应用模糊理论解决无疑是很好的解决方案,根据工程事故发生的规律,运用模糊数学、统计理论建立起工程事故预报模型,从而实现实时工程事故预警。

4)专家系统

专家系统是一个含有大量的某个领域专家水平的知识与经验智能计算机程序系统,能够利用人类专家的知识和解决问题的方法来处理该领域问题。简而言之,专家系统是一种模拟人类专家解决领域问题的计算机程序系统。它可以高效率、准确、周到、迅速和不知疲倦地进行工作,解决实际问题时不受周围环境的影响,也不可能遗漏忘记。而且通过对知识库升级可以不断吸收新的专家知识与经验,使系统的预警能力逐渐增强,从而达到准确预警钻井复杂情况和事故的目的。

二、钻井工程事故预警专家系统

钻井工程事故预警专家系统根据钻井现场实际情况,总结各种事故的发生规律,运用模糊数学及人工智能理论建立工程事故发生的数学模型,实时分析各种工程参数的变化趋势和工程事故发生的动态概率,能有效地提高钻井工程事故预警水平,保证工程安全进行。

专家系统的构建过程首先要确定专家系统各组成部分的构造方法和组织形式。系统结构选择恰当与否,是与专家系统的适用性和有效性密切相关的。选择什么结构最为恰当,要根据系统的应用环境和所执行任务的特点而定。

系统知识库的构建步骤如图 2 – 5 所示。

(1)问题知识化——辨别所研究问题的实质;

(2)知识概念化——即概括工程事故所需要的关键概念及其数据关系;

(3)概念形式化——即确定用来组织事故模型的数据结构形式;

(4)形式规则化——即编制事故预警规则;

(5)规则合法化——即确认规则化事故模型的合理性。

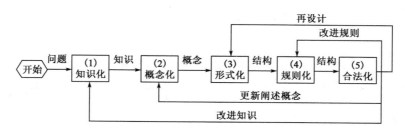

图 2 - 5　系统知识库的构建步骤

专家系统中的知识库与专家系统程序是相互独立的,用户可以通过改变、完善知识库中的知识内容来提高专家系统的性能。确定系统知识获取机制,主要通过以下途径:来自于专家的事故预报理论;录井人员现场的使用经验;钻井事故发生时对应的数据。

事故推理机的理论依据来源于模糊数学理论,因为工程事故具有模糊性、随机性和不确定性的特点,所以对工程事故不能通过常规的数学方法进行简单的定性判断,必须通过特殊的方法进行推理,而模糊数学正是解决这一难题的最佳选择。

模糊数学是研究和处理模糊性现象的数学。这里所谓的模糊性,主要是指客观事物的差异在中介过渡时所呈现的"亦此亦彼"性。而传统数学的普通集合论却只能表现"非此即彼"的现象。

(1)隶属函数:模糊数学中用隶属程度(函数)来描述客观事物差异的中介过渡,这种隶属程度是用精确的数学语言对模糊性的一种描述。

给定论域 U 上的一个模糊子集 A,是指对于任意 $u \in U$,都指定了一个数 $\mu A(u) \in [0,1]$,称作 u 对 A 的隶属程度。映射 $\mu A:U \to [0,1]$,$u \to \mu A(u)$,称作 A 的隶属函数。

通常情况下,每一个隶属函数都有自己的数学表达式,这些表达式也都有相应的曲线形态,常用三角形、钟形或梯形表示。通俗来讲,隶属函数就是指某种属性的程度,这个程度的最大值一般设为1。

通过隶属函数可以描述在复杂多变的钻井工程事故发生前期总池体积、出口流量以及立管压力等多个参数的变化情况,从而得出相应工程事故的报警。

模糊化的过程实际上就是确定模糊变量的过程。在这个过程中首先要找出判别该工程事故的主要参数,然后根据实际工作经验建立起各个参数的隶属函数,最后根据参数的变化情况应用到隶属函数得出模糊变量。

判别井涌的参数有出口流量、总体积、套管压力、出口密度以及出口电导等,这里考察一段时间内出口流量上升百分比和总体积上升量。

首先定义一组模糊子集:"无""小""中""大",分别代表出口流量和总体积的上升程度以及井涌发生的大小程度(图 2 - 6)。

(2)事件的模糊化(图 2 - 7):事件模糊化是指将具体测量值,按其不同值范围,给其赋予一定的判别,并且根据其信息特点,分别给定图形化表示,从而进行其相应的事件模糊化过程。如图 2 - 7 所示,池体积上升 $0.8 m^3$ 及出口流量上升 9% ,作为判断其概率大小的依据,可以划分出无、小、中和大四个级别。

(3)推理过程:推理过程是用模糊化出来的模糊变量去激活模糊推理规则,最后利用模糊数学可加性原则得出事故隶属函数形态的最小化叠加结果(图 2 - 8)。

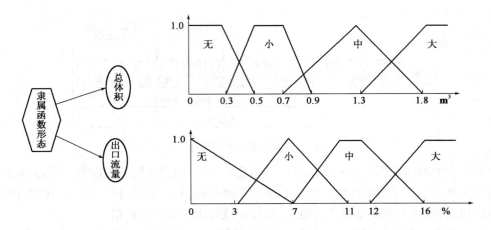

图 2-6 井涌与池体积和出口流量的模糊关系

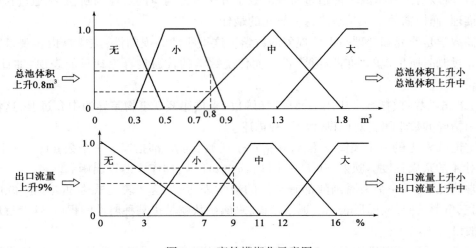

图 2-7 事件模糊化示意图

图 2-8 推理过程

(4)模糊推理规则:模糊推理规则需要由有一定判别工程事故经验的技术人员来创建,它是整个模糊推理过程中很重要的一块内容,规则的基本内容是:

$$\text{If} \quad x \text{ is } A \text{ and } y \text{ is } B, \text{then } z \text{ is } C \qquad (2-8)$$

式中,x,y 为参数 1 和参数 2 及其变化特征;z 为事故;A,B,C 是模糊子集(无、小、中、大等)。

例如井涌的一条推理规则描述及整个推理规则为:

如果出口流量(X)上升到"中"(A)并且总体积(Y)上升到"中"(B),则井涌(Z)的风险就为"大"(C)。

按照模糊数学理论,规则"如果出口流量上升'小',并且总体积上升'小',则井涌'小'"生成井涌图形(图 2-9)。

（5）事故图形生成：把四条激活的规则生成的图形进行叠加（图2-10）。

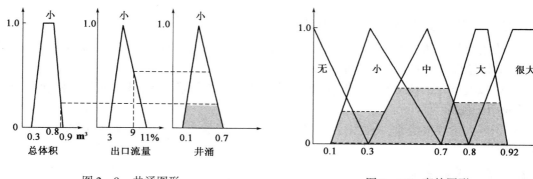

图2-9　井涌图形　　　　　　　　　图2-10　事故图形

（6）事故解释：对叠加后的事故图形进行求质心的过程就是事故解释过程，实际上就是分析事故的发生概率（图2-11）。

$$X_{质心} = \frac{\int_{X_1}^{X_2} X f(x) \, \mathrm{d}X}{\int_{X_1}^{X_2} X \mathrm{d}x} \qquad (2-9)$$

如图2-12所示，井涌：$X_{质心} = 0.51$；对于那些对事故判别稍有影响的参数，还可以再根据实际情况设定一些加分函数。如出口密度作用于加分函数得 $X_{加分} = 0.02$。预警输出为一级报警。

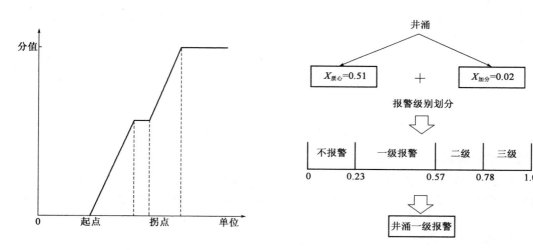

图2-11　事故发生概率曲线示意图　　　　图2-12　预警输出流程图

专家系统与传统的报警方式相比，具有以下优势：

（1）采用专家系统进行工程事故的报警，不仅完成了报警方式的自动化功能，更重要的是它融合了技术人员判别工程事故的经验。

（2）具有事故早期发现能力，在事故形成初期发现事故的苗头，在其尚未形成时便将其排除。

（3）采用模糊推理的方式不仅具有很好的过渡性，还确切反映了客观事物的程度信息和交叉渐变特性。

三、钻井工程事故预警专家系统设计方法

1. 钻井工程预警专家系统设计路线

（1）收集大量现场原始数据，采用数理统计理论知识分析事故发生时数据变化特性、规律，总结参数异常与事故复杂的内在关系。

（2）模拟人类专家预报经验，建立各种钻井事故复杂的预警模型，开发钻井工程预警专家系统并应用于现场。

（3）积累大量预报经验，构建钻井故障数据库实现经验共享。应用预测科学理论持续改进预警算法。

2. 预警系统算法流程

图 2 - 13 为预警系统算法流程图，包括以下 5 个步骤：

（1）实时数据获取——综合录井数据获取插件技术；

（2）非事故复杂因素的区分——系统数据预处理技术；

（3）参数异常判断方法——特征量连续趋势分析；

（4）事故复杂推理方法——模糊控制理论应用；

（5）预警模型的现场适用性——可定制预警模型。

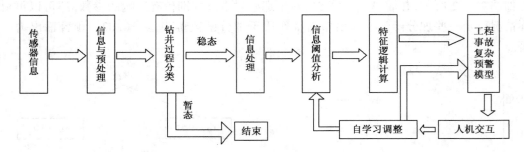

图 2 - 13 预警系统算法流程

1）实时数据获取

预警系统的数据来源于综合录井仪实时数据，应能与各种型号的综合录井仪器进行挂接。国内各油田作业的综合录井仪型号众多，这些仪器的运行环境和实时数据接口方式各不相同，数据定义和存储格式也没有统一标准。实时数据对于事故研究非常重要，但目前的录井实时数据存盘间隔过大，影响了数据分析的效果。

预警系统采用网络通信数据拦截、WITS 接口等技术实现对不同录井仪实时数据的获取。根据不同仪器的数据定义开发出相应的数据插件，实现与综合录井仪软件的数据连接。实时获取综合录井仪各种录井参数，并以统一格式自动实时存储故障数据（图 2 - 14）。

2）系统数据预处理技术

现场钻井状态的变化会导致录井参数的变化，应与事故引起的参数异常区分开。各种现场操作、外部干扰等非事故因素会引起传感器的异常变化，如不处理将会导致事故复杂的误报或漏报（图 2 - 15）。

自动判断（或人工干预）钻井作业状态，自动滤除状态转换引起的参数变化。

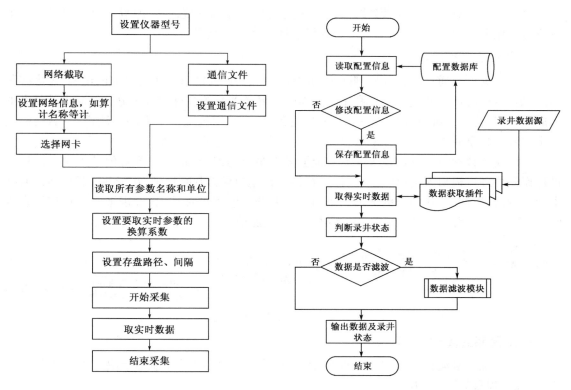

图 2 - 14 实时数据获取流程图   图 2 - 15 系统数据预处理流程

对采集数据进行数字滤波,滤除噪声等非事故因素引起的参数异常变化,提高预警的有效性和准确性。

3)参数异常判断方法

(1)特征量的运用:特征量是对录井参数进行数学处理后提取的二次变量(如均值、变化率等),通过批量数据分析,对于不同种类的参数采用不同的特征量,从而保证参数异常变化的及时判断;提取特征量为模拟人类专家判断工程事故复杂的思维提供基础(图 2 - 16)。

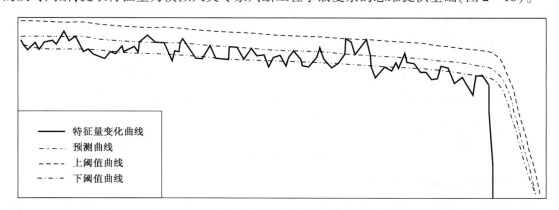

图 2 - 16 参数异常判断曲线

(2)连续趋势分析:通过实时计算参数特征量的值,跟踪其变化趋势,判断出该参数是否在其现场正常的变化范围之内,从而得出该参数是否异常。

由历史正常数据分析出参数特征量正常变化的阈值;由动态均值加减阈值得出参数特征量正常变化上下限;特征量值出现一定数量连续异常认为其异常。

4)事故复杂推理方法

人类专家可以通过综合分析判断现场的作业状态,如何能够利用上专家的经验;考虑多种钻井、地质条件,不同环境条件下利用录井参数的异常变化等多种因素来分析判断事故复杂的形成和发展,这一思维过程具有一定的主观性和模糊性,用传统数学方法无法进行描述;利用单个或者少数录井参数对工程事故复杂进行判别存在一定的片面性。

运用模糊数学建立异常预报模型。根据异常参数的组合,将所有异常值送入统一的模型进行模糊推理。模拟人类思维过程,把预报经验转化为异常判断规则,在录井过程中将所有异常特征量值进行归一化的模糊推理。采用增一型分层模糊推理技术,实现多参数加权综合判断(图2-17)。引入条件逻辑判断,使预警结果更加精确。

图2-17 事故复杂性推理流程

3. 预警系统算法流程

预警系统算法流程主要包括获取变量,然后进行处理,根据判断结果决定下一步处理方式,详细流程参见图2-18。

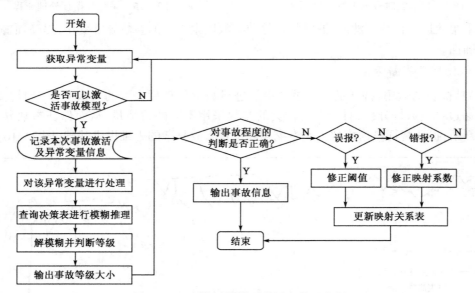

图2-18 预警系统模型激活自学习流程

4. 预警模型的现场适用性

钻井现场的情况复杂多变,预报事故复杂的方法和规则不能千篇一律;工程事故复杂发生的情况和表现因地域、地质以及工作环境的不同而不同;预警系统采用建模的方式应该具有良好的可维护性和可扩展性。采用固定模型必然带来误报或漏报。

可定制预警模型,引入创新性的设计方法——可定制预警模型。模型定制的目的使专家的经验与高效、实时的数字处理模块相结合,解放专家的精力,提高软件的智能化水平。模型定制的实质是知识库建立的一种手段,通过人机交互界面,创建和调整预警知识。

四、钻井工程事故预警专家系统与传统预报方法的对比

1. 与人工预报方式对比

钻井工程事故预警专家系统相比人工预报方式对工程异常的微小征兆能及时发现;连续、不间断地进行监测,跟踪、记录参数的异常趋势。

2. 与录井仪预报方式对比

钻井工程事故预警专家系统与录井仪预报方式相比预警能力更强,方法更加科学,方式更加人性化;能根据现场环境的需要,对预报模型进行合理调整;通过对预报方法的不断完善,持续提高预警能力和准确性。

五、技术发展展望

1. 采集技术的改进

预警系统的信息来自于综合录井仪,因此录井数据采集的质量直接决定了预警的质量和效果。主要包括以下改进方向:

(1)数据采集能力的加强、目前综合录井的所有信息采集均在地面进行,且采集频率低(小于20Hz),对异常信息捕捉不够。尤其是对井下压力、钻具振动、井筒内流体特性等信息采集不准确。这些问题导致信息源的质量较差,无法满足预警工作对及时性、精确性的要求。

因此,需要综合录井数据采集技术在以下方面进行改进:实现数据高速采集,特别是大钩负荷、立压、套压、流量、扭矩等关键传感器应达到100Hz以上的采样频率,同时应提高采集精度及稳定性,确保数据源的质量。

(2)由地面向地下转变,提供多种直接的工程参数。利用MWD技术,实现综合录井参数采集井下化,在近钻头直接采集井底钻压、扭矩等关键参数。

(3)拓展参数种类,实现对 H_2S 直接采集、pH 监测、油气水(介电常数)、地层岩性(伽马、电阻率)等快速识别。

2. 数据管理的规范性

目前综合录井仪的软件版本和数据库定义缺乏统一的、开放式的标准,且名称、单位管理比较混乱,对异常数据和信息缺乏一个规范、统一的管理与监控平台。

预警系统目前已经实现了录井数据和异常信息的归一化存储功能,需要在此基础上建立起规范化的数据库并在现场作业的录井设备上进行推广,从而实现高度统一的预警数据信息管理平台。

3. 缺乏对数据的深度挖掘

智能化预警系统中引入了特征量的概念,但目前应用的种类还较少,对数据的挖掘深度还远远不够,需要进一步加强对参数特征量的研究,应用专业数据挖掘工具建立起体系化的录井数据挖掘方法。

4. 紧密联系钻井工程需求

综合录井参数体系对不同的钻井工艺没有区别,没有建立技术系列(欠平衡、空气钻、大

位移、超深井等）。例如对迟到时间的计算还沿用传统的直井模式，已根本无法适应钻井工艺技术（水平井、多分支井的推广）的发展。

预警系统初步建立了对钻井状态、钻井工艺的判断和识别方法，还应与钻井技术人员充分交流，建立起完善、系统的钻井工艺识别模式，实现对钻井工程状态的准确跟踪。

5. 智能化技术的深入应用

智能化的预警系统是将人类分析判断异常的思维过程进行数字化处理的结果，采用了模糊推理、基于规则判断的预警模型等智能化技术，初步实现了对人类推理过程的模拟。

但是，人类的思维过程是一种复杂的智力活动，除了对各种参数异常的综合分析外，还考虑了现场多种因素，例如地质条件、钻井工艺等，而这些却难以用简单的数字化技术模拟，必须综合运用数据挖掘、神经网络、专家系统等智能化技术，提高预警模型的自学习水平，降低其使用、维护的复杂度，使预警系统真正成为一种自动化程度高、分析准确有效的现场工程异常预警工具。

6. 网络化应用

目前预警工作基本上是单兵作战，缺乏统一的管理和协调，因此引入网络化概念，实现工区乃至全国性的应用平台，对于全面提升行业整体异常预警水平至关重要。

预警系统目前已经借鉴当前分布式系统、云服务、在线自动升级等网络应用的技术思路，设计了工程异常参数特征、预警经验知识等数据库系统，实现了远程升级模型功能，使现场人员能够在软件的使用过程中借鉴已有的经验，并对异常算法进行深入研究，通过不断丰富异常参数特征数据库，提高对工程异常预报精度。

建立 B/S 架构的网络化应用功能，设计模型在线升级功能，使现场自动更新下载本区块异常特征数据库，并将现场出现的异常经人工确认后上传到基地系统异常特征数据库，从而不断扩充知识库的规模，提升其准确性和有效性。

思考题与习题

1. 何为钻井实时监控？钻井实时监控的作用是什么？

2. 实时钻井监控的项目主要有哪些？

3. 简述实时钻井监控的原理、方法和处理措施。

4. 录井可以预测哪些钻井异常？

5. 哪些录井参数用来实时监控钻井异常？

6. 如何提高钻井实时监控的自动化程度？

7. 某井于 8 月 25 日 17:00 钻至井深 3500m 起钻，8 月 26 日 13:00 下钻至井深 3000m 时开始循环，钻井液 13:40 见油气显示，已知油层深为 2800m，井深 3000m 的迟到时间为 50min，则油气上窜速度为多少？

8. 简述井涌产生的原因和录井参数的响应。

9. 简述参数异常判断方法。

10. 简述事故复杂推理方法。

11. 简述硫化氢气侵时报警级别、方式及对策。

第三章
气测录井

在钻井过程中,钻开地层中的流体以各种方式进入井筒,随着钻井液被上返到地面。在地面条件下,这些流体以气态或液态形式呈现。地层气主要有烃类气($C_1 \sim C_5$)、非烃(H_2、CO_2)以及有害气体 H_2S 等。通过对烃类和非烃类气体的实时检测可以及时地发现和评价油气水层。因此,在油气勘探开发过程中现场气测录井是一种非常重要和有效的技术和方法。对 H_2S 气体的检测,可以及时地发现(报警)有害气体,在保证安全环保钻井方面有着至关重要的意义。

第一节　气测录井的基础理论

一、石油和天然气的组成

1. 石油的组成

天然石油是一种以烃类为主的混合物。烃类化合物在石油成分中占 97% ~ 99%,其余成分是氧化物、硫化物和氮化物等。

凡是由碳原子和氢原子构成的化合物,在有机化学中都统称为烃类化合物,或称碳氢化合物。石油中的烃类化合物按结构不同分为三类,即烷烃、环烷烃和芳香烃。

1)烷烃

在烷烃中,碳原子与碳原子之间由 C—C 单键连接,其余的价键为氢原子所饱和,这种结构的烃类化合物,称为烷烃,或者饱和烃。

烷烃的种类很多,它们是按碳原子的数目排列定名的。碳原子数在 10 以内的烃类以天干顺序命名。含有一个碳原子的叫甲烷(CH_4),两个碳原子的叫乙烷(C_2H_6),三个碳原子的叫丙烷(C_3H_8),四个碳原子的叫丁烷(C_4H_{10}),依此类推,其余分别命名为戊、己、庚、辛、壬、癸烷,碳原子数超过 10 后按数字命名,称为十一烷、十二烷、……、三十二烷等。

例如:

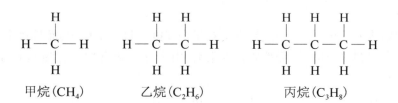

甲烷(CH_4)　　　乙烷(C_2H_6)　　　　丙烷(C_3H_8)

从上述结构式中可以看出,每两个相邻的化合物在组成上只相差一个 CH_2,这些化合物的分子式可以用通式 C_nH_{2n+2}(n 是碳原子数,它不能等于零)表示。凡是具有这种关系的化合物组成一个系列,称为同系物。上面列举的就是烷烃系列化合物。

烷烃中,从丁烷开始,分子里的原子间有两种结构,一种是碳原子间互相连接成直链,称为直链结构;另一种是直链上接上支链,称为支链结构,称此为同分异构体。为了区分这两种烷烃,直链结构的烷烃叫正构烷烃,支链结构的烷烃叫异构烷烃。

例如:

正丁烷(C_4H_{10})   异丁烷(C_4H_{10})

戊烷(C_5H_{12})有三种不同的同分异构体。

正戊烷结构排列式为:$CH_3 - CH_2 - CH_2 - CH_2 - CH_3$

异戊烷结构排列式为:
$$CH_3 - CH_2 - CH - CH_3$$
$$| $$
$$CH_3$$

新戊烷结构排列式为:
$$\begin{array}{c} CH_3 \\ | \\ CH_3 - C - CH_3 \\ | \\ CH_3 \end{array}$$

2)环烷烃

环烷烃的性质比较稳定,其分子式通式为 C_nH_{2n}。例如:

环戊烷(C_5H_{10})   环己烷(C_6H_{12})

环烷烃和烯烃为同分异构体,如环戊烷是戊烯的同分异构体,环己烷是己烯的同分异构体。

3)芳香烃

芳香烃的结构方式也是环状,但是它具有每个双键间隔一个单键,而且每个单键也都间隔一个双键的特点,与其他环状烯烃性质差别很大,由于这类化合物具有强烈芳香气味,故命名为芳香烃。

芳香烃分子式通式为 C_nH_{2n-6}。这类化合物中具有代表性的是苯。

苯（C_6H_6）

石油的成分极不一致，它与油气藏有关。不同油田的原油所含各种烃类化合物的比例是不同的。通常是烷烃和环烷烃占第一位，在少数情况下，芳香烃占第一位。我国大多数油田的原油含烷烃较多，其次是环烷烃，而芳香烃较少。

对于气测录井有重要意义的是石油中所含的烷烃。液态石油中含有大量的气态、液态和固态的烷烃。在标准压力和常温下，含有 1～4 个碳原子（C_1～C_4）的烷烃呈气态，含有 5～15 个碳原子（C_5～C_{15}）的烷烃呈液态，含有 16 个碳原子（C_{16}）以上的烷烃呈固态。在气测录井进行色谱分析时，可以测定 C_1～C_4 的烃类气；有时还可以测定 C_5～C_8 的烃类气体。

2. 天然气的组成

天然气是存在于地下岩石储集层中以烃类气体为主体的混合气体的统称，包括油田气、气田气、煤层气、泥火山气和生物生成气等。主要成分为甲烷，通常占85%～95%；其次为乙烷、丙烷、丁烷、戊烷等，另外还含有少量二氧化碳、一氧化碳、硫化氢、氧气、氮气、氢气、氦气等。不含硫化氢时为无色无臭易燃易爆气体，密度多在 0.6～$0.8kg/m^3$，比空气轻。其中伴生气通常是原油的挥发性部分，以气的形式存在于含油层顶部，凡含有原油的地层中都有，只是油、气量比例不同。即使在同一油田中的石油和天然气来源也不一定相同。它们由不同的途径和经不同的过程汇集于相同的岩石储集层中。若为非伴生气，则与液态聚集无关，可能产生于植物物质。世界天然气产量中，主要是气田气和油田气。近年来，对煤层气的开采，也已日益受到重视。

油气通常是储集在碎屑岩、碳酸盐岩以及岩浆岩中，常见的气体一般有甲烷、重烃、硫化氢、二氧化碳、氢和二氧化氮等气体。这些气体与油气藏有着直接或间接的关系（表 3－1），可以作为含油气性的一种气体标志。储集层中的天然气，按照它的成因条件和化学组成，可以分为油田气、气田气和煤田气等。

表 3－1 含油气性的气体标志

气 体 标 志	标志与油气藏关系	标志与其他关系
重烃（C_nH_{2n+2}，$n \geq 2$）	油气藏组成部分	
甲烷（CH_4）	油气藏组成部分	在煤气和沼气中可能有少量的甲烷
硫化氢（H_2S）	石油和天然气还原，含硫化合物和石油中硫化物的分解	还原作用中可能产生硫化氢
二氧化碳（CO_2）	石油和烃气的氧化和石油中含氧化合物的分解	煤和有机质氧化以及碳酸盐分解的产物
氢（H_2）	石油和烃气分解时的可能产物	水和有机物分解时同样能产生烃
二氧化氮（NO_2）	通过生物化学作用而与运移烃气有关的间接指标	生物化学作用在土壤中和黏土中能产生二氧化氮

1）油田气和气田气

油田气又称为伴生气或湿气，它的主要成分是烃气。其主要特征是除含甲烷外，重烃浓度大，重烃不仅包含 $C_2 \sim C_4$，有时还有常温常压下呈液态的烃类（C_5 以上的烃蒸气），在地层高温高压下以气态形式存在着。除烃气之外，还含有氮气、二氧化碳等。有时还含有硫化氢或氢气。

气田气是指纯气藏中的气体。气田气中天然气成分的特点是以甲烷为主，其含量一般高达 90% 以上，重烃气含量是微量的。同时也可能有氢气和二氧化碳等非烃类气体。

凝析气属于湿气类型，它们与凝析油和原油伴生，油的数量所占比例较少，富含烃气，烃气的成分介于油田气和气田气之间。

各个油气田的天然气组成含量是不同的，它与油气藏的成因和分布规律有着密切关系。不同构造和不同层位的油气层中，烃气组成是不同的；在同一构造和同一层位油气层中，烃气组成则基本相似。原生油气藏的烃气组成比较稳定，次生油气藏的烃气组成变化较大。

气田气具有普遍的规律性，它与油田气有明显的差别，这种差别主要在于重轻含量上，油田气和气田气在重烃组成上的差别如下：

油田气重烃相对含量为：10.8% ~ 34.39%。

气田气重烃相对含量为：0.48% ~ 2.29%。

凝析气重烃相对含量为：10% ~ 13%。

2）煤田气

煤田气主要成分是甲烷、氮气和二氧化碳等。

煤层及其围岩中天然气的组分同样有较大的变化，这些组分上的变化是随着距地表距离、气体渗透率以及地质条件的不同而改变。在气体风化带中，越接近地表，煤层中氮气和二氧化碳的含量就越大。在深部煤层中，天然气主要是由甲烷组成，简称为煤成气。

在煤田气中，没有重烃气，或是其含量极微，这是因为重烃易被煤吸附的缘故。

煤田气中有氢。尤其是在煤田的围岩或底水中，经常发现有氢的存在。此外，还含有微量的氨或硫化氢。

3）其他形式的气体聚集

在沉积岩中，除了跟石油和煤有关的或单独形成的天然气烃气聚集之外，还有含氮气和二氧化碳的气体聚集。这种类型的气藏中，甲烷处于次要地位，而二氧化碳则占主要地位，如二氧化碳气藏就是属于此类的气体聚集。

这种类型的气体聚集，一般是与火成岩有关，有的也与岩盐、光卤石等有关。在钾盐石中，氢的浓度较高。

4）扩散气体

在沉积岩中，除了聚集形成矿藏的石油、天然气和煤之外，还有大量呈扩散状态的天然气。它的主要成分有甲烷、二氧化碳和氮气，有时也含有氢气和稀有气体。

二、烃气的基本性质

石油和天然气的性质是多方面的，由于气测录井主要是分析测定石油和天然气中的气体，所以下面重点分析对气测录井有意义的几种天然气特性。

1. 可燃性

天然气中的烷烃极易燃烧,燃烧后的产物是二氧化碳和水,同时放出大量的热量。例如甲烷燃烧生成二氧化碳和水,同时放出热量,即

$$CH_4 + 2O_2 \longrightarrow CO_2 \uparrow + 2H_2O + 21.8kcal^① \tag{3-1}$$

2. 导热性

气体的导热性是指气体传播热量的能力。不同的气体具有不同的导热能力,其导热能力一般用热导率或热导系数表示,热导系数是指:设在物体内部垂直于导热方向上取两个相距1cm、面积为$1cm^2$的平行平面,而这两个平面的温度相差1℃,则在1s内从一个平面传导到另一平面的热量,它的单位是$cal/(cm \cdot s \cdot ℃)$。

天然气的可燃性、导热性是气体分析中采用电化学鉴定器的基础。天然气的物理常数见表3-2。从表中可以看出,天然气中烷烃的相对密度随分子量的增加而增高,热导系数随着分子量的增加而逐渐减小。沸点与熔点也相应地发生变化。

表3-2 天然气物理常数

气体	分子式	分子量	密度 g/L	相对密度	沸点 ℃	熔点 ℃	热导系数 $cal/(cm \cdot s \cdot ℃)$
甲烷	CH_4	16	0.7168	0.5545	−161.13	−184	7.15
乙烷	C_2H_6	30	1.3562	1.049	−89.0	−182.8	4.28
丙烷	C_3H_8	44	2.02	1.552	−41.11	−189	3.58
正丁烷	C_4H_{10}	58	2.673	2.067	+0.6	−135	3.22
二氧化碳	CO_2	44	1.9767	1.529			3.37
氮	N_2	28	1.2605	0.9574			5.66
硫化氢	H_2S	34	1.5392	1.1906			3.05
氢	H_2	2	0.08987	0.0695			39.70

3. 吸附性

某种物质的吸附性是指固体表面分子和气体分子之间存在着引力。当气体分子碰撞到固体表面时,气体分子暂时停留在固体表面上,这种现象称为吸附。这里所说的固体表面,也包括固体内部孔隙的表面。

天然气具有被某种物质吸附的特性,吸附量除与温度和压力有关外,主要和吸附剂的吸附能力以及烷烃分子量有关。分子量越大的烷烃,越容易被物质吸附但不易解吸(摆脱吸附称为解吸);反之,分子量小的烷烃,不易被吸附,容易解吸。这种特性是气相色谱分离烃气混合气的基础。

地层中的岩石对天然气同样具有吸附性,其吸附量与岩石的性质以及温度和压力有关,吸附的特征常以毛细管凝结现象出现,如烃的蒸汽压接近饱和时,将发生毛细管凝结液态烃的现象。不同的岩石,吸附烃气的量是不同的,表3-3是砂岩、黏土在真空中加热105℃,对烃气吸附量的实验结果,从表中可以看出,在同样的条件下,黏土比砂岩吸附量要多;重组分比轻组分吸附量要多。这种吸附现象表明,岩石对天然气的吸附能力主要由烃气性质和岩石性质所

---

① 1cal = 4.184J。

决定,同时也与地层的温度和压力有关。

表3-3 岩石对天然气的吸附

气 体	岩 石	压力,MPa	吸附量,cm³/kg
甲烷	砂岩	68.6	29.6
丙烷	砂岩	78.3	600.0
丁烷	砂岩	79.1	1162.3
氮	砂岩	88.9	10.6
甲烷	黏土	76.2	71.8
丙烷	黏土	72.5	1013
丁烷	黏土	69	1644

4. 溶解性

天然气具有溶解于石油,也具有溶解于水的特性。天然气的溶解近似地遵守亨利定律,即在常压下,某液体中单一溶解气的量正比于液体上的该气体的压力及该气体相应的溶解系数,用下式表示为

$$Q = Kap \qquad (3-2)$$

式中 Q——平衡状态下的溶解气量;

a——溶解系数(或称溶解度);

p——气体的压力;

K——与单位有关的比例系数。

该定律适用于常温常压下,随着压力的增加,该线性比例将发生变化,随着温度的升高、溶解度通常减少。

天然气的溶解能力,通常用溶解度来表示。在一定的温度和压力下,单位体积溶剂所能饱和溶解的某种气体的体积,称为该气体的溶解度。表3-4列出了各种温度下天然气在水中的溶解度。

表3-4 天然气在水中的溶解度($p=0.1MPa$)

气体	分子式	温度,℃				
		0	20	40	60	80
甲烷	CH_4	0.0558	0.0331	0.0237	0.0195	0.0177
乙烷	C_2H_6	0.0987	0.0472	0.0292	0.0218	0.0183
丙烷	C_3H_8	—	0.036	—	—	—
正丁烷	C_4H_{10}	0.0815	0.0206			
二氧化碳	CO_2	1.713	0.878	0.53	0.359	—
氮	N_2	0.0235	0.0154	0.0118	0.0102	0.0096
硫化氢	H_2S	2.67	2.58	1.66	1.19	0.92
氢	H_2	0.0215	0.0182	0.0164	0.016	0.018

表3-4中数字表明,各种气体在水中的溶解度相互差别很大,烃气在水中的溶解度不大,属于最不易溶解的气体之列。二氧化碳和硫化氢在水中的溶解度比烃气要大得多。因此,在地下水中,溶解气的组成与同水接触的游离气的组成会有很大区别。

烃气在石油中的溶解度比在水中要大得多。以甲烷为例,在石油中的溶解度约为水中溶解度的 10 倍。在标准压力下,甲烷在某些石油中的溶解系数约为 0.3。乙烷在某些石油中的溶解系数为 1～1.5。丙烷在石油中的溶解度还要大,溶解系数约为 25～30。至于丁烷和更重的烃类,它们可按任何比例与石油相混合。

二氧化碳和硫化氢比较容易地溶解在石油中,氢气和氮气不易溶解在石油中。因此,烃气和液态烃极易溶解在石油中,这是化学亲和力的结果。而其他气体组分却不易溶解在石油中,而是易于溶解在水中。

5. 相态转化性

烃气随着深度的变化即温度和压力的变化,将会发生相态的转化。如乙烷的临界温度为 32.2℃,如地层中温度低于 32.2℃,则乙烷在相应的压力下能转化为液态。因此,烃气的相态转化主要取决于它的临界温度和临界压力。烃气和其他气体的临界常数如表 3－5 所示。

表 3－5　烃气和其他气体的临界常数

组　分	临界温度,℃	临界压力,MPa	组　分	临界温度,℃	临界压力,MPa
甲烷	－82.5	4.675	正庚烷	267	2.75
乙烷	32.2	4.92	正辛烷	259.8	2.57
丙烷	96.8	4.28	氮	－267.8	0.226
异丁烷	134	3.76	氢	－147.1	3.35
正丁烷	153.1	3.67	二氧化碳	31.1	7.3
异戊烷	187.7	3.35	硫化氢	100.4	8.89
正戊烷	197.2	3.36	水	374	2.177
正己烷	234.7	3.01			

三、油气进入钻井液的机理

1. 油气进入钻井液的气体浓度

当钻开油气层时,气态和液态的烃类进入钻井液中,钻井液中的油气来源有两种因素,一种是破碎的岩屑中来的油气,另一种是从已钻开的油气层中产出的油气。

岩屑中的油气除与储油气层的含油气饱和度有关外,还与钻井条件有关。单位时间钻碎的油气层岩屑体积越大,则进入钻井液的油气就越多,用公式表示为

$$Q_{Dg} = \frac{\pi d^2 v}{4} \cdot \frac{C_{Dg}}{Q} \qquad (3-3)$$

式中　Q_{Dg}——钻井液含气饱和度,%；

　　　v——钻井速度,m/min；

　　　d——井的直径,m；

　　　Q——钻井液排量,m/min；

　　　C_{Dg}——地层含气量,%。

从式中可以看出,$\pi d^2 v/4$ 为每分钟钻碎的岩石柱状体积。$\pi d^2 v/4Q$ 为单位钻井液排量的钻井液中所含有的每分钟钻碎的岩石体积的含油气量。钻碎岩石中的油气进入钻井液方式是随钻气测方法的理论基础。油气层中的油气进入钻井液方式有两种,一种是渗透,另一种是扩散,它是循环气测的理论基础。

渗透能力与压力差有关。当油气层的压力大于油气层所承受的钻井液液柱的压力时,则会发生油气层中的油气在压力差的作用下,向压力较低的钻井液中移动的现象。当油气层压力大于钻井液液柱压力时,渗透速度很快,甚至会发生喷射。这时,钻井液中会发生严重的油侵或气侵,这是井喷的预兆。

在渗透作用下进入钻井液中的含气饱和度,用公式表示为

$$Q_{Qg} = \frac{C_{Qg}}{Q_g}; Q_g = K\frac{p_n^2 - p_c^2}{2p_c} \tag{3-4}$$

式中　Q_{Qg}——钻井液含气饱和度,%;

　　　C_{Qg}——地层含气量,%;

　　　Q_g——渗透速度,cm^3/s;

　　　K——渗透率,$10^{-3}\mu m^2$;

　　　p_n——地层压力,MPa;

　　　p_c——钻井液柱压力,MPa。

当油气层压力与其所承受的钻井液柱压力基本平衡时,由于钻进过程中钻头的旋转,造成了钻头周围的压力降低,油气层中的油气仍然可以向钻井液渗透。

扩散比渗透所进入钻井液的油气数量要少得多,相对于渗透来说,以渗透方式进入钻井液的油气是主要的,以扩散方式进入钻井液的油气是次要的,可以忽略不计。

这样,由渗透、扩散和钻碎的岩石进入钻井液中的油气,随着钻井液的上返和钻井的继续进行,就会形成钻井液中的含油气段。这就是通过测定钻井液中的油气能够发现油气层的基础。

2. 油气从井底返至地面过程中的状态

当钻开油气层后,油气与钻井液混合,混合状态可能是多种多样的,又可能是相互重叠的。同时,油气和钻井液混合后随着钻井液循环返至地面的过程中,也会发生各种各样的变化。下面分析几种变化情况。

1)呈凝析油状态与钻井液混合

当凝析油从地层中进入钻井液后,随着钻井液的上返,压力逐渐降低,凝析油就开始蒸发,逐渐转化为气态。首先是溶解在凝析油中的 C_1、C_2 和 CO_2、H_2S 等气化,然后是 C_3 和 C_4 等气化。一般说来,凝析油随压力降低,大量或全部转化为气态。

2)含有溶解气的石油与钻井液混合

含有溶解气的石油在随钻井液上返的过程中,会发生与凝析油相似的过程,其差别是凝析油全部或大部分转化为气态,而含有溶解气的油,一般是不会大部分或全部转化为气态的。如果油藏的气油比高,$C_1 \sim C_4$ 的含量大,随着钻井液的上返,压力降低,石油将会释放出大量的天然气;如果气油比低就没有大量的天然气释放。

3)天然气呈游离状态和钻井液混合

呈游离状态的天然气和钻井液混合时,将有两种情况出现:一种是在钻井液中油气量不大时,游离状态的天然气有可能全部转化为溶解状态;另一种是气量较大时,钻井液将不能全部溶解天然气,仍有一部分呈游离状态的气油随钻井液上返,到井口后最先逸入大气。溶解在钻井液中的天然气随着钻井液上返,压力逐渐降低,气泡逐渐膨胀,在到达井口和钻井液槽的过

程中,比较多的气泡逸入大气,其余的则以微小气泡形式继续留在钻井液中,钻井液黏度越高,气泡越小;钻井液到井口和钻井液槽的时间越短,则余留在钻井液中的天然气量就越多。

4)含有溶解气的水与钻井液混合

溶解在地层水中的天然气进入钻井液和钻井液相混合,一般地层水的量比钻井液中的水量要少得多,将会被钻井液冲淡。地层水的天然气的溶解状态存在于钻井液中,而且钻井液中的天然气浓度是不大的。在这种情况下,随着钻井液的上返,压力降低,天然气也不会游离出来变成气泡。如果地层水量较大,而且被钻井液冲淡程度不大,当地层水中溶解的气量较大时,随着钻井液上返,压力降低,会发生天然气游离成气泡状态的情况。

5)油气被岩屑吸附与钻井液混合

当油气被钻碎的岩屑所吸附和钻井液混合后,随着钻井液上返压力的降低,岩屑孔隙所含的游离气或吸附气,将因膨胀而脱离岩屑进入钻井液。当岩屑上返到地面后,其中所吸附的主要是重馏分烷烃。

四、影响气显示的因素

影响气显示的因素较多,主要有地质因素、钻井条件、钻井液、后效气和单根气、脱气器类型以及气测仪性能和工作状况等。

1. 地质因素的影响

1)天然气性质及成分

石油天然气的密度越小,轻烃成分越多,气测显示越好。反之越差。

对于热导池鉴定器,天然气中若含有二氧化碳、氮气、硫化氢、一氧化碳等气体时,由于它们的热导率低于空气,仪器读数为负值,会使气体全量减小;若有大量氢气存在,由于氢气的热导率约是甲烷的五倍,会引起全量曲线大幅度增加。

对于氢火焰离子化鉴定器,当地层气成分与标定仪器时的气体组成相差太大时,会产生较大的显示误差。

2)储层性质

当储层厚度、孔隙度、渗透率、含气饱和度越大时,钻穿单位体积岩层进入钻井液的油气越多,油气显示越好,反之气显示越差。

渗透性好的地层,当地层压力低于钻井液柱的压力时,有大量钻井液侵入地层,从而使显示偏低;而当地层压力高于钻井液柱的压力时,地层中油气进入钻井液的量较多,从而使显示绝对含量升高,甚至造成后效假异常。而对渗透性差的地层,其显示受地层影响较小,能较真实反映岩屑中的油气量;正因如此,生油岩层和油页岩在气测录井资料上有时也有较高显示。

3)地层压力

若井底为正压差,即钻井液柱压力大于地层压力时,进入钻井液的油气仅是破碎岩层而产生的,因此显示较低。对于高渗透地层,当储层被钻开时,发生钻井液超前渗滤,钻头前方岩层中的一部分油气被挤入地层,因此气显示较低。正压差越大,地层渗透性越好,气显示越低,甚至无显示。

若井底为负压差,即钻井液柱压力小于地层压力时,进入钻井液的油气除破碎岩层而产生外,井筒周围地层中的油气,在地层压力的推动下,侵入钻井液,而形成高的油气显示,且接单根气、起下钻气等后效气显示明显。钻过油气层后，气测曲线不能恢复到原基值，而是保持一定的显示，从而使气测曲线基值升高。正压差越大，地层渗透性越好，气显示越高，严重时会导致发生井涌、井喷。

4）油层的气油比

油层的气油比越高，含气浓度就会越多，气测异常也就明显异常。全烃显示高，轻烃（C_1）的相对组成高，有时还会发生超前显示。而对气油比低的储层，气测异常不够明显。通常全烃显示较低，轻烃（C_1）的相对组成也较低，如某些残余油层、甲烷的相对组成均低于60%，约在50%～60%之间。

气油比的大小，取决于石油的成分、地层压力、油藏的形成及保存条件，所以，油气储集层特性及油气性质，在一般情况下，是决定气测烃类组分变化的主要因素。

2. 钻井条件的影响

1）钻头直径

当其他钻井条件不变时，钻头直径越大，单位时间内破碎的岩石体积越大，钻井液与地层接触面积越大，因此，气显示越高。

2）机械钻速

当其他钻井条件不变时，机械钻速越大，单位时间内破碎的岩石体积越大，钻井液与地层接触面积越大，因此，气显示越高。反之，气显示越小。钻井取心时，由于机械钻速小，破碎岩石少，因此，气测显示低。

3. 钻井液的影响

1）钻井液性能的影响

钻井过程中，只有当井内钻井液柱压力与地层压力处于一种近似动平衡时才是较理想的钻进状态，因而钻井液对正常钻井是重要的，同样，它的性能也影响气测录井资料显示。

（1）钻井液密度：钻井液密度越大，液柱压力越大，井底压差越大，反之，井底压差越小。钻井液柱产生的液柱压力高于地层的压力时，施加给地层的压力较大，地层油气侵入钻井液的量很小，因而录取的各项资料显示绝对含量较低；相反，钻井液柱产生的压力略低于地层的压力时，地层中大量的油气不断渗入钻井液，使气测录井显示相对较高。

（2）钻井液黏度：黏度大的钻井液对天然气的吸附和溶解作用加强，故脱气困难，气显示低。黏度越大，气显示越低。

（3）钻井液排量：钻井液排量增加，单位体积钻井液中的含气量减少，但单位时间通过脱气器的钻井液体积增加，因此对气显示的影响不大。

2）钻井液混入物的影响

（1）化学处理剂的影响：钻井液中加入化学处理剂，在一定条件下可能生成烃类气体而溶解于钻井液中，从而使气测基值提高，有时会产生假异常，如钻井液中加入铁铬盐、磺化沥青，通常会产生类似于水中溶解气的假异常，会使钻井液中含量急剧增大。这些均可造成假异常。

（2）混油影响：混入原油后，色谱分析组分齐全且各组分显示依次升高，全烃绝对含量显示较高；混入柴油后，全烃显示绝对含量较低或无显示，组分分析无 C_1 有时也无 C_2，但都有 C_3、C_4，且逐渐升高。

4. 后效气及单根气的影响

当打开油气层后,地层中的油气向钻井液内渗滤和扩散,钻井液静止时间越长,进入的油气越多;油气层的压力越高,渗进钻井液的量越多;浓度越大,进入钻井液的井段越长,造成的后效越大。利用此原理作循环钻井液气测录井,与随钻气测录井配合判断油气性质。

在随钻录井过程中,后效不但会使全烃显示基值(即背景气)增高,还会有显示拖尾现象,储集层过后仍有大段的油气显示;但只要钻井液性能良好,循环一段时间后,这种影响自然消失。

钻井过程中,工程接单根时,由于钻具的上下活动,在井底产生抽吸作用造成负压,使钻头周围地层内的烃类进入钻井液,造成气测资料的接单根假异常,这是一种很常见的现象,在泥岩段也可能产生,打开油气显示层后其影响更甚。单根峰有时也貌似正常显示。

单根气及后效气都会增加钻井液的含气量,不利的方面,一是加大了气测真假显示的识别难度,二是影响了气测显示的真实值。有利的方面,可以作为判断油气层以及含油气程度的辅助手段,同时也是实时检测漏失气显示时的重要参考资料。

5. 脱气器类型、安装条件及脱气效率的影响

不同类型的脱气器脱气原理和效率不同,因此气显示高低不同。相同显示条件下,脱气效率越高气显示越高。脱气器的安装位置及安装条件也直接影响气显示的高低。电动脱气器可直接搅拌破碎循环管路深部的钻井液,但安装高度过高或过低都会降低脱气效率,甚至漏失油气显示。

6. 气测仪性能和工作状况的影响

气测仪的灵敏度、管路密封性好坏及标定是否准确都将对气测显示产生重大影响,因此必须保证仪器性能良好,工作正常。

7. 脱气系统和分析气路温度以及钻井液温度的影响

现场录井通常仅对表3-6中的7类烷烃进行色谱分析,因各烷烃的沸点不同,受温度影响也各不相同,沸点越高,受温度影响越大。正常录井条件下,甲烷、乙烷、丙烷基本不受脱气系统和分析气路温度的影响,而丙烷与戊烷则受影响较大。因此,在温度较低的环境中录井施工时,应对脱气系统和分析气路采取适当保温措施,以降低对油气显示录取的影响。

表3-6　录井烷烃常压下沸点

烷烃	甲烷	乙烷	丙烷	正丁烷	异丁烷	正戊烷	异戊烷
沸点,℃	-161.49	-88.63	-42.07	-0.50	-11.73	30.074	27.852

烃类气体在不同温度的钻井液中溶解度不同,钻井液温度越高,烃类气体溶解度越小。若钻井液温度低于烷烃沸点,则相应烷烃为液体状态,更不易从钻井液中分离出来。

第二节　气相色谱分析技术

一、气相色谱分析原理

1903年,俄国植物学家Tswett(茨维特)首先用色谱法分离植物色素。在一根竖直的装满碳酸钙颗粒的玻璃管中,从顶端倒入植物色素的石油醚提取液,再用纯石油醚进行淋洗,此时

植物色素的提取液沿玻璃管向下流动,形成具有不同颜色的色带。每个色带为不同的色素。人们由此把这种方法称为色谱法。做分析用的玻璃管称为色谱柱,管内装填物(碳酸钙)称为固定相,淋洗液(石油醚)称为流动相。以后色谱法在应用中不断得到发展,因而不但可用于分离有色物质,而且大量地用于分离无色物质,由此色谱法这一名称一直沿用到现在。

色谱法也称色层法或层析法,是一种物理分离分析方法。它是根据混合物各组分在互不相溶的两相(固定相和流动相)中的吸附能力、分配系数或其他亲和作用性能的差异作为分离依据的。当混合物中各组分随流动相移动时,在流动相和固定相之间进行反复多次的分布,这样就使吸附能力(或分配系数)不同的各组分,在移动速度上产生了差别,从而得到分离。

1. 色谱法分类

1)按流动相分类

用气体作为流动相的称为气相色谱法;按固定相不同又分为气—固色谱和气—液色谱。用液体作为流动相的称为液相色谱法。按固定相不同又分为液—固色谱和液—液色谱。分类方案见表3-7。

表3-7 色谱法分类

流动相	总　称	固定相	色谱名称
气体	气相色谱	固体	气—固色谱
		液体	气—液色谱
液体	液相色谱	固体	液—固色谱
		液体	液—液色谱

2)按分离原理分类

(1)吸附色谱:根据固定相对各组分吸附性能的差异进行分离称为吸附色谱。随所用流动相不同,又可分为气—固吸附色谱和液—固吸附色谱两类。

(2)分配色谱:根据各组分在固定相与流动相间分配系数的差异进行分离称为分配色谱。随所用流动相不同,又可分为气—固分配色谱和液—液分配色谱两类。

(3)离子交换色谱:根据各组分的离子交换能力不同进行分离,属于液相色谱法。

3)按固定相形状分类

(1)柱色谱:固定相装在金属或玻璃色谱柱内(填充柱)或涂在毛细管柱壁(空心毛细管柱)上,如气相色谱和液相色谱。

(2)纸色谱:用滤纸上的水分子作固定相,样品溶液在纸上展开进行分离。

(3)薄层色谱:以涂在玻璃板或塑料板上的吸附剂作固定相,样品在板上展开进行分离。

本章着重介绍在现场录井中所用到的气相色谱法。

2. 气相色谱法

气相色谱法是以气体作为流动相,当它携带欲分离的混合物流经固定相时,由于混合物中各组分的性质不同,与固定相作用的程度也不同,因而组分在两相间具有不同的吸附或分配系数,经过反复多次的吸附或分配之后,各组分在固定相中的滞留时间有长有短,从而使各组分依次先后流出色谱柱而得到分离。

气相色谱的载气有氮气、氢气和空气等,这类气体自身不与被测组分发生反应,当试样组分随载气通过色谱柱而得到分离后,根据流出组分的物理或物理化学性质,可用相应的鉴定器进行检测、得到电信号随时间变化的色谱曲线,称为色谱图。根据色谱组分峰的出峰时间(保留值),可进行色谱定性分析,再根据谱峰面积或谱峰的高度可进行色谱定量分析。

自1952年以来,气相色谱法发展极为迅速。由于它能分离气体、液体及挥发性固体,而且效能高、分析速度快、样品用量少,因此近年来已成为广泛应用的分离分析手段。

1)气相色谱的基本流程

气相色谱的基本流程如图3-1所示。

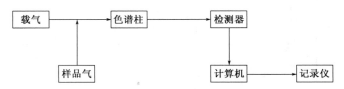

图3-1 气相色谱基本流程图

由流程图可见,气相色谱的关键部件是色谱柱和检测器。混合组分能否完全分离决定于色谱柱,分离后的组分能否准确检测出来取决于检测器。

2)气相色谱分离过程

气相色谱分离过程如图3-2所示。

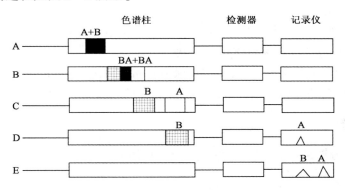

图3-2 组分分离过程示意图

由A、B二组分组成的被分离混合物在进样口汽化为气体后(若分离混合物为气体则直接进样),由载气(流动相)携带进入色谱柱(内装固定相)。刚进柱时,组分A和B是一条混合谱带。随着载气持续在柱中通过,由于二组分吸附能力或分配系数的差异,致使二者的移动速度不同,逐渐分离为谱带A、A+B、B。经过多次吸附或分配,谱带A和B最终得以分离。当组分进入检测器时,将得到被分离的A和B的响应信号。

3)典型色谱图及常用术语

如图3-3所示,正常的色谱图是呈正态分布的。

基线:在通过检测器的载气中不带有任何使检测器产生响应信号的溶质时,记录仪记录的检测器响应信号是一条水平直线。

色谱峰:当一个溶质被载气带入检测器,按浓度或质量变化产生相应的峰形响应信号曲线,称为色谱峰。典型的色谱峰为正态分布。

峰高 h:从基线到峰顶的垂直距离即峰高,AB 高度。

峰宽(W_b)与半峰宽($W_{1/2}$):在色谱峰的拐点作切线,与基线相交的两点之间的距离为峰

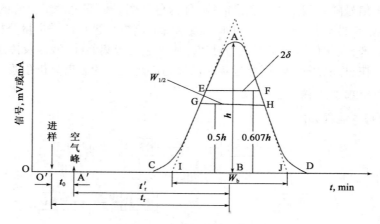

图 3-3 典型色谱曲线图

宽(W_b)。峰高一半处色谱峰的宽度叫半峰($W_{1/2}$)。

保留时间(t_r):样品从进样开始到出现峰最大值所需要的时间。

保留体积:保留时间乘以载气的流速为保留体积,V_r、t_r、F_c。

死时间(t_0):自进样开始到惰性物质(不被固定相吸附或溶解的物质,如空气)峰(称为空气峰)最高点所需的时间。

死体积(V_0):死时间乘以载气的流速为死体积,V_0、t_0、F_c。

校正保留时间($t_r^¢$)与校正保留体积($V_r^¢$)为:

(1)扣除死时间以后的保留时间,即校正保留时间($t_r^¢$),$t_r^¢ = t_r - t_0$。

(2)扣除死体积后的保留体积,即校正保留体积($V_r^¢$),$V_r^¢ = V_r - V_0$。

二、气相色谱仪

气相色谱仪分为气路系统、进样系统、色谱柱、检测器和记录器等部分。不同的仪器型号,其气路、进样和记录器有所不同。

1. 色谱柱

色谱柱中装有固定相,样品在色谱柱中进行各组分的分离,各组分的分离关键在于选择合适的固定相。

按分离方式划分,色谱柱可分为填充柱和毛细管柱。

1)填充柱

填充固定相的色谱柱称为填充柱,使用填充柱的气相色谱,称为填充柱气相色谱。填充的固定相分别是固体吸附、多孔性有机聚合物或表面均匀涂渍一层固定相液膜的惰性载体。填充柱制备简单,可供选择的吸附剂、固定液和载体种类很多,因而具有广泛适用性,能解决各种混合试样的分离分析问题,是普遍应用的一种气相色谱方法。由于填充柱的固定相用量较大,样品负荷高,也适用于制备气相色谱。但填充柱渗透性小、传质阻力大,因此柱效较低。由不锈钢、铜、玻璃或聚四氟乙烯制成。可根据样品有无腐蚀性、反应性及对柱温的要求,选用适当材料制作色谱柱。色谱柱有 U 形、W 形、螺旋形数种,内径 2~4mm,柱长 1~4m 左右。

填充柱的分离选择性和柱效主要决定于色谱固定相的类型和性质。气相色谱固定相种类很多,按色谱条件下的物理状态,可分为固体固定相和液体固定相两大类。固体固定相包括固体吸附剂、多孔性聚合物等。液体固定相大多数是各种高沸点有机化合物,色谱工作条件下呈液态,称为固定液。固定液不能直接装在色谱柱内,而是涂渍在一种惰性固体表面上,这种固体称为载体,它是固定相的重要组成部分。目前综合录井仪中的色谱仪大多使用这种填充色谱柱。

2) 毛细管柱

毛细管柱又称为开管柱,它是将固定液直接涂渍在毛细管内壁,使载气和样品分子在不受限制的畅通路径上运行,提高溶质在两相间传质速率,不存在涡流扩散,使色谱柱效提高。这种色谱柱通常多由不锈钢拉制成螺旋形,柱内径 0.1 ~ 0.5mm,柱长 30 ~ 300m。

开管柱色谱的主要特点是:渗透率高,柱阻抗小,当柱长、线速度相等时,填充柱载气压力降比开管柱高 10 ~ 400 倍。在相同柱前压下,开管柱平均线速度高,能进行快速分析;柱效高,特别适用于分离性质极相似,含 100 多个组分以上的复杂混合物;柱容量小,开管柱固定液含量比填充柱小几十倍至几百倍,一般只有几十毫克,有效分离样品量小;但是开管柱色谱系统对进样、检测器等的要求比填充柱高,制备技术复杂。

色谱柱的结构直接影响分离的效果。增加柱长有利于提高分离效能,但延长了分析时间;加大柱内径可以增大进样量,缩短分析时间,但会降低分离效能。因此,要根据具体情况选择合适的色谱柱。

3) 固定相

一个混合物载气相色谱柱中能否得到完全分离,主要取决于所选择的固定相是否适当。

气相色谱固定相可分为三类:在气—固吸附色谱中,使用固体吸附剂作为固定相;在气—液分配色谱中使用液体固定相,并将液体涂于担体表面上构成新型合成固定相。

(1) 气—固吸附色谱固定相:为固体吸附剂。固体吸附剂吸附容量大,热稳定性好,适于分离气体混合物。但它的吸附等温线不呈线性,进样量稍大就得不到对称峰。通常用的固体吸附剂有:

① 活性炭:为非极性吸附剂,可用来分析永久性气体和低沸点碳氢化合物,不宜用来分析活性气体和高沸点组分。

② 氧化铝:为极性吸附剂,可用来分析 C_1 ~ C_4 烃类异构物。

③ 硅胶:为非极性吸附剂,可用来分析 C_1 ~ C_4 烃类。硅胶对 CO_2 有较强吸附能力,选择性地保留 CO_2 而与永久性气体 O_2、N_2、H_2、CH_2 等分开。目前综合录井仪中的色谱仪大多使用这种多孔硅胶固定相。

④ 分子筛:是合成的硅铝酸盐,为强极性吸附剂,一般用来分离永久性气体及无机气体如 H_2、N_2、O_2、CO 等气体。

(2) 气—液分配色谱固定相:由惰性担体与涂在担体上的固定液组成。

① 担体:气相色谱载体又称为担体,可提供一个大的惰性固定表面,让固定液分布在其表面。形成一薄层均匀液膜,使液体固定相具有比较大的物质交换面,样品易于在气液间建立分配平衡。担体必须有较大的表面积及良好的热稳定性,而且无吸附性,无催化性。

担体分为硅藻土型和非硅藻土型两类。硅藻土型担体由天然硅藻土煅烧而成,又有红色担体与白色担体之分。前者结构紧凑,强度较好,但表面存在活动中心,不宜涂极性固定液。后者含有助溶剂碳酸钠,结构疏松,表面吸附性小,可与极性固定液配合使用,但强度较差。

由于担体表面具有活动中心,当分析极性组分时,容易形成色谱峰拖尾。为此,需经酸、碱或氯硅烷、硅胺处理。经 Na_2CO_3、K_2CO_3 处理后,担体表面形成一层玻璃化的釉质,称为釉化担体。以氯硅烷处理后,担体表面的硅醇、硅醚被钝化,称为硅烷化担体。综合录井仪中的色谱仪使用的是硅藻土作为担体。

②固定液:对大多数气相色谱分析问题,气—液色谱是最有效的技术,用液体固定相具有如下优点:

a. 色谱分离条件下,溶质在气—液两相间的分布等温线呈线性,这样能获得对称色谱峰,很少出现色谱拖尾现象。

b. 容易改变柱内固定液用量以控制 k 值;改变固定液膜厚度,改善传质,获得高柱效;能增加固定液用量,提高色谱柱样品容量,适用制备色谱分离。

c. 固定液纯度高,易获得重复性很好的保留值,便于定性。

d. 固定液品种多,适用范围广,能解决大部分气相色谱分析固定液涂渍,色谱柱制备简便,使用成本低。

气—液色谱的主要缺点是固定液总具有一定挥发性,特别是高温操作和使用高灵敏度检测器,由于固定液流失而产生本底噪声。在程序升温时引起基线漂移,从而限制色谱柱使用温度。固定液在色谱柱内蒸气压大小受载体性质、固定液用量、柱结构的影响。

综合录井中使用非极性分子的角鲨烷(异三十烷)作为固定液。

2. 检测器

检测器是气相色谱的关键部件之一,是一种测量载气中各分离组分及其浓度变化的装置,它把组分及其浓度变化以不同的方式变换成电信号。被测组分经色谱柱分离后,以气态分子与载气分子相混状态从柱后流出,人肉眼不可能识别。因此,必须要有一个装置或方法,将混合气体中组分的真实浓度(mg/mL)或质量流量(g/s)变成可测量的电信号,且信号的大小与组分的量成正比。此装置称气相色谱检测器。其方法称气相色谱检测法。因此,气相色谱检测器是一种能检测气相色谱流出组分及其变化的器件。

1)氢火焰离子化检测器

氢火焰离子化检测器(flame ionization detector,FID)是利用氢火焰作电离源,使有机物电离,产生一微电流而响应的检测器。FID 的突出优点是灵敏度高、线性范围宽,对几乎所有的有机物均有响应,特别是对烃类,其响应与碳原子数成正比,故有碳计数器之称。它对 H_2O、CO 等无机物无响应。对气体流速、压力和温度变化不敏感。它性能可靠、结构简单、操作方便。它的死体积几乎为零,可与毛细管柱、快速 GC 和特快速 GC 毛细管柱直接相连。因此,FID 无论在过去的填充柱时期,还是毛细管柱时期均已普及,并在全二维、快速气相色谱发展的今天,得到普遍的应用。

氢焰检测器结构简单,由不锈钢制成,包括气体入口、火焰喷嘴、高压极化极、收集极和点火丝等部分(图 3-4)。

氢焰以氢气与空气燃烧产生的火焰为能源。当有机物随载气进入火焰燃烧,由于离子化反应而生成许多离子。在火焰上方为筒状收集极,下方为一"丫"形极化电极,两极间施加恒定的 180V 电压,形成一个静电场。只有载气和助燃空气时两极间离子很少,即基值很低。当载气中出现有机物时,由于化学电离反应产生带电离子对。在电场作用下这些带电离子向两极定向运动,形成离子流。通过放大,取出信号,进行记录、采集、处理,即可对有机物进行定性定量分析。FID 收集到的微电流均十分弱,都必须经过微电流放大器进一步放大后才能记录。

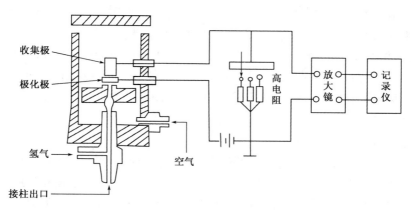

图 3-4　FID 结构示意图

现代 GC 微电流放大器能检测的最小噪声为 10^{-14}dB,最大测量信号为 10^{-5}dB,响应时间最快达 50ms。

响应机理是:FID 的氧/空气火焰是一种典型的扩散焰。柱后流出物从火焰的中心流出,空气在火焰四周。氧燃烧所需的氧必须通过火焰外围向内扩散才能得到。扩散焰的特征是火焰中产生的基团和内、外火焰温度变化极大。FID 内火焰为富氢焰,外火焰为富氧焰。它们之间即是 H_2 和 O_2 的混合区。在此又随火焰高度不同,发生不同的火焰化学和火焰电离反应。

1996 年 T. Holm 等研究了火焰不同高度成分的变化后指出,在火焰下部,从燃烧区向内扩散的氧原子流量较大。烃类首先产生热氢解作用,形成甲烷、乙烯和乙炔的混合物。然后这些非甲烷烃类与氧原子反应,进一步加氢成饱和烃。在低于 6000℃温度下,C—C 键断裂,最后所有的碳均转化成甲烷,如下式所示:

$$C—C—C—CH_2CH_3 + H^+ \rightarrow CH_3—C—C—C—CH_2^+ \qquad (3-5)$$

此过程极快。总之,在火焰中是将不同烃分子中的每个碳原子均定量转换成最基本的、共同的响应单位——甲烷,然后再经过下式化学电离过程产生信号:

$$CH + O \rightarrow CHO^+ + e^- \qquad (3-6)$$

所以,FID 对烃类是等碳响应。

电极形状与位置:极化极可用铂金、不锈钢或镍合金制作,多为圆形,并和喷嘴在同一平面。极化极低于喷嘴,灵敏度下降;反之,响应值虽可提高,但噪声也增大。收集极多用不锈钢制作,目前最常用的是圆筒形。它在火焰喷嘴上方与喷嘴同轴安置。圆筒直径 6 ~ 10mm,长 20 ~60mm。

收集极和喷嘴必须有极好的绝缘。因在 100V 电压时,即使有 $10^{-12}\Omega$ 的漏电电阻,也能产生 10nA 的基线偏移。聚四氟乙烯绝缘电阻可达 10^{15} ~ $10^{18}\Omega$,但要求绝缘点离热源远些。高纯陶瓷绝缘电阻可达 10^{14} ~$10^{16}\Omega$,且可耐 300℃高温。所有绝缘表面均要求洁净。收集极和极化极之间的距离一般为 0 ~6cm。过低,收集极过热,易产生热电子,增大噪声;过高,离子流到达电极的时间长,正、负离子再结合的概率、收集效率降低。

图 3-5 为圆筒收集极电场分布示意图。此电场分布最

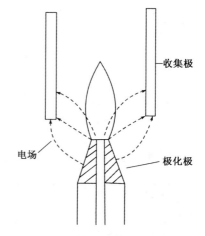

图 3-5　圆筒收集极电场分布示意图

重要的特征是:在收集极下部电场最强;在收集极内部离喷嘴距离越远,其电场越弱。这就是说,FID 中产生的大部分离子和电子,是在收集极的下部收集的。

FID 中为气相电离,因此由等浓度的正、负离子形成。在设计良好的 FID 中,当极化电压从负到正变化时,其电离电流对极化电压的曲线是对称的,见图 3 - 6。极化电压一般为 150 ~ 350V。点火一般用镍铬丝作点火线圈,接 3 ~ 5V 交流电源,点火时通电,线圈发红即可。

2)热导检测器(thermal conductivity detector,TCD)

(1)热量传递的方式与原理。

能够产生热量的物体或温度高于周围介质的物体,被称为热源。热源所涉及的空间称为温度场。在温度场内,如果某两点间存在着温度差,热量总是要从温度较高的地方向温度较低的地方传递,最终温度趋于平衡。热量的基本传递方式有三种,即热对流、热辐射和热传导。对于液体、气体等流体,三种热量传递方式同时存在,但条件不同,三种方式传递热量的能力并不相同;而固体之间不存在对流传热问题。下面着重对热传导方式进行论述。

①热传导:同一物体各部分之间,或者相互接触的两物体之间,如果存在温度差,则热量就会从高温物体传向低温物体,最终温度趋于平衡。物体内部各部分之间或物体之间的这种能量交换现象叫热传导,简称热导。热导是依靠分子振动而进行能量传递的。物体的分子在传热过程中相对位置并不改变。例如,将一根金属棒的一端加热,而棒的另一端温度也会随着升高,这就是热传导作用所致。

固体、液体和气体有导热能力,但由于物质内部分子密度不同,各种物质导热能力也不同。一般来说,金属导热能力比非金属强,固体导热能力强于液体和气体,气体导热能力最弱。物质的导热能力以导热系数 λ 来表示,物体传热的关系可用傅里叶定律来描述。在某种物质内部存在温度差,设温度沿 OX 方向逐渐降低,在 OX 方向取两点 a 和 b,其间间距为 Δx,T_a、T_b 分别为 a、b 两点的绝对温度,见图 3 - 7。沿 OX 方向温度的变化率为

$$\frac{T_a - T_b}{dx} = - \frac{dT}{dx} \qquad (3 - 7)$$

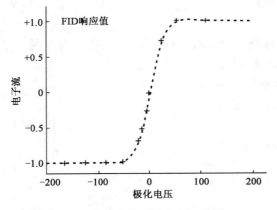

图 3 - 6 电离电流—极化电压曲线

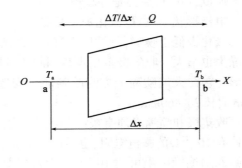

图 3-7 温度场内介质的热传导

$\frac{dT}{dx}$ 称为 a 点沿 OX 方向的温度梯度。在 a、b 点之间与 OX 垂直方向取一个小面积 Δs,通过实验可知,在 Δt 时间内,从高温处 a 通过小面积 Δs 传向低温处 b 的热量 ΔQ,与这个小面积 Δs 成正比,与时间 Δt 和温度梯度 dT/dx 成正比,还与物质的性质有关。用公式表示为

$$dQ = -\frac{dT}{dx}dsdt \qquad (3-8)$$

上式表示传热量与有关参数的关系,这个关系称为傅里叶定律,式中负号表示温度向着温度降低的方向传递。比例系数 λ 称为传热介质的导热系数或热导率,其数值可用实验方法确定。

如果 $\Delta s = 1\,m^2$,$\Delta t = 1\,s$,$dT/dx = -1\,K/m$,则 $\Delta Q = \lambda$。可见物质的热导率在数值上等于当温度梯度为 -1 时,单位时间内通过垂直于梯度方向的单位面积的热量。λ 的单位一般用 $W/(m \cdot K)$。热导率是物质的重要物理性质之一,它表征物质传导热量的能力。不同的物质,其热导率是不相同的,且随其组成、压强、密度、温度和湿度的变化而改变。

②气体热导率:各种气体在相同的条件下有不同的热导率(表3-8)。气体的热导率随着温度的变化而变化,其关系式为

$$\lambda = \lambda_0(1 + \alpha t) \qquad (3-9)$$

式中 λ_0——0℃时的气体热导率;

α——气体的温度系数。

表3-8 几种气体的 m·K 热导系数、相对热导系数、温度系数

气体名称	热导率,W/(m·K)		100℃时 相对热导率	0~100℃ 温度系数,K⁻¹
	0℃	100℃		
空气	0.24	0.32	1	0.0028
H_2	1.74	2.24	7	0.0027
O_2	0.25	0.32	1	0.0028
N_2	0.24	0.31	0.969	0.0028
CO	0.23	0.3	0.936	0.0048
CO_2	0.15	0.22	0.7	0.0028
CH_4	0.3	0.46	1.44	0.0048

在现场气体录井中为了分析 CO_2、H_2 采用空气作为载气,TCD 采用参比的方法进行分析。在这种情况下,分析组分浓度 C 与混合气体的热导率(组分+空气)λ 的关系如下。

如待测组分浓度为 C_1,空气浓度为 C_2,即 $C_1 + C_2 = 1$。则有

$$\lambda = C_1\lambda_1 + \lambda_2(1 - C_2) \text{ 或 } C_1 = \frac{\lambda - \lambda_2}{\lambda_1 - \lambda_2} \qquad (3-10)$$

式中 λ——混合气体的热导率。

由式(3-10)可知,只要测出混合气体的热导率 λ,即可得到被测组分的浓度。

TCD 的响应是热平衡的结果。当通过热导池的载气、桥电流及池温等恒定时,桥流在热丝上所产生的热量与散失的热量相等。此散热有5种方式:①热丝周围气体的热传导;②热丝热辐射;③热丝两端导线传导或称冷端散热;④质量流量或称载气的强制对流;⑤气体自然对流。

理论和实验均表明,热传导方式散热的比例已占90%以上。该比例越大,TCD 性能越好。因为只有此散热方式,才与响应值有关;其他散热方式均与响应值无关,应越小越好。

(2)TCD 的结构。

TCD 是利用被测组分和载气的热导率不同而响应的浓度型检测器。热导检测器主要由池体和热敏元件构成。池体为方形,由不锈钢块制成(图3-8)。池体内钻有孔道,内装热敏

元件。热敏元件是 TCD 的感应元件,它可以是热丝或热敏电阻。为了提高灵敏度,选用电阻率高,电阻温度系数大,机械强度高,能在较高的温度、浓度范围内操作,对各种组分都显示惰性的铼－钨丝。在热导池中热敏元件的阻值变化用惠斯顿电桥原理进行测量。电桥四臂都由热敏元件(钨丝)组成,位于池体同一孔道中的 R_1、R_3 为测量臂,另一孔道中的 R_2、R_4 为参比臂。四个钨丝的电阻值相同,以增加检测器的稳定性。当只有载气流过参比臂、测量臂时,在一定的池温和流速下,电桥平衡,即 $R_2/R_1 = R_3/R_4$,输出为 0。当有组分流过测量臂时,参比臂则只有载气流过。由于组分的热导系数和纯载气的热导系数不同,由热传导带走的热量不同而引起热敏元件阻值的变化,使电桥失去平衡,产生不平衡电压输出信号。

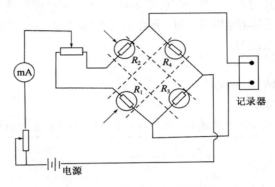

图 3 - 8　热导池检测器原理图

三、钻井液中气体的采集方法

钻井液中气体的采集方法和方式,它直接影响如何准确地获取钻井液中地层含气量。这一点对于气测仪的分析,以及利用气测资料进行油气层评价都是至关重要的。钻井液中气体的连续采集装置称为脱气器。脱气器是一种将循环钻井液中的天然气及其他气体分离出来,通过样气管线为气测仪提供样品气的设备。

1. 脱气器设计的相关概念

脱气效率是脱气器的一个最基本指标。它定义为单位体积钻井液中总的含气量与脱出的气体体积之比,即

$$h = \frac{V_{脱}}{V_{液}} \times 100\% \qquad\qquad (3-11)$$

式中　h——脱气效率,%;

　　　$V_{脱}$——脱气器脱出的气体体积,cm^3;

　　　$V_{液}$——单位钻井液中的总含气量,cm^3。

影响脱气器效率除脱气器结构本身之外,还存在下面一些影响因素:

(1)钻井液的性能(黏度、密度、切力等)、类型、流速等均影响脱气的效率。

(2)进入脱气器的空气流量,这与脱气器周围环境的大气流速有关。试验结果表明,当风速达到 11.18m/s 时,采气量的损失就达到 50%。

(3)对不同烃组分由于其沸点、分子量不同,脱气效率是不同的。实验表明,钻井液中不同组分脱气效率差别很大。其中 C_1 的脱气效率最高,为 71%;iC_5 和 nC_5 脱气效率最低,为 28%。不同组分的脱气效率呈现随碳原子数增加逐渐降低的规律。

总之,在脱气过程中是一个影响因素诸多的复杂过程。这就需要在脱气器设计中进行不断的创新和改进,以保证准确地获取钻井液中地层含气量。

2. 动力型脱气器

目前现场上使用的脱气器主要为电动式连续钻井液脱气器,简称电动式脱气器。它是通过电动机搅拌破碎钻井液,在气测仪中的样品泵抽吸下使其中气体负压脱出制成,由防爆电机、搅拌棒、钻井液室、钻井液破碎挡板、电动脱气器集气室及安装支架等部分组成(图3-9)。

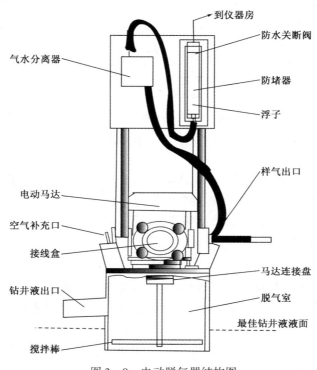

图3-9　电动脱气器结构图

防爆电机可使用220V或380V,50/60Hz三相交流电。其额定功率一般在0.5~0.75kW,转速一般在1350r/min左右。接通电源时,电动机带着搅拌棒高速旋转,搅拌棒带动钻井液旋转,由于离心作用及筒壁的限制,使钻井液呈旋涡状沿筒壁快速上升,遇到挡圈时钻井液被碰撞破碎成细滴状淋出,使钻井液表面积急剧增大,钻井液中的气体大量逸出。在样品泵的抽吸下,通过样气出口进入气水分离器及干燥筒净化,而后由样气管线进入分析仪器。该类脱气器可采集钻井液中的游离气及部分吸附气。脱气效率较高,约20%。

3. 非连续气体采集方式

在使用脱气器进行连续气体采集过程中,当遇到气油比小、钻速低、钻井液稠、密度大时,无法将钻井液中的气体脱出,有可能会漏掉油气层。为此,当钻遇到有显示的层位时,采用按迟到深度定时、定点取钻井液样,然后用一种装置将钻井液样中的气体全部脱出。

这样一种采气方式称为非连续气体采集方式。目前常用的非连续气体采集装置叫热真空蒸馏器(VMS),或简称为全脱。上海神开生产的SK系列的VMS如图3-10所示。

热真空蒸馏脱气器是由储气筒、脱气主体、钻井液瓶、加热搅拌器、真空泵、储油瓶及饱和盐水瓶等组成。按图3-10将仪器组合安装即可。

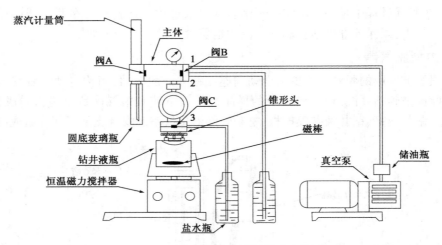

图 3 – 10　VMS 结构件图与管路连接图

储气筒：由蒸气计量筒、圆底玻璃瓶组成。用以计量和保存由钻井液中分离出来的气体。

脱气主体：由真空表、观察窗及三个阀所组成。实现和控制气体的脱出。

搅拌器：用于加热搅拌钻井液，提高脱气效率。

钻井液瓶：用于储存钻井液及加热钻井液的容器，容积为 250mL。

该装置的脱气过程大致为：

1）待机状态

第一步：储存钻井液。用钻井液瓶到钻井液出口槽灌满新鲜钻井液，按照钻井液密度选择磁棒放入钻井液瓶（密度大的钻井液放入大的磁棒，密度小的钻井液放入小的磁棒），盖上密封盖，旋上接头。

第二步：将 B 阀拨向"泵"位（主体与真空泵相通），A 阀拨向"储气"（储气筒与主体相通），C 阀拨向"钻井液瓶"（主体与钻井液瓶相通）。

第三步：连接管线。将盐水瓶、主体、真空泵等用管线按图连接好（用三根塑料管将主体后面标有"真空泵"的接头与真空泵上储油罐的接头连接；将标有"盐水瓶"的两个接头分别插在两只灌满饱和盐水的盐水瓶内，其中连接 A 阀的盐水瓶中的盐水将反复使用，而连接 C 阀的盐水瓶中的盐水将一次性使用。若脱气要求不高，也可用清水替代饱和盐水。

2）准备状态

准备抽真空。逆时针方向旋转锥形头，使刺针不能露出锥形头端部；再在锥形头上均匀涂上硅脂（增加锥形头与钻井液瓶的密封），将钻井液瓶套入锥形头，用手轻轻往上托（注意向上压紧，使钻井液瓶不致掉下来，此步目的是使钻井液瓶与锥形头保持密封状态）。

3）抽真空

第一步：启动真空泵抽气，使压力表稳定在 – 0.09MPa 以下，此时，主体、储气筒处于真空状态。

第二步：将 A 阀拨向"关闭"。

第三步：将 B 阀拨向"关闭"，关闭真空泵，将标有接真空泵接头的塑料管拔下（防止储油罐返出油）。

4）脱气准备

将 A 阀缓慢拨向"盐水"，使储气筒与盐水瓶接通，当盐水进入圆底瓶高度 2~3cm 后，迅速将 A 阀拨向"关闭"。

5）脱气

第一步：顺时针旋转锥形头向上到底，使锥形头刺破钻井液密封盖。然后将加热搅拌器放入托盘上（托盘在最低位置），放入钻井液瓶底部，松开主体支架上部的锁紧螺母，调整高度，使钻井液瓶底接近加热搅拌器，并拧紧锁紧螺母，再通过底盘下的扳手（手柄）调整加热搅拌器上的托盘高度，使钻井液瓶底座在加热搅拌器上。

第二步：启动加热搅拌器，将搅拌旋钮、温控旋钮旋到一定位置，加热搅拌钻井液，气体不断从钻井液中逸出，当压力达到 -0.07MPa 时，将 A 阀拨向"储气"，使储气筒与主体、钻井液瓶连通，继续加热蒸馏脱气，直至当压力表逐渐升到 -0.06MPa 时，关闭加热器。

6）收集气体

第一步：将 C 阀拨向"盐水"，将盐水瓶与主体相通，观察窗中液面迅速上升，饱和盐水将气体压至储气筒内，当液面上升接近观察窗顶部时，迅速将 C 阀拨向"钻井液瓶"。

第二步：将 A 阀拨向"盐水"，使储气筒与盐水瓶相通，饱和盐水将气体压至计量筒内，使圆底瓶和计量筒的水位上升，至压力平衡后，此时计量筒顶部空间即为脱出来的气体。

7）取样

用注射器从计量筒顶部抽取气体，然后注入色谱分析仪即可进行分析。若计量筒内气体的量不够分析用，可用注射器注入一定量的空气与样品气混合后，作为分析用气。待分析后折算。

VMS 采用加热搅拌和降压方法，可以使钻井液中以游离、溶解、吸附的形式存在的气体膨胀，大量挥发，几乎全部分离出来。为油气层的定性、定量解释提供可靠的依据。

第三节　气体录井解释评价方法

在钻井过程中，钻井液中的油气主要来自被钻碎的岩石中的油气和被钻穿油气层中的油气及经过渗滤和扩散作用而进入钻井液的油气。当油气层的厚度越大，地层孔隙度和渗透率越大，地层压力越大，则在钻穿油气层时，进入钻井液中的油气含量多，气测录井异常显示值高。气体录井解释评价油气层方法是通过地面检测到的烃类气体与储层中流体进行比较而开发的。由于地面所能检测到的烃类气体，源于地层流体中的轻烃（C_1~C_4 或 C_5），因此两者之间在数量和特征上的趋势是一致的。储集层中的流体类型及性质是多种多样的，常用流体的密度、黏度等来区分流体类型，判断流体性质。这种性质的变化与流体中溶解烃的组成有着密切的关系。因此，根据流体中烃组成及含量，可判断出储层中流体的性质。

气体录井资料油气水层解释评价基础是我国关于工业油气流的划分标准，见表 3-9。

表 3 - 9　工业油气流划分标准

产量　井深,m	< 500	500 ~ 1000	1000 ~ 2000	2000 ~ 3000	> 3000
油层,t/d	0.3	0.5	1	3	5
气层,m³/d	300	1000	3000	5000	10000

一、气测资料定性解释方法

气测资料定性解释方法是指现场人工解释、图版解释、全烃曲线特征法、数学方法等现场录井资料综合解释方法。

1. 现场人工解释

1)现场录井资料解释步骤

(1)分层:定解释井段;

(2)选值:解释成果表所用气体含量数据;

(3)分析计算:烃组成、烃的二次含量(VMS)、各图版的数值区间等;

(4)排除影响因素的干扰;

(5)结合随钻和循环资料进行分析;

(6)结合构造和地层分析;

(7)给出解释结论:气测解释可给出的结论为气层、油层、油水同层、水层、干层、可能油气层。

2)气测显示的一般特征

(1)全烃显示明显高出基值。

(2)色谱分析组分齐全(异常高显示的干气层除外)。

(3)色谱分析烃含量依次降低是地层内烃类气体的真实反映,否则,应注意收集是否在钻井液中添加烃类物质;色谱组分含量降低的幅度越大,油质越轻,反之油质越重。

(4)循环钻井液气测井有显示,且色谱分析的相对组成,近似于随钻分析。

(5)非烃组分是含水的标志,但不是唯一的标志。

(6)若在全烃异常不很高的情况下,湿度比大于40%,则表明该层多为残余油,不采用特殊处理方法难于出油。

(7)油页岩通常有较高的显示,且随钻过程中有后效,但重烃的 C_3 以上组分较高。

(8)异常大的正或倒三角形或中心交点接近标准三角形的三条极边的层通常无价值。

(9)钻井液黏度略升高,密度略降低,是油层的一个参考标志,若密度降低较大,则要考虑为气层或含气,对此可通过烃组成的纵向变化判断是气顶还是纯气层。

(10)纯水层在气测录井资料上无烃类显示,但是含溶解气的水层有全烃及色谱显示,且色谱分析组分不全,甲烷含量在90%以上。

3)油、气、水层一般特征比较

(1)气层。

气层的气测显示一般具有如下特征:

①全烃显示异常明显,可高达60%以上,在储层几米内持续。

②色谱分析组分不全,主要成分是甲烷,含量达95%以上,其次是含有乙烷、丙烷,乙烷系数(C_2/C_3)较高,一般大于5。其余重组分无。特殊情况下可能含非烃。

③色谱分析绝对含量一次高于二次,一次分析测到乙烷,二次分析有时测到丙烷。

④三角图版为大正。

⑤后效不一定明显。

(2)油层。

由于油密度值和气油比的不同,油层又分为油气层、凝析油气层、轻质油层、重质油层。

①它们的共同特征是:全烃有明显异常且持续;色谱分析组分齐全;三角图版为中正到大倒,油质越重越倾向于大倒的方向;非烃的存在与否视地区不同而不同。

②一般情况下,油层将产生较明显的后效异常。

③三角图版的价值点的位置越靠上,说明油质越轻。

④与气层比较,油层的组分齐全,烃类湿度比在10%~20%,乙烷系数(C_2/C_3)低于纯气层,三角图版为中正,且层内数据有趋势性变化;色谱分析绝对含量一次分析略高于或接近于二次分析(VMS)。中质油的湿度比在20%~30%,乙烷系数(C_2/C_3)一般在2左右,三角图版为小正或小倒。

重质油的组分性质偏向两个极端,多数重组分含量在30%~45%,三角图版为中到大倒,这种情况测量的是地层中的溶解气;另一极端是类似于纯气层的组分组成,绝对含量较低。但重质油的全烃显示较高,此种情况是由于全烃测量的是全部烃类气体,而色谱分析测量到的是重质油层中的游离气,且游离气的量较小。

中、轻质油的色谱分析绝对含量通常一次分析低于二次分析。

(3)水层。

纯水层没有气测异常,但是地层水中溶解了烃类后能产生异常。其特征如下:

①一般全烃和色谱分析绝对含量均较低,色谱分析相对含量类似于气层的相对含量和三角图版大小。含有大量溶解气的水层也可能产生异常高的显示。

②一次色谱分析组分不全,二次色谱分析有的全,有的不全,全的说明水中含油。

③无后效和接单根假异常。

2. 图版解释法

图版法是气测资料定性解释的一种最基本的方法。通过不同的解释图版可以用来判别储集层和油气水层流体的性质;判别油气的演变情况以及确定有无产能等。有些图版[如皮克斯勒(Pixler)对数比值图版、三角形比值图版、3H轻质烷烃比值法]最早是来自国外,后经我国录井研究人员修改为适合于我国油田的图版;而有些图版则是我国录井研究人员根据本油田情况研发的图版。常用的气测资料解释图版有以下几种。

1)皮克斯勒(Pixler)对数比值图版

该方法是利用已减去背景值的$C_1 \sim C_5$值,计算出C_1/C_2、C_1/C_3、C_1/C_4、C_1/C_5四个比值,然后将它们点在烃比值解释图版上。由此来判断油气层的性质。

(1)标准图版:制作适合一个地区的标准图版,是气测比值图版解释的基础。根据已知性质的储集层的流体样品的资料,以C_1/C_2、C_1/C_3、C_1/C_4、C_1/C_5为横轴制作一个单对数坐标图版,并在图版上划分判别区域(图3-11)。

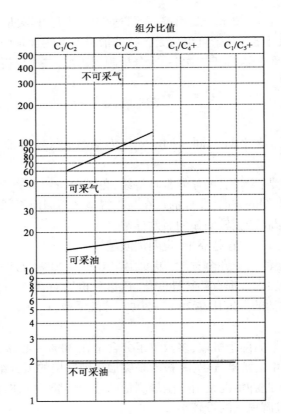

图 3 - 11　气体比值图版

标准图版一般分为三个区,其上部、下部为无产能区,中部为油区或气区。判断标准见表 3 - 10。

表 3 - 10　产层判断标准

气 体 比	油 层	天 然 气 层	非生产性的
C_1/C_2	2 ~ 10	10 ~ 35	<2 和 >35
C_1/C_3	2 ~ 14	14 ~ 82	<2 和 >82
C_1/C_4	2 ~ 21	21 ~ 200	<2 和 >200

(2)基本解释规则:

①被解释地层的烃比值点落在哪一个区带内,该层即为哪种流体储层。C_1/C_2 值越高,说明流体含气越多或油的比重越低,若 C_1/C_2 值低于 2 则该层为干层。

②只有单一组分 C_1 显示的层段是干气的显示特征,但过高的 C_1 单一组分往往是盐水层。

③若 C_1/C_2 值点落在油区底部,而 C_1/C_4 值点落在气区顶部,该层可能为非生产层。

④如果任一比值(使用混油钻井液时 C_1/C_5 值除外)低于前一个值,则该层可能为非生产层。

⑤各烃比值点连线的倾斜方向能指出储层是产烃还是产水。正倾斜(左低右高)线表示是产烃层,负倾斜(左高右低)线表示为含水层。

⑥陡的比值点连线表明该层为致密层。

该图版的优点是计算简单、评价快速、能反映多个参数。缺点是各个参数的变化要有一致性;层多时相互重叠,不易区分。

2)三角形比值图版解释法

(1)三角形比值图版的制作。三角形比值图版是一个三角形坐标系(图 3 – 12)。三角形的三个顶点为三个坐标轴的零点,各轴上顺时针有刻度对应 $C_2/\sum C$、$C_3/\sum C$、$nC_4/\sum C$ 的值($\sum C = C_1 + C_2 + C_3 + nC_4$),三角形的边长所代表的数值由统计规律确定。三角形图版中的椭圆区域是根据大量的统计资料而圈定的,它是有产能的划分界限,根据它可以对储层的产能进行评价。

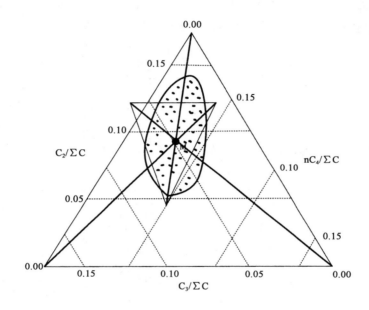

图 3 – 12　三角形比值图版

三角形图版中的椭圆形区域在不同的油田存在着不同的差异,可以根据各油田实际情况规定不同的椭圆形区域,形成适合当地油田使用的标准图版。

该图的绘制方法是:首先计算烃组分含量之和,求出各组分占全烃的百分数,然后,根据计算结果找出上述参数在图中的位置再作图。

①根据 $C_2/\sum C$ 数值做 $C_3/\sum C$ 的平行线,根据 $C_3/\sum C$ 数值做 $nC_4/\sum C$ 的平行线,根据 $nC_4/\sum C$ 数值做 $C_2/\sum C$ 的平行线,即组成一个图内三角形,或称为观测三角形。根据观测三角形的大小和形状判断油气性质。

②将坐标三角形与观测三角形的顶点相连,三条线必交于一点(M 点)。根据 M 点在椭圆区的位置判断有无生产价值。M 点落在图版中的价值区内认为油层有生产能力,否则认为该层无生产能力。

(2)内(观测)三角形的大小和形状与油气的关系。内三角形有正、倒和大、小之分,顶点朝上为正三角形,顶点朝下为倒三角形。大与小是以观测三角形边长占坐标三角形的边长比例为界划分的。边长与图版三角形比值小于 25% 为小三角形,大于 75% 为大三角形,否则为中三角形,大于 100% 为极大三角形。其解释规则见表 3 – 11。

表 3 – 11　三角形图版解释规则

形　状	边　长　比	油　气　分　类
大倒三角形	>75%	油层
中倒三角形	25% ～75%	油层
小倒三角形	25%	油水层
小正三角形	25%	油水层
中正三角形	25% ～75%	气水层
大正三角形	>75%	气层

内(观测)三角形的大小和形状与油气的关系(图 3 – 13)是根据已知试油验证成果编绘的,各油田(区域)内(观测)三角形的大小和形状与油气的关系是不同的。

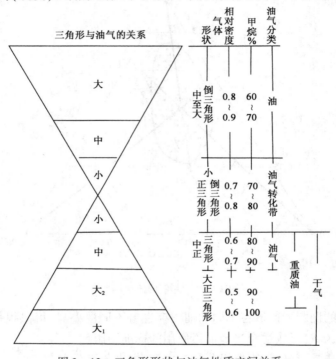

图 3 – 13　三角形形状与油气性质之间关系

以上为三角形比值图版解释法的图解法。也可以通过 M 点坐标建立相应的数学解析式,通过演算得下式:

$$Q = 1 - (C_2 + C_3 + nC_4)/(0.2\sum C) \tag{3 – 12}$$

只要将相关数据代入上式,即可求出 Q 值。Q 为正,就是正三角形;Q 为负,就是倒三角形;Q 为零,是点三角形。Q 值就是观察三角形与图版三角形边长的比值。

大正三角形:$0.75 < Q < 1$;

中正三角形:$0.25 < Q < 0.75$;

小正三角形:$0 < Q < 0.25$;

小倒三角形:$-0.25 < Q < 0$;

中倒三角形:$0.75 < Q < -0.25$;

大倒三角形:$-1 < Q < -0.75$;

极大倒三角形：$Q < -1$。

由 Q 值得到与油气的解释规则见表 3-12。这种计算法不仅提高了工作的效率，同时也提高了解释的精度。上述两种方法均可通过软件编程实现。

表 3-12　Q 值与油气关系表

Q 值	< -0.25	$-0.25 \sim 0.25$	$0.25 \sim 0.75$	>0.75
油气分类	油层	油水层	气水层	气层

3)3H 烃气湿度比值法

这种方法引用了烃湿度值 Wh、烃平衡值(对称值)Bh 和烃特性值 Ch 三个参数(图 3-14)。

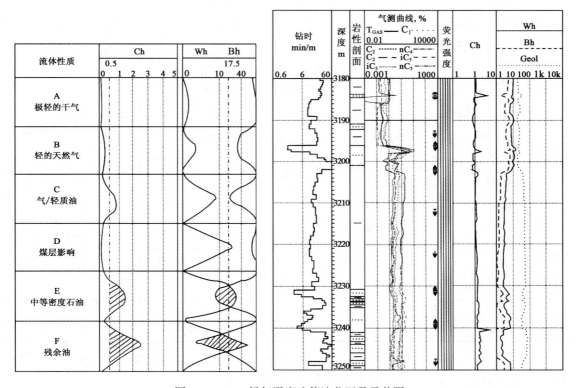

图 3-14　3H 烃气湿度比值法分区及录井图

(1)烃湿度值(Wh)：重烃与全烃之比，它的大小是烃密度的近似值，是指示油气基本特征类型的指标。计算公式如下：

$$Wh = \frac{C_2 + C_3 + iC_4 + nC_4 + C_5}{C_1 + C_2 + C_3 + iC_4 + nC_4 + C_5} \times 100\% \qquad (3-13)$$

(2)烃平衡值(Bh)：反映气体组分的平衡特征，可以帮助识别煤层效应。

$$Bh = \frac{C_1 + C_2}{C_3 + C_4 + C_5} \qquad (3-14)$$

(3)烃特征值(Ch)：对以上两种比值的补充，解决使用以上两种比值时出现的模糊显示。三种比值参数要组合使用。

$$Ch = \frac{C_4 + C_5}{C_3} \qquad (3-15)$$

式中，$C_4 \sim C_5$ 为各烷烃所测含量，C_4 与 C_5 包括所有的同分异构体。

该方法的解释规则见图 3-14 左图和表 3-13。由解释规则可得图 3-14 右图的解释成果。

表 3-13　3H 法烃类比值评价标准

序号	项目参数	Wh	Wh,Bh	Wh,Bh,Ch
1	分区值	Wh < 0.5	Wh < 0.5,Bh > 100	
	解释	该区含有极轻的,非伴生的天然气,但开采价值低	该层仅含有极轻的没有开采价值的干气	
2	分区值	0.5 < Wh < 17.5	0.5 < Wh < 17.5,Wh < Bh < 100	
	解释	该区为有开采价值的天然气且天然气的湿度随 Wh 值增大	该层含有可采的天然气,同时 Wh 的值与 Bh 值二者越接近(即 Wh 越大 Bh 越小)则表明所含天然气的湿度和密度越大。可产气层	
3	分区值	17.5 < Wh < 40	0.5 < Wh < 17.5,Bh < Wh	0.5 < Wh < 17.5,Bh < Wh,Ch < 0.5
	解释	该区为有开采价值的油层且油的密度随 Wh 的减小而降低	该层含有可开采的凝析气或者该层为低密度、高气油比油层	该层含有可采的湿气或凝析气
4	分区值	Wh > 40	17.5 < Wh < 40,Bh ≤ Wh	0.5 < Wh < 17.5,Bh < Wh,Ch > 0.5
	解释	该区可能含有低开采价值的重油或残余油	含有可开采价值的石油。(两条曲线会聚的时侯,石油密度降低)可产油层	可产低密度或高气油比油
5	分区值		17.5 < Wh < 40,Bh ≪ Wh	
	解释		含有无开采价值的残余油	

另外，表 3-13"可开采"或"无开采价值"无严格的标准界限，因为某一油气区的生产能力是由储层厚度、范围渗透率及基本的经济可行性决定的。

3H 烃气湿度比值法突出的优点是可以绘制成连续曲线作直观分析，便于同钻时、全量以及电测资料作横向对比。

另外，录井可利用烃气湿度比值法(依据 Wh 和 Bh 曲线的关系)判断储集层流体性质变化和油、气、水界面(Wh 和 Bh 交叉:油气界面;Wh 和 Bh 分离:油水界面)，从而指导水平井钻进。气体组分的比值能有效反应钻井是否偏离了油层，至于用哪种组分比值引导钻进，取决于该层上下气体组分的差异，即哪种组分比值变化更能说明钻头是否偏离目的层，如图 3-15 所示。

3. 全烃曲线特征法

对于有些地层录井含油级别偏低、气测绝对值偏低(如低孔低渗地层)、气测组分不全(如气层、气水层等)，使用图版法往往无法进行解释。在这样的情况下可以使用全烃曲线的形态和特征来识别储集层流体的性质。全烃曲线特征包括全烃曲线形态特征和相态特征。

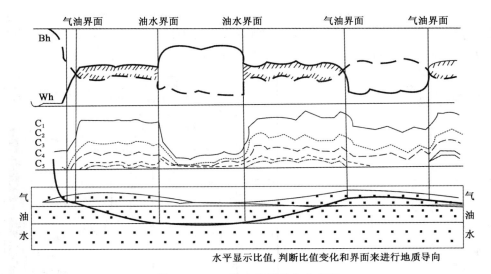

图 3 – 15　3H 法在地质导向中应用

在钻开地层时,储集层中的油气一般是以游离、溶解、吸附三种状态存在于钻井液中。如果储层物性好,含油饱和度高,储层中的油气与钻井液混合返至井口时,气体录井就会呈现出较好的油气显示异常,所以,建立全烃曲线形态特征与油气水的关系,其意义重大。对于储层而言,其孔隙间被流体所充填,在同一储层中,可以认为孔隙间非油即水。由于全烃曲线的连续性,当地层被钻开后,流体的特性通过全烃曲线的形态特征表现出来。所以,全烃曲线形态特征反映地层信息。

1)"箱状"相

全烃曲线的异常显示厚度基本上与储层厚度相等,全烃曲线的异常显示幅度高烃组分齐全,钻时快,储层物性较好,这种相态的储层可为油层。

进入储层后,全烃曲线呈上升速度快,上升幅度较大,到达最大值后出现一段较平直段,后下降到某一值,峰形跨度较大,形如一箱体(图 3 – 16)。"箱状"相在曲线的形态上又称为饱满形,即全烃显示厚度比储层厚度大或基本相等,说明气充满了整个储层。

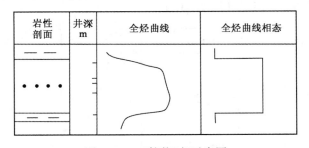

图 3 – 16　"箱状"相示意图

气测值的高低不能反映储层的流体性质,也不能反映天然气层的产能,高产气层和低产气层与气测值的高低没有直接的关系。因为油气层在实时录井过程中均有异常,但异常值的大小与地层的岩性、物性、钻井液密度密切相关,目前普遍采用过压钻进,所以气测录井所测到的气体主要是地层的破碎气,气量较有限,而地层中的气体,由于钻井液压力大于地层压力加上钻头水眼的高压喷射作用而很难进入井眼。所以,在油气水层中气测值的反应具有一定的规律性。

油层特征为：组分齐全，全烃峰值高，峰型饱满，呈宽顶梯形状或块状，自上而下重组分相对含量逐渐增加（图3－17）。

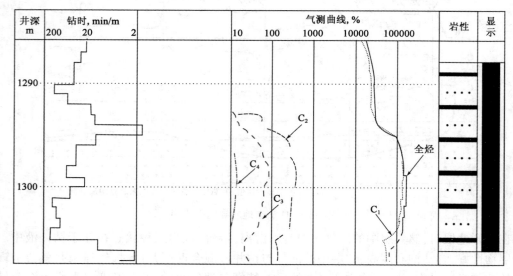

图3－17　全烃油层峰形示意图

2)"指状"相

全烃曲线异常幅度大，曲线形如"指状"，钻时快，轻烃组分含量高，储层岩性不均。该相态指示的储层多和泥岩裂缝、砾岩体气藏等有关。进入储层后，全烃曲线呈忽高忽低的趋势，但低的部位未能低过原基值，同一层段内出现若干尖峰形，形成一组指尖状峰形（图3－18）。"指状"相在曲线的形态上又称为尖峰形，即曲线快起快落，前后沿较陡，多出现在碳酸岩、致密砂岩、砾岩等非均质储层，为裂缝显示特征。

3)"单尖峰"相

全烃曲线是在进入储层一段时间后，才急速上升到最大值，后又急剧下降到某一幅值上（或回到基值），其形态呈单尖峰状（图3－19）。

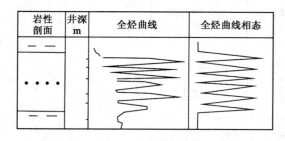

图3－18　"指状"相示意图

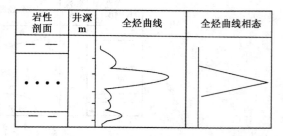

图3－19　全烃曲线呈"单尖峰状"相态示意图

呈现该种相态的地层一般较薄，钻时较快，全烃曲线峰形窄或重组分含量较高，该相态指示的储层与差气层或干层的烃组分以 C_1 为主有关。

4)"正三角形状"相

进入储层后，全烃曲线上升的趋势较为缓慢，接近到储层的中、底部时达到最大值，后急速下降到某一值,形如一直角三角形(图3-20)。

  5)"倒三角形状"相

  进入储层后,全烃曲线上升速度较快,在较短的时间内达到最大值,后缓慢下降的某一个值上,曲线形如一倒三角(图3-21)。

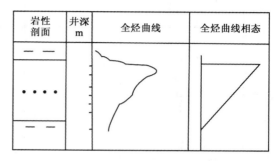

图3-20 "正三角形状"相示意图   图3-21 "倒三角形状"相示意图

  全烃曲线无论是"正三角形"或"倒三角形"相态,钻时快,物性好,烃组分主要以C_1为主。在全烃曲线低值区时,重组分含量低或没有;全烃曲线高值区出现一些小的"指状"尖峰,则与"含气水层"、"气水同层"有关。气测全烃曲线不饱满,全烃值高低与钻时配置相反或者呈三角形,是地层含水的信号。

  水层特征:组分不全,全烃含量曲线峰幅中平且较窄,峰型为尖锐三角形或直线,自上而下重组分相对含量逐渐减少(图3-22)。

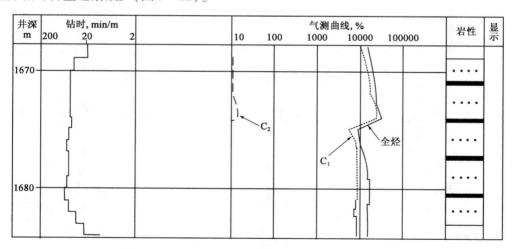

图3-22 水层全烃曲线示意图

  气层特征:组分不全,甲烷含量高,全烃峰值高,峰型为尖形或指形,各种组分相对含量比较均一(图3-23)。

  通过以上分析,根据油气水密度差异,油气水自然分异原理,对于孔隙型地层可得到图3-24所示的几种全烃曲线形态与钻时及储层之间的关系。

  对于裂缝型地层同样可以得到图3-25所示的全烃曲线形态特征图。图3-25(a)中,地层非均质性强,裂缝延续厚度小,只有在有效裂缝段气测全烃才会升高,全烃对应裂缝处呈"尖峰"状。图3-25(b)中,在裂缝发育带,由连续的气测全烃"尖峰"组成形似"梳"齿高低起伏。图3-25(c)中,在微细裂缝、小孔洞发育段,由于导流能力差,气测全烃呈低值,但高于基

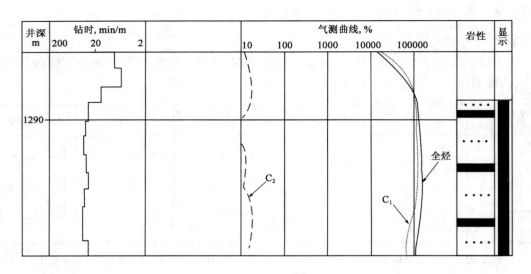

图3－23 气层全烃曲线示意图

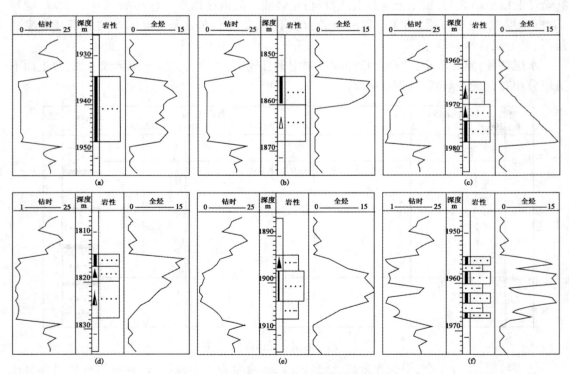

图3－24 孔隙型地层全烃曲线形态特征图

(a)"箱"状;(b)"半箱"状;(c)"正直角三角形"状;(d)"倒直角三角形"状;(e)"钟"状;(f)"指"状

值,气测全烃对应裂缝处呈"低幅箱形"状。

4. 数学分析法

目前常用的数学分析法有 BP 人工神经网络误差反传播算法、统计和模糊模式识别、灰色系统及人工智能和专家系统等数学方法。这些数学方法均可利用气测录井的数据(不仅仅是气测录井数据)来对储层流体进行判别和解释。但这些方法目前仅处于研究和探索阶段,在

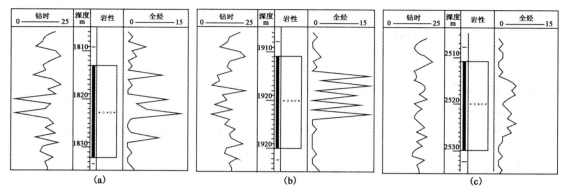

图 3 - 25　裂缝型地层全烃曲线形态特征图

(a)"尖峰"状;(b)"梳齿"状;(c)"低幅箱形"状

这里就不做详细的介绍。

二、气测资料定量解释方法

1. 地面含气量的定量计算

假设钻井液中所含的气体只来自钻井气(除去气体背景气和钻井液中的气体);在近似平衡钻井的情况下,钻头前面无冲洗作用,并且所有破碎岩石中含有的气体全部进入钻井液。那么,在地面条件下,单位时间从钻井液中释放出的气体体积与单位时间钻碎的岩石体积之比叫地面含气量,计算公式为

$$\overline{C} = \frac{4Qt}{pD^2}G_T \times 10^{-3} = 0.0012732\frac{G_TQt}{D^2} \qquad (3-16)$$

式中　$\overline{C}$——地面含气量,m^3/m^3;

G_T——校正过的钻井液的真实含气量(钻井液含气饱和度),%;

Q——钻井液循环排量,L/min;

t——钻时,min/m;

D——井径(钻头直径),m。

G_T 可由全脱(热真空蒸馏器)求得:

$$G_T = \frac{a}{b}X \qquad (3-17)$$

式中　a——钻井液蒸馏后收集的气体量,L;

b——蒸馏钻井液量,L;

X——蒸馏气体的烃气浓度(全烃),%。

2. 地层含气量的定量计算

当烃从地层返到地表时,经受了温度和压力的变化,可能会引起物相的变化。图 3 - 26 中储集层 1 中轻烃在地层中以液相存在,但在上返过程中由于温度和压力的变化变成气态,可被地面气测仪检测到。图 3 - 27 中储集层 2 中的重烃原来在地层中以气态存在,但在上返过程中由于温度和压力的变化冷凝为液体,因此,气测仪检测不到,不能正确地反映地层的含油气情况。

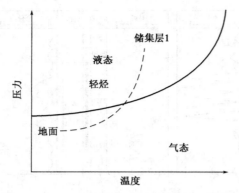

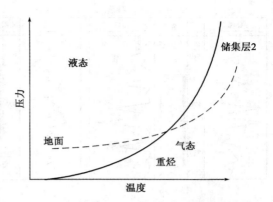

图 3 – 26　轻烃(C_1)的物相随温度和　　　　图 3 – 27　重烃($C_2 \sim C_4$)的物相随温度和
　　　　　压力的变化曲线图　　　　　　　　　　　　压力的变化曲线图

地层含气量是指在井底条件下,每钻进单位体积的岩石所得到的钻井气体积(又称计算含气饱和度的指数 CGS)。它是通过井底压力和温度换算为地表体积,求出在地层内的气体浓度。

设深度 H(m)的地表含气量为 $\bar{C}$(m^3/m^3),每立方米岩石中气体的质量为 M,气体摩尔质量为 u(g/mol),地表的压力为 p_f(MPa),地表温度 T_f(K),地层的压力为 p_s(MPa),地层温度 T_s(K),上覆地层压力梯度 G(MPa/m),那么地面状态下的气态方程为

$$p_f V_f = \frac{M}{u} R T_f \tag{3-18}$$

式中　V_f——M 气体在地表状态下的体积;

　　　　R——普氏气体恒量。

地层状态下的气态方程为

$$p_s V_s = \frac{M}{u} R T_s \tag{3-19}$$

式中　V_s——M 气体在地表状态下的体积。

深度为 H 的地层压力为

$$p_s = GH \tag{3-20}$$

由式(3-18)和式(3-19)可得

$$\frac{p_f V_f}{p_s V_s} = \frac{T_s}{T_f} \tag{3-21}$$

$$V_s = \frac{p_f V_f T_s}{p_s T_f} = \frac{p_f V_f T_s}{GH T_f} \tag{3-22}$$

在地表标准状况下,压力 $p_f = 0.1013$MPa,地表热力学温度 $T_f = 25 + 273 = 298$(K)。

地层温度 T_s(K),一般按 3℃/100m 的地温梯度来计算(需换算成热力学温度,K),那么地层每立方米岩石中含有的气体体积 V_s 为

$$V_s = \frac{0.1013 V_f T_s}{298 GH} = \frac{0.1013 \bar{C} T_s}{298 GH} \tag{3-23}$$

则地层含气量为

$$C = V_s \times 100\% = \frac{10.13 \overline{C} T_s}{298 GH} \qquad (3-24)$$

当上覆地层压力梯度 $G = 1\text{MPa}/100\text{m}$ 时：

$$C = \frac{3.4 \overline{C} T_s}{H} \qquad (3-25)$$

式中 C——地层含气量，m^3/m^3；

$\quad\quad T_f$——地表温度，K；

$\quad\quad H$——被计算地层的深度，m；

$\quad\quad \overline{C}$——地表含气量，m^3/m^3；

$\quad\quad T_s$——地层温度，K。

3. 估算油气储量

同样性质油气层的气油比应该是相近的。根据这一特点，可以利用地层含气量来估算油层的储量。

1）气层储量的估算

设某一地区某一气层的有效区域面积为 $S(\text{m}^2)$，有效厚度为 $h(\text{m})$，地层含气量为 C，储层的储量为 $W(\text{m}^3)$，则有

$$W = ShC \qquad (3-26)$$

2）油层储量的估算

设某一地区某一油层的有效区域面积为 $S(\text{m}^2)$，有效厚度为 $h(\text{m})$，地表含气量为 $\overline{C}$，组分的地表含气量分别为 $\overline{C}_1, \overline{C}_2, \cdots$，油层的气油比为 $n(\text{m}^3/\text{t})$，储层的储量为 $W(\text{m}^3)$，其计算公式为

$$W = SH \frac{\overline{C}}{n} + Sh \frac{16\overline{C}}{22.4} + \frac{30\overline{C}}{22.4} + \cdots 10^{-3} \qquad (3-27)$$

式中，$16, 30, \cdots$ 分别为甲烷、乙烷……的分子量，22.4 为标准状态下的气体摩尔体积。

3）储层生产能力的估算

设某一地区某一已知油层的生产能力为 Q_o，其渗透率为 K_o，孔隙度为 ϕ_o，厚度为 h_o，地层含气量为 C_o，生产能力的比例系数为 A，则有

$$Q_o = A K_o \phi_o h_o C_o \qquad (3-28)$$

设这一地区某一未知油层的生产能力为 Q_p，其渗透率为 K_p，孔隙度为 ϕ_p，厚度为 h_p，地层含气量为 C_p，则

$$Q_p = A K_p \phi_p h_p C_p \qquad (3-29)$$

由式（3-28）和式（3-29）可得

$$\frac{Q_o}{Q_p} = \frac{A K_o \phi_o h_o C_o}{A K_p \phi_p h_p C_p} \qquad (3-30)$$

$$Q_p = \frac{K_p \phi_p h_p C_p Q_o}{K_o \phi_o h_o C_o}$$

(3 – 31)

由于上面的两个储层是同一油区,式中的生产能力的比例系数 A 是相同的。

定量解释评价油气层的方法,除地层压力的影响以外,还需要对钻头直径、钻时、循环钻井液排量、脱气效率、样品泵抽气量等影响气测的参数进行修正,方能获得好的效果。综合录井资料中含有气测参数、工程参数、钻井液参数等多种参数,为定量解释评价油气层提供了有利的条件,因此是一种比较理想的解释评价油气层的方法。

第四节 气测解释评价应用分析

一、实例 1:油层

辽河油区 ××井气测综合解释,如图 3 – 28 所示,全烃组分曲线齐全,形状饱满,气测解释为油层。

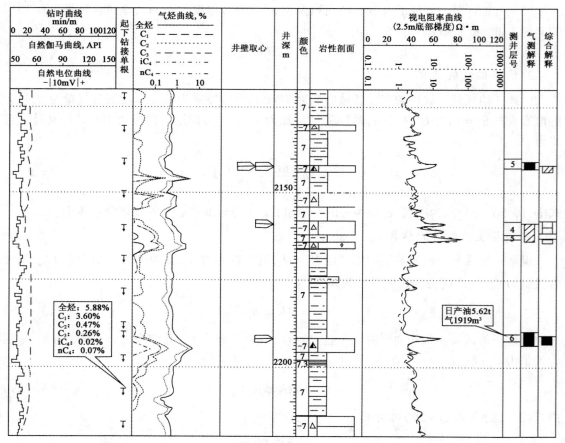

图 3 – 28 ××井气测综合解释示意图

二、实例2：含油水层

常规录井：灰褐色油斑细砂岩，油味淡，含油不均匀，黄色荧光，滴水缓渗。全烃基值为0.119%，全烃最大值为0.886%，全烃平均值为0.588%，解释结果为含油水层。邻井试油显示，同层位试油结论为含油水层（图3-29）。

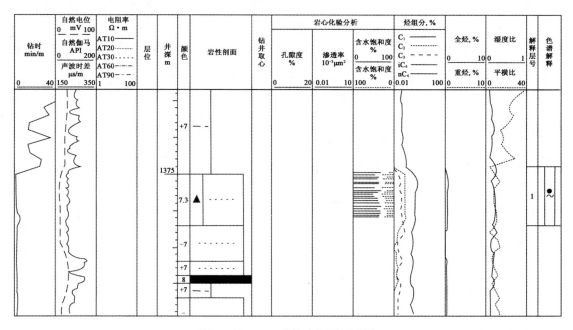

图3-29　××井综合解释示意图

井段1375~1376m，试油见油花，日产水10.5m³，结论为含油水层；累计产油3.79t，累计产水82.7m³。

三、实例3：轻质油层

×××井是东部凹陷中段黄沙坨构造小22块上的一口评价井。鉴于邻井小22-16-40井凝析气发育，甲方进行了气测录井设计。在2716~2719m、2721~2726m和2780~2791m三个井段发现良好的气体显示（表3-14）。

表3-14　气测数据表

序号	井段，m	全烃	C_1	C_2	C_3	iC_4	nC_4
1	2716~2719	57%	38%	2.27%	0.99%	0.17%	0.25%
2	2721~2726	43%	30%	2.45%	1.45%	0.41%	0.60%
3	2780~2791	27%	20%	1.03%	0.43%	0.08%	0.12%

岩性：浅灰色油斑—油迹粗面岩。钻井液密度为1.07g/cm³，黏度39mPa·s。气测解释结果均为轻质油层。

该井在井深2813m起钻时，气测值很高，循环后仍不下降，钻井液静液柱压力小于地层孔隙压力，提醒钻井队注意井涌井喷风险，但并未引起重视，起至1130m（套管内）发生井喷，历经15h才制服井喷恢复生产。此例说明，气体录井在发现轻质油层或气油比高的油层方面，具有不可替代的作用。

图 3-30 中虚线区域为第一层气测显示曲线,从曲线中可以看出为手指状气测曲线,分析为气层,3H 法解释为油层,三角图版解释为油层,皮克斯勒图版法解释为油层,综合解释为轻质油层。

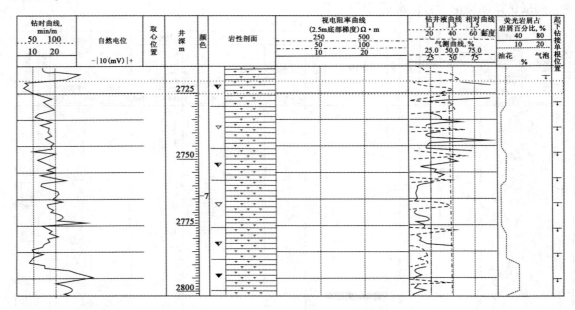

图 3-30　×××井气体解释示意图

四、实例 4:稠油油层

该例井位于辽河坳陷西部凹陷西斜坡中段杜 84 块。油层埋深 800m,油层厚度 92m。在井段 800~892m,全烃由 3.283% 上升至最高值 69.128%;组分 C_1 值由 2.983% 上升至最高值 36.321%。其中 813m,全烃值 69.128%,组分 C_1 为 36.321%,C_2 为 1.9316%,C_3 为 0.0148%,iC_4 为 0,nC_4 为 0,$C_1 \sim C_4$ 相对含量分别为 94.91%、5.05%、0.04%、0%、0%,气测组分构成与湿气层类似,但是地质岩性为灰褐色油浸砂砾岩,岩性粒度粗,荧光系列对比 12 级,油层特征明显,储层厚度高达 92m,储层间无明显隔层;完井电测资料视电阻率值最高达 359Ω·m,根据气测资料,结合地质、电测资料,气测解释为稠油层(图 3-31)。

五、实例 5:高凝油层

辽河盆地的高凝油藏主要分布在大民屯凹陷,主要产油层为中—上元古界大红峪组和高于庄组及太古界,油气来自古近—新近系生油层,储集岩主要为白云岩、花岗岩、石英岩和含泥白云岩,其余为非储集岩。

辽河盆地高凝油田的地质特点非常复杂,主要表现在:其一,储层类型多、油藏类型复杂,储层分为微裂缝孔隙储油(主要是花岗岩和元古界白云岩)和孔隙储油;其二,以高含蜡量、高凝固点、高析蜡温度为主的高凝油,原油性质非常特殊,特别是原油凝点最高达 67℃,可称为世界之最。

由于高凝油地质特点复杂及受钻井条件等因素影响,常常造成测井资料对地层电性反应不真实,测井解释不准确。高凝油的气测解释方法主要应用包括:

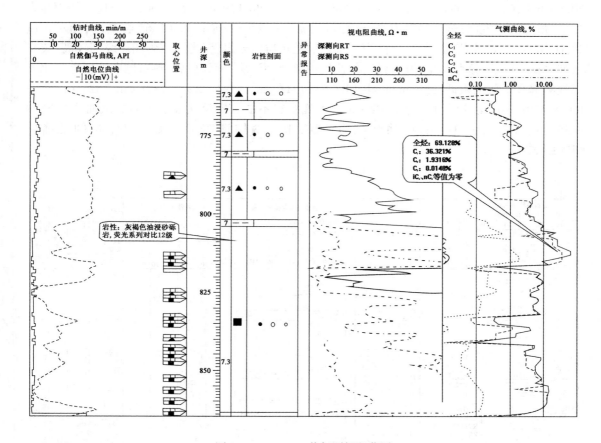

图 3-31 ×××井气测解释草图

（1）气测全烃、组分法：根据全烃值的高低判断储层含烃丰度，根据烃组分构成判断流体性质；高凝析油油层特征为全烃对比系数（显示值/基值）高，各组分齐全，甲烷相对含量一般在 40%~80% 之间，重烃组分相对含量一般大于 20%。

（2）图版法：3H 图版油层特征为 Wh >12，三角形图版油层特征为小倒—大倒。

（3）气测烃组分气油比值（油层特征：气油比值 GOR <8000）法。

（4）岩屑荧光显示级别中等，一般为油迹、油斑级别，并通过现场后效测量可以达到及时准确发现和评价油气层。

本井是大民屯凹陷静北构造带安 78 西块上的一口预探井，钻探目的预探安 78 西块沙三、沙四段及元古宇含油气情况。安 78 西块潜山油藏原油性质属于高凝油，储层为白云岩储层，原油密度为 0.8441g/cm³，黏度为 5.15mPa·s，凝点为 49℃，沥青胶质含量 12.27%，含蜡 34.85%。

在井段 3585~3595m 时，气测全烃由基值 0.0564% 上升至最高值 1.8500%，组分 C_1 为 0.4876%，C_2 为 0.3405%，C_3 为 0.2345%，iC_4 为 0.0356%，nC_4 为 0.0458%；3H 图版 Wh 为 56，三角图版为大倒，全烃对比系数（显示值/基值）为 33 较高，C_1 相对含量为 42.62%，气油比值为 2527；岩性为浅灰色油迹灰质白云岩，荧光显示油迹级别中等，荧光系列对比 8 级。这些均呈油层特征，因此气测解释为低产油层。

在井段 3598~3603m，气测全烃由基值 0.0899% 上升至最高值 95.7170%，组分 C_1 为

60.8386% , C_2 为 28.6545% , C_3 为 19.7658% , iC_4 为 2.7964% , nC_4 为 5.1307% ;3H 图版 Wh 为 48,三角图版为大倒,全烃绝对值高,全烃对比系数(显示值/基值)为 1065 特高, C_1 相对含量 为 51.92% ,气油比值为 2299;岩性为紫灰色油斑灰质白云岩,荧光显示为油斑级别较高,荧光 系列对比 10 级。这些均呈油层特征,因此气测解释为油层。而电测资料双侧向油层电阻比下 部气测解释干层电阻低(3597m 深侧向 RT 为 113Ω·m、浅侧向 RS 为 78Ω·m,3626m 深侧向 RT 为 759Ω·m、浅侧向 RS 为 493Ω·m),电测资料不能真实反映油层电阻。试油井段 3577 ~3632m,日产量油 31.4t,试油结论为油层,上述两层证实了气测解释结论的准确性 (图 3 –32)。

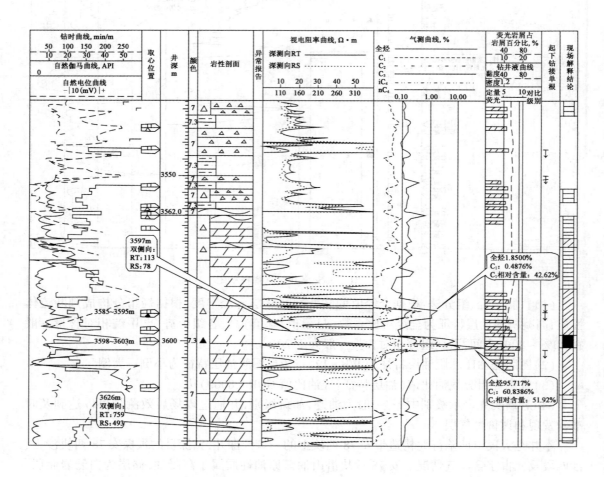

图 3 – 32 ×××井气测解释草图

六、实例 6:低阻油气层

低阻油气层在辽河油田比较发育,在辽河凹陷东部、中南部和西部凹陷均有分布。主要集 中在海南油田、双台子油田、茨榆坨—牛居油田、浅海滩海一带以及曙光油田等地区。岩性以 细砂岩,粉砂岩为主,储层薄。由于砂岩颗粒小,表面积大,吸附能力强,使储层束缚水很高,而 这些地区束缚水的矿化度都很高(总矿化度一般在 2200mg/kg 左右;低阻油气层的视电阻率 一般为 5Ω·m 左右),最终导致油气储层电阻率低,仅从电性测井上很难判断划分油气水层。

从岩屑录井看,由于储层较薄,岩屑中砂岩量较少,含油性较差时,油气显示难以发现。由于低阻油气层含水饱和度高,泥质含量高,给解释人员造成了很大的困难,利用气测录井,很容易发现油气显示,进行油气层解释。

低阻油气藏的气测解释方法主要应用包括:(1)气测全烃、组分法;(2)图版法;(3)气测烃组分气油比值等。

低阻油气藏气层特征为:全烃含量较高,一般在10%以上,可高达50%以上;全烃对比系数(显示值/基值)高;色谱分析组分不全,主要成分是甲烷,相对含量达90%以上,其次是含有乙烷、丙烷以及丁烷;3H图版中Wh<12,三角图版为中正—大正。

低阻油气藏油层特征为:全烃有明显异常且持续,各组分齐全,甲烷相对含量一般在70%~90%之间,重烃组分相对含量一般大于10%;3H图版中Wh>12,三角图板为中正到大倒,油质越重越倾向于大倒的方向。

实例井位于辽河滩海东部葵东构造带葵东1块上。本井在井段1372~1394m,岩性为粉砂岩与泥岩互层,电阻率低(深侧向RT为4.87~6.55Ω·m,浅侧向RS为3.78~5.30Ω·m)。现场划层困难,但结合气测曲线,就很容易分层。此段气测显示明显,1376m气测全烃为15.0501%,组分C_1为1.9882%、C_2为0.6785%、C_3为0.0212、iC_4为0.0100%、nC_4为0.0100%,$C_1 \sim C_4$相对含量分别为82.5%、8.38%、4.87%、2.02%、2.22%,全烃对比系数(显示值/基值)为17中等,3H图版Wh为26.6,三角图版为中倒。岩性为浅灰色油迹粉砂岩,粉砂岩颗粒小,含泥量较重,含油性较差,荧光系列对比8级。现场气测根据全烃、组分异常显示明显解释为油层。电测资料双侧向阻值低(深侧向RT为6.35Ω·m,浅侧向RS为5.06Ω·m),不能真实反映油层电阻。试油结果,日产油9.83t,气少许,试油结论为油层(图3-33)。

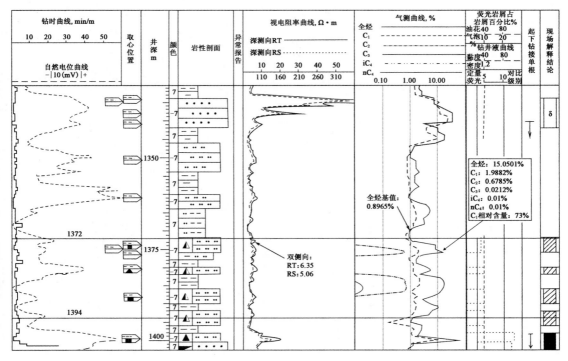

图3-33　××井岩屑录井草图

思考题与习题

1. 天然气是由哪些气体组成的？

2. 影响气显示的因素有哪些？地质因素的影响包含哪几个方面？

3. 分别简述气相色谱仪的组成与分离过程。

4. 色谱柱一般分为哪几类？简述色谱柱的结构与组成。

5. 何为 FID 鉴定器？简述它的检测原理和用途。

6. 何为 TCD 鉴定器？简述它的检测原理和用途。

7. 简述气固色谱和气液色谱的分离原理。

8. 油气水层气测显示的一般特征是怎样的？

9. 简述皮克斯勒(Pixler)对数比值图版的解释方法和适用范围。

10. 简述三角形比值图版的解释方法和适用范围。

11. 简述 3H 轻质烷烃比值法的解释方法和适用范围。

12. 如何进行气测资料定量解释？气测资料定量解释可以得到哪些地层参数？

13. 某井在井深为 1000m 处，钻时为 5min/m，钻井液循环排量为 20L/min，井径(钻头直径)为 216mm，由全脱(热真空蒸馏器)收集的气体量 0.025L，蒸馏钻井液量为 0.25L；蒸馏气体的烃气浓度(全烃)为 60%。求地面含气量。当 1000m 处地层温度为 318K，上覆地层压力梯度 $G = 1MPa/100m$ 时，求地层含气量。(保留两位小数)

第四章
地球化学录井

地球化学录井技术简称地球化学录井,主要包括岩石热解技术、饱和烃气相色谱技术、轻烃气相色谱技术等。近年来,岩石热解技术的快速发展及其在生产中应用的效果明显,使该项技术逐渐受到录井油气层解释评价人员的青睐。

地球化学录井技术发展的起源是岩石热解技术。20世纪70年代末,法国石油研究院成功地研制了ROCK-EVAL I型岩石热解仪。我国最早于1978年开始引进此仪器,主要用于烃源岩的成熟度、有机质类型、有机质丰度及油气资源评价等。20世纪90年代初,我国成功将岩石热解仪国产化,并将岩石热解技术推广到录井现场,为储油层的发现、判别提供信息。中国石油勘探开发研究院还研发了针对储油岩评价的"储油岩油气组分定量分析方法"专利技术,获中国发明专利金奖。至此,从应用范围讲,岩石热解技术在我国的发展水平已经超过了其起源地——法国的技术水平。

饱和烃气相色谱技术在勘探领域的应用最初是用于评价生油岩,主要用于评价生油岩的有机质类型、成熟度、丰度及油源对比等研究。最初要用有机溶剂萃取预处理,分析岩石中 $C_{10} \sim C_{40}$ 左右的正构烷烃、异构烷烃等。由于采用有机溶剂萃取处理周期长、污染环境、伤害人身健康,国内厂家采用热蒸发的原理来替代溶剂萃取预处理,成功研发了热解气相色谱仪。该仪器可直接分析岩石中的饱和烃类组分,不需要预处理,大大缩短了分析周期,且所得结果与溶剂萃取方法对比性好。热解气相色谱仪的研制成功,推动了饱和烃气相色谱技术的快速发展。

轻烃气相色谱分析技术利用气相色谱仪分析原油中 C_9 之前的正构烷烃、异构烷烃、芳香烃、环烷烃等共100多个单体烃。由于轻烃取样难,资料处理难,近年在储层评价中初步应用,国内仪器厂家也研发了石油专用的轻烃分析仪器。通过轻烃分析($C_1 \sim C_9$)和饱和烃分析($C_{10} \sim C_{40}$),可以得到 $C_1 \sim C_{40}$ 完整的热解气相色谱谱图,为录井油水层及水淹层评价提供了强有力的技术手段,轻烃气相色谱分析技术的发展,完善了地球化学录井技术。本章主要阐述了各项分析技术的原理、仪器设备、操作流程及资料的基本应用方法等。

第一节 现场岩石热解分析技术

一、岩石热解分析技术原理

1. 分析原理

岩石热解分析原理是在程控升温的热解炉中对生储油岩样品进行加热,使岩石中的烃类热蒸发成气体,并使高聚合的有机质(干酪根、沥青质、胶质)热裂解成挥发性的烃类产物,经过热蒸发或热裂解的气态烃类,在载气的携带下,直接用氢火焰检测器(FID)进行检测,将其浓度的变化转换成相应的电流信号,经微机处理,得到各组分峰的含量及最高热解温度。将热解分析后的残余样品送入氧化炉中氧化,样品中残余的有机碳转化为二氧化碳及少量的一氧化碳,由红外检测器(或 TCD 检测器)检测一氧化碳及二氧化碳的含量,可得到残余碳的含量。分析流程如图 4 - 1 所示。

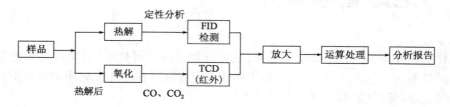

图 4 - 1　岩石热解分析流程图

2. 分析周期

根据烃类和干酪根挥发或裂解的温度差异,油气显示评价仪设置了两个周期用于烃源岩、储油岩分析。

1)周期 1

表 4 - 1 为周期 1 温度时序表,图 4 - 2 为周期 1 温度时序图。

表 4 - 1　周期 1 温度时序表

阶　段	温度,℃	恒温时间,min	升温速率,℃/min
初温	90	2	
一阶温度	200	1	50
二阶温度	350	1	50
三阶温度	450	1	50
四阶温度	600	1	

2)周期 2

表 4 - 2 为周期 2 温度时序表,图 4 - 3 为周期 2 温度时序图。

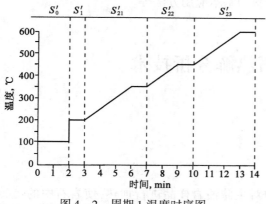

图 4 - 2　周期 1 温度时序图

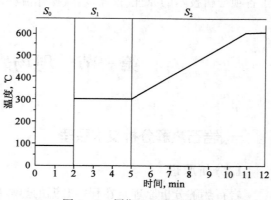

图 4 - 3　周期 2 温度时序图

表 4 − 2　周期 2 温度时序表

阶　　段	温度,℃	恒温时间,min	升温速率,℃/min
初温	90	2	
一阶温度	300	3	50
二阶温度	600	1	

3. 定量计算

1）岩石热解标准物质

岩石热解标准物质是主要用于校正仪器、标定和计算岩石热解分析定量和定性参数不可缺少的标准样品。它是热解分析过程中量值传递、保证热解分析数据准确性和可比性,也是执行岩石热解分析国家和行业标准、实验室认证和实验室比对的主要依据之一。

有多种有机物如 $C_{15} \sim C_{21}$ 的正构烷烃、沥青、塑料等可作为标样,但从与生、储油岩热解生成烃类的相似性出发,生油岩标样是最好的标样,因为生油岩含有低温下不分解较稳定的干酪根,干酪根在高温下热解生成油气,而且生油岩含不稳定的游离烃少。游离烃(S_1)易挥发,不能做标样,分析样 S_0 和 S_1 值是与标样的 S_2 比较计算获得的。

2）定量计算

根据峰面积与热解产生的烃类含量成正比原理,用标样 S_2 峰面积和烃含量计算分析样品的 S_0、S_1 和 S_2(mg 烃/g 岩石)。

$$S_0:\qquad\qquad S_0 = P_0 Q_标 W_标 / (P_标 W) \qquad\qquad (4-1)$$

$$S_1:\qquad\qquad S_1 = P_1 Q_标 W_标 / (P_标 W) \qquad\qquad (4-2)$$

$$S_2:\qquad\qquad S_2 = P_2 Q_标 W_标 / (P_标 W) \qquad\qquad (4-3)$$

式中　P_0——S_0 峰的峰面积,mm^2;

$\quad\quad\ P_1$——S_1 峰的峰面积,mm^2;

$\quad\quad\ P_2$——S_2 峰的峰面积,mm^2;

$\quad\quad\ P_标$——标样 S_2 的峰面积,mm^2;

$\quad\quad\ Q_标$——标样 S_2 含量,mg/g;

$\quad\quad\ W_标$——标样的重量,mg;

$\quad\quad\ W$——分析样品的重量,mg。

4. 分析参数及计算参数

1）"三峰法"分析参数

(1)S_0:90℃时检测的单位质量岩石中烃含量,mg/g;

(2)S_1:300℃时检测的单位质量岩石中烃含量,mg/g;

(3)S_2:300 ~ 600℃检测的单位质量岩石中烃含量,mg/g;

(4)T_{max}:S_2 的峰顶温度,℃。

2）"五峰法"分析参数

(1)S_0':90℃时检测的单位质量岩石中烃含量,mg/g;

(2)S_1':200℃时检测的单位质量岩石中烃含量,mg/g;

(3)S_{21}':200 ~ 350℃检测的单位质量岩石中烃含量,mg/g;

（4）S'_{22}：350～450℃检测的单位质量岩石中烃含量，mg/g；

（5）S'_{23}：450～600℃检测的单位质量岩石中烃含量，mg/g。

3）残余碳分析参数

（1）S_4：单位质量岩石热解后残余有机碳含量，mg/g；

（2）RC：单位质量岩石热解后残余有机碳占岩石质量的百分数。

$$RC = S_4/10 \tag{4-4}$$

4）储集岩评价计算参数

（1）热解烃总量（P_g，mg/g）：

$$P_g = S_0 + S_1 + S_2（三峰法） \tag{4-5}$$

$$P_g = S'_0 + S'_1 + S'_{21} + S'_{22} + S'_{23}（五峰法） \tag{4-6}$$

（2）含油气总量（S_T）：

$$S_T = S_0 + S_1 + S_2 + 10RC/0.9（三峰法） \tag{4-7}$$

$$S_T = S'_0 + S'_1 + S'_{21} + S'_{22} + S'_{23} + 10RC/0.9（五峰法） \tag{4-8}$$

式中，10、0.9分别为换算系数。

（3）凝析油指数（P_1，无量纲）：

$$P_1 = \frac{S_0 + S_1}{S_0 + S_1 + S_{21} + S_{22} + S_{23}} \tag{4-9}$$

（4）轻质原油指数（P_2，无量纲）：

$$P_2 = \frac{S_1 + S_{21}}{S_0 + S_1 + S_{21} + S_{22} + S_{23}} \tag{4-10}$$

（5）中质原油指数（P_3，无量纲）：

$$P_3 = \frac{S_{21} + S_{22}}{S_0 + S_1 + S_{21} + S_{22} + S_{23}} \tag{4-11}$$

（6）重质原油指数（P_4，无量纲）：

$$P_4 = \frac{S_{22} + S_{23}}{S_0 + S_1 + S_{21} + S_{22} + S_{23}} \tag{4-12}$$

（7）气产率指数（GPI，无量纲）：

$$GPI = \frac{S_0}{S_0 + S_1 + S_2} \tag{4-13}$$

（8）油产率指数（OPI，无量纲）：

$$OPI = \frac{S_1}{S_0 + S_1 + S_2} \tag{4-14}$$

（9）总产率指数（TPI，无量纲）：

$$TPI = \frac{S_0 + S_1}{S_0 + S_1 + S_2} \tag{4-15}$$

（10）原油轻重组分指数（P_s，无量纲）：

$$P_s = S_1/S_2 \tag{4-16}$$

（11）原油中重质烃类及胶质和沥青质含量（HPI）：

$$HPI = S_2/(S_0 + S_1 + S_2) \tag{4-17}$$

5）生油岩评价计算参数

（1）产烃潜量（P_g,mg/g）：

$$P_g = S_0 + S_1 + S_2 \tag{4-18}$$

（2）有效碳（PC,%）：

$$PC = 0.083 \times (S_0 + S_1 + S_2) \tag{4-19}$$

（3）总有机碳（TOC,%）：

$$TOC = PC + RC \tag{4-20}$$

（4）降解潜率（D,%）：

$$D = (PC/TOC) \times 100\% \tag{4-21}$$

（5）氢指数（I_H,%）：

$$I_H = (S_2/TOC) \times 100\% \tag{4-22}$$

（6）烃指数（I_{HC},无量纲）：

$$I_{HC} = [(S_0 + S_1)/TOC] \times 100\% \tag{4-23}$$

二、岩石热解仪简介

岩石热解仪机种较多，但结构、原理相似，下面以辽宁海城石油化工仪器厂生产的油气显示评价仪（热解仪）及残余碳分析仪为例进行介绍。

1. 油气显示评价仪的组成及各系统功能

油气显示评价仪由主机和计算机构成（图4-4）。

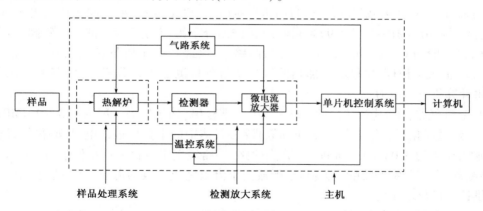

图4-4 油气显示评价仪流程框图

主机的流程可以分为主系统和辅助系统两大部分，油气显示评价仪中主系统有样品处理系统（热解炉部分）、检测放大系统（检测器和微电流放大器）和单片机控制系统等，辅助系统有气路系统、温度控制系统和电源系统等组成。

主系统中，样品处理系统负责完成对样品加热处理功能，使样品中的烃类物质分离出来；检测放大系统中检测器是主机的信号转换部分（即传感器），完成将烃类物质转换为电信号的功能；微电流放大器负责将该电信号进行放大处理；单片机控制系统完成主机的信号采集、传送及主机的过程控制等功能。

辅助系统是为主系统服务的，给主系统提供各种必要的保障。气路系统给检测器提供燃气和助燃气、给热解炉提供载气及保障热解炉气动装置的运行，温控系统是热解炉、检测器和进样杆的温度控制,电源系统为整个主机提供电力供应,使主机能够按照设计方案正常运行,完成样品分析工作。

1)气路系统

油气显示评价仪有三路气源——氮气、氢气和空气,一般是由空气压缩机、氢气发生器和氮气发生器(或氮气瓶)供应(图4-5)。

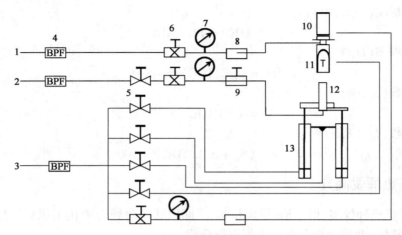

图4-5 气路流程原理图

1—氢气;2—氮气;3—空气;4—过滤器;5—电磁阀;6—稳压阀;7—压力传感器;8—气阻;9—质量流量控制器;
10—检测器;11—热解炉;12—进样杆;13—气缸

(1)氮气气路:作为载气的氮气,自高压气瓶(或氮气发生器)减压阀减压后输出(输出压力一般为0.3~0.4MPa,纯度≥99%),经净化(5A分子筛等)过滤后,进入电磁阀,再通过稳压阀(压力一般为0.08~0.2MPa)后分为两路,一路经过电子质量流量控制器(流量10~40mL/min)流入进样杆,将坩埚中加热的组分携带到检测器进行分析,另一路进入压力传感器,以供计算机显示压力。

(2)氢气气路:作为燃气的氢气,自氢气发生器输出(输出压力一般为0.3~0.4MPa,纯度≥99%),经过净化器(硅胶或5A分子筛等)除去气体中的水分后进入电磁阀,再经过稳压阀输出(输出压力为0.08~0.25MPa)后分为两路,一路经气阻或稳流阀(流量20~40mL/min)进入检测器,在离子室的喷嘴上方燃烧,形成离子流以完成后级的需要,另一路进入压力传感器,以供计算机显示压力。

(3)空气气路:作为助燃气的空气,自空气压缩机输出(输出压力一般为0.3~0.4MPa),经过净化器(其中有活性炭和硅胶等)除去油、水分等杂质后分为两路,一路直接进入电磁阀,控制炉子的密封、进样、结束、吹冷气等过程;另一路进入稳压阀(输出压力为0.15~0.25MPa),然后再分为两路,其中一路进入压力传感器供计算机显示压力,另一路经过气阻或稳流阀(流量200~500mL/min)后,进入检测器参与燃烧。

2)氢火焰离子化检测器

氢火焰离子化检测器(FID)属于质量型检测器,由筒体、筒顶圆片、绝缘套、收集极、陶瓷火焰喷嘴、固定螺母、密封石墨垫、密封紫铜垫、点火极化极探头、收集极探头、信号电缆、点火电缆及螺帽等组成。仪器使用的FID检测器,极化电压为+300V,最小检测量≤$5×10^{-10}$g/s。其原理见图4-6。

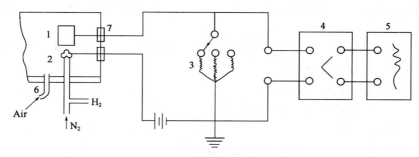

图4-6 氢焰离子化检测器原理图

1—收集极;2—极化极;3—高电阻;4—放大器;5—记录器;6—空气入口;7—绝缘器

3) 热解部分

热解部分主要由热解炉、进样杆、气动装置等部件组成。

（1）热解炉：热解炉由炉体、加热丝组成，其结构如图4-7所示。

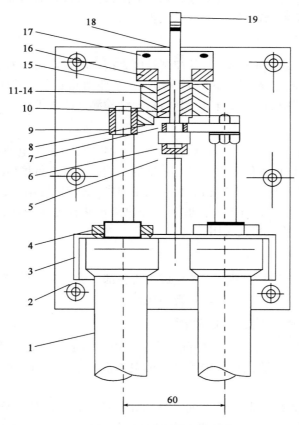

图4-7 热解炉结构图

1—气缸;2—底板;3—支撑板;4—气缸帽;5—杆丝密封圈;6—压帽;7—后拉板;8—密封垫;9—螺帽;10—进样杆密封圈;
11—压帽;12—衬套;13—密封套;14—O形圈;15—前拉板;16—固定板;17—螺钉;18—进样杆;19—坩埚

炉体为不锈钢材料制成，炉体顶部的检测器座、空气进气口和氢气进气口，供点火用。热解炉丝采用铠装炉丝，拆装要小心，炉丝易于损坏，使用过程中，不要弯成死角，不要硬拉炉丝接头，防止炉丝松动而损坏，炉体内部为测温热电偶。

（2）进样杆：进样杆由不锈钢材料加工而成，载气由下端进气孔流入，杆内装有一根杆丝和铠装热电偶，用来实现90℃温度控制。

（3）气动装置：推动密封滑块和进样杆升降，由两个活塞式气缸来实现，在密封滑块上有O形密封圈，用来密封，其气缸动力由空气压缩机提供。

热解炉工作时可分为四个阶段：

预热阶段：启动密封、进样、载气三个电磁阀。

准备阶段：关闭电磁阀。

工作阶段：启动密封、进样、载气、冷气四个电磁阀。

结束阶段：关闭电磁阀。

4）微电流放大器

微电流放大器是将微弱的离子流信号转换为电压信号的高增益放大器，它由高输入阻抗和低输入电流的放大器以及外围元件组成。仪器后面板上设有调零转换开关、基流补偿电位器和衰减电位器，从而保证放大器有很宽的测量范围，另外，放大器内部设有调零端，调整时需将转换开关转到相应位置，调整好后恢复原位置。

5）温度控制部分

温度控制部分是仪器的重要单元，其控制精度直接影响仪器的技术指标，温度控制部分由程序温度控制、温度检测电路、控温执行系统组成。一般由测温元件、温度执行回路、温度控制对象和单片机控制系统中的温度比较控制回路、温度检测回路等组成。

6）电源系统

电源系统提供 +24V、+15V、−15V、+5V、~3.8V 电压，由于电源系统的稳定性直接关系到仪器的稳定性，所以评价仪采用两级高精度的三端稳压器进行稳压。

其中 +24V 供给电磁阀、压力传感器和点火继电器；±15V 分两路，一路供给控制单元母板，另一路供给微电流放大器；+5V 分两路，一路供给极化极电压模块，另一路供给控制单元母板；~3.8V 为氢火焰检测器点火用。

7）微处理控制系统

微处理控制系统是仪器的心脏，主要完成主机各部件的正常运行、数据采集并传送至计算机进行数据处理，具有故障诊断及自动报警功能。

2. 残余碳分析仪的组成及系统功能

残余碳分析仪是油气显示评价仪的配套产品。用于测定经过油气显示评价仪检测后的样品中所含残余碳量，从而计算出样品中的总有机碳含量。据此可对烃源岩的有机质丰度和有机质类型进行评价。

残余碳分析的原理及流程是：将经油气显示评价仪分析后的残余样品在 $600℃$ 温度恒温并燃烧 $7min$，样品内的有机残余碳燃烧过程中与助燃空气中的 O_2 发生反应，生成 CO_2 和少量 CO，CO 再经 CuO 催化后与空气中的氧进一步作用，生成 CO_2，载气携带二氧化碳，进入捕集阱并被捕集，捕集阱在 $250℃$ 恒温过程中，将全部释放所捕集的二氧化碳，并送至热导池检测器检测。

1）氧化—吸附

将样品在 $600℃$ 高温下氧化燃烧 $7min$，使样品中剩余有机碳转化为 CO_2 和少量的 CO，经水阱脱去燃烧中生成的水汽,经 MnO_2 吸附脱去燃烧中生成的 SO_2,再经过 CuO 催化管,将少量的 CO 转化为 CO_2,后被 5A 分子筛捕集阱低温下吸附收集,整个过程是 7min。

2) 清洗

氧化吸附结束后,对相关测量管路及电磁阀气室进行清洗,除去管路中残存的空气或有碍测量的其他成分,清洗过程 1min。

3) 测量

通过气路切换,使捕集阱在 250℃ 高温状态下,将已吸附的二氧化碳全部释放,由载气将释放的二氧化碳携带进入热导检测器(TCD)检测,转换成与二氧化碳成正比的电信号,经放大采样、微处理器数据处理与标样比较后,计算出样品中的残余碳含量(S_4),并打印输出分析结果,整个过程是 4min。

残余碳分析仪由气路系统、热导池检测器、氧化炉、温度控制器、微处理器和电源等组成(图 4-8)。

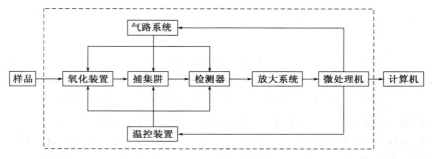

图 4-8 残余碳分析仪系统框图

(1)气路系统:残余碳分析仪外部有两路气源——氮气和空气。仪器内部分为三路,其中氮气分为两路:一路为载气,另一路为清洗气。

载气一般为氮气,自高压气瓶或氮气发生器经减压阀减压输出(输出压力一般为 0.3 ~ 0.4MPa),经过滤器滤除载气中的水分和氧气等杂质。再由稳压阀稳压输出,经过气阻进入热导池参比臂,再经六通阀转换,由热导池测量臂流出。

清洗气与载气由外部同一气源提供,经稳压阀稳压输出,再通过捕集阱之后排空,完成对气路全程的清洗。

氧化气由空气泵输出(输出压力为 0.3 ~ 0.4MPa),经稳压阀稳压后,通过气阻进入氧化炉完成氧化,再经过滤器过滤,进入捕集阱捕集。

(2)氧化装置:氧化装置由氧化炉、进样杆、气动装置等组成(图 4-9)。

氧化炉是由炉体、烙铁芯组成,炉体为不锈钢材料制成,烙铁芯功率为 200W,阻值为 240Ω 左右,为减少热量损失,烙铁芯外侧用保温棉保温。氧化炉所用的测温元件为热电偶,夹在炉体与炉丝中间。

进样杆由不锈钢材料加工而成,氧化气由下端进气孔进入。

气动装置主要指气缸,由它来实现进样杆的升降,炉体与进样杆之间的密封由进样杆底部的 O 形圈来实现。

(3)温度控制:温度控制系统要完成三个温度点的温度控制,它主要由温度检测电路、温度控制单元和程序控制单元组成。

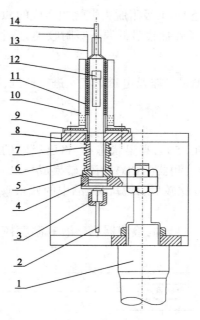

图 4 – 9　氧化炉结构图

1—气缸;2—氧化气进口;3—压帽;4—滑块;5—密封圈;6—进样杆;7—氧化炉;8—炉架;9—压板;
10—加热丝;11—衬套;12—坩埚;13—热电炉;14—氧化气出口

氧化炉控温完成残余碳的氧化过程,恒温 600℃,恒温精度 ±1℃。

热导池控温保持热导池的恒温,恒温可调范围 70 ~ 100℃,恒温精度 ±0.1℃。

捕集阱控温分为两个恒温阶段,即 60℃和 250℃,将捕集残余碳氧化物释放。

计算机根据其内部存储的控制信息给出控制信号,感温元件将温度转换成电信号,再放大成适合比较的电压,并与比较器中的给定电压(与温度相当的电信号)进行比较,根据设定温度和实际温度的偏差大小,比较器输出差值经放大,通过触发电路控制可控硅的导通程度来控制加热器的电压值,从而控制加热器的温度。

(4)检测器:残余碳分析仪采用热导池检测器。热导池检测器属于浓度型检测器,主要利用不同的气体具有不同的热导系数。当一种气体(载气)中混入第二种气体(待测气体)时,导热系数发生变化,利用这一特性,将由于气体成分的不同而引起微小温度变化转化成电信号。

(5)电源:电源系统有 4 路直流电源,分别是 + 15V、– 15V、+ 5V、+ 24V,其中 + 15V、– 15V、+ 5V 由开关电源的 + 18V、– 18V、+ 9V,再经高精度三端稳压器 7815、7915、7805 进行稳压输出。 + 24V 由变压器输出的交流 ~ 26.5V 电压经桥式整流、滤波,再经三端稳压器稳压输出。 + 24V 供给电磁阀,±15V 供给模拟板、控温板,+ 5V 供给微机执行系统。

(6)微处理器:由于残余碳分析仪是油气显示评价仪的配套产品,所以设计时充分考虑了仪器元件的互换性,残余碳的微处理部分与评价仪的微处理部分基本相同,原理与功能也相同,不再介绍。

3. 标定与校验

岩石热解是定量分析岩石样品中的烃含量,在进行实际样品分析测试前,一定要进行标定,标定的目的有两个:一是建立响应值与样品含量的对应关系,以便仪器能够准确进行定量分析。二是检测仪器运行是否正常、稳定。当仪器每次开机、长时间没有运行或发生故障后修复,都要对仪器进行校验,确保仪器性能良好,分析结果准确无误。

1)标定、校验方法

开机待主机稳定、就绪后,为了保证仪器的稳定性,一般不放样品运行一个周期。选一种样品进行主机的标定,待标定合格后,选择"周期2分析模式"进行分析,再分析标准样品或质量传递样品,分别将热解后的样品送入残余碳分析仪进行标定、分析,样品所得的分析数据均应满足标准中相应规定。

2)质量要求

以国家技术监督局批准、发布的国家二级岩石热解标准物质作为仪器校验的标准物质,质量要求符合 SY/T 5778—2008《岩石热解录井规范》。

（1）T_{max} 绝对误差（$\sigma \leqslant 3\text{℃}$）：

$$\sigma = \left| T_{max} - T'_{max} \right| \qquad (4-24)$$

式中　σ——T_{max} 绝对误差,℃;

　　　T_{max}——标样值,℃;

　　　T'_{max}——分析值,℃。

（2）S_2、S_4 相对误差：

$$E_r = \left| X - Y \right| / Y \times 100\% \qquad (4-25)$$

式中　E_r——相对误差,%;

　　　X——分析值,mg/g;

　　　Y——标样值,mg/g。

表 4-3 为 S_2、S_4 的相对误差。

表 4-3　S_2、S_4 的相对误差

S_2, mg/g	E_r, %	S_4, mg/g	E_r, %
9~20	≤6.0	>20	不规定
3~9	≤8.0	10~20	≤5
1~3	≤13.0	3~10	≤10
		<3	不规定

三、储集岩岩石热解评价方法

生油岩中干酪根生成的油气混合物,经过初次运移和二次运移,最终聚集于具有渗透性和孔隙性的储集岩中,形成油气藏。能储集油气的地层称为储集层,储集层岩石类型主要包括碎屑岩、碳酸盐岩、岩浆岩和变质岩等几大类。

录井工作的核心任务是及时发现油气显示、准确评价油气层,应用岩石热解分析技术,可以取得储集岩中含油气总量及烃类组分等参数,利用这些参数可以判断真假油气显示、原油性质、储层流体性质,定量计算含油饱和度,达到全面评价储层的目的。

1. 真假油气显示识别方法

施工中有很多外来因素会影响地质录井对真假油气显示的发现和识别,给勘探工作带来一定的困难。应用热解分析技术为这一问题的解决提供了新的途径。

1)谱图比较法

首先,把常用的有机添加剂做热解分析,作为比较的标准谱图,当某种成品油或添加剂与

一种油气显示混在一起时,分析出来的色谱指纹图会有两个重叠峰的特点,将此重叠峰与各自的标准谱图相比较,可以快速、有效排除样品污染。下面以柴油识别方法为例说明。

首先将柴油进行热解分析,其谱图特征是 S_1 峰较高且峰较窄,S_2 曲线峰值很低,说明柴油的碳数范围较窄,没有 300℃ 以后的组分,而含油样品 S_1、S_2 均有峰,S_1 峰较高且较柴油的 S_1 峰宽。

将含油砂岩样品中混入一些柴油进行热解分析,其谱图特征是 S_1 峰远大于 S_2 峰,其 S_1 峰为柴油的 S_1 峰与样品中原油 S_1 峰叠加,导致叠加后的 S_1 峰较柴油的 S_1 峰宽,S_2 峰为样品中原油 S_2 峰,由于 S_1 峰增值较大,图形的比例发生变化,S_2 峰增幅较小或不变,使其谱图基本与柴油谱图相似,根据谱图的形态特征变化,可以识别成品油及添加剂的污染(图 4 - 10 至图 4 - 12)。

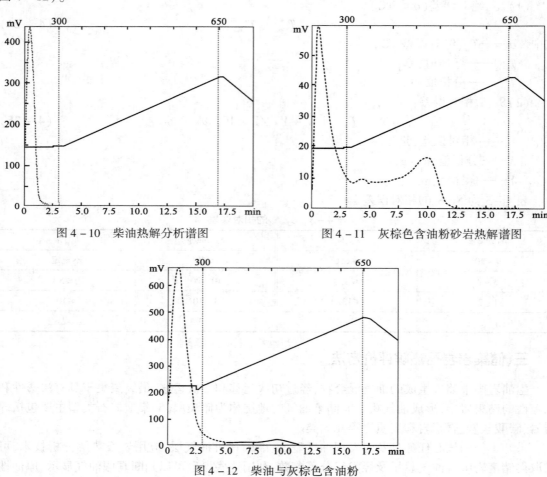

图 4 - 10　柴油热解分析谱图　　　　　　图 4 - 11　灰棕色含油粉砂岩热解谱图

图 4 - 12　柴油与灰棕色含油粉
砂岩混合热解谱图

2)热解分析数据比较法

应用热解分析技术识别真假油气显示依据的是成品油及钻井液添加剂组成与原油不同,分析数据有明显差异。

(1)原油热解分析特征:如采用五峰分析法对大庆长垣 G1129—检 20 井 20 块油砂样品进行分析(表 4 - 4),从分析结果看,原油中汽油峰 S_1' 在 4.29 ~ 14.17mg/g 之间,柴油和煤油峰

S'_{21}在 15.19~37.48mg/g 之间，重油和蜡峰 S'_{22} 在 9.52~24.22mg/g 之间，胶质和沥青质峰 S'_{23} 在 0.7~3.4mg/g 之间，凝析油指数 P_1 小于 0.26，轻质油指数 P_2 在 0.71~0.66 之间，中质油指数 P_3 在 0.93~0.74 之间，重质油指数 P_4 在 0.31~0.35 之间。

表 4-4 G1129—检 25 井油砂样品热解分析

样品号	样重,mg	S'_0,mg/g	S'_1,mg/g	S'_{21},mg/g	S'_2,mg/g	S'_{23},mg/g	P_1	P_2	P_3	P_4
23	100.0	0.00	13.57	26.86	16.51	1.28	0.24	0.71	0.76	0.31
25	100.0	0.00	11.38	23.56	15.39	0.70	0.23	0.69	0.77	0.32
38	100.0	0.00	13.24	24.18	15.83	1.17	0.25	0.70	0.75	0.31
39	100.0	0.00	12.01	20.72	13.40	1.36	0.26	0.71	0.74	0.31
40	100.0	0.00	11.74	29.22	18.34	1.85	0.20	0.69	0.80	0.33
41	100.0	0.00	11.71	23.08	15.78	1.16	0.23	0.69	0.77	0.33
42	100.0	0.00	10.09	23.10	14.83	0.75	0.21	0.69	0.79	0.32
118	100.0	0.00	14.17	34.68	24.22	2.24	0.19	0.67	0.81	0.35
119	100.0	0.00	10.97	26.78	18.00	1.00	0.20	0.68	0.80	0.33
120	100.0	0.00	7.23	17.06	12.42	0.43	0.20	0.66	0.80	0.35
124	100.0	0.00	7.46	14.09	9.52	0.39	0.24	0.69	0.76	0.32
130	100.0	0.00	7.84	25.62	13.39	0.64	0.17	0.71	0.83	0.30
194	100.0	0.00	11.36	23.08	16.78	0.87	0.22	0.67	0.78	0.34
197	100.0	0.00	8.07	16.03	11.59	0.57	0.23	0.68	0.77	0.34
198	100.0	0.00	7.51	15.19	11.18	0.52	0.22	0.67	0.78	0.34
209	100.0	0.00	8.44	26.60	15.30	1.29	0.17	0.70	0.83	0.32
210	100.0	0.00	5.00	36.40	21.06	1.19	0.08	0.66	0.92	0.35
211	100.0	0.00	4.29	35.24	19.82	1.74	0.07	0.67	0.93	0.35
212	100.0	0.00	8.46	37.48	19.46	3.40	0.13	0.70	0.87	0.33
230	100.0	0.00	13.58	25.82	16.88	2.31	0.24	0.70	0.76	0.33

（2）成品油热解分析特征：为了寻找成品油的地球化学特征，分别对柴油、机油、黄油、丝扣油进行热解五峰分析（表 4-5），从分析结果看出，柴油主要以汽油峰 S'_1、柴油峰 S'_{21} 为主，机油以柴油峰 S'_{21} 和重油峰 S'_{22} 为主，而在黄油和丝扣油中，以重油峰和胶质、沥青 S'_{23} 为主。

表 4-5 成品油热解分析

样品名称	样重 mg	碳数	S'_0,mg/g	S'_1,mg/g	S'_{21},mg/g	S'_2,mg/g	S'_{23},mg/g	P_1	P_2	P_3
柴油	50	$C_{15}\sim C_{25}$	0.0	42.0~43.5	2.22~2.0	0.35~0.2	0.19~0.1	0.94~0.9	0.99~0.71	0.06~0.10
机油	50	$>C_{25}$	0.0	1.58~1.35	8.54~9.01	5.88~6.7	3.26~3.9	0.1~0.05	0.63~0.60	0.90~0.93
黄油	50	$>C_{25}$	0.0	0.74~0.66	4.36~4.7	7.03~6.9	3.36~4.2	0.16~0.2	0.48~0.50	0.84~0.80
丝扣油	50	$C_{15}\sim C_{25}$	0.0	1.09~1.10	5.03~5.2	8.76~8.1	4.33~4.8	0.2~0.18	0.49~0.50	0.8~0.80

从上述对原油和成品油的实验分析中可明显看出，应用热解分析资料可在现场及时对油气显示进行判别，去伪存真。表 4-6 是根据大庆探区原油特征建立的识别混油现象地球化学解释标准，仅供参考。

表 4 – 6　成品油与原油地球化学判别标准

样品名称	P_1	P_2	P_3	P_4
原油	<0.26	0.66~0.71	0.74~0.93	<0.35
柴油	>0.9	>0.71	<0.1	<0.1
机油	<0.1	>0.6	>0.9	>0.4
黄油	<0.2	<0.5	>0.8	>0.6
丝扣油	<0.2	<0.5	>0.8	>0.6

2. 原油性质识别方法

原油是一种成分极其复杂的混合物,其主要成分为饱和烃、芳香烃、胶质和沥青质,不同性质的原油各组分含量相差较大,总体规律为:胶质和沥青质含量越高,油质越重;反之,则油质越轻。原油的性质不同,表现在热解参数上的差异,即 S_0、S_1、S_2 之间相对含量的不同,应该注意的是由于油源的差异,不同生油凹陷不宜类比。

1)应用热解参数比值法判别原油性质

热解参数比值法指用五峰分析参数对储层原油性质判别。热解五峰分析原油性质判别标准为:

(1)凝析油: $P_1 > 0.9$;

(2)轻质油: $P_2 > 0.9$;

(3)中质油: P_3 在 0.5~0.8;

(4)重质油: P_4 在 0.5~0.7;

(5)残余油: $P_4 > 0.7$。

2)应用原油轻重组分指数 P_s 判别原油性质

热解分析得到的 S_1 值表示轻质油组分的含量, S_2 值表示重质油组分的含量。

P_s 越大,表明原油性质越轻; P_s 越小,表明原油越重,因此用 P_s 指数可以判断储层原油性质。

3)应用油产率指数 OPI 判别原油性质

OPI 越大,表明原油性质越好;OPI 越小,表明原油越重,因此,应用 OPI 可以判断储层原油性质。

4)原油黏度、密度预测

原油黏度与原油烃类组分有关,重烃、胶质和沥青质含量高,相对分子质量大,彼此亲和能力强,则原油黏度高。储层原油产能的大小与原油性质密切相关,在物性、埋藏深度、含油厚度、地温及含油丰度相近条件下,原油黏度低的储层比原油黏度高的储层获得的产能要高。

经统计,发现原油黏度与岩石热解参数 HPI 有较好的相关性(图 4 – 13)。在半对数坐标上,HPI 与 μ 存在线性关系:

$$\lg\mu = 2.989\mathrm{HPI} + 0.175 \quad (相关系数 R = 0.953) \quad (4 – 26)$$

HPI 表示原油组分中重质烃类、胶质和沥青质的相对含量,HPI 值越大,原油中重质烃类、胶质及沥青的含量越大,原油黏度越高。通过已试油探井含油砂岩储层热解分析轻重组分指数 PS 与原油的密度 d_o 存在很好的相关性(图 4 – 14),原油密度预测公式为

$$d_o = 0.8462(S_1/S_2) - 0.0483 \quad (相关系数为 R = 0.99) \quad (4 – 27)$$

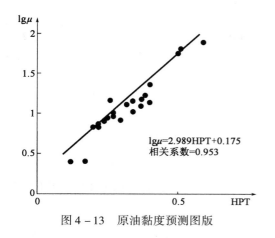

图 4-13 原油黏度预测图版

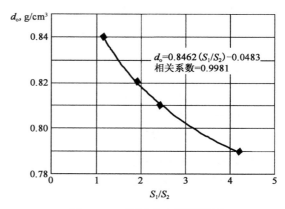

图 4-14 原油密度预测图版

3. 孔隙度及含油饱和度的计算方法

1) 岩石热解分析技术测定孔隙度方法

岩石质量是由岩石骨架质量和岩石孔隙中流体的质量所构成,岩石体积也是由岩石骨架体积和孔隙体积(流体体积)所构成,即

$$W_{岩} = W_{骨} + W_{流} = V_{骨}d_{骨} + V_{流}d_{流} \tag{4-28}$$

$$V_{岩} = V_{骨} + V_{流} = W_{骨}/d_{骨} + W_{流}/d_{流} \tag{4-29}$$

岩石热解过程是把岩样中的流体(油、气、水)热蒸发,热解后的岩样重量是除去流体的岩石骨架质量,因而热解前后岩石质量之差即为流体(油、气、水)的质量,流体的体积即为孔隙体积。

$$\phi_e = V_{流}/V_{岩} \times 100\% = (1 - V_{骨}/V_{岩}) \times 100\% = [1 - d_{岩}W_{骨}/(d_{骨}W_{岩})] \times 100\% \tag{4-30}$$

通常取岩石骨架密度平均值为 2.61,则

$$\phi_e = [1 - d_{岩}W_{骨}/(2.61W_{岩})] \times 100\% \tag{4-31}$$

式中　ϕ_e——有效孔隙度,%;

　　　$V_{岩}$——岩石体积,cm³;

　　　$V_{流}$——流体体积,cm³;

　　　$V_{骨}$——骨架体积,cm³;

　　　$W_{岩}$——热解前岩样质量,mg;

　　　$W_{骨}$——热解后岩样质量,mg;

　　　$W_{流}$——流体质量,mg;

　　　$d_{岩}$——岩石密度,g/cm³;

　　　$d_{骨}$——骨架密度,g/cm³。

2) 储层含油饱和度的热解计算方法

岩石热解分析结果是储层含油丰度的一种定量反映,应用岩石热解分析的含油气总量 S_T (mg/g)结合原油密度(g/cm³)、孔隙度(%)及岩石密度(g/cm³),可以计算储集层的含油饱和度。

其计算公式如下：

$$S_o = d_{岩石} S_T / (\phi \times d_{油} \times 1000) \times 100\% \qquad (4-32)$$

式中　S_o——含油饱和度，%；

　　　$d_{岩石}$——岩石密度，g/cm³；

　　　S_T——校正后的热解总值，mg/g；

　　　ϕ——有效孔隙度，小数；

　　　$d_{油}$——原油密度，g/cm³。

4. 油水层解释方法

利用热解参数结合其他资料可以建立不同的解释图版。以下为大庆油田探区适用的解释图版。

1）应用热解资料判断油水层

P_s—P_g 解释图版（图 4-15）中，P_g 反映储层含油丰度，P_s 反映原油的可流动性，油层 P_g、P_s 较高，储层含水后，P_g、P_s 降低，干层或水层 P_g、P_s 更低。结合物性资料建立 P_g—ϕ_e 解释图版（图 4-16）。

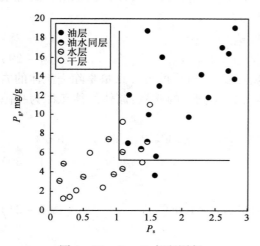

图 4-15　P_s—P_g 解释图版

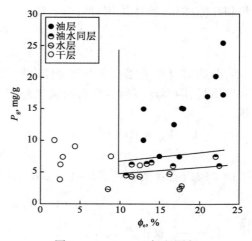

图 4-16　P_g—ϕ_e 解释图版

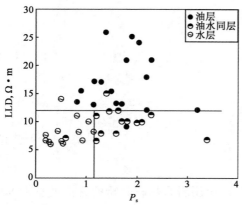

图 4-17　深感应电阻率与原油轻重
组分指数 P_s 解释图版

2）结合测井资料判断油水层

在储层岩性、物性相差不大的情况下，深感应电阻率可较好地反映储层含油性。原油轻重组分指数 P_s 反映原油的流动性，随 P_s 值增大，原油流动性增强，产油能力强，反之，随 P_s 值减小，原油流动性变差，产水可能性增加，如深感应电阻率与原油轻重比解释图版（图 4-17）。

电阻率、热解烃总量从不同角度均反映储层含油性，热解分析受岩性及含有物影响小，可排除含泥含钙的影响；由于深感应电阻率探测深度较深，受钻井液侵入影响小，且不受轻质油易挥发等因素的影响，也就是说，两项参数在判断含油性上是互补的,如深感应电阻率与热解烃总量解释图版(图4-18)、电阻率与热解烃总量解释图版(图4-19)。

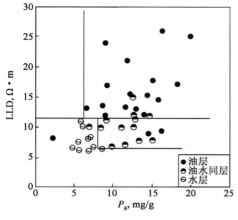

图4-18 深感应电阻率与热解烃总量解释图版

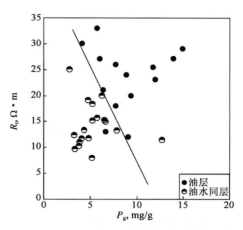

图4-19 电阻率与热解烃总量解释图版

四、生油岩岩石热解评价方法

1. 生油岩有机质丰度评价

按产油潜量(P_g)和有效碳(C_p)将生油岩分为四个等级来定量评价生油岩(表4-7)。

表4-7 生油岩定量评价分级(据 Espitalie,1977)

生油岩分级	$P_g(S_1 + S_2)$	C_p
极好	>20	>1.7
好	6~20	0.5~1.7
一般	2~6	0.17~0.5
差	<2	<0.17

2. 生油岩有机质类型评价

1)降解潜率和氢指数有机质类型判别标准

按降解潜率(D)和氢指数(I_H)将有机质划分为四个类型(表4-8)。

表4-8 有机质类型划分标准

类 别	类 型	降解潜率 D,%	氢指数 I_H,mg/g
Ⅰ	腐泥	>50	>600
Ⅱ₁	腐殖—腐泥	20~50	250~600
Ⅱ₂	腐泥、腐殖—腐泥	10~20	120~250
Ⅲ	腐殖	<10	<120

2)用氢指数 I_H 与 S_2 的峰顶温度 T_{max} 图版划分有机质类型

各类有机质有一定的氢指数范围,且氢指数随 T_{max} 的增高而沿着一定的轨道逐渐变小,只要把分析岩样的氢指数和 T_{max} 按坐标位置点在图版上,数据点靠近哪一类曲线,便可判断是哪一类有机质(图4-20)。

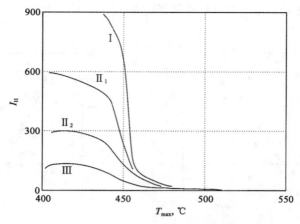

图 4 – 20　氢指数与 T_{max} 划分生油岩类型图版

3. 生油岩成熟度评价

（1）用热解烃（S_2）峰顶温度 T_{max}（℃）判断生油岩成熟度。T_{max} 随成熟度增高而增大(表 4 – 9)。

（2）用产率指数[$I_p = S_1 / (S_1 + S_2)$]判断生油岩成熟度。产率指数 I_p 随成熟度的增高而增大,因此,产率指数的变化可视为生油岩成熟度的重要指标。

表 4 – 9　各成熟范围的 T_{max} 值

成熟度指标		未成熟	生油	凝析油	湿气	干气
镜质组反射率 R_o,%		<0.5	0.5 ~ 1.3	1.0 ~ 1.5	1.3 ~ 2.0	>2
T_{max},℃	I	<437	437 ~ 460	450 ~ 465	460 ~ 490	>490
	II	<435	435 ~ 455	447 ~ 460	455 ~ 490	>490
	III	<432	432 ~ 460	445 ~ 470	460 ~ 505	>505
热变指数 TAI		<2.5	2.5 ~ 4.5	4.5 ~ 5	4.5	>5

第二节　现场饱和烃气相色谱分析技术

一、饱和烃气相色谱分析技术基础

1. 分析原理

将样品置于热解炉中加热,使岩石中的烃类挥发,通过载气携带进入色谱柱,经过一定的柱长后,便彼此分离,顺序离开色谱柱进入检测器,产生的离子流信号经放大后,由计算机自动记录各组分的色谱峰及其相对含量(图 4 – 21)。

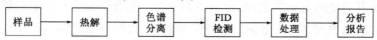

图 4 – 21　油气组分综合评价仪分析流程图

2. 分析条件

热解炉温度300℃、FID温度310℃、初始柱温100℃，以10~15℃/min升温至300℃，恒温10~15min，运行结束。氮气做载气，流速41.5mL/min；氢气做燃气，流速为40mL/min；空气作助燃气和动力气，流速为300mL/min，分流比为1∶60；尾吹用氮气，流速为25mL/min。

3. 组分定性

气相色谱分析中碳数少的组分先流出色谱柱，以正碳十七烷、正碳十八烷与姥鲛烷(Pr)、植烷(Ph)两对峰为标志峰，可对各组分进行定性(图4－22)。

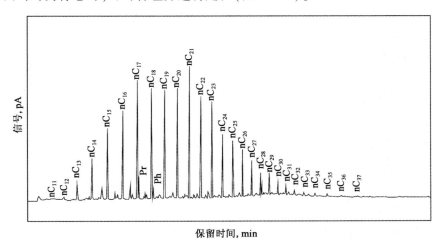

图4－22　油气组分分析谱图

4. 参数意义

直接得到的参数为 $nC_8 \sim nC_{37}$ 左右的正构烷烃、Pr(植烷)、Ph(姥鲛烷)各组分的峰高、峰面积、质量分数以及相关的计算参数。

1)主峰碳数

主峰碳数即一组色谱峰中质量分数最大的正构烷烃碳数。此值的大小与岩样中有机质或油样中烃类的轻重、成熟度和演化程度的高低相关。主峰碳数还与原始母质性质有关，一般以藻类为主的有机质，其主峰碳位于 $C_{15} \sim C_{23}$；而以陆源高等植物为主的有机质，其主峰碳数则为 $C_{25} \sim C_{29}$。另外，主峰碳数会随有机质成熟度的增加而不断降低。

2)碳数范围及分布曲线

碳数范围指一组色谱峰的最低至最高碳数的范围，分布曲线反映这组峰的分布形态。通过这两个参数可以了解有机质或油样中烃类分布，反映其有机质丰度、母质类型和演化程度。

3)碳优势指数(CPI)和奇偶优势(OEP)

这两个参数的意义相近，表明一组色谱峰中，正烷烃奇数碳的质量分数与偶数碳的质量分数之比。因为生物体内的正烷烃中奇数碳高于偶数碳，存在明显的奇偶优势，而有机质在演化过程中大分子裂变成小分子，结构复杂的分子变成结构简单的分子，正烷烃奇数优势消失。奇偶优势值越接近于1，则说明该样品的演化程度和成熟度越高，反之越低。

$$\text{CPI} = \frac{1}{2}\left(\frac{C_{25} + C_{27} + C_{29} + C_{31} + C_{33}}{C_{24} + C_{26} + C_{28} + C_{30} + C_{32}} + \frac{C_{25} + C_{27} + C_{29} + C_{31} + C_{33}}{C_{26} + C_{28} + C_{30} + C_{32} + C_{34}}\right) \quad (4-33)$$

$$OEP = \left(\frac{C_{K-2} + 6C_K + C_{K+2}}{4C_{K-1} + 4C_{K+1}} \right)^{-1(K+1)} \qquad (4-34)$$

式中,K 为主峰碳数。

4) $\sum nC_{21-} / \sum nC_{22+}$

一组色谱峰中,nC_{21} 以前烃的质量分数总和与 nC_{22} 以后烃的质量分数总和之比。它是碳数范围和分布曲线的具体描述,是反映有机质丰度、母质类型和演化程度的综合参数。

5) $(nC_{21} + nC_{22})/(nC_{28} + nC_{29})$

一组色谱峰中,$nC_{21} + nC_{22}$ 烃的质量分数之和与 $nC_{28} + nC_{29}$ 烃的质量分数之和之比,是有机质类型指标。一般海生生物有机质中的正烷烃检测结果以 $(nC_{21} + nC_{22})$ 烃类为主,而陆源植物有机质中的正烷烃则以 $(nC_{28} + nC_{29})$ 居多。通常认为陆源有机质的生油岩和原油比值为 $0.6 \sim 1.2$,以海洋有机质为主的生油岩和原油的比值为 $1.5 \sim 5.0$。但该值同时也受成熟度影响,不同类型、不同成熟度的有机质或原油,其谱图形态不相同。

6) Pr/Ph 即姥鲛烷比植烷

Pr/Ph 在成岩和运移过程中比较稳定,所以是一个追踪运移的指标。在海陆相成因问题上,一般认为陆相成因的有机质 $Pr/Ph > 1$,而海相成因的有机质则 $Pr/Ph < 1$,也是评价有机质类型参数。

7) Pr/nC_{17}、Ph/nC_{18}

Pr/nC_{17}、Ph/nC_{18} 是两个运移参数。埋藏在地层中的有机质,在运移过程中,这些组分均按比例丢失,其比值保持不变。同时,这两个参数也是很好的成熟度指标,随着演化程度的加深,比值均逐步变小。

5. 分析质量要求

1) 分离度

分离度是色谱分析的重要指标,既能反映柱效率又能反映选择性的指标,又称为总分离效能指标。分离度又叫分辨率,它定义为相邻两组分色谱峰保留值之差与两组分色谱峰底宽总和一半的比值,即

$$R = 2(t_{r2} - t_{r1})/(W_1 + W_2) \qquad (4-35)$$

式中 t_{r1}、t_{r2}——两个组分的保留时间;

W_1、W_2——两个组分的峰宽。

R 值越大,表明相邻两组分分离越好(图 4-23)。一般说,当 $R < 1$ 时,两峰有部分重叠;当 $R = 1$ 时,分离程度可达 98%;当 $R = 1.5$ 时,分离程度可达 99.7%。通常用 $R = 1.5$ 作为相邻两组分已完全分离的标志。

饱和烃分析要求分离度 $R \geq 1.0$。

2) 分析精密度

同一块样品多次分析重复性应满足表 4-10 的要求。

表 4-10 组分平行分析相对偏差

质量分数范围,%	>10	5~10	1~5	0.5~1	<0.5
相对偏差,%	≤10	≤15	≤20	≤30	不规定

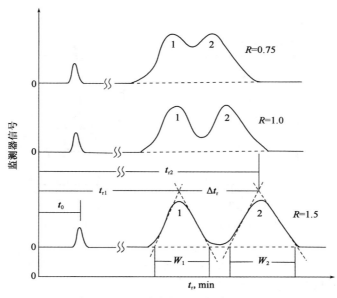

图4-23 不同分离度时色谱分离程度

相对偏差计算：

$$相对误差 = \frac{分析值 - 平均值}{平均值} \times 100\% \qquad (4-36)$$

二、热解气相色谱仪

热解气相色谱仪的主机可分为主系统和辅助系统两大部分。主系统有样品处理系统(包括热解炉部分和色谱分离部分)、检测放大系统(包括检测器和微电流放大器)和单片机控制系统等。辅助系统由气路系统、温度控制系统和电源系统等组成(图4-24)。

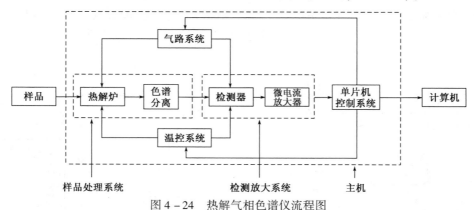

图4-24 热解气相色谱仪流程图

1. 热解炉部分

热解气相色谱仪与油气显示评价仪的热解炉部分结构基本相同,由热解炉、进样杆、气动装置三部分组成(图4-25)。

热解炉炉体为不锈钢材料制成,热解炉丝采用铠装炉丝,炉丝内层为测温元件。油气显示评价仪和热解气相色谱仪热解炉的区别是:油气显示评价仪的热解炉体顶部为检测器座,而热解气相色谱仪为管线。热解炉和管线始终恒温300℃。氮气做载气,气动装置由两个气缸

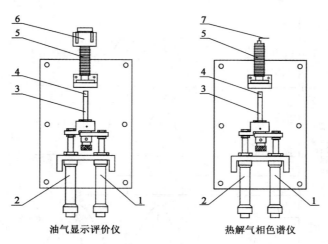

图 4 - 25　热解炉示意图

1、2—气缸;3—进气杆;4—坩埚;5—热解炉;6—加热块;7—管线

等组成,气缸动力由外部空气气源提供。

2. 色谱分离部分

色谱分离部分由色谱柱及柱箱等部分组成,是本仪器的核心部分(图 4 - 26)。

柱箱由鼓风电动机、叶轮、加热丝及其挡板等组成。作用是安装色谱柱及提供样品在色谱柱中分离的温度条件。柱箱控温精度要求较高,柱箱温度的波动会改变组分的保留时间,且保留时间越长,其影响越大。箱外有一个电动机带动箱内的风叶搅拌箱内空气,保证温度均匀。

色谱柱是仪器的心脏,样品中的各个组分在色谱柱中经过反复多次分配后得到分离,从而达到分析的目的。

3. 气路系统

油气组分综合评价仪的气路系统有三路气源:分别为空气(助燃气)、氢气(燃气)和氮气(载气)(图 4 - 27)。由空气发生器、氢气发生器和氮气发生器(或氮气瓶)供应。

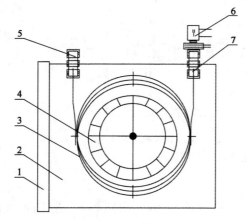

图 4 - 26　色谱分离示意图

1—柱箱门;2—柱箱;3—色谱柱;4—柱箱风扇;

5—进气口分流接头;6—FID 检测器;

7—出气口分流接头

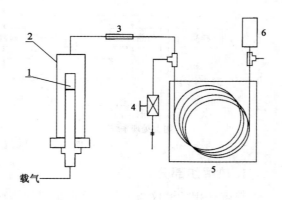

图 4 - 27　油气组分综合评价仪气路流程图

1—坩埚;2—热解炉;3—管线;4—分流阀;5—柱箱;

6—检测器

（1）载气：作为载气的氮气，自高压气瓶（或氮气发生器）减压阀减压后输出（输出压力一般为 0.3 ~ 0.4MPa），经净化（5A 分子筛等）过滤后进入电磁阀，再通过稳压阀（压力一般为 0.08 ~ 0.2MPa）后分为两路，一路经过电子质量流量控制器（流量 10 ~ 40mL/min）流入进样杆，将坩埚中加热的组分携带到色谱柱进行分离。由于毛细管色谱柱的柱容量很小，所以采用分流进样法。热解后的蒸发烃组分经载气携带，只有很少一部分进入色谱柱，大部分放空，放空端通过一个限流器（分流阀）来控制进入色谱柱中的量；另一路进入压力传感器，以供计算机显示压力。

（2）尾吹气：在毛细管分析中，由于载气流速很低，所以要在柱后增加一个补充气，保证检测器正常工作，又可以增加柱效。

（3）燃气气路：作为燃气的氢气，自氢气发生器输出（输出压力一般为 0.3 ~ 0.4MPa，纯度 ≥99%），经过净化器（硅胶或 5A 分子筛等）除去气体中的水分后进入电磁阀，再经过稳压阀输出（输出压力为 0.08 ~ 0.25MPa）后分为两路，一路经气阻或稳流阀（流量 20 ~ 40mL/min）进入检测器，在离子室的喷嘴上方燃烧，形成离子流以完成后级的需要，另一路进入压力传感器，以供计算机显示压力。

（4）空气气路：作为助燃气的空气，自空气压缩机输出（输出压力一般为 0.3 ~ 0.4MPa），经过净化器（活性炭和硅胶等）除去油、水分等杂质后分为两路，一路直接进入电磁阀，控制炉子的密封、进样、结束、吹冷气等过程；另一路进入稳压阀（输出压力为 0.15 ~ 0.25MPa），然后再分为两路，其中一路进入压力传感器供计算机显示压力，另一路经过气阻或稳流阀（流量 200 ~ 500mL/min）后进入检测器参与燃烧。

4. 温度控制系统

温度控制原理与油气显示评价仪一致。控温范围及精度如下：

（1）热解炉：恒温可控，控温精度 ±1℃；

（2）柱箱：多阶程序升温 50 ~ 350℃，控温精度 ±0.1℃；

（3）检测器：恒温可控，控温精度 ±1℃；

（4）管路：恒温可控，控温精度 ±1℃。

三、饱和烃气相色谱资料应用方法

饱和烃气相色谱资料在勘探领域最初是用于评价生油岩，主要评价生油母质类型、成熟度、生油史及油源对比研究等。20 世纪 90 年代末，该项技术逐渐应用于储层评价，主要用于原油性质识别、油水层识别、真假油气显示识别。

1. 原油性质识别

油质越轻，轻组分含量越高，根据饱和烃谱图形态，可初步判别储集层原油性质（图 4 - 28）。

（1）天然气：干气藏是以甲烷为主的气态烃，甲烷含量一般在 90% 以上，有少量的 C_2 以上的组分。湿气藏含有一定量的 $C_2 ~ C_5$ 组分，甲烷含量偏低。

（2）凝析油：轻质油藏和凝析气藏中产出的油，正构烷烃碳数范围分布窄，主要分布在 $nC_1 ~ nC_{20}$，主碳峰 $nC_8 ~ nC_{10}$，$\sum C_{21-} / \sum C_{22+}$ 值很大，色谱峰表现为，前端高峰型，峰坡度极陡。

（3）轻质原油：轻质烃类丰富，正构烷烃碳数主要分布在 $nC_1 ~ nC_{28}$，主碳峰 $nC_{13} ~ nC_{15}$，$\sum C_{21-} / \sum C_{22+}$ 值大，前端高峰型，峰坡度极陡。

（4）中质原油：饱和烃含量丰富，正构烷烃碳数主要分布在 $nC_{10} ~ nC_{32}$，主碳峰 $nC_{18} ~$

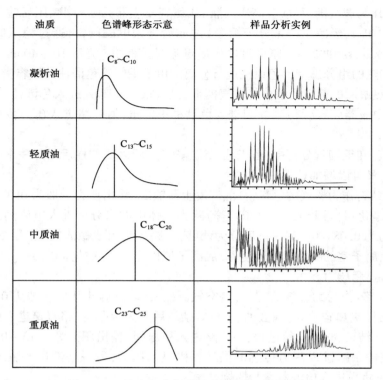

油质	色谱峰形态示意	样品分析实例
凝析油	$C_8 \sim C_{10}$	
轻质油	$C_{13} \sim C_{15}$	
中质油	$C_{18} \sim C_{20}$	
重质油	$C_{23} \sim C_{25}$	

图 4 – 28　饱和烃分析谱图形态与原油性质关系

nC_{20}，$\sum C_{21\_} / \sum C_{22+}$ 比轻质原油小，色谱峰表现为中部高峰型。

（5）重质原油（稠油）：重质原油异构烃和环烷烃含量丰富，胶质、沥青质含量较高，链烷烃含量特别少。重质原油组分峰谱图主要特征是正构烷烃碳数主要分布在 $nC_{11} \sim nC_{33}$，主碳峰 $nC_{23} \sim nC_{25}$，主峰碳数高，$\sum C_{21\_} / \sum C_{22+}$ 值小，谱图基线隆起，色谱峰表现为后端高峰型。

2. 油水层识别方法

当储层为油水混相共存时，水及其内溶物在漫长的地质历史过程中，会改造原油，使正构烷烃减少，异构烃类与杂原子化合物增加，导致色谱峰较油层低，轻组分相对减少，主峰碳明显、碳数范围变窄。

1）油层的谱图形态特征

油层一般具有如下特征（图 4 – 29）：正构烃含量较高，碳数范围较宽，一般在 $C_8 \sim C_{37}$ 左右，主峰碳不明显，轻质油谱图外形近似正态分布或前峰型，中质油谱图外形近似正态分布或正三角形。

图 4 – 29（a）和（b）中，正构烷烃含量高，谱峰呈正态分布，主峰碳不明显。图 4 – 29（c）中，正构烷烃含量高，谱峰呈前三角形分布，主峰碳不明显，并且主峰碳在 C_{17} 或 C_{17} 之前。

2）油水同层的谱图形态特征

油水同层谱图形态特征（图 4 – 30）：主峰碳明显，谱图外形为后峰型，正构烷烃含量较高，碳数范围较油层窄，一般为 $C_{13} \sim C_{29}$。

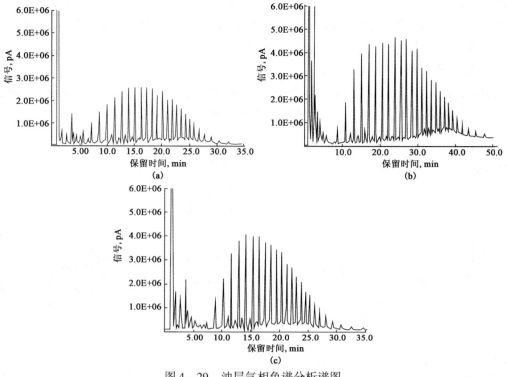

图 4 - 29 油层气相色谱分析谱图

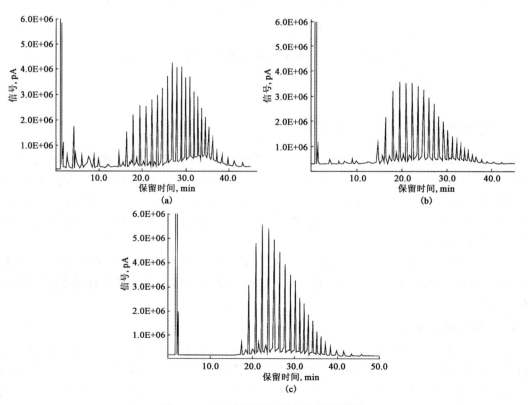

图 4 - 30 油水同层气相色谱分析谱图

图 4-30(a)中,正构烷烃含量高,谱峰呈后三角形分布,主峰碳明显。图 4-30(b)和(c)中,正构烷烃含量高,谱峰呈后三角形分布,主峰碳明显,并且主峰碳在 C_{20} 或 C_{20} 之后。C_{17} 之前的正构烷烃含量很低。

3)水层的谱图形态特征

水层的谱图特征(图 4-31):不含任何烃类物质的水层,气相色谱的分析谱图为无任何显示的一条直线。含有烃类物质的水层,谱峰较低,碳数范围窄。

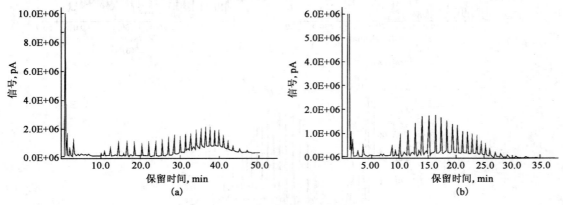

图 4-31 水层气相色谱分析谱图

图 4-31(a)中,正构烷烃含量低,呈平梳状或马鞍状,无明显的主峰碳,碳数范围较窄,为明显水层特征。图 4-31(b)中,正构烷烃含量低,呈正三角形,碳数范围较窄,为干层特征。

第三节 轻烃气相色谱分析技术

一、轻烃气相色谱分析技术基础

轻烃泛指原油中的汽油馏分,也即 $C_1 \sim C_9$ 烃类,在正常原油中约占 20% ~ 40%。轻烃的组成包括烷烃、环烷烃和芳香烃三族烃类。在地下岩层中,气层气的轻烃组成常以甲烷为主,含量可达 90% 以上,其余组成便是极少量的重烃气体,以及二氧化碳、氮气等无机气体。而在油层气中,轻烃的组成比较复杂,只要在该地层条件下能挥发、溶解或吸附在岩石或地下水中的轻质烃类都有可能存在。

轻烃气相色谱分析技术是一项经济、快速、有效的储层评价技术,与岩石热解分析、饱和烃气相色谱分析技术相结合,已成为石油勘探中的常规录井项目。该项技术在油水层识别方面具有独特之处。

1. 分析原理及方法

轻烃分析属于气相色谱分析技术的一种,主要依据气相色谱分析原理。通过把含油砂岩密封在小瓶内,原油烃组分挥发到小瓶顶部的空气中,形成多组分的混合气体,各组分因物理性质不同和相对含量不同,在混合气体中具有一定的分压及一定温度下的饱和蒸气压,而大部分原油轻、重质组分仍以液态存在于砂岩中,所以挥发到空气中的轻质组分表征原油中轻质烃类的组成。取一定量的混合气体注入气相色谱仪的进样口,在载气的携带下进入色谱柱,组分在流动相和固定液两相间进行反复多次的分配。由于固定相对各组分的吸附或溶解能力不同,因此,各组分在色谱柱中的运行速度不同,经过一定的柱长后,便彼此分离,顺序离开色谱柱进入检测器,产生的离子流信号经放大后,由计算机自动记录各组分的色谱峰及其相对含量。主要包括甲、乙、丙、丁、戊、己、庚、辛、壬的直链烷烃、异构烷烃、环烷烃和苯、甲苯、乙苯、二甲苯的芳香烃等100多个单体烃类,这些单体烃在油层中含量及特征受烃源岩性质、储层原油蚀变等因素控制。在烃源岩有机质类型、热演化程度一致的前提下,主要依据轻烃化合物生物降解程度及在水中溶解度的差异性进行储层含水性识别。

轻烃分析方法使用 HP - PONA 毛细柱,规格为内径 0.2mm,长度 50m,膜厚 0.5μm,其固定相为 100% 聚二甲基硅氧烷,该色谱柱主要用来分析链烷烃、链烯烃、环烷烃和芳香化合物。

色谱条件:进样口温度 200℃,FID 温度 300℃,初始柱温 35℃,恒温 3~5min,以 1~3℃/min 程序升温至 90℃,保持 1~6min。氢气做载气、燃气(该色谱柱用氮气做载气,甲烷、乙烷分离不好),流速为 30~40mL/min,分流比为 20:1,尾吹用氮气,流速为 20~25mL/min,空气流速 350~400mL/min,柱前压 20psi。分析谱图见图 4-32,分析化合物见表 4-11。

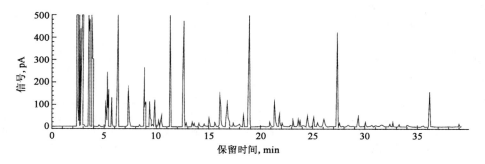

图 4-32　轻烃分析谱图

表 4-11　轻烃组分表

序号	化合物	序号	化合物	序号	化合物
1	CH_4	15	$22DMC_5$	29	$t12DMCYC_5$
2	C_2H_6	16	$MCYC_5$	30	$224TMC_5$
3	C_3H_8	17	$24DMC_5$	31	nC_7H_{16}
4	iC_4H_{10}	18	$223TMC_4$	32	$MCYC_6$
5	nC_4H_{10}	19	BZ	33	$c12DMCYC_5$
6	$22DMC_3$	20	$33DMC_5$	34	$22DMC_6$
7	iC_5H_{12}	21	CYC_6	35	$ECYC_5$
8	nC_5H_{12}	22	$2MC_6$	36	$25DMC_6$
9	$22DMC_4$	23	$23DMC_5$	37	$24DMC_6$
10	CYC_5	24	$11DMCYC_5$	38	$t124TMCYC_5$
11	$23DMC_4$	25	$3MC_6$	39	$33DMC_6$
12	$2MC_5$	26	$c13DMCYC_5$	40	$tc123TMCYC_5$
13	$3MC_5$	27	$t13DMCYC_5$	41	$234TMC_5$
14	nC_6H_{14}	28	$3EC_5$	42	$233TMC_5$

序号	化合物	序号	化合物	序号	化合物
43	TOL	64	iC_3CYC_5	85	$23DMC_7$
44	$23DMC_6$	65	C_8N	86	$34DMC_7$
45	$2M3EC_5$	66	$2M4EC_6$	87	$34DMC_7$
46	$112TMCYC_5$	67	$235TMC_6$	88	C_9N
47	$2MC_7$	68	$c1E2MCYC_5$	89	$4EC_7$
48	$4MC_7$	69	$22DMC_7$	90	$23DM3EC_5$
49	$34DMC_6$	70	$c12DMCYC_6$	91	$4MC_8$
50	$ct124TMCYC_5$	71	$44DMC_7$	92	$2MC_8$
51	$3MC_7$	72	nC_3CYC_5	93	C_9N
52	$c13DMCYC_6$	73	$26DMC_7$	94	$3MC_8$
53	$ct123TMCYC_5$	74	$113TMCYC_6$	95	OXYL
54	$t14DMCYC_6$	75	$35DMC_7$	96	$1M2C_3CYC_5$
55	$2244DEDMC_6$	76	$233TMC_6$	97	$c1E3MCYC_6$
56	$225TMC_6$	77	$33DMC_7$	98	$t1E4MCYC_6$
57	$t1E3MCYC_5$	78	$3M3EC_6$	99	C_9N
58	$c1E3MCYC_5$	79	ETBZ	100	iC_4CYC_5
59	$t1E2MCYC_5$	80	$234TMC_6$	101	$226TMC_7$
60	$1E1MCYC_5$	81	$tt124TMCYC_6$	102	C_9N
61	$t12DMCYC_6$	82	$tt135TMCYC_6$	103	nC_9H_{20}
62	$cc123TMCYC_5$	83	MXYL		
63	nC_8H_{18}	84	PXYL		

注:CH 和 n—正构烷烃;i 及数字—异构烷烃(数字表示取代基的位置);CY—环烷烃;c—顺式;t—反式;M—甲基;DM—二甲基;TM—三甲基;BZ、TOL、ETBZ、MXYL、PXYL、OXYL 分别表示苯、甲苯、乙苯及间、对、邻二甲苯。

2. 轻烃取样方法

轻烃取样有两种方法可以选择,一种是顶部气体取样,另一种是岩样加热轻烃气化取样。前者取的是钻井液和岩屑加热释放的气体,后者取的是岩样加热的气化组分。由于两者取样的方法及原理不同,对同一样品而言,两种分析结果差异较大。所以,必须了解两种取法的特点、长处,并掌握两种取样方法对其分析参数所造成的影响。

1) 岩样取样(固体取样)

含油样品要及时装入取样品瓶的 1/2~2/3 处,然后,盖上胶盖、铝盖,再用压盖器压紧铝盖(图 4-33)。样品量不能太多,也不能太少,样品量太少,气体浓度低,达不到饱和蒸气压,影响分析效果,样品量太多,没有一定的顶部空间,无法用注射器取气体样。

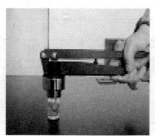

图 4-33 轻烃取样方法

2)顶部取样(混合取样)

钻遇油气显示后,在钻井液出口处用取样瓶及时收取钻井液与岩屑的混合样500mL(1/3岩屑、2/3钻井液),样品瓶需倒置保存。

二、参数的求取和优选

C_9以前可以检出和定性的组分有103个,其中单环芳香烃6个、环烷烃34个、正构烷烃9个、异构烷烃54个。轻烃分析参数就是这103个化合物的保留时间、峰宽、峰面积、峰高及峰面积的百分数。这些参数无法直接应用,其原因:一是参数多,二是这些参数也只反映每个组分丰度的大小。所以,必须根据需求从大量的参数中归纳、提取出有用的信息。目前,应用轻烃分析资料解决不同的问题,定义的参数不同,即使解决同一问题,比如油水层识别问题,也没有统一的标准,各家定义参数各异。优选有效油水层评价参数应依据化合物的物理化学性质、主要控制及影响因素。

1. 轻烃评价参数求取

烃源岩有机质类型和热演化程度是决定烃类特征首要因素,其次是原油在储层中的蚀变作用,即生物降解及水洗作用。在多组分共溶的情况下,同碳数的烃类在水中的溶解度顺序为芳香烃 > 异构烷烃 > 正构烷烃 > 环烷烃。原油烃类被微生物降解的相对能力为正构烷烃 > 异构烷烃 > 环烷烃 > 芳香烃。利用环烷烃稳定的化学特性,在评价储层性质时,用环烷烃或正构烷烃做分母,以突出不同储层性质引起其他轻烃参数的变化。

依据轻烃组分的物理化学性质及烃类的主要控制及影响因素,常用表4-12中30项评价参数评价储层流体性质。

表4-12 轻烃参数及计算方法

序号	命 名	计 算 方 法
1	总面积(ΣC)	103个组分的峰面积总和
2	出峰个数(cfgs)	C_9之前检测到的化合物的个数
3	异构烷烃面积总和(ΣiC)	iC_4H_{10}、$22DMC_3$、iC_5H_{12}、$22DMC_4$、$23DMC_4$、$2MC_5$、$3MC_5$、$22DMC_5$、$24DMC_5$、$223TMC_4$、$33DMC_5$、$2MC_6$、$23DMC_5$、$3MC_6$、$3EC_5$、$224TMC_5$、$22DMC_6$、$25DMC_6$、$24DMC_6$、$33DMC_6$、$234TMC_5$、$233TMC_5$、$23DMC_6$、$2M3EC_5$、$2MC_7$、$4MC_7$、$34DMC_6$、$3MC_7$、$2244DEDMC_6$、$225TMC_6$、C_8N、$2M4EC_6$、$235TMC_6$、$22DMC_7$、$44DMC_7$、$26DMC_7$、$35DMC_7$、$233TMC_6$、$33DMC_7$、$3M3EC_6$、$234TMC_6$、$23DMC_7$、$34DMC_7$、$34DMC_7$(L/D)、C_9N_1、$4EC_7$、$23DM3EC_5$、$4MC_8$、$2MC_8$、C_9N_2、$3MC_8$、C_9N_3、$226TMC_7$、C_9N_4 共计54个化合物面积总和
4	季碳面积总和(ΣDMC)	$22DMC_3$、$22DMC_4$、$22DMC_5$、$223TMC_4$、$33DMC_5$、$224TMC_5$、$22DMC_6$、$33DMC_6$、$233TMC_5$、$2244DEDMC_6$、$225TMC_6$、$t1E2MCYC_5$、$44DMC_7$、$233TMC_6$、$33DMC_7$、$226TMC_7$共计16个化合物面积总和
5	正丁烷以上正构面积总和(ΣnC_4H)	nC_4H_{10}、nC_5H_{12}、nC_6H_{14}、nC_7H_{16}、nC_8H_{18}、nC_9H_{20}共计6个化合物面积总和
6	正构烷烃面积总和(ΣnC)	CH_4、C_2H_6、C_3H_8、nC_4H_{10}、nC_5H_{12}、nC_6H_{14}、nC_7H_{16}、nC_8H_{18}、nC_9H_{20}共计6个化合物面积总和

序号	命　名	计　算　方　法
7	不同取代基环戊烷面积总和($\sum CYC_5$)	CYC_5、$MCYC_5$、$11DMCYC_5$、$c13DMCYC_5$、$t13DMCYC_5$、$t12DMCYC_5$、$c12DMCYC_5$、$ECYC_5$、$t124TMCYC_5$、$tc123TMCYC_5$、$112TMCYC_5$、$ct124TMCYC_5$、$ct123TMCYC_5$、$t1E3MCYC_5$、$c1E3MCYC_5$、$t1E2MCYC_5$、$1E1MCYC_5$、$cc123TMCYC_5$、iC_3CYC_5、$c1E2MCYC_5$、nC_3CYC_{55}、$1M2C_3CYC_{55}$、iC_4CYC_5 共计 23 个化合物面积总和
8	不同取代基环己烷面积总和($\sum CYC_6$)	CYC_6、$MCYC_6$、$c13DMCYC_6$、$t14DMCYC_6$、$t12DMCYC_6$、$c12DMCYC_6$、$113TMCYC_6$、$tt124TMCYC_6$、$tt135TMCYC_6$、$c1E3MCYC_6$、$t1E4MCYC_6$ 共计 11 个化合物面积总和
9	环烷烃面积总和($\sum CYC$)	$\sum CYC_5 + \sum CYC_6$
10	芳香烃面积总和($\sum AC$)	Bz、TOL、$ETBZ$、$MXYL$、$PXYL$、$OXYL$ 共计 6 个化合物面积总和
11	双甲基戊烷面积总和($\sum DMC_5$)	$22DMC_5$、$24DMC_5$、$33DMC_5$、$23DMC_5$ 共计 4 个化合物面积总和
12	双甲基己烷面积总和($\sum DMC_6$)	$22DMC_6$、$25DMC_6$、$24DMC_6$、$33DMC_6$、$23DMC_6$、$34DMC_6$ 共计 6 个化合物面积总和
13	季碳(DMC)百分含量,%	$100 \cdot \sum DMC / \sum C$
14	芳香烃(AC)百分含量,%	$100 \cdot \sum AC / \sum C$
15	异构烷烃(iC)百分含量,%	$100 \cdot \sum iC / \sum C$
16	正构烷烃(nC)百分含量,%	$100 \cdot \sum nC / \sum C$
17	环烷烃(CYC)百分含量,%	$100 \cdot \sum CYC / \sum C$
18	芳香烃/环烷烃(AC/CYC)	$\sum AC / \sum CYC$
19	异构烷烃/环烷烃(iC/CYC)	$\sum iC / \sum CYC$
20	正构烷烃/环烷烃(nC/CYC)	$\sum nC / \sum CYC$
21	芳香烃/正构烷烃(AC/nC)	$\sum AC / \sum nC$
22	异构烷烃/正构烷烃(iC/nC)	$\sum iC / \sum nC$
23	苯/环己烷(Bz/CYC_6)	苯的面积/环己烷面积
24	甲苯/甲基环己烷($TOL/MCYC_6$)	甲苯的面积/甲基环己烷面积
25	甲基环烷(MCF)指数	$(2MC_6 + 23DMC_5 + 3MC_6)/(c13DMCYC_5 + t13DMCYC_5 + t12DMCYC_5)$
26	甲基环己烷($MCYC_6$)指数,%	$100 \cdot MCYC_6/(MCYC_6 + \sum DMCYC_5 + ECYC_5 + nC_7)$
27	环己烷(CYC_6)指数,%	$100 \cdot CYC_6/(CYC_6 + MCYC_5 + nC_6)$
28	环烷指数 I	$(\sum DMCYC_5 + ECYC_5)/nC_7$
29	环烷指数 II	$MCYC_6/nC_7$
30	庚烷值,%	$nC_7 \cdot 100/\sum(CYC_6 \sim MCYC_6)$

2. 轻烃评价参数优选

初步优选以下参数用于轻烃母质类型、成熟度判别及油水层评价(表 4–13)。

表 4 – 13　轻烃评价参数汇总表

评 价 项 目	评 价 参 数
有机质类型	甲基环己烷指数 $MCYC_6$,% ；环己烷指数 CYC_6 ,%
热演化程度	环烷指数 Ⅰ ；环烷指数 Ⅱ ；庚烷值,%
含油性	总面积、出峰个数
含水性	比值参数：芳香烃面积和/环烷烃面积和（AC/CYC）、异构烷烃面积和/环烷烃面积和（iC/CYC）、正构烷烃面积和/环烷烃面积和（nC/CYC）、芳香烃面积和/正构烷烃面积和（AC/nC）、异构烷烃面积和/正构烷烃面积和（iC/nC）；百分含量参数：芳香烃（AC）的百分含量,% ；异构烷烃（iC）百分含量,% ；正构烷烃（nC）百分含量,% ；环烷烃（CYC）百分含量,%

1）轻烃母质类型和成熟度评价参数

烃源岩有机质母质类型是决定烃类及轻烃特征的主要因素之一。据 Leytheauser（1979）研究结果,来源于腐泥型母质的轻烃组成中富含正构烷烃,来源于腐殖型的富含异构烷烃和芳香烃。Snowdon（1982 年）指出,富含环烷烃的凝析物也是陆源母质的重要特征；当不同储层中存在腐泥型和腐殖型两种成因类型或轻烃成因类型指标差别较大时,评价参数界限值或评价标准应明显不同。同时,轻烃成熟度也会对评价参数值有影响。识别评价油水层应先确定成因类型和成熟度指标后再分类识别评价。

（1）轻烃母质类型评价参数。

轻烃组成中 $C_1 \sim C_3$ 化合物分子结构单一,均为直链烷烃,从 C_4 和 C_5 化合物中分别出现了支链烃和环烷烃,随碳数增大,各种同分异构体迅速增加,但 $C_1 \sim C_4$ 化合物生成的途径和母源物多种多样,它们既可直接来自微生物,或可直接来自不同干酪根的热降解等,因此,在烃类组成上难以分辨其成因和母源类型特征。轻烃母质类型评价参数的选择,必须在 C_5 及其后轻烃化合物上,在轻烃类组成中, C_6 和 C_7 烃类化合物浓度较高,不同结构的单体烃也较多,且具有较好的热力学稳定性,可作为轻烃母质类型评价参数。

具有六元环结构的甲基环己烷主要来自高等植物的木质素、纤维素和糖类,它们是腐殖型（Ⅲ型）干酪根的主要组成物。具有五元环结构各种构型的二甲基环戊烷和乙基环戊烷,主要来自水生生物甾族类化合物和微生物萜类化合物,它们都是类脂体；直链烃正庚烷主要来自藻类和细菌或高等植物等的类脂体,这些类脂体都是富氢结构的烃类化合物,是腐泥型（Ⅰ型和Ⅱ型）干酪根的主要组成物。利用甲基环己烷指数可识别不同成因类型的轻烃,环己烷指数也反映了轻烃成因类型。

（2）轻烃成熟度评价参数。

轻烃组分虽然一般有烷烃、环烷烃、芳香烃等 103 个单体烃组分,但作为母质成熟度评价指标则必须具备 3 个条件：一是在各种母质类型轻烃中分布广且浓度较高,二是热力学稳定性较好、能反映较长的热演化历程,三是热敏性较好。一般而言, C_5 （环戊烷除外）烃类虽然具备前两个条件,但其热敏性较差； C_8 及以后烃类虽然热敏性好,但其热力学稳定性相对较差。而 C_6 、 C_7 烃类则具备作为母质成熟度指标的三个条件,最不稳定的五元环烃化合物与最稳定的正构烷烃化合物比值应是最好的成熟度指标,环烷指数 Ⅰ 、环烷指数 Ⅱ 、庚烷值的大小,反映了轻烃的演化阶段。

2）储层含水性评价参数的优选

在成因类型、热演化程度相同的情况下,主要依据由于生物降解和水洗作用导致轻烃参数的变化识别油水层。

三、轻烃气相色谱分析法的应用

原油中轻烃化合物的含量和分布不仅取决于原油的成因类型,还取决于其遭受的热演化程度、生物降解及水洗作用的强度。应用轻烃分析技术评价储层流体性质要在轻烃的成因类型(母质类型)、热演化程度(成熟度)的基础上进行。

轻烃母质类型及成熟度的判别标准见表4－14、表4－15。

表4－14　轻烃分析母质类型判别标准

母质类型	甲基环己烷指数 $MCYC_6$,%	环己烷指数 CYC_6,%
腐泥型Ⅰ型	$< 35 \pm 2$	$< 27 \pm 2$
腐泥型Ⅱ型	$35 \pm 2 \sim 50 \pm 2$	
腐殖型Ⅲ型	$> 50 \pm 2$	$> 27 \pm 2$

表4－15　轻烃分析成熟度判别标准

成因类型	环烷指数Ⅰ	环烷指数Ⅱ	庚烷值,%	演化阶段
腐泥型Ⅰ型、Ⅱ型	> 3.8	> 3.0	$0 \sim 5$	未成熟
	$3.8 \sim 0.34$	$3.0 \sim 0.64$	$5 \sim 30$	成熟
	$0.34 \sim 0.11$	$0.64 \sim 0.38$	> 30	高成熟
	< 0.11	< 0.38		过成熟
腐殖型Ⅲ型	> 14	> 40	$0 \sim 5$	未成熟
	$14 \sim 0.50$	$40 \sim 2.2$	$5 \sim 30$	成熟
	$0.50 \sim 0.13$	$2.2 \sim 0.54$	> 30	高成熟
	< 0.13	< 0.54		过成熟

原油的次生作用主要发生在油水界面处,对于生物降解相对较强的储层,烷烃含量降低,芳香烃及环烷烃的含量升高。在生物降解相对较弱的储层,水洗作用占主导地位,导致溶解度相对较高的芳香烃、异构烷烃含量降低。

下面以大庆油田两个区块实际应用为例,介绍储层流体性质轻烃分析判别方法。

1)GL凹陷葡萄花油层

松辽盆地GL凹陷葡萄花油层的甲基环己烷指数和环烷指数Ⅰ的范围分别为26～36、0.13～0.28,平均分别为32.7、0.17,母质类型为腐泥型Ⅰ型,属于高成熟演化阶段,芳香烃百分含量一般大于1.0%,平均1.40%;GL凹陷葡萄花油层生物降解正构烷烃反映较明显,通过nC/CYC的比值反映生物降解强弱,当nC/CYC≤6时,反映生物降解作用相对较强,生物降解作用导致AC升高(图4－34)。

当nC/CYC>6时,反映生物降解作用相对较弱,应用iC/nC—iC/CYC图版判别储层含水性效果较好。此时,判别油水层主要依据其在水中溶解度差异,异构烷烃在水中的溶解度略高于正构烷烃和环烷烃,所以,非含水储层iC/nC、iC/CYC比值较高(图4－35)。

2)SZ凹陷葡萄花油层

SZ凹陷葡萄花油层的甲基环己烷指数和环烷指数Ⅰ的范围分别33～38、0.27～0.31,平均分别为33.3、0.30,母质类型以腐泥型Ⅰ型为主,有部分腐泥型Ⅱ型,属于高成熟演化阶段,芳香烃百分含量一般小于1.0%,平均0.30%。SZ凹陷葡萄花油层生物降解作用异构烷烃较明显,当iC/CYC≥1.3,反映生物降解作用相对较弱,AC<1.0%,基本为油层特征;AC≥1.0%,为油水同层或水层特征。

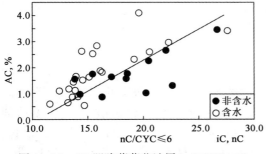

图4-34　GL凹陷葡萄花油层(nC/CYC≤6)含水性判别图版

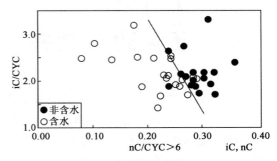

图4-35　GL凹陷葡萄花油层(nC/CYC>6)含水性判别图版

当iC/CYC<1.3,反映生物降解作用相对较强,生物降解作用导致AC升高,应用CYC—AC图版判别储层含水性,即在环烷烃百分含量相同的情况下,含水的储层芳香烃百分含量升高(图4-36)。

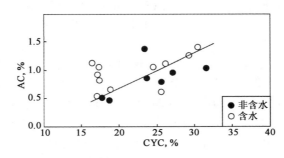

图4-36　SZ凹陷葡萄花油层(iC/CYC<1.3)含水性判别图版

思考题与习题

1.岩石热解分析的"三峰"法分析参数有哪些?

2.岩石热解分析的储集岩评价计算参数有哪些?

3.应用岩石热解分析技术识别真假油气显示方法有哪些? 主要区别特征是什么?

4.应用热解五峰分析原油性质判别标准是什么?

5.应用岩石热解分析计算储层含油饱和度的方法是什么?

6.生油岩有机质丰度评价参数及评价等级划分标准是什么?

7.饱和烃气相色谱标志峰是什么? 如何定性? 在图上标出来。

8.什么是饱和烃气相色谱主峰碳数? 此值的意义是什么?

9.应用饱和烃气相色谱资料识别原油性质方法有哪些?

10.应用饱和烃气相色谱资料识别油水层方法有哪些?

11.评价有机质类型、热演化程度、含油性、含水性的轻烃分析参数有哪些?

12.怎样优选轻烃成熟度评价参数?

第五章
定量荧光录井

石油及其大部分产品,除轻汽油和石蜡外,在紫外光照射下,均会发射出各种颜色和不同强度的可见光(荧光),而当紫外线停止照射时,所发射的光线也随之很快地消失。只要溶剂中有十万分之一的石油或沥青物质,在紫外线照射下就可发荧光。在油气勘探开发中,常用荧光检测仪(荧光灯)来鉴定岩样中是否含油。通过人眼观察岩样荧光分布情况、颜色和强度,与标准荧光系列相对比等方法,来定性确定岩样荧光显示级别,称为常规荧光录井。该方法最早由伯恩斯和斯特奥内尔于1933年提出,一直是随钻过程中快速发现油气显示的重要常规录井手段。

人眼观测到的荧光波长范围有限(通常在400nm以上),大部分石油荧光是肉眼观察不到的。尤其是轻质石油荧光主峰发射波长通常在330nm之前,正是由于这个原因,常规荧光录井非常容易漏掉轻质油层,而且常规荧光录井定性的观测结果主观片面,科学性和实用性不强。

20世纪80年代,荧光光谱技术引入油气勘探领域,国内外相继涌现出一批研制定量荧光检测仪器的厂家或单位,使得定量荧光技术得到迅速发展。90年代初由美国德士古石油公司率先开发了QFT定量荧光分析仪,90年代末期,中国石油勘探开发研究院、北京中石油技术公司、上海三科仪器有限公司联合研制了中国首台OFA-Ⅰ型石油定量荧光分析仪,之后又相继研制了OFA-Ⅱ、Ⅲ和OFA-3DI型石油定量荧光分析仪,21世纪初上海神开科技工程有限公司开发研制了SK-2DQF荧光检测仪,上海永盛科技公司研制了LYC-B型定量荧光分析仪等。发展到今天,形成了单发单收单一波长型(QFT、LYC-A型等)、单发多收二维型(LYC-B、SK-2DQF、OFA-Ⅱ型等)和多发多收三维型(TSF、OFA-3DI型等)三种类型定量荧光检测仪器。

定量荧光录井仪研制成功,标志着一种新型定量检测油气含量方法的诞生,能够捕捉到人眼不能看见的石油主峰荧光,弥补了常规荧光录井方法在检测轻质油及凝析油方面的不足,在消减钻井液荧光添加剂影响等诸多方面起到了突出作用,迅速得到了全国石油系统的广泛应用,收到了明显的效果,有可喜的发展前景。

第一节　定量荧光录井技术原理

一、石油定量荧光分析原理

1. 光致发光原理与荧光激发光谱、发射光谱

含有π电子结构的物质受激发光(紫外光)照射,会发生电子由基态到不稳定激发态的能

级跃迁,然后经过振动弛豫,逐步降低振动能级,最后以发射光量子(荧光)的形式释放多余的能量,重新回到分子基态,称为光致发光(荧光)。

被测荧光物质有两种特征光谱,即激发光谱和发射光谱,它们是荧光物质定性和定量分析的依据,在标准品对照下定性鉴定物质有较强的可靠性。

激发光被荧光物质吸收后,会引起荧光物质发光通量的变化。荧光物质在不同波长激发光作用下,测得某一发射波长处的荧光强度随激发波长变化而获得的光谱,称为荧光激发光谱,它反映了不同波长激发光引起荧光的相对效率。由于在稀溶液中,荧光发射的效率与激发光的波长无关,因而荧光激发光谱的形状与发射波长无关,用不同发射波长绘制激发光谱时,激发光谱的形状不变,只有发射强度不同。根据激发光谱可以确定发光物质发光所需的激发光波长范围,并可以确定某发光谱线强度最大时,最佳的激发光波长。不同的荧光物质吸收不同波长激发光的特性不同,因而有着不同的激发光谱,可用来鉴别荧光物质。

荧光物质被激发光激发后,会发射出不同波长、不同强度的荧光。在某一固定波长的激发光作用下,检测荧光物质发光(荧光)强度随发射波长变化而获得的光谱,称为荧光发射光谱,它表示荧光中不同波长的荧光成分的相对强度。不管激发波长如何,荧光发射都是电子从第一电子激发态的最低振动能级跃迁到基态的各个能级所产生的,因而荧光发射光谱的形状与激发光的波长无关。荧光发射光谱辐射峰的波长与强度包含许多有关样品物质分子结构与电子状态的信息,不同物质具不同的特征发射峰,可用于鉴别荧光物质。

2. 定量荧光测量原理与仪器标定

对于某一荧光物质的稀溶液,在一定波长和一定强度的入射光照射下,当液层的厚度不变时,所发生的荧光强度和该溶液的浓度成正比,这是荧光定量分析的基础。当被测荧光物质的浓度不太大时,荧光物质在紫外光的照射下发出的荧光的强度(F)与荧光物质的本质(荧光效率θ)、荧光物质的浓度(C)、激发光的强度(I)及检测器的增益(k)有关,其公式表述为

$$F = kI\theta C \qquad\qquad (5-1)$$

其中

$$\theta = \frac{R}{S}$$

式中　F——荧光强度;

　　　k——增益值;

　　　I——激发光强度,cd/cm^2;

　　　θ——荧光效率;

　　　R——发射荧光的分子数;

　　　S——激发的分子总数;

　　　C——荧光物质质量浓度,mg/L。

对于特定的仪器,其参数选定后,k、I值就确定了;指定的被测物质(如原油)的介质条件(θ)也是确定的,因而所测得的荧光强度F仅与这种物质的浓度C成正比的关系。因此,可通过测量的荧光强度值(F)计算出对应的荧光物质浓度(C)。应该注意的是,此式只适合于荧光物质的稀溶液。当C较大时,由于猝灭效应的存在,线性关系将受到破坏。在定量荧光分析中,如果不能克服浓度荧光猝灭现象,就无法准确测定含油浓度。

石油是一种以烃类为主的混合物,按其烃类结构不同,可分为烷烃、环烷烃和芳香烃。其中只有芳香烃及其衍生物含有 π 电子结构,受激发光(紫外光)照射,才会发出荧光,而饱和烃

则完全不发荧光。含油浓度相同的不同地区原油溶液,由于所含芳香烃化合物及其衍生物的种类和数量不同,其荧光发射波长、荧光颜色、荧光强度各不相同。因此,利用荧光分析法测定石油含量前必须要用邻井同源原油标定仪器。对于同一种油源的原油,其芳香族化合物的成分和含量相对稳定,荧光颜色和光谱特征相同。在一定的浓度范围内,荧光强度和原油溶液的浓度成正比。其标定方程如下:

$$F = kC' + b \tag{5-2}$$

式中　F——荧光强度值,INT;

　　　C'——溶液含油浓度,mg/L;

　　　k——线性方程斜率,通过回归取得;

　　　b——常数,通过回归取得。

石油中油质荧光颜色一般为浅蓝色,含胶质较多的石油荧光呈绿色和黄色,含沥青质多的石油或沥青质荧光则为褐色。沥青质是溶于氯仿而不溶于石油醚或正己烷的沉淀物,对于使用正己烷为溶剂的石油定量荧光检测仪来说,仪器检测到的荧光强度是石油中芳香烃和胶质荧光的综合反映。

3. 荧光猝灭与样品稀释

石油荧光定量测量基于朗伯比尔定律。即在低浓度时,所测样品的荧光强度和浓度成线性并且是正比关系,当浓度过高时产生非线性,甚至发生荧光猝灭现象(图5-1)。

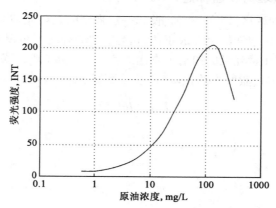

图 5-1　荧光强度与原油浓度对应关系

荧光猝灭是指荧光物质分子与溶剂分子之间所发生的导致荧光强度下降或相关的激发峰位和荧光峰位变化的物理和化学作用过程。可以有多种原因导致荧光猝灭,如加入荧光猝灭剂等。在定量测量中,关心的是当荧光物质的浓度较大时,导致荧光强度降低、与浓度不成线性关系的荧光物质的自猝灭现象。

在浓度较高的溶液中,激发态的溶质分子与体系中其他分子相互碰撞的机会增加,产生能量转移,从而失去发光的能量(自身猝灭),或者是发出荧光又被未激发的分子所吸收(自身吸收),甚至可能发生溶液溶质与溶质间的相互作用,形成一种不致荧光的复合物,从而造成荧光强度反而降低的现象。在仪器方面来说,当样品浓度较高时,样品液池前部溶液吸收的激发光较为强烈,发出高强度荧光,液池后半部的溶液不易受到入射光照,不发生荧光,所以荧光强度反而降低。

大量的实践表明,在石油质量浓度(小于45mg/L)较小的情况下,所测样品的荧光强度和质量浓度呈很好的线性关系,而当质量浓度大于45mg/L时线性关系较差并会出现"荧光猝灭"现象(图5-2)。

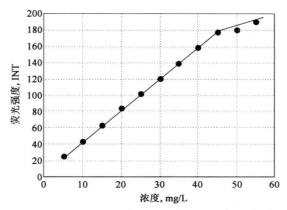

图5-2　××井荧光强度和含油浓度线性关系

在定量荧光分析中,一般采用溶液稀释的办法克服荧光自猝灭,使得稀释后的样品满足荧光强度与荧光物质浓度正比例线性关系,即保证比色皿中溶液浓度小于40mg/L(在仪器线性响应范围内)。通过溶液含油浓度(C'),乘以样品稀释倍数(N),得到储层样品含油浓度(C),称为相当油含量(mg/L),其值是定量判断地层含油情况的依据。

$$C = C'N \qquad\qquad (5-3)$$

式中　C——样品相当油含量,mg/L;

　　　C'——试剂含油浓度,mg/L;

　　　N——对浓溶液稀释的倍数。

4. 仪器工作原理与区别

定量荧光录井是在石油钻井过程中,利用专门荧光光谱检测仪器,定量检测岩石样品萃取液所含石油的荧光强度、荧光波长等特性,从而发现和定量评价油气层的技术。石油定量荧光检测仪有单发单收单一波长型、单发多收二维型和多发多收三维型等三种类型。

单一波长型仪器内只安装有一个单一波长激发滤光片和一个单一波长的发射滤光片,它只能在特定的激发波长和发射波长下测定样品的荧光强度,进而换算成含油浓度(图5-3)。仪器简单易用,分析速度快,抗干扰能力强,但只提供含油浓度一项参数,信息量极其有限,如得克萨斯石油公司的QFT型定量荧光录井仪,通过滤光片采用254nm的紫外光为激发光,经样品室后,再通过滤光片接收320nm的发射光,显示单点数值。

二维型仪器内安装有一个单一波长激发滤光片和一个连续的接收光栅(分光系统),它可以给出以发射波长为横轴、以荧光强度为纵轴的二维荧光图谱。这是一个固定激发波长的荧光发射谱图,能够提供一维型仪器的荧光强度和含油浓度参数,还能够显示不同荧光物质谱峰形态,提供用于判断原油性质的油性指数参数。如国产OFA-Ⅱ型石油荧光分析仪,通过254nm固定波长的紫外光激发,经样品室后,用分光系统接收,获取波长260~600nm范围内的荧光发生谱。激发光波长固定为254nm,利于轻质油的发现,但不是中质油、重质油以及钻井液荧光添加剂分析的最佳激发波长,它不能充分激发出荧光物质的最大强度。与三维荧光

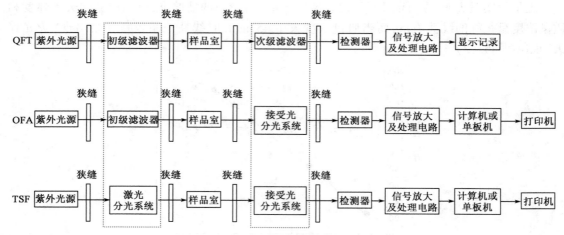

图 5-3　几种定量荧光仪的结构示意图

相比,在识别钻井液添加剂污染和判别真假油气显示等方面还存在不足。仪器的特点是分析参数丰富,扫描速度快(2~3min),抗干扰能力强,能够在钻井现场的环境下使用;能够检测到凝析油—重质油等各种油类,识别出其原油性质;能够初步辨识钻井液荧光添加剂和消减污染物干扰,是国内定量荧光录井主要仪器。

与二维型仪器不同,三维型仪器在激发端也采用分光系统(光栅),进行连续激发,在接收端采用连续的接收光栅(分光系统),通过计算机操控,可以给出荧光强度随激发波长、发射波长变化而变化的三维荧光图谱,它包含了任一波长的荧光激发谱和发射谱(图 5-3)。如 OFA - 3DI 型三维荧光分析仪,以分光系统提供 200~800nm 的紫外光为激发光,经过样品室后,用分光系统接收 200~800nm 的发射光,提供三维荧光光谱(图 5-4)。它能够给出最佳激发波长和最佳发射波长下石油荧光最高峰的强度,以及所有的次峰峰位和强度,能够用多种波长下荧光主峰强度计算含油浓度,弥补了二维荧光技术的不足。用谱型、峰位、峰强度比(如油性指数)等多种参数精准识别不同油源、不同油质的原油、各种钻井液荧光添加剂。相比二维型仪器,三维仪功能更强,反映被测物质荧光特征更全面,可以提取任意波长的二维荧光谱,更有利于解决各类油质油层发现评价问题和钻井液荧光添加剂识别问题;它提供的信息更广,数据量更大,需要专业软件处理;仪器测量精度高,最低检测精度为 0.01mg/L,远高于二维荧光仪;样品分析时间长,比二维荧光长一倍以上;仪器过于复杂,易受环境影响,抗温度等干扰能力差,重复性和稳定性相对要较差,野外长途搬迁后需要复杂的仪器校正调试,难以在钻井现场使用。

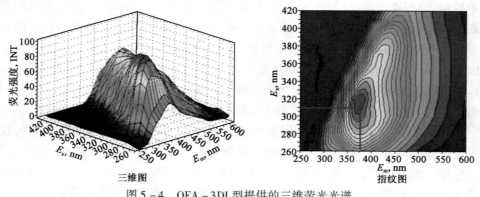

三维图　　　　　　　　　指纹图

图 5-4　OFA - 3DI 型提供的三维荧光光谱

石油定量荧光分析过程基本相同。以二维型仪器为例,其分析过程如下:称量1g岩石样品,研磨后,放在5mL的正己烷试剂中浸泡15min左右,将萃取液放到仪器样品池中进行扫描。紫外光光源辐射出的光束经过滤光片后照射到样品池上,激发样品池中萃取液发出荧光,荧光经聚光及光栅的分光色散后,照射于光电倍增管上,光电倍增管把光信号转变成电信号,经放大送至计算机处理,输出连续的荧光强度—波长谱图,给出荧光主峰波长及其强度、样品的含油浓度、荧光系列对比级等特征参数。通过计算机对仪器主机进行控制,可以对样品进行200~800nm等不同波长光谱扫描。

二、定量荧光录井测量参数及其物理意义

1. 二维石油定量荧光分析仪参数及其物理意义

1)荧光发射波长

图5-5为OFA-Ⅱ型石油定量荧光分析仪提供的二维荧光谱图。谱图横坐标为荧光发射波长,反映原油中不同成分的荧光出峰位置,单位nm。一般300~340nm波长范围内的荧光代表轻质成分;340~370nm波长范围内的荧光代表中质成分;波长大于370nm的荧光代表重质成分(图5-6)。谱图出峰个数与波长位置、被测样品荧光物质成分有关,其差异反映储层原油性质变化或样品中荧光污染物质类型不同,是鉴别原油性质和钻井液污染的依据(图5-7)。

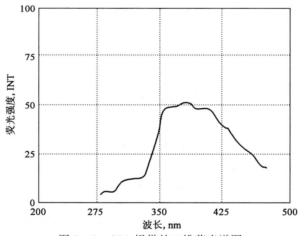

图5-5　OFA提供的二维荧光谱图

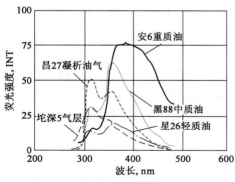

图5-6　吉林油田不同性质油气层二维定量荧光对比谱图

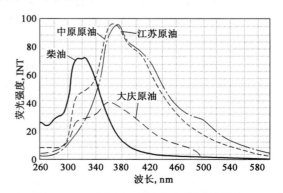

图5-7　不同油田定量荧光谱图形态对比

2）荧光强度

谱图纵坐标为荧光强度,反映原油中不同成分所发射荧光的强弱,单位INT,与被测样品中荧光物质浓度有关,其中石油荧光主峰强度是油气定量的依据(图5-5)。

3）相当油含量

相当油含量(C)是样品荧光强度所对应的含油浓度值,反映被测样品的含油量,单位mg/L。计算方法见式(5-3)。荧光强度为固定激发波长下的二维荧光发射谱主峰强度。

4）荧光对比级别 n

与常规荧光录井荧光标准系列相比,样品荧光强度相当于荧光标准系列的级别,无单位。与岩石样品含油量的多少有关。

$$n = 15 - (4 - \lg C)/0.301 \qquad (5-4)$$

式中　n——被测样品的对比级别,无量纲;

　　　C——被测样品的相当油含量,mg/L。

5）油性指数

油性指数(R)为中质峰的荧光强度与轻质峰的荧光强度的比值,是识别原油性质的指标,油性指数 R 越小,表示油质越轻;反之,油性指数 R 越大,表示油质越重。

$$R = \mathrm{INT}_{中}/\mathrm{INT}_{轻} \qquad (5-5)$$

式中　R——油性指数;

　　　$\mathrm{INT}_{中}$——样品中质峰荧光强度,INT;

　　　$\mathrm{INT}_{轻}$——样品轻质峰荧光强度,INT。

2. 三维石油定量荧光分析仪参数及其物理意义

1）荧光发射波长 E_m 与激发波长 E_x

图5-4为OFA-3DI型三维石油定量荧光分析仪提供的三维荧光谱图和等值线谱图。三维荧光谱图 X 轴坐标为荧光发射波长(E_m),单位 nm;Y 轴坐标为激发光波长(E_x),单位 nm。激发波长与发射波长相互配合,可以准确确定不同荧光物质成分的最佳激发波长和最佳发射波长,以及荧光出峰位置。三维荧光谱图出峰个数和位置与被测样品荧光物质成分密切相关,可以用来鉴别荧光物质,如识别钻井液荧光污染物,识别不同油源、不同性质的原油。

2）最佳激发波长与最佳发射波长

三维荧光谱图中荧光强度最高峰所对应的激发波长称为最佳激发波长,单位 nm;所对应的发射波长,称为最佳发射波长,单位 nm(图5-4)。

石油的最佳激发波长(E_x)和最佳发射波长(E_m)与原油性质有关,最佳激发波长和最佳发射波长越大,原油中重质成分含量越高,油质越重,反之则油质越轻。国内油田原油轻质成分荧光主峰一般出现在 E_x 为 290～330nm、E_m 为 300～340nm 范围内;中质成分荧光主峰一般出现在 E_x 为 330～370nm、E_m 为 340～400nm 范围内;重质成分荧光主峰一般出现在 E_x 为 380～420nm、E_m 为 390～440nm 范围内(图5-8)。

3）荧光强度

三维谱图 Z 轴坐标为荧光强度,反映原油中不同成分所发射荧光的强弱,单位 INT。与被测样品中荧光物质浓度有关,其中石油荧光主峰强度是油气定量的依据(图5-8)。

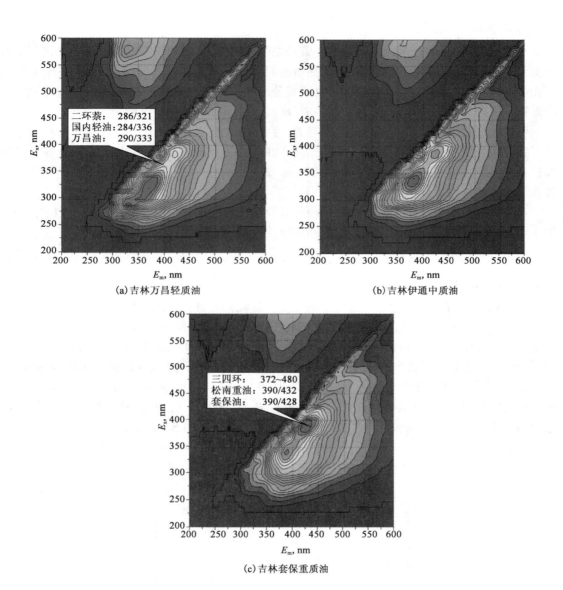

（a）吉林万昌轻质油 （b）吉林伊通中质油

（c）吉林套保重质油

图 5 - 8　不同性质原油三维荧光等值线谱图对比

4）相当油含量

相当油含量（C）是样品荧光强度所对应的含油浓度值，反映被测样品的含油量，单位 mg/L。计算方法见式（5 - 3）。与固定激发波长的二维荧光发射谱主峰强度有所不同，三维荧光强度为石油最佳激发波长和最佳发射波长所对应点的荧光强度，这正是石油荧光最高峰的强度。

5）荧光对比级别 n

与常规荧光录井荧光标准系列相比，样品荧光强度相当于荧光标准系列的级别，无单位。与岩石样品含油量的多少有关，计算方法见式（5 - 4）。

6）油性指数 R_2、R_3

一般情况下，石油三维荧光谱有多个荧光主峰，轻、中、重质油的主峰在三维荧光谱图中都能得到反映。不同地区、不同油源、不同性质的原油三维荧光谱图出峰个数不同，各个主峰的荧光强度也有很大差异，但是其轻、中、重质成分出峰位置大致是稳定的，最高峰位置受原油中荧光物质成分和含量差异影响，常常在各成分峰位置之间变动。

例如松辽盆地南部原油轻质成分主峰 E_x 为 290nm、E_m 为 327nm（万昌轻质油），相当于二环芳香烃荧光主峰位置；中质成分主峰 E_x 为 340nm、E_m 为 387nm（各区中质油），是各类油质都具备的一个主峰；重质成分主峰 E_x 为 390nm、E_m 为 428nm（套保重质油），相当于三环以上芳香烃荧光主峰位置（图5-8）。

本书将重质油主峰荧光强度与轻质油主峰荧光强度的比值定义为三维油性指数 R_3，用来描述储层原油性质的变化。松辽盆地南部三维油性指数 R_3 计算式如下：

$$R_3 = INT_重/INT_轻 \tag{5-6}$$

式中 R_3——三维油性指数；

　　$INT_重$——样品重质点位（E_x 为 390nm，E_m 为 428nm 处）荧光强度，INT；

　　$INT_轻$——样品轻质点位（E_x 为 290nm，E_m 为 333nm 处）荧光强度，INT。

在三维荧光分析中，仪器提供的油性指数 R_2 采用的是类似二维仪油性指数的计算方法，即采用单激发波长的荧光发射谱中中质成分峰与轻质成分峰荧光强度比值来识别原油性质。实践表明，选用轻质油主峰最佳激发波长（E_x 为 290nm）对应的荧光发射谱求取二维油性指数更具有准确性，如松辽盆地南部选择轻质成分点 E_x 为 290nm、E_m 为 333nm 与中质成分点 E_x 为 290nm、E_m 为 368nm 的荧光强度比表示二维油性指数 R_2（图5-9）。

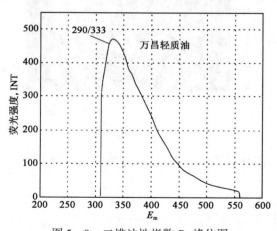

图5-9　二维油性指数 R_2 峰位图

$$R_2 = INT_中/INT_轻 \tag{5-7}$$

式中 R_2——二维油性指数；

　　$INT_中$——样品中质点位（E_x 为 290nm、E_m 为 368nm 处）荧光强度，INT；

　　$INT_轻$——样品轻质点位（E_x 为 290nm、E_m 为 333nm 处）荧光强度，INT。

二维油性指数 R_2 采用了中、轻质成分峰荧光强度比值，不能很好地表征原油中重质成分的多少，与之相比，三维油性指数 R_3 更能表征原油性质由轻到重的变化以及原油氧化降解程度的强弱，其原油性质识别准确度明显高于二维荧光。

第二节 定量荧光录井资料录取及整理

一、定量荧光录井资料录取及整理

1. 录井前的准备

1）收集资料

收集区域地质资料和试油资料，重点收集邻井原油性质资料和本井钻井液体系、添加剂资料，必要时对邻井原油和各种钻井液添加剂进行荧光扫描分析，全面掌握它们的荧光特性。

2）选择试剂

任选正己烷、异丙醇、环己烷、异丁烷四种溶剂中的一种作为分析试剂。一般选正己烷为分析试剂，使用前要进行纯试剂荧光扫描，检验其是否达到光谱纯级标准。

3）选取标准油样

选取与设计井同地区、同构造、同层位邻近井的原油样品作为标准油样。遇到新区新探井没有邻井油样作为标准油样时，可以选定一个已知中质油的油样作为标准油样。

2. 仪器安装、调试与标定

遵照定量荧光录井操作规程进行仪器的安装与调试。调试仪器的灵敏度时，一般要求最高浓度的标准油样二维仪分析的荧光强度应达到80INT左右，三维仪分析的荧光强度应达到800INT左右。

用已知浓度的标准油样按规定对仪器进行标定。在刻度过程中，首先要依据标准油样图谱中荧光最高峰位置的波长来确定主峰波长，主峰波长的选定允许有 ±5nm 的误差。主峰波长的位置是读取和计算相当油含量、对比级、荧光强度的依据。然后利用不同浓度标准油样的分析结果制作仪器工作曲线，进行录井。

在安装调试中需要注意：（1）分析仪器属于高精密光学设备，转移使用场所时，必须做好包装和运输，尽量减少震动，避免损坏。（2）仪器使用超过240h时，需要对仪器进行一次校准。灵敏度降低需要重新刻度仪器。（3）汞灯点亮稳定需一定时间，故精密测试应在30min之后进行。（4）所配样品的浓度值与仪器检测得到的浓度值误差大于 ±5% 或工作曲线回归相关系数低于0.98时，说明工作曲线的线性响应关系不好、标准油样配制不准确，需要重新配制标样进行刻度。（5）录井过程中，目的层原油性质发生改变时，需要及时更换工作曲线。

3. 样品的选取

1）岩屑样品的取样要求

（1）按照取样间距，选取具有代表性且未经烘烤、晾晒的储集层真岩样。

（2）若岩屑样品代表性差，选取混合样。

（3）分析速度跟不上钻井速度时，应将样品称取后放入试管内用水密封保存。

2）井壁取心样品的取样要求

（1）对储集层井壁取心选取中心部位进行逐颗分析。

（2）钻井取心样品的取样要求：岩心出筒清洗后，按照取样间距，及时在岩心中心部位取样，所取岩心样品不得有污染。

3）钻井液样品的取样要求

（1）对每次钻井液调整处理循环均匀后选取钻井液样品进行分析。

（2）在气测异常井段和槽面有油气显示井段选取钻井液样品进行分析。

4. 样品分析

（1）固态样品取 1.0g 磨碎，液态样品取 1.0mL，用 5.0mL 试剂浸泡到规定的时间。

（2）视情况对样品浸泡液进行稀释，然后将稀释后的溶液倒入比色皿中，上机分析。

（3）必要时对钻井液添加剂进行荧光分析，扣除背景值影响。

（4）填写定量荧光分析记录（表 5 – 1）。

表 5 – 1　××井定量荧光分析记录表

日期	层位	样号	井深，m	岩性	分析参数						样品类型
					INT	C mg/L	油性指数	稀释倍数	相当油含量，mg/L	系列对比级	
2010.3.2	q_4	1	2316	灰色油迹粉砂岩	63.4	28.26	2.1	10	282.6	9.8	岩屑
2010.3.2	q_4	2	2325	灰色油斑粉砂岩	82.1	36.13	2.1	20	722.6	11.2	岩屑
…	…	…	…	…	…	…	…	…	…	…	…

5. 样品稀释

（1）估计一个合适的稀释倍数 N，确定好最终的稀溶液体积 V_2，计算待取的浓溶液的体积 V_1，计算公式为

$$V_1 = V_2/N \times 1000 \qquad (5 - 8)$$

式中　V_1——待取浓溶液的体积，μL；

　　　N——稀释倍数；

　　　V_2——稀溶液的体积，mL。

（2）用微量移液器移取 V_1 体积的浓溶液，放入一只干净干燥的具塞刻度试管中，用滴管向刻度试管中加入试剂至试管 V_2 刻度处，摇匀。此溶液即为稀释好的样品溶液，记下稀释倍数 N。

样品浸泡液稀释是定量荧光分析中经常性的操作。定量荧光分析中样品溶液一次制备成功与否，取决于样品稀释倍数预见性。由于待分析的样品浓度是未知的，因此需要依据现场油气显示级别、系列对比级别、地球化学测值等油气信息对样品稀释倍数进行估计。例如，松辽盆地中质油藏含有油气显示的样品初始稀释倍数至少为 2 倍，油迹级显示样品至少稀释 10 倍，油斑级显示样品至少稀释 20 倍，油浸以上级显示样品至少稀释 50 倍。应用这些经验，有效地减少了定量荧光分析中样品浸泡液的稀释次数。

6. 定量荧光录井资料整理

根据岩样分析原始数据，编制"定量荧光录井谱图"，格式参见图 5 – 10。

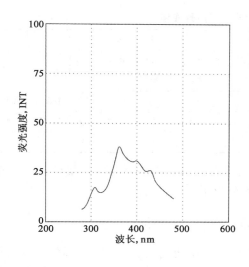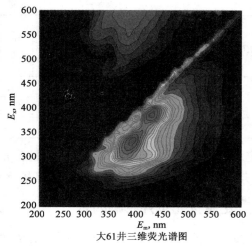

大61井三维荧光谱图

井号：黑120-2井　　　日期：2003/03/26　　　　操作员：陈辉

样本信息	序号	层 位		井深, m	岩性	样本类型	稀释倍数
	10	姚一段		1866.0	褐灰色油斑粉砂岩	岩屑	1000.0
图谱参数	波长, nm	灵敏度	INT	C,mg/L	n	峰1	峰2	峰3	峰4
	361	65	38.0	7.38	11.2	(288/8.5)	(307/17.7)	(322/16.8)	(362/38.4)

井号：大61　　　　序号：9　　　　　分析单位：地质录井二公司研究所

仪器参数	扫描方式	扫描速度	灵敏度	E_x范围, nm	E_m范围, nm
	三维扫描	低速	36	(200/600)	(200/600)
样本信息	井深, m	层位	样品类型	岩性	稀释倍数
	2056.33		岩心	灰色粉砂岩	20
谱图参数	E_x, mn	E_m, mn	INT	切片谱法	三维体积法
	320	370	907.40	相当油含量1 C', mg/L	相当油含量2 C, mg/L
	对比级别n	二维油性指数	三维油性指数		
	12.2	1.28	1.78	1477,60	

分析人：修天竹　　　　　　　分析日期：2009/10/15　10:29:00

图 5-10　二维、三维定量荧光录井谱图格式

按照定量荧光录井规范上交资料要求,对原始数据进行整理,编写定量荧光分析记录表(表5-2)。

利用本地区解释图版,依据岩样分析数据,结合定量荧光谱形分析,进行储层原油性质解释和流体评价,编写"定量荧光录井解释成果表"(格式见表5-2)和分析报告。分析报告包括封面、前言、定量荧光解释成果、附图附表四个部分。必需内容有所钻井的地理位置、构造位置、井别、钻探目的、设计井深、完钻井深、完钻层位及开、完钻日期等基本情况;定量荧光录井施工简况及工作量统计;本井定量荧光录井影响因素分析;含油层逐层解释评价以及相关图表。

表 5 – 2   ××井定量荧光分析解释成果表

| 层位 | 序号 | 井段,m | 岩性 | 厚度,m | 样品类型 | 分析点数 | 分析参数 | | | | 原油性质 | 解释结论 |
							相当油含量,mg/L	油性指数	系列对比级	谱形描述		
q₄	1	2313~2316	灰色油迹粉砂岩	3.0	岩屑	1	282.6	2.1	9.8	正常	中质油	油水同层
q₄	1	2325~2326	灰色油斑粉砂岩	2.0	岩屑	1	722.6	2.1	11.2	正常	中质油	油水同层
...	...	...	...	...	...	...	...	...	...	...	...	...

定量荧光录井要上交的资料包括:定量荧光分析记录表(含钻井液);定量荧光分析谱图(含钻井液);定量荧光录井解释成果表;定量荧光分析报告;数据盘。

二、定量荧光录井影响因素

定量荧光分析仪器操作简便,分析精度高,可识别微弱油气显示,易于发现轻质油层,在谱图识别原油性质和不同荧光干扰物质等方面有优势。在应用中,定量荧光的检测值受外界影响因素较多,在实际应用中要注意以下影响。

1. 岩石样品的影响

储集层岩石样品的代表性和质量直接关系到油气显示发现与分析资料的质量,尽量避免使用混合样,保证选取岩样的代表性,尤其是低级别显示样品或无显示样品选取。取样后及时分析。样量不够时,要等比例降低溶剂量。岩样受到钻井液污染时,要做钻井液浸泡样(白砂样)分析,必要时用差谱功能降低钻井液的干扰。分析中,如果发现样品原油性质与工作曲线原油性质不匹配,必须及时更换工作曲线,以保证定量检测值的准确性。

2. 样品制备及处理过程的影响

荧光分析是一种超微量分析技术,工艺流程复杂,各个环节稍有不慎,就会对定量荧光检测值产生非常大影响(图 5 – 11)。例如制备上机分析样品(溶液)要经过岩样称重、研磨、浸泡、稀释等一系列复杂处理操作。

微小的失误经过汇总传递,就会产生较大的失真,甚至造成错误的评价结果,要将其误差控制到最低限度,除了保证称重等各种操作精准外,还需要注意以下几个方面:

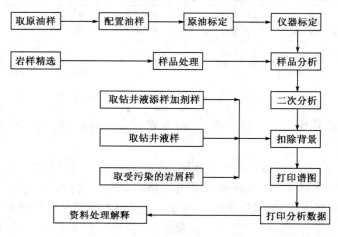

图 5 – 11   定量荧光录井工艺流程

1）减少试剂和相关器皿的污染

试剂和相关器皿的污染会大大影响分析的准确性,在测定和配样的操作过程中要注意:配制样品时,由高浓度溶液向低溶度溶液配制,尽量降低试管、微量进样器、试剂瓶之间的污染;在使用试剂之前,将少量试剂从试剂瓶中倒入一个小具塞三角瓶中,滴管只能从三角瓶中吸取试剂,而不能直接插入试剂瓶中,保证试剂的清洁,避免污染整瓶试剂;不能用手直接接触比色皿外表面,避免样品溅污比色皿外表面,测定完一个样品后,一定要用试剂冲洗干净比色皿,要保证其内外表面清洁,尤其是内表面干净。

2）提高计量器具的精度和自动性

二维荧光测定的荧光强度(0～100INT)是远离石油荧光主峰的低强度部分(图5-12),现场配样采用的刻度试管(精度1mL)和移液器虽然精度低,读数误差大,但对测值相对影响较小。三维荧光仪检测精度高(0.01mg/L),测定的是石油荧光主峰强度(图5-12),荧光强度高(0～1000INT),对计量器具精度要求更高,因而必须采用自动定量瓶口分液器代替刻度试管,使用多种规格高精度移液器规范移液操作,才能保证测量值的稳定性和精度。

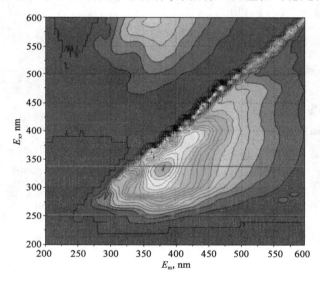

图5-12　二、三维荧光仪测定含油量时激发光波长对比

3. 样品稀释的影响

合理的稀释倍数,既要满足稀释后溶液油浓度不超过仪器线性检测最高范围(40mg/L),不发生荧光猝灭,导致测值不可用;又要保证稀释后油浓度不过低,保持荧光谱形正常。稀释结果是否合理要从两个方面来判断,一是待分析样品液体要求无色透明,如果微黄或者有颜色,就需要稀释后分析。二是根据初次分析的谱图形态判断。样品浓度超出仪器检测范围时,会出现平顶峰谱形或者荧光强度不增反降、荧光峰位向重质油峰位偏移的谱形。此时,需要根据图谱形态和测值重新估计(加大)稀释倍数进行再稀释分析(图5-13、图5-14、图5-15、图5-16);样品浓度过低,荧光分析强度低(二维仪≤15INT,三维仪≤150INT),造成谱图失去原有形态,不规整,油性指数参数异常,需要减少稀释倍数,提高溶液浓度后再分析(图5-17)。

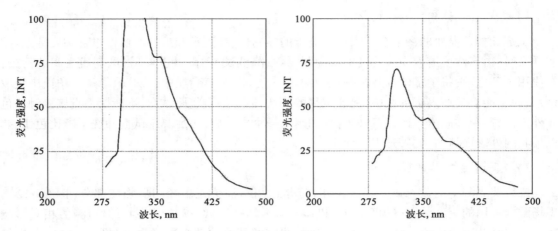

图 5 - 13　二维荧光浓度过高样品的平顶峰谱形(左)与线性范围内样品的正常谱形对比(右)

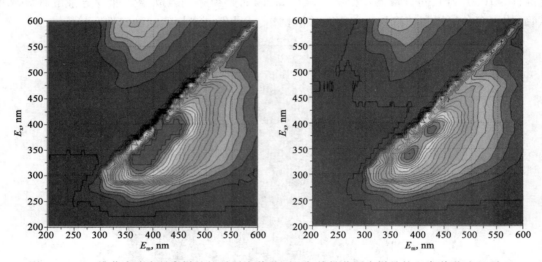

图 5 - 14　三维荧光浓度过高样品的平顶峰谱形(左)与线性范围内样品的正常谱形对比(右)

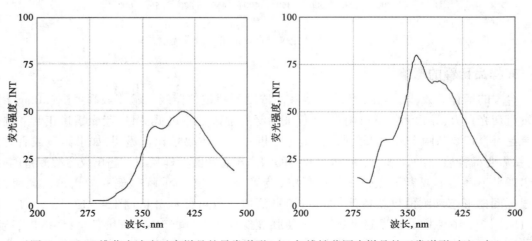

图 5 - 15　二维荧光浓度过高样品的异常谱形(左)与线性范围内样品的正常谱形对比(右)

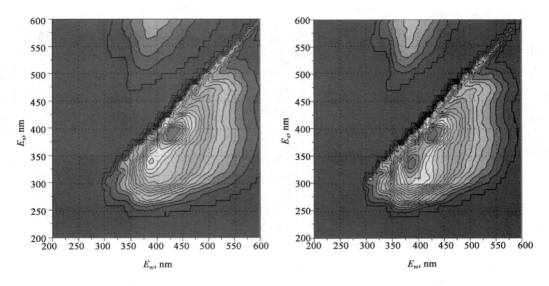

图 5 - 16 三维荧光浓度过高样品的异常谱形(左)与线性范围内样品的正常谱形对比(右)

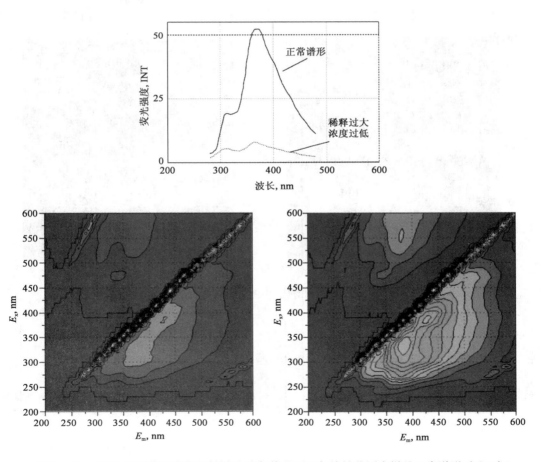

图 5 - 17 二维、三维荧光浓度过低样品异常谱形(左)与线性范围内样品正常谱形对比(右)

4. 溶剂的影响

在定量荧光分析中,使用的溶剂一般要达到光谱纯级别,即低杂质、高纯度,在光谱分析中不出现或很少出现杂质谱峰和谱线。含较高杂质的正己烷试剂通常都具有高强度的散射峰、拉曼峰和荧光杂峰,使荧光分析谱形和测值受到很大影响。图5-18、图5-19、图5-20分别为不同正己烷二维、三维荧光对比谱图。合格与不合格正己烷的谱形有明显差异,不合格正己烷荧光强度较高(背景),荧光谱形异常,含油量测定误差大,油性指数改变,作用失效。因此,在使用或者更换正己烷溶剂时必须进行合格性检测。正己烷是挥发性易燃液体而且有毒性,使用中要远离火源,及时通风换气,随手盖上瓶盖,防止挥发。

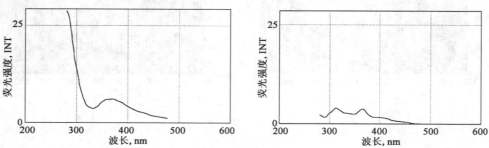

图5-18　不同正己烷二维荧光谱图对比(左图为不合格正己烷、右图为合格正己烷)

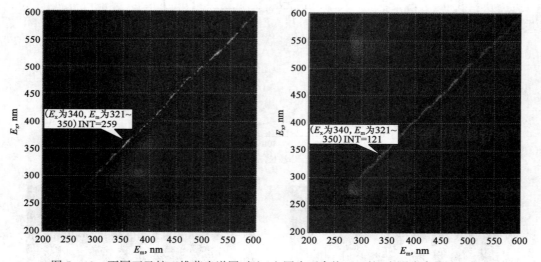

图5-19　不同正己烷三维荧光谱图对比(左图为不合格正己烷、右图为合格正己烷)

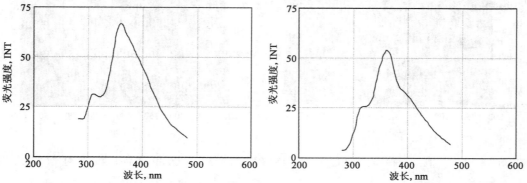

图5-20　同浓度标准油样二维荧光谱图对比(左图为不合格正己烷配制、右图为合格正己烷配制)

5. 温度的影响

在荧光分析中,样品的温度影响不容忽视。荧光强度随样品温度的升高明显降低。温度上升,物质分子运动速率加快,分子间碰撞增加,无辐射跃迁增加,降低了荧光效率。尤其是三维荧光分析(光照)时间较长,同一样品如果连续不间断重复扫描,由于样品温度升高,物态未完全恢复,荧光强度呈连续下降趋势。因此,三维荧光仪要求使用环境温度稳定,样品要在恒温环境(箱)保存,以保证测量结果的可靠性。

第三节　定量荧光录井资料的解释与应用

一、定量荧光录井资料的解释

定量荧光录井资料一般从储层原油性质识别、油水层评价、真假油气显示识别三个方面进行解释。

1. 利用定量荧光录井数据识别储层原油性质

定量荧光识别储层原油性质有着特殊的意义。在采集中,发现目的层原油性质发生改变,要及时调整采集方法和更换工作曲线;在解释评价中,必须有原油性质参数参与才能做出正确的评价。

一般储层原油密度升高,原油中高碳数多环芳香烃(4环以上)及胶质等重质成分含量增高,原油流动性变差,黏度升高;在荧光谱图上表现为重质峰荧光强度增高,油性指数升高,三维荧光谱主峰激发波长和发射波长同步增大(图5-8),二维荧光谱主峰"红移"(向波长增大方向移动),主峰峰体增宽(图5-6、图5-21)。如果主峰荧光强度增高不明显(油性指数变化不大),只是主峰增宽,波长"红移"(图5-22),表明储层原油性质虽然没有改变,但原油遭受过破坏运移、氧化降解,成为残余油。这种"主峰增宽,波长红移"现象达到一定程度,即使储层原油不是重质油,其原油流动性与重质油一样非常差,很难采出,要按照重质油层标准评价,达不到标准,即使岩心、岩屑显示级别高,试油也多为水层。

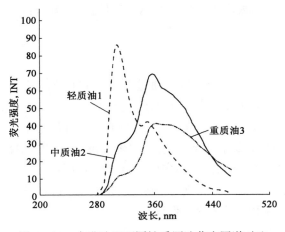

图5-21　大港油田不同性质原油荧光图谱对比

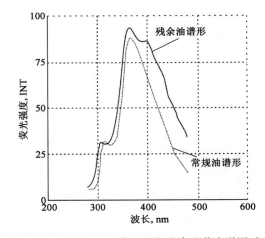

图5-22　吉林油田正常原油与残余油荧光谱图对比

在定量荧光录井中,通常根据荧光谱图形态、主峰波长位置和油性指数大小识别储层原油性质。利用定量荧光录井现场采集的各项参数,对照储层原油性质判别标准(表5-1、表5-2、表5-3),可以有效地区分轻质油储层、中质油储层和重质油储层。储层原油性质的判别标准一般由各油田已知原油性质(试油测试资料确定)的储层定量荧光谱图及参数特征分类统计确定。

表5-3　吉林二维荧光油性指数判别原油性质标准

原油性质分类	原油密度,g/cm^3	油性指数,R
凝析油	<0.78	$R < 1.4$
轻质油	0.78~0.84	$R < 2.0$
中质油	0.84~0.90	1.4~3.4
重质油	0.90~0.92	$R > 3.4$

表5-4　吉林三维荧光油性指数判别原油性质标准

原油性质分类	三维谱油性指数,R_3	二维谱油性指数,R_2
重质油	≥2.63	≥1.635
中质油	0.815-~2.63	0.92~1.635
轻质油	≤0.815	≤0.92

表5-5　辽河油田二维荧光主峰波长、油性指数判别原油性质标准

原油性质分类	原油密度,g/cm^3	主峰波长,nm	油性指数 R
轻质油	<0.87	357~361	≤1.8
中—重油	0.87~0.92	358~362	1.8~4.5
高凝油	0.84~0.90	358~363	2.0~3.5
普通稠油	0.92~0.95	360~364	4.5~6.0
超稠油	>0.95	361~367	≥6.0

2. 利用定量荧光录井数据评价油水层

通过定量荧光录井含油性参数、原油性质识别参数可以直接进行储层流体评价,配合储层物性数据能够获得更精准解释结果。

1) 单项参数评价法

单项参数评价法适用于一维型定量荧光仪,它只有一个参数。通过对一口井自上而下岩石样品的荧光强度或者含油量值进行对比,确定测值明显高于基值的油气异常层段为解释井段。对照区域油水层评价标准,做出相应的解释评价结果。表5-6是吉林油田一维型定量荧光油水层判别标准,表5-7是长庆油田多种录井技术综合解释油水层评价标准,其标准选择了定量荧光含油量这一单项参数。单项参数评价法在原油性质稳定的地区能够收到良好的应用效果,但很难适应当前复杂油质油气藏的勘探开发需要。因为不同油质油层的评价标准差异很大,在油质复杂区用一种评价标准评价其他油质储层必然产生误判。

表 5-6　吉林油田中质油区 LYC-A 型一维定量荧光油水层解释标准

定量荧光解释结果	油　　层	油　水　层	水层、干层
定量荧光强度范围 LYC	>2000	1000~2000	<1000

表 5-7　长庆油田油气层综合解释评价最低判别标准表

解释结论	物性分析		地球化学分析			荧光图像分析		定量荧光分析	
	ϕ %	K $10^{-3} \mu m^2$	S_o %	P_g mg/g	S_1 mg/g	含油率 %	含水率 %	荧光级别	含油量 mg/L
油层	>8	>0.4	>30	>9.1	>5.5	>71	<29	>11.5	>723
油水同层	>8	>0.4	15~40	4.3~9.1	2.7~5.5	25~71	75~29	10.5~11.5	521~723
含油水层	>8	>0.4	10~40	<4.3	<2.7	<25	>75	10.5~11.5	521~723
水层	>8	>0.4	<30	<4.3	<2.7	<25	>75	<10.5	<521
干层	<8	<0.4	<10	<4.3	<2.7	<25	>75	<10.5	<521

2）油性指数—含油量图版评价法

荧光仪检测到的荧光主要来源于石油中芳香烃和胶质。不同性质原油荧光物质含量差异巨大,尤其是胶质含量很不稳定,即使同一油层同一性质原油,在不同位置或者不同时间取样,测定原油胶质含量常常有 5%~10% 的波动(表 5-8)。由此可见,标样用油与样品所含石油的荧光物质成分和含量总会存在一定的差异。如果这个差异过大,会产生严重的系统误差,引起石油荧光主峰位置漂移,增大测量值与储层真值之间的误差,也使得定量荧光技术测量储层含油浓度的精度低于地球化学录井技术。

表 5-8　松辽盆地南部原油性质分析统计表

原油性质	密度,g/cm³	黏度,mPa·s	胶质含量,%		沥青质含量 %
			范围	平均	
轻质油	0.76~0.84	0.49~15	1.3~14	7.9	0.1~3.5
中质油	0.84~0.9	9~45	7~35	15.9	0.1~6
重质油	0.9~0.96	37.1~967.5	21~56	30.7	0.1~7.1

通常这一差异会在定量荧光油性指数参数中得到反映,胶质含量增高,油性指数也相对升高。因此,在油气层评价中,随着油性指数的升高同步升高产油层含油量解释下限,不但可以弱化胶质含量波动引起的测值误差,也适应了原油密度升高、黏度增加、油相流动性变差、储层产油能力下降的趋势,使得定量荧光油气层评价效果更加准确可靠(图 5-23)。在油气层评价中,油性指数与定量荧光油含量是一个不可分割的整体。

荧光主峰波长、油性指数都可以反映储层原油性质的变化,早期评价图版采用主峰波长和含油量参数建立(图 5-24),应用效果较差。与之相比,油性指数判别原油性质的能力更强,是储层原油密度、轻重芳香烃含量、胶质含量、原油流动性变化的综合反映,解决的问题更多,当前定量荧光评价图版主要采用油性指数配合油含量参数建立(图 5-25 至图 5-29),视样品测值落入图版的区间给出储层原油性质和流体性质的评价结果,应用效果明显,得到了广泛采用。

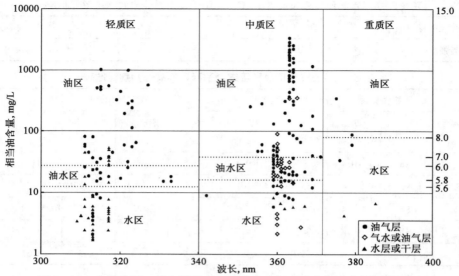

图 5 - 23　大港油田二维定量荧光主峰波长—相当油含量油水层评价图版

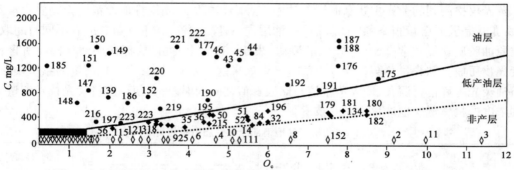

图 5 - 24　辽河油田二维定量荧光油性指数 O_c —相当油含量 C 油水层评价图版

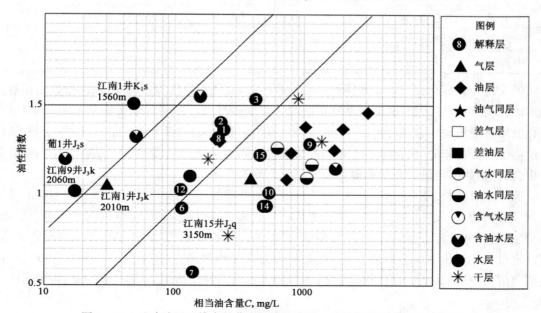

图 5 - 25　吐哈油田二维定量荧光相当油含量—油性指数油水层评价图版

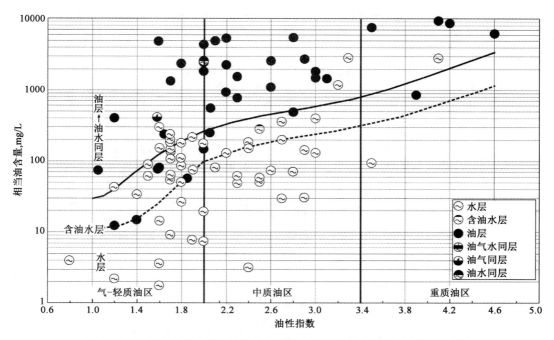

图 5-26　吉林油田二维定量荧光相当油含量—油性指数油水层评价图版

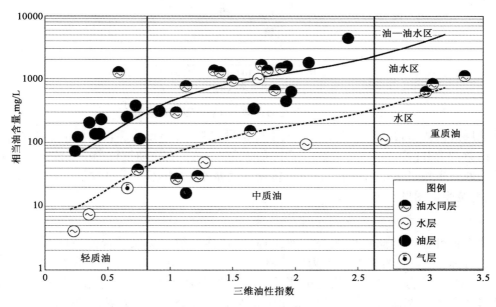

图 5-27　吉林油田三维定量荧光相当油含量—三维油性指数油水层评价图版

　　轻、中、重质油储层荧光物质含量很少呈现连续的线性特征(表 5-8),因而,不同油质间油层油含量解释标准多为跳跃式突变。在图版上,随着油性指数的升高,解释标准界线显现 S 形曲线式上升。实践表明,轻质油层荧光物质含量少,荧光微弱,荧光强度和测定的油含量都很低,与中质油层相比,随着油性指数的降低急剧下降(图 5-25),凝析油气层的油含量测值则更低,甚至低于钻井液背景值(<25mg/L)。这个特点导致定量荧光技术轻质油层发现容易(有石油荧光谱形),评价难度大(轻质油层与显示的水层测值相近),与地球化学录井相比,评

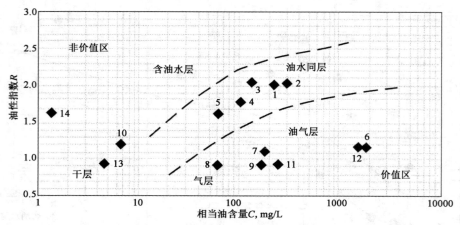

图 5 - 28　吐哈油田三维定量荧光相当油含量—油性指数油水层评价图版

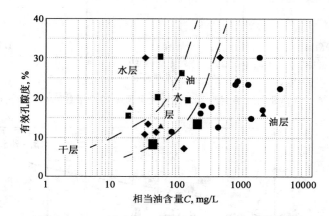

图 5 - 29　三维荧光油含量—有效孔隙度解释图版

价轻质油层效果要差很多。重质油层荧光物质含量非常高,导致油层含油量下限随着油性指数的升高急剧上升(图 5 - 25),一般高于中质油层数十倍。在重质油评价中要注意,含油量剧增与储层原油生物降解作用强弱、芳香烃转化率关系密切,并不完全是储层含油量增大的反映,要结合荧光谱图形态来鉴别。

3)与储层物性相关的定量荧光评价图版

一个含油性良好的储集层能否出油,与储层物性有很大关系。含油浓度相同的干层、差油层和油水层,它们的显著差别为储层物性不同。要想获得较高的解释精度,就必须在定量荧光解释中充分考虑储层物性的影响。一般选取核磁共振录井孔隙度或测井孔隙度作为物性参数参与图版评价,也可以采用定量荧光二次分析法或者钻时比法间接地反映储层物性变化。

图 5 - 29 是吐哈油田三维荧光油含量—有效孔隙度解释图版,图 5 - 30 是辽河油田二维荧光油含量—钻时比解释图版。图版充分考虑了储层物性的变化,划分了低孔的干层区和高孔低油的水层区等,有很好的应用效果。

定量荧光二次分析方法主要目的是求取储层孔渗性指数 I_c,用孔渗性指数反映储层物性好坏,配合油含量参数建立图版,进行储层流体性质评价。首先将未研磨的岩石样品颗粒直接浸泡正己烷溶剂中,浸泡到规定时间后进行第一次分析,测得的含油浓度 C_1 为近似可动油浓

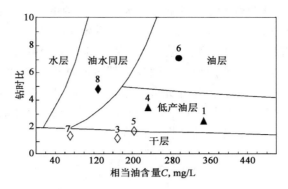

图 5 – 30　二维荧光油含量—钻时比解释图板

度;然后将浸泡液倒出,将样品颗粒晾干粉碎,重新浸泡进行第二次分析,测得的含油浓度 C_2 为近似残余油浓度,二者之和为样品总含油浓度 C。孔渗性指数 I_c 和总浓度 C 计算公式如下:

$$C = C_1 + C_2 \qquad\qquad (5 - 9)$$

$$I_c = C_1 / (C_1 + C_2) \qquad\qquad (5 - 10)$$

式中　C——样品相当油含量,mg/L;

　　　I_c——孔渗性指数,无量纲;

　　　C_1——首次分析时测得的相当油含量,近似可动油浓度,mg/L;

　　　C_2——二次分析时测得的相当油含量,近似残余油浓度,mg/L。

图 5 – 31 是定量荧光孔渗性指数 I_c—油含量解释图版,表 5 – 9 是定量荧光二次分析法储集层流体性质判别标准。二次分析方法在辽河油田、安棚油田应用中收到了良好效果。

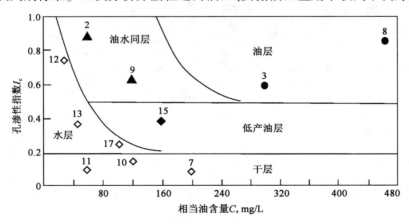

图 5 – 31　××井定量荧光孔渗性指数 I_c—油含量图版解释

表 5 – 9　定量荧光二次分析法储集层流体性质判别标准

储集层性质	相当油含量,mg/L	I_c 指数	谱图特征
油层	>1000	>0.8	油层
低产油层	>40	>0.6	油层
干层	<40	<0.6	干层
水层	<300	>0.6	水层

为了克服解释图版引入物性参数则丢掉了原油性质参数的弊病,吉林油田创建了定量荧光异常幅度 Bs-孔隙度 φ 评价图版(图5-32),应用后效果明显。该图版引入了定量荧光异常幅度的概念,将油性指数和含油量融合为一个参数。其含义为解释层油含量值与最低解释标准(产油下限)的比值,它反映了解释层含油量值超过同油性指数含油量解释界线的倍数。应用前要将油含量—油性指数解释图版中最低解释界线(产油下限)转化成含油量和油性指数的关系式[式(5-11)为吉林油田定量荧光解释下限计算公式],然后再计算样品异常幅度 Bs,配合孔隙度参数 φ,落入图版进行流体性质评价。

$$C_{下限} = 25\mathrm{e}^{0.6714R} \tag{5-11}$$

$$\mathrm{Bs} = \frac{C}{C_{下限}} \tag{5-12}$$

式中　　$C_{下限}$——指定油性指数时产油层最低含油量(产油下限),mg/L;

　　　　Bs——解释层定量荧光异常幅度,无量纲;

　　　　C——解释层样品相当油含量,mg/L;

　　　　R——解释层样品油性指数,无量纲。

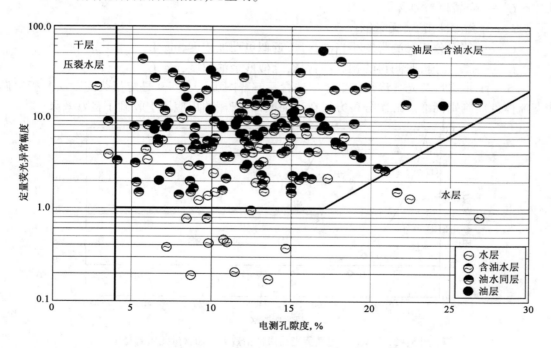

图5-32　吉林油田二维定量荧光异常幅度 Bs—电测孔隙度 φ 解释图版

3. 利用定量荧光谱图特征识别真假油气显示

钻井过程中为保证井筒安全,钻井液中时常要加入一些特殊的添加剂,如具有荧光特征的磺化沥青、润滑剂、滤失剂、消泡剂、乳化剂等,在欠平衡钻井中,还要加入白油、柴油等成品油,会造成很严重的荧光污染,形成假油气显示和假定量荧光异常,给常规录井油气显示发现和评价造成极大的困难。在钻井液荧光污染物识别和消除方面,定量荧光录井有很强的优势。利用定量荧光谱图特征,尤其是三维荧光谱指纹特征,能够很好地识别真假油气显示,鉴别荧光污染物,评价其影响大小,并通过"差谱"功能尽可能地消减污染物的影响。

1)常用钻井液添加剂荧光图谱特征

不同的荧光物质成分有着各自的荧光谱图特征(指纹特征),有各异谱图峰型、出峰数量和最佳激发波长、最佳发射波长,它们是鉴别各类荧光物质成分的依据(图5–33)。大部分钻井液添加剂都没有荧光或荧光很弱,如聚丙烯酰胺钾盐、PA–2、褐煤树脂、铵盐、HA树脂防塌剂、低荧光磺化沥青、磺化酚醛树脂、CMC、铵盐等,其荧光谱图反映的都是正己烷溶剂的特征,荧光值低,谱峰位置波动大,不能通过荧光谱图鉴别区分(图5–34)。

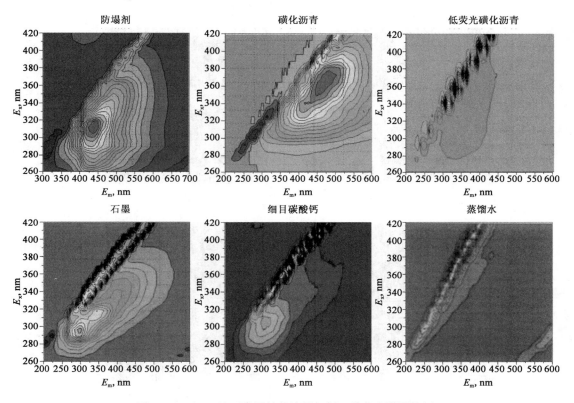

图5–33　××油田常用钻井液添加剂三维荧光谱图特征

具有强荧光的原油和钻井液添加剂,如磺化沥青、磺化沥青粉、阳离子乳化沥青、润滑剂、润滑油、柴油、白油、汽油等,各有不同的荧光特征,可以通过谱图比对识别,由于其主峰多靠近轻、中、重质原油主峰,对荧光录井影响很大(图5–35)。

在二维荧光谱图上,具有荧光的钻井液添加剂因其成分不同,谱图形态各异,或称多峰形态,或轻中重质峰异常增高,与原油谱图有明显差别,可以据此识别真假油气显示(图5–36、图5–37)。

通过大量实测和统计,国内各油田都各自总结了本探区常用的钻井液添加剂荧光特征表(表5–10、表5–11、表5–12、表5–13),现场对照特征表可以快速对样品所含荧光物质成分做出判断。

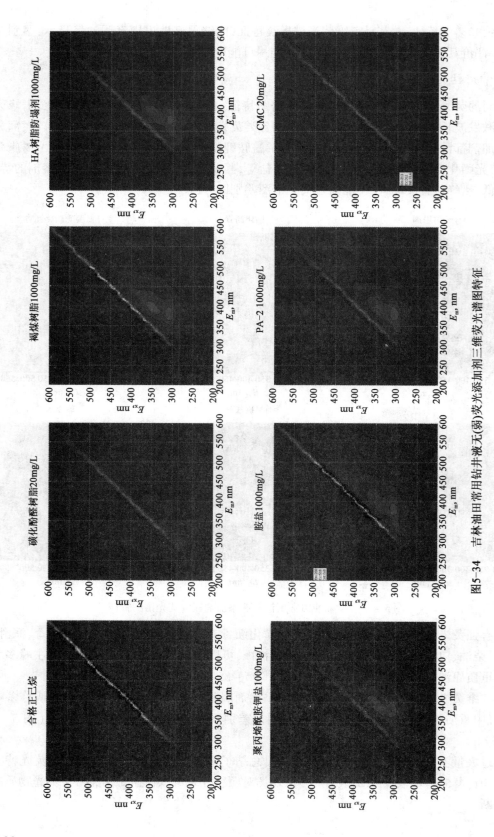

图5-34 吉林油田常用钻井液无(弱)荧光添加剂三维荧光谱图特征

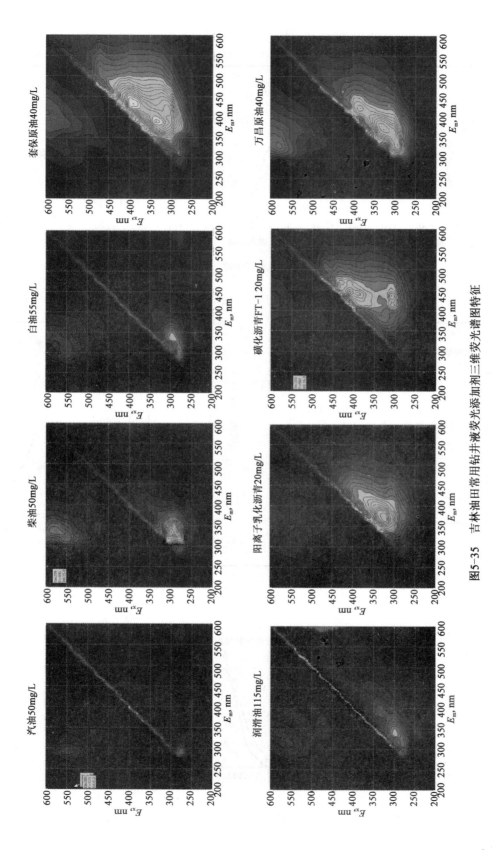

图5-35 吉林油田常用钻井液荧光添加剂三维荧光谱图特征

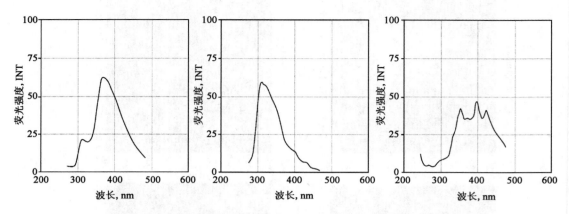

图 5-36 原油、柴油(中)与磺化沥青(右)荧光谱图特征对比

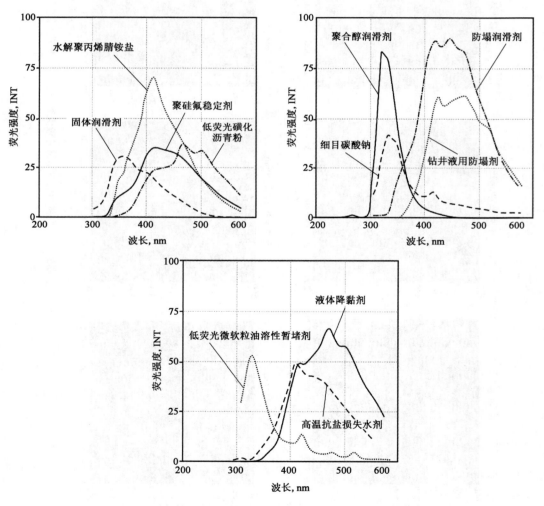

图 5-37 ××油田常用钻井液荧光添加剂二维荧光谱图特征

表 5－10　××油田常用钻井液添加剂二维荧光谱图特征

添加剂类型	主峰波长，nm	谱图形态特征	干扰程度
Sj－2 降滤失剂	361	315nm、335nm 处有两个不明显次级峰	较强
防塌降滤失剂	359～361	322nm、384nm 处均有不明显次级峰出现	较强
磺化沥青	364.5	呈复合峰状，406nm 出峰，形成顶部双峰，317nm 有次级峰	较弱
聚合醇	无	贴近基线的一条线	很弱
消泡剂	325、337.5	谱图呈双峰状，前翼陡，后翼略缓，双峰强度相近	强
SF260 硅氟高温降黏剂	360	幅值很低，贴近基线	很弱
乳化剂	335	谱图呈复合峰状，主峰在中，前次级峰略高于后次级峰；整体峰形前翼陡，后翼缓	很强

表 5－11　××油田常用钻井液添加剂二维荧光谱图特征

样品号	钻井液添加剂	波长 Max，nm	荧光峰值 F，%	稀释倍数	相当油含量，mg/L
1	水解聚丙烯腈铵盐	356	78	1	57.6
2	固体润滑剂	321	31.7	1	22.9
3	聚硅氟稳定剂	360	36	1	26.1
4	低荧光磺化沥青粉	400	37.8	1	27.4
5	钻井液用防塌剂	403	68	2	100.2
6	细目碳酸钙	300	40.8	1	29.7
7	聚合醇润滑剂	290	83.7	20	1237.1
8	防塌润滑剂	385	91	2	134.7
9	低荧光微软粒油溶性暂堵剂	295	53	1	38.8
10	液体降黏剂	404	67.1	1	49.4
11	高温抗盐降失水剂	360	48.3	1	35.3

表 5－12　吉林油田各类性质原油及常用荧光添加剂三维荧光特征峰统计表

序号	钻井液添加剂	主峰1 E_x 波长 nm	主峰1 E_m 波长 nm	主峰1 F_1	主峰2 E_x 波长 nm	主峰2 E_m 波长 nm	主峰2 F_2	主峰3 E_x 波长 nm	主峰3 E_m 波长 nm	主峰3 F_3	最佳激发波长 nm	最佳发射波长 nm	荧光峰值 F	稀释倍数	相当油含量 mg/L
1	低荧光防塌抑制剂	297	329	25.5							297	329	25.5	1	2.14
2	钻井液用防塌剂				331	376	839.9				331	376	893.9	1	34.716
3	低荧光防塌剂	303	353	323.5							303	353	323.5	1	14.06
4	无荧光防塌剂	298	337	85.5							298	337	85.5	1	4.54
5	腐钾				321	358	335.4				321	358	335.4	1	14.536
6	磺化沥青				381	420	838.7				381	420	838.7	20	672.08
7	磺化沥青粉				399	423	392.8				399	423	392.8	100	1572.32
8	低荧光磺化沥青				390	435	64.9				390	435	64.9	1	3.716

序号	钻井液添加剂	主峰1 E_x波长 nm	主峰1 E_m波长 nm	F_1	主峰2 E_x波长 nm	主峰2 E_m波长 nm	F_2	主峰3 E_x波长 nm	主峰3 E_m波长 nm	F_3	最佳激发波长 nm	最佳发射波长 nm	荧光峰值 F	稀释倍数	相当油含量 mg/L
9	低荧光磺化沥青粉				343	381	191.8	386	419	173.6	343	381	191.8	1	8.792
10	石墨	309	348	761.2	334	380	623.3				309	348	761.2	2	62.016
11	硅稀释剂	300	336	849							300	336	849	1	35.08
12	硅稳定剂	302	343	628.5							302	343	628.5	1	26.26
14	磺化酚醛树脂	289	307	188.7							289	307	188.7	1	8.668
15	两溶性暂堵屏蔽剂	318	348	974.9	340	383	728.6				318	348	974.9	1	40.116
16	细目碳酸钙				324	357	181.8				324	357	181.8	1	8.392
17	油层保护剂	302	344	294.7	340	381	191.6				302	344	294.7	1	12.908
18	润滑剂	301	339	664.9							301	339	664.9	50	1330.92
19	降黏剂	294	335	132.9							294	335	132.9	1	6.436
20	钻井液用有机正电胶							400	427	806	400	427	806	1	33.36
21	消泡剂	291	320	716.8							291	320	716.8	1	29.792

表5－13　××油田常用钻井液添加剂三维荧光特征峰统计表

序号	名称	浓度 mg/L	荧光主峰 E_x	荧光主峰 E_m	INT	荧光次峰 E_x	荧光次峰 E_m	INT	荧光三峰 E_x	荧光三峰 E_m	INT	荧光四峰 E_x	荧光四峰 E_m	INT	荧光五峰 E_x	荧光五峰 E_m	INT
1	套保重质油	20	385	429	665	335	338	603									
2	乾安中质油	20	335	388	279	397	434	262									
3	伊通中偏轻质油	20	335	381	290	386	425	235									
4	万昌轻质油	20	303	360	301	291	332	229	380	420	153						
5	磺化沥青 FT－1	4	409	444	429	390	440	398	308	435	389	430	468	353	306	411	332
6	阳离子乳化沥青	4	322	370	327												
7	润滑油	115	298	337	282	279	312	221	333	391	135						
8	柴油	48.7	291	335	664	358	406	90.2									
9	白油	22.1	294	335	154	279	308	134	333	385	76						
10	汽油	47.8	273	293	218	320	366	47.9									
11	聚丙烯酰胺钾盐	1000	309	381	148	348	393	142									
12	PA－2	1000	308	381	143	338	387	116	350	393	111						
13	褐煤树脂	1000	309	381	141	349	391	131									
14	铵盐	1000	308	381	139	348	395	111									
15	HA 树脂防塌剂	1000	308	376	133	340	386	112	350	393	109						
16	低荧光磺化沥青	1000	308	379	104	350	394	77	295	337	72						
17	磺化酚醛树脂	20	308	378	75	350	393	72									

序号	名称	浓度 mg/L	荧光主峰			荧光次峰			荧光三峰			荧光四峰			荧光五峰		
			E_x	E_m	INT	E_x	E_m	INT	E_x	E_m	INT	E_x	E_m	INT	E_x	E_m	INT
18	CMC	20	308	380	69	350	393	57									
19	杂质正己烷	0	305	383	62	336	383	66	271	291	66.5	382	424	61			
20	合格正己烷	0	307	377	89.1	353	391	65	300	340	52						

2)钻井液荧光添加剂污染识别与消减

具有荧光的钻井液添加剂多以强荧光、多峰为特征,荧光出峰位置常常与石油轻、中、重质成分峰位置重叠或相近,会造成很大的含油浓度测值偏差。如磺化沥青的特征峰多达5个,其中一个荧光峰与石油重质成分峰相重叠(图5-38,表5-12)。因此,在定量荧光录井中,要时常观察分析样品谱图形态是否出现异常,如果发现谱图形态与原油标样形态不一致,必须做钻井液荧光分析,落实油气显示的真假。

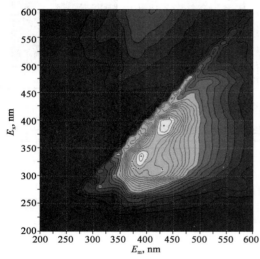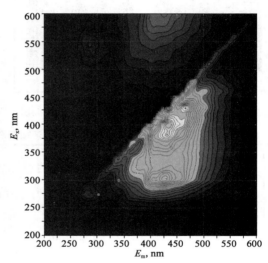

图5-38　吉林油田重质原油与磺化沥青三维荧光对比谱图

常用方法是通过钻井液样品或者钻井液浸泡空白岩样的定量荧光分析,得到钻井液背景荧光谱。将样品异常荧光谱图与钻井液背景荧光谱图进行比较,如果二者谱图形态相同或相近(主要特征相同),说明异常荧光来自钻井液添加剂的干扰,需要进一步落实当前钻井液成分并对照常用添加剂荧光特征表和指纹图确定荧光污染物,评价其影响大小,通过扣背景消减污染影响,落实真假油气显示;如果二者图谱形态相差很大,则说明异常荧光来自地下,应重新选样分析,判断储层原油性质是否发生改变。

在三维荧光中,荧光污染物质特征峰多,信息量大,可以用专门的谱图分析比对软件鉴别污染物质成分(图5-39),甚至可以通过钻井液样品的分析发现和落实岩屑细碎、不返实井段油气显示(表5-14)。

消减荧光污染物影响的方法是利用仪器配套软件"差谱"功能(本底扣除功能),通过样品谱图与污染背景谱图相减,还原样品真实谱图,得到真实的地层含油浓度值。该法在国内各大油田应用中,收到了明显效果。图5-40是四川遂南隧8井不同浓度原油与钻井液添加剂(FT-1)分析谱图及其混合液定量荧光谱图。混合液谱图"差分"后形态与原油谱图相对比,十分吻合,达到了去除钻井液荧光添加剂污染、落实油气显示的目的。

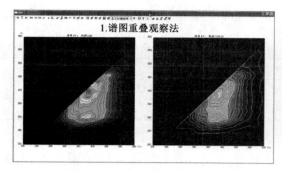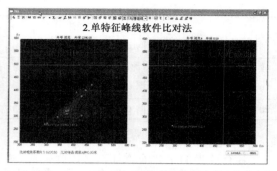

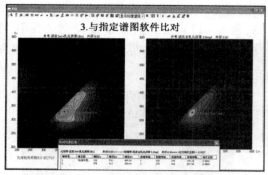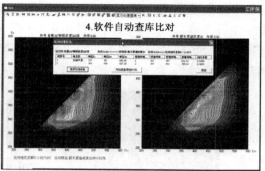

图 5 - 39   吉林油田三维荧光软件对比分析图

表 5 - 14   吉林油田部分井钻井液三维荧光谱图分析比对成果表

分类	序号	待比对样品名称	相似标准样品名称	手工对比				软件自动搜索标准库逐一比对				备注
				单等值线比对	单样品软件对比			软件查到最相似标准样品名称	相似峰数	不相似峰数	相似度 R	
				相似度 R	相似峰数	不相似峰数	相似度 R					
钻井液分析	1	黑 88 - 5 井 1590m 钻井液	钻井液 4	0.954	1	0	1.000	钻井液 4	1	0	1.000	无显示层,钻井液无荧光添加剂
	2	黑 88 - 5 井 1620m 钻井液	钻井液 4	0.793	1	0	1.000	钻井液 4	1	0	1.000	无显示层,钻井液无荧光添加剂
	3	榆深 5 井 2281m 钻井液	钻井液 1	0.994	4	1	0.792	钻井液 1	4	1	0.792	无显示层,钻井液无荧光添加剂
	4	新 357 井 138m 钻井液	钻井液 1	0.994	3	1	0.750	钻井液 1	3	1	0.750	荧光显示层,钻井液无荧光添加剂
	5	新 357 井 224m 钻井液	套保原油浓度 30	0.997	3	0	0.995	套保原油浓度 30	3	0	0.995	油迹显示层,钻井液无荧光添加剂
	6	新 357 井 236m 钻井液	套保原油浓度 30	0.992	3	0	0.986	套保原油浓度 30	3	0	0.976	油迹显示层,钻井液无荧光添加剂
	7	新 357 井 259m 钻井液	新木原油浓度 10	0.999	2	0	0.999	新木原油浓度 10	2	0	0.999	油斑显示层,钻井液无荧光添加剂

分类	序号	待比对样品名称	手工比对				软件自动搜索标准库逐一比对				备注
			相似标准样品名称	单等值线比对	单样品软件比对			软件查到最相似标准样品名称	相似峰数	不相似峰数	相似度 R	
				相似度 R	相似峰数	不相似峰数	相似度 R					
钻井液分析	8	伊68井1420m钻井液	钻井液1	0.960	4	0	0.998	钻井液1	4	0	0.998	气测异常层,钻井液无荧光添加剂
	9	龙深202井2322m钻井液	钻井液1	0.965	3	2	0.600	PA-2 1000mg/L	2	1	0.667	气测异常层,钻井液无荧光添加剂
	10	龙深202井2330m钻井液	钻井液4	0.979	1	0	1.000	钻井液4	1	0	1.000	气测异常层,钻井液无荧光添加剂
	11	龙深202井2403m钻井液	钻井液2	1.000	4	0	1.000	钻井液1	4	0	1.000	气测异常层,钻井液无荧光添加剂

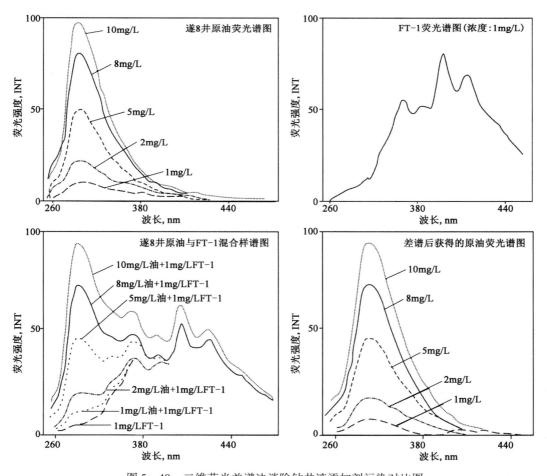

图 5-40 二维荧光差谱法消除钻井液添加剂污染对比图

二、定量荧光录井资料的应用

定量荧光录井作为传统荧光录井的替代技术,得到了国内各油田的广泛应用,在轻质油的发现、油气层定量评价、钻井液荧光污染物干扰消减和原油性质识别等方面发挥了独特的作用。

1. 检测微弱荧光油气显示,及时发现轻质油气层

轻质油层荧光物质含量少,荧光微弱,肉眼不容易观察到,常规荧光录井易漏失油气显示,与之相比,定量荧光分析仪检测高精度,即使检测到的荧光强度和含油量都很低,甚至显示的较差储层测值常淹没于背景值中,但轻质油显示荧光谱形与背景谱形有明显的区别,在落实和发现轻质油显示、评价轻质油水层方面有明显的优势,弥补了常规录井缺陷。

大港油田港深41X1井钻遇滨三油组3288.5~3323.3m井段时,气测录井发现良好油气显示,解释为油气层。对应岩屑录井无显示,岩性为灰色细砂岩,定量荧光分析3286~3295m井段含油量由24.9mg/L上升为170.6mg/L,明显高于荧光背景值,对比级由6.4增至9.1级,油性指数为1.28~1.8,为轻质油气层的特征;3305~3323m井段含油量由44.1mg/L上升为249.6mg/L,对比级由7.6增至9.7级,油性指数为1.5~2.25之间,为轻质油层的特征(图5-41),由上至下油性指数有增大趋势,定量荧光综合解释为轻质油气层。试油日产油31.3t,日产气7.8×10⁴km²,原油密度为0.7663g/m³,与定量荧光解释结论相吻合。

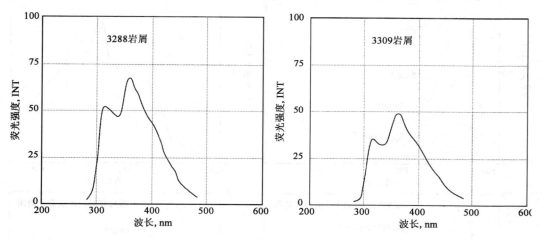

图5-41 大港油田港深41X1井轻质油气层定量荧光谱图

大港油田BB11X1井板一油组3281.5~3284.7m井段,岩性为灰色荧光细砂岩,见微弱的荧光级显示;受钻井液影响,气测异常低,不明显,峰基比为3.1,全烃仅为0.902%,但组分齐全;该井3282m井壁取心为浅灰色荧光细砂岩,定量荧光分析相当油含量16.88mg/L,荧光对比级5.8级,油性指数1.6,为轻质油层特征,其谱形和测值与井壁取心荧光背景有明显不同(图5-42),综合解释为轻质油层,油日产油49.1t,原油密度0.8295g/m³,证实为轻质油层。

气层含有的荧光物质成分更低,荧光极其微弱,肉眼很难观测到,岩屑录井多无显示。实践发现定量荧光能够检测到良好气层极其微弱的荧光,虽然含油量测值多在背景值范围内(淹没于钻井液背景值之中),但荧光谱图上会有明显的烃类特征,油性指数极低,与无异常的谱形有明显不同。

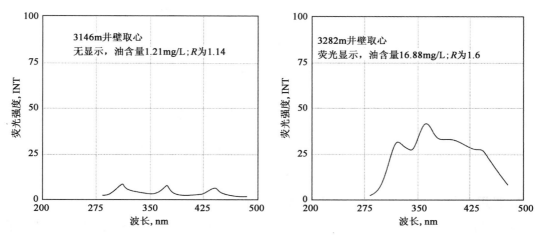

图 5-42　大港油田 BB11X1 井轻质油显示层与无显示层定量荧光谱图对比

大港油田千 16-16 井是千米桥潜山千 18-18 断块提高动用储量的一口气井。该井钻井中，进入水平气层前，岩屑录井无显示，进入气层水平段后，部分层段见荧光显示，进入前后定量荧光录井也有明显不同，含油量由 0.3~3mg/L 上升为 9~21.9mg/L，见显示层段更是高达 47.5~244.1mg/L，荧光谱图具有明显的凝析油气烃类峰型，油性指数 0.5~2（图 5-43）。钻入目的层水平段后气测全烃明显升高，异常明显，组分齐全，重烃含量高，具有高产气层特征。该井试气日产气 $5 \times 10^4 km^2$。

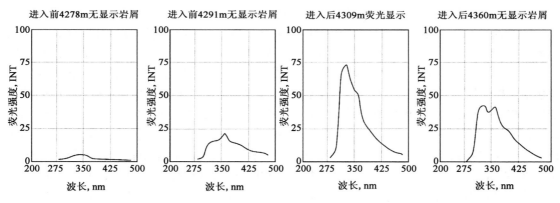

图 5-43　大港油田千 16-16 井进入气层前后定量荧光谱图对比

吉林油田坨深 6 井是双坨子地区西南断鼻构造上的一口油气探井。该层钻遇多层良好气层，气测异常明显，气层全烃峰基比 5~120 倍，组分以甲烷为主，发育重烃。以 3948~3959m 气测异常为例。该层岩屑录井为灰色粉砂岩，荧光湿干照无显示，未发现油气异常；地球化学 P_g 为 0.43mg/g，是背景值的 2 倍，为低值地球化学异常，表明储层虽不见荧光显示，但确有烃类存在；热解色谱谱图有烃类峰型，表明地层有烃类存在；定量荧光相当油含量 30.2mg/L，与背景值相近，不能确认为有异常，但是荧光谱图形态有明显烃类峰型，油性指数为 1.2，与背景谱图有很大差别，表明储层存在低荧光的烃类（如气显示）（图 5-44）；气测全烃基值 0.71%，峰值 27.38%，峰基比为 38.6 倍，甲烷 20.45%，重烃 $C_2~C_3$ 为 0.133%，钻井液槽面见有 60% 左右的气泡，气泡直径 1~3mm，综合解释为气层。中途测试日产气 $3.906 \times 10^3 km^2$。

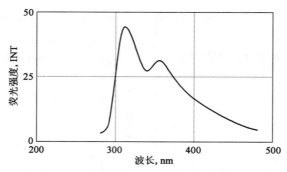

图 5 – 44　吉林油田坨深 6 井气层定量荧光谱图

2. 应用定量荧光录井资料,精细解释油气水层

近年来各油田在引入定量荧光录井技术后,根据各自油藏特点,按不同油质分别建立了解释标准和图版,结合其他录井参数进行油气层评价收到了显著效果,为油田勘探与开发提供了可靠依据。

1)评价各类油质油水层

大港油田 GSH49X1 井钻遇沙三^{1}的 3600.0 ~ 3609.0m 井段时,定量荧光相当油含量由 9.9mg/L 上升至 22.3mg/L,油性指数为 2.0 ~ 2.3,具有中偏轻质油层特征,试油日产油 7.56t,原油密度 0.83g/m³,证实为偏轻质油层;钻遇沙三^{3}的 3844.0 ~ 3880.0m 井段时,定量荧光相当油含量由 97.4mg/L 上升至 1618.1mg/L,油性指数为 3.9 ~ 4.3,具有中偏重质油层特征,试油日产油 18.5t,原油密度 0.87g/m³,证实为中质油层。

吉林油田 H38 井是海坨子复杂油质区一口探井。该井 29 号电测油水层井段 1668 ~ 1674m,岩屑录井为褐灰色油斑粉砂岩,气测异常明显,峰基比高达 25.6,甲烷高达 6.089%,气测解释为气层(图 5 – 45);地球化学录井 P_g 为 3.04mg/g,低于中质油水层标准,地球化学解释为水层;热解色谱正构烷烃发育,主峰碳为 C_{25} 明显偏后,基线微隆,热解气相色谱识别为偏重质残余油显示非价值层;二维定量荧光相当油含量 465mg/L,油性指数为 3.5,偏重质油,落入定量荧光图版的含油水层区(图 5 – 24),定量荧光解释为含油水层;该层虽然岩屑显示级别比较高,但是色谱识别为偏重质残余油显示,与定量荧光油性指数一致,地球化学值低,尚达不到中质油水层标准,综合分析认为,储层很难产油,解释为含油的气层,试油日产气 110.41 × 10³km²。

吉林油田 D61 井 39 号电测油层,井段 2058.5 ~ 2062.4m 岩心录井为灰色油浸粉砂岩,三维定量荧光分析 5 块样品,油含量 1415.89 ~ 1927.23mg/L;三维油性指数 R_3 为 1.36 ~ 1.89,落入图版油层—油水同层区(图 5 – 46),谱图具有中质油特征(图 5 – 47),定量荧光解释为油水同层,试油日产油 1.29m³,日产水 5.07m³,与解释结果相吻合。

2)评价低阻油层

以实物采集分析为基础的录井技术很少受测井低电阻因素影响,只要录井油气层解释评价准确可靠,就能很容易地识别出低阻油层,可以有效地减少测井低阻油层识别瓶颈带来的勘探风险。

胜利油田 G898 井 2617.0 ~ 2624.7m 井段,岩心录井为棕黄色油浸细砂岩、灰色油斑细砂岩,岩性较细,泥质胶结,微含灰质,较疏松,泥质含量高。该层高分辨率感应电阻率为 1.2 ~ 1.8Ω·m,明显低于上下相邻泥岩电阻率,具有明显低阻特征。气测全烃基值 1.40%,峰值

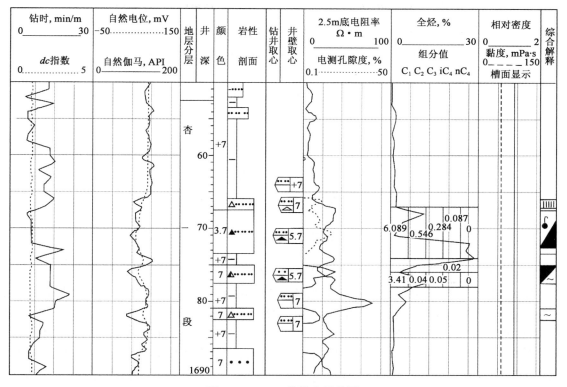

图 5-45　H38 井综合录井图

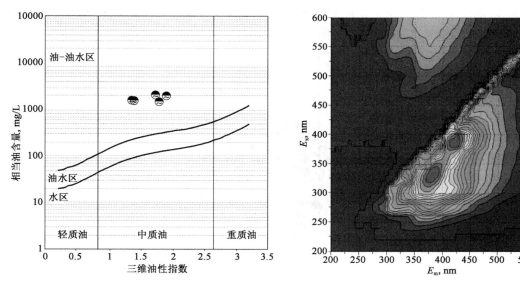

图 5-46　D61 井 39 号层在定量荧光评价图版中位置　　图 5-47　D61 井 2058.9m 样三维荧光谱

7.72%,甲烷 2.77%,组分齐全;地球化学 P_g:8.72 ~ 11.92mg/g,呈偏轻中质油层特征;热解色谱正构烷烃丰度高,组分齐全,呈规则梳状结构,基线较平直,未分辨化合物含量低,说明水的含量相对较低,氧化和细菌降解作用较弱,呈现油层特征,核磁孔隙度 4.74% ~ 24.19%,定量荧光强度值为 813 ~ 1323,系列对比级别为 11 级,油性指数 R 为 3.56,荧光谱图峰形高而窄,波长 315nm,出轻质油峰 F_1,中质油峰 F_2 与重质油峰 F_3 之间范围较小,说明含油丰度较高且偏轻中质油(图 5 - 48),定量荧光与各项录井技术均解释为油层。该层试油日产油 17.6t,不含水,原油密度为 0.8494g/m³,证实为低阻油层。

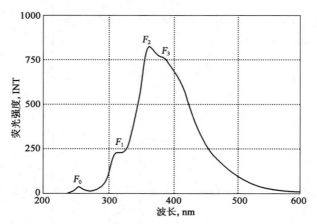

图 5 - 48　G898 井 2617.0 ~ 2624.7m 定量荧光谱图

H152 井是吉林油田红岗地区一口探井,该井 71 号电测油水同层,井段 1750.6 ~ 1758.0m,深测向电阻率为 13.44Ω·m,深感应电阻率为 8.04Ω·m,明显低于水层电性标准,是相对低阻油层,造成低阻的原因是红岗局部地区地层水矿化度异常增高(高于平均值 2 ~ 5 倍)。71 号层录井为灰色油迹粉砂岩,井壁取心为灰色油斑粉砂岩,气测有明显的异常,全烃峰基比 3.04,地球化学 S_0 为 0.80mg/g,S_1 为 5.24mg/g,S_2 为 3.36mg/g,核磁孔隙度 17.26%,可动流体 39.72%,含油饱和度 28.5%,各项录井指标都达到了录井油层标准,定量荧光相当油含量 487.21mg/L,油性指数 2.2,位于定量荧光评价图版油水同层区(图 5 - 49),录井综合解释为油层。该层试油日产油 25.4m³,证实为低阻油层。

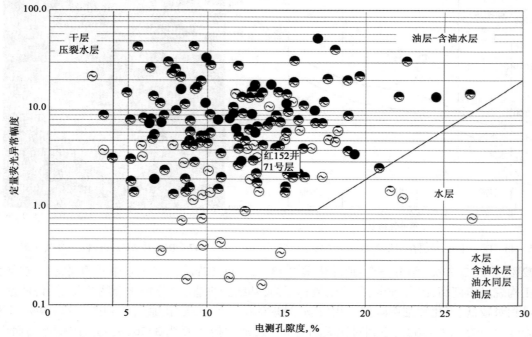

图 5 - 49　H152 井 71 号层在定量荧光异常幅度—电测孔隙度 φ 油水层评价图版中位置

3)二次分析法评价油水层

辽河油田在勘探开发中,广泛应用 OFA–Ⅱ型定量荧光录井技术,通过谱图形态、油性指数 O_c、二次分析孔渗指数 I_c、油含量等参数进行油水层评价效果明显。

辽河 B17–07 井定量荧光分析 4 层,谱图见图 5–50,具有油层特征,数据见表 5–15,孔渗指数 I_c 均大于 0.6,为良好的渗透层,对照表 5–16 的标准进行评价,定量荧光解释油层 2 层、低产油层 2 层,试油日产油 17.7t,与解释结果相吻合。

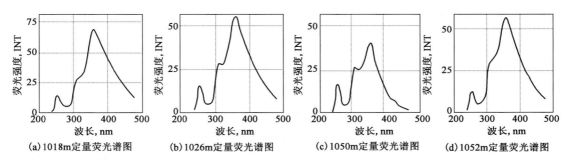

(a)1018m定量荧光谱图 (b)1026m定量荧光谱图 (c)1050m定量荧光谱图 (d)1052m定量荧光谱图

图 5–50　B17–07 井定量荧光谱图

表 5–15　B17–07 井定量荧光分析数据表

序号	井段,m	岩性	油含量 mg/L	系列对比 级别	油性指数 O_c	二次分析 指数 I_c	有效 孔隙度,%	解释结果
1	1017.0～1020.0	灰色油浸细砂岩	1855.0	12.5	3.1	1.0	7.5	油层
2	1023.0～1027.0	灰色油浸细砂岩	1364.0	12.1	3.2	1.0	12.2	油层
3	1046.0～1050.0	灰色油迹细砂岩	124.7	8.6	3.3	0.7	8.5	低产油层
4	1052.0～1054.0	灰色油迹细砂岩	106.2	8.4	4.2	0.7	7.0	低产油层

表 5–16　开鲁盆地定量荧光储集层性质判别标准

储集层性质	定量荧光油含量,mg/L	二次分析指数 I_c	谱图特征
油层	>1000	>0.8	油层
低产油层	>40	>0.6	油层
水层	<300	>0.6	水层
干层	>40	<0.6	干层

辽河 W9–12C 井是 Q5 区块的一口侧钻井,该井钻井施工中加入大量荧光添加剂,岩屑录井真假显示难辨,进入目的层后进行了定量荧光录井。该井 8 号层井段 2090.0～2095.5m,岩屑录井系列级别为 12.7～14.1 级,应用定量荧光差谱技术扣除污染背景后,定量荧光对比级别为 10.9～12.0 级,井壁取心样品油性指数 O_c 值为 2.1,孔渗指数 I_c 值为 0.85,相当油含量为 472mg/L,在定量荧光孔渗指数 I_c—相当油含量 C 解释图版上位于油层区(图 5–51),定量荧光解释为油层,试油日产油 5.4m³,日产水 0.6m³,与解释结果相吻合。

4)配合其他录井技术评价油水层

利用定量荧光油含量配合核磁共振录井或者测井孔隙度等物性数据、地球化学含油性数据,即充分利用了地球化学、定量荧光录井等烃含量测定及时准确的优点,也充分考虑了储层物性的影响,能够获得更高的油水层综合解释精度。

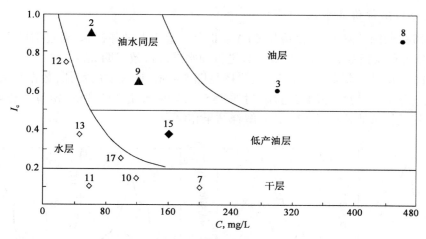

图 5 – 51　W9 – 12C 井定量荧光孔渗指数 I_c—相当油含量 C 解释图版

长庆油田 X201 井 2705.5 ~ 2078.5m 井段,岩心录井为灰褐色油斑细砂岩,岩心孔隙度为 8.61% ~ 13.75%,渗透率为 0.1382×10^{-3} ~ $0.9198 \times 10^{-3} \mu m^2$,含油饱和度为 31.39% ~ 62.22%,解释油层;组分齐全;地球化学 P_g 为 7.10 ~ 14.19mg/g,具有油层特征;荧光图像分析含油率 72.65% ~ 85.05%,含水率 14.95% ~ 27.35%,解释为油层;定量荧光油含量 604.1 ~ 1320.5mg/L,系列对比级别为 11.6 ~ 12.1 级,定量荧光解释为油层(图 5 – 52),通过表 5 – 7 多参数标准综合评价为油层。该层试油日产油 4.42m³,不出水,与各项录井技术解释结果相吻合。

吐哈油田 G11 井发现 12 层油气显示,数据见表 5 – 17,经过定量荧光油含量 C—孔隙度 ϕ 图版评价(图 5 – 53),结果如下:4 号层为干层,11、12 号层为含油水层,3、10 号层为含水油层,5、7、8 号层为油层,依靠气测等技术解释煤层气 1 层,气层 1 层,致密气层 1 层。试油结果表明,定量荧光解释的产油层都获得了油流,提高了油气同出层段的录井解释效果。

表 5 – 17　G11 井录井与试油结果数据表

序号	层位	井段,m	岩性	定量荧光油含量,mg/L	测井孔隙度,%	C–ϕ 图版解释	日产油 m³	日产气 km³	日产水 km³
1	J_2q	1012.0 ~ 1019.0	煤层	125	31.5	煤层气			
2	J_2q	1134.4 ~ 1138.0	粉砂岩	5	11.8	含气水层			
3	J_2q	1216.4 ~ 1221.0	细砂岩	108	17.1	含水油层	3.80		2.3
4	J_2q	1322.4 ~ 1326.0	粉砂岩	63	4.2	干层			
5	J_2q	1630.2 ~ 1635.6	中砂岩	1076	26.5	油层	13.43	4.12	
6	J_2q	1838.0 ~ 1842.0	粉砂岩	1124	3.6	致密气层			
7	J_2q	1894.0 ~ 1896.8	中砂岩	238	22.1	油层	3.60	2.369	
8	J_2s	2075.0 ~ 2079.0	细砂岩	511	16.8	油层	3.20	2.065	
9	J_2s	2194.6 ~ 2200.2	中砂岩	14	23.1	气层	油花	4.517	9.7
10	J_2s	2269.5 ~ 2275.2	细砂岩	274	10.8	含水油层	1.90	3.617	3.4
11	J_2x	2301.0 ~ 2304.0	细砂岩	96	13.2	含油水层			
12	J_2x	2448.0 ~ 2466.4	粉砂岩	180	8.7	含油水层			

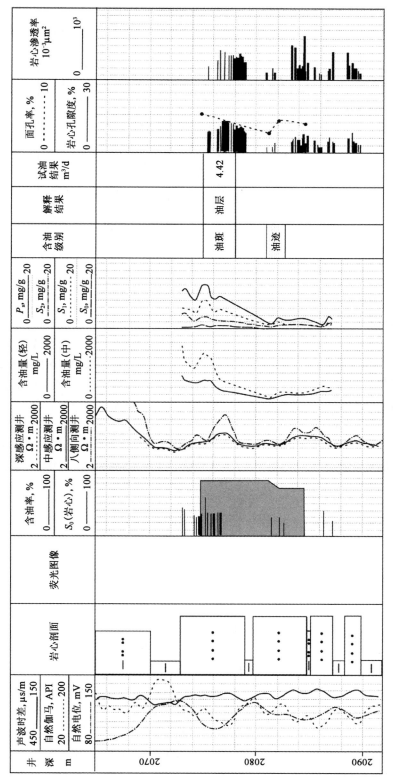

图5-52 X201井2275.5~2078.5m录井综合解释剖面

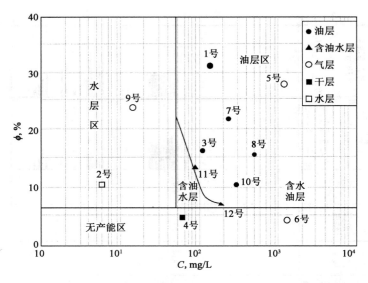

图 5-53 G11 井定量荧光油含量 C—孔隙度 φ 图版评价

5)利用定量荧光谱图形态识别油水层

当油藏遭受过破坏运移、原油氧化降解,形成难以采出的残余油显示水干层时,在定量荧光分析中表现为油含量高,油性指数正常,储层原油性质没有改变,从数据或图版分析都不能有效区分油层与残余油显示的水层,此时要利用荧光谱图"主峰增宽,波长红移现象"识别。图 5-54 显示了冀东油田二维荧光新定义的派生参数 F_{25},即荧光谱图中荧光强度 25INT 刻度线与谱图交点的波长差值(AB 点波长差),单位 nm,用于反映储层主峰增宽的大小,在应用中只要 $F_{25} > 108$nm 就很难获得油气流。这个参数与吉林油田用谱图波长 361nm 处与 400nm 处荧光强度差来反映主峰增宽有异曲同工之妙,在应用中只要这个强度差值小于 7INT 基本为水层。残余油储层能够达到重质油层标准还是能够获得油气流的,冀东南堡油田定量荧光对比级与 F_{25} 评价图版(图 5-55)也反映了这一特点。

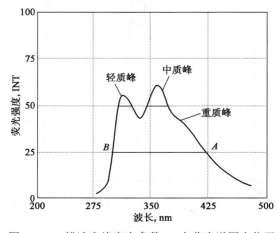

图 5-54 描述主峰宽窄参数 F_{25} 在荧光谱图中位置

冀东南堡油田 NP-A、NP-B、NP-C、NP-D、NP-E、NP-F、NP-G 等 7 口井都钻遇了奥陶系潜山储集层。其中 NP-A、NP-C、NP-E 三口井定量荧光系列对比级别相近,在 5.1 ~

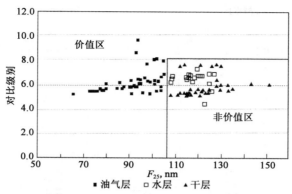

图 5 – 55　二维定量荧光对比级—新参数 F_{25} 解释图版

7.6 之间,油性指数在 1.0 ~ 2.6 之间,与 NP – B、NP – D、NP – F、NP – G 四口井数据相近(荧光对比级在 5.2 ~ 7.7 之间,油性指数在 1.0 ~ 2.2 之间),但是前三口井 F_{25} 为 66 ~ 104nm,后四口井 F_{25} 为 108 ~ 151nm,表明后四口井难以获得油气流,试油结果表明前三口井均获得了高产油气流,日产油 57.28 ~ 98.78 m^3,日产气 3.44 × 10^4 ~ 51.98 × $10^4 m^3$,日产水 0 ~ 326m^3;后四口井两井为干层,另两口井仅获得少量油气流,日产油 0.66 ~ 0.67 m^3,日产气 0 ~ 1.66 × $10^4 m^3$,日产水 8.33 ~ 102.2 m^3,与前三口井差异悬殊,显示了谱图形态识别油水层的重要作用。

吉林油田 H120 – 3 井 17 号电测可能层,录井井段 2221 ~ 2225m,岩性为灰褐色油斑粉砂岩,定量荧光含油量 1490.5mg/L,油性指数 2.9,位于定量荧光解释图版中质油水同层区,但其荧光谱图主峰增宽形态异常明显(图 5 – 22 中残余油谱),波长 361nm 处与 400nm 处荧光强度差为 5.2INT,属于明显残余油显示,其含油量值低于重质油层标准(2000mg/L),定量荧光解释为水层,试油日产水 12.2m^3,见油花,与定量荧光解释相吻合。

3. 消减钻井液污染影响,确保油层识别评价

随着现代钻井新工艺的不断进步与发展,PDC 钻头、欠平衡钻井、水平井等技术应用越来越广泛,给常规地质录取带来了许多难题。定量荧光检测仪的使用解决了钻井液混油、加入荧光添加剂等荧光干扰问题,落实了真假油气显示,为有效获取地层真实资料提供了依据。

1)钻井液荧光污染物的发现和消减

长庆油田 Z78 井从井深 1350m 至完钻(1730m),岩屑录井混合样见黄色荧光显示 3 层 17m,混样岩屑和钻井液浸泡液荧光系列定级达 10 级以上,选储层代表性砂岩岩屑进行滴照和浸泡,均无荧光显示;对应气测全烃无异常,呈现低值 0.05% ~ 2.03%(油页岩段全烃 2.03%),组分绝对含量很低,C_1 小于 1%,C_2 小于 0.1%,组分不全(图 5 – 56);井壁取心见油斑砂岩 2 颗,油迹砂岩 1 颗,荧光砂岩 7 颗,常规录井真假油气显示难辨。通过井壁取心和钻井液定量荧光分析,确认本井段油气显示为钻井液污染造成。钻井液相当油含量 23.08mg/L,对比级 6.2 级,含油壁心相当油含量 4.78 ~ 9.61mg/L,系列对比级 4 ~ 5 级,钻井液荧光测值高于含油壁心测值 2 倍以上。从荧光谱图特征来看,壁心谱图特征和钻井液极为相似,与邻井标准油样(庄 90 井 Es 段中质油)谱形有明显不同。原油谱图荧光轻质成分含量高,主峰偏前;壁心和钻井液荧光重质成分含量高,主峰明显靠后且增宽、多峰,与钻井液中加入的低荧光磺化沥青图谱极为相似(图 5 – 57),判断壁心遭钻井液浸泡后造成了假油气显示。这些显示层定量荧光均评价为水层,后经 FMT 地层测试,射开 1559.79 ~ 1607.53m 井段,累计出水

146m³,证实了定量荧光的解释结论。

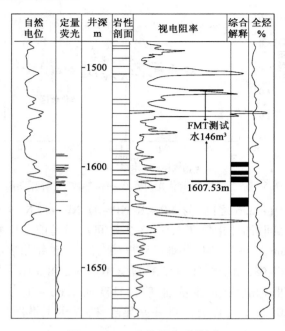

图 5-56　Z78 井综合录井图

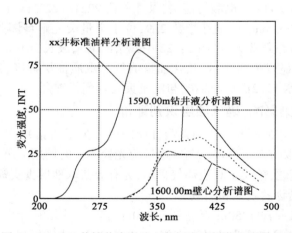

图 5-57　Z78 井钻井液及壁心与标准油样荧光图谱对比

　　大港油田 BS8 井钻穿奥陶系风化壳后,自井深 4108m 开始实施欠平衡钻井工艺。欠平衡钻井中,全欠平衡段岩屑荧光录井直照、滴照均见微弱的荧光显示,无法确定是污染还是地层显示,全部定性地解释为荧光级显示。在该井大港油田首次采用了定量荧光录井技术,确认 4109 ~4112m 显示为假油气显示,其特征是含油量低,为 9.8~13.5mg/L,岩屑谱图形态与钻井液相近,与邻井标准油样有明显不同(图 5-58),对应气测全烃值低 0.573%~0.959%。自 4113m 开始,定量荧光检测确认 4 层 38m 真油气显示,其特点是含油量高,为 60.0~2771.2mg/L,岩屑谱图形态与邻井标准油样一致,具有凝析油特征,与钻井液有明显不同(图 5-58),录井岩屑定级高,为油斑级显示,气测全烃值高为 21.354%~32.546%,综合解释为油气层。经试油投产,日产油 64.6t,气 27.8826×10⁴km³,原油密度为 0.7835kg/cm³,证实为高产凝析气层。

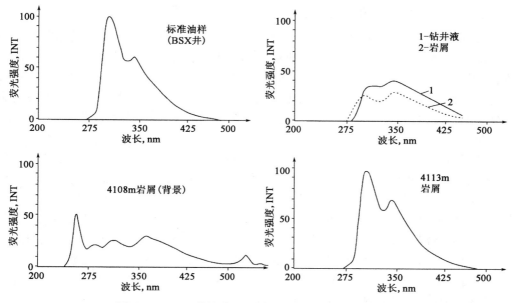

图5-58 BS8井钻井液、岩屑与标准油样荧光图谱对比

辽河油田H20-24C井是H26区块的一口侧钻井,在1635m进入目的层后,定量荧光录井发现储集层受严重荧光污染。该井13号层井段1631.0~1635.0m,岩屑录井系列级别为10.3级,应用定量荧光差谱技术扣除污染背景后,定量荧光对比级别为7.4级,油性指数O_c值为2.4,油含量为42.0mg/L,在定量荧光解释图版上位于非产层区(图5-59),定量荧光解释为水层,试油日产水8.4m³,与解释结果相吻合。该井14号层井段1638.5~1644.0m,岩屑录井系列级别为11.8级,为油浸级显示,应用定量荧光差谱技术扣除污染背景后,定量荧光对比级别为9.7级,油性指数O_c值为2.8,油含量为267.4mg/L,在定量荧光解释图版上位于低产油层区(图5-59),定量荧光解释为低产油层;该井16号层井段1651.0~1654.5m,岩屑录井系列级别为13.9级,为富含油显示,应用定量荧光差谱技术扣除污染背景后,定量荧光对比级别为11.4级,油性指数O_c值为2.7,油含量为585.1mg/L,在定量荧光解释图版上位于油层区(图5-59),定量荧光解释为油层,14、16号层试油日产油5.8m³,日产水2.2m³,与解释结果相吻合。

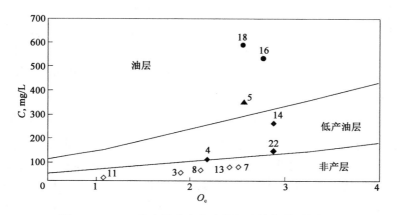

图5-59 BS8井定量荧光含油量与油性指数图版评价

2) 混油钻井条件下的定量荧光录井

钻井液混油一般有三种情况。一是钻遇高压油气层后,其油气不断侵入,使钻井液里含有一定量的原油;二是为保护油气层而采用油基或混油钻井液的特殊井、欠平衡井;三是在钻井施工中,为了减小钻具摩阻、保证施工安全,防止出现卡钻事故,钻井液里有时要加入一些原油或柴油等有机钻井液处理剂;尤其在定向井、水平井施工中更为常见。钻井液混入的各类油品和有机处理剂,大都具有荧光,造成岩屑假显示,干扰了气测录井,导致气测假异常,现场油气显示真假难辨。

大港油田 W102X1 井在目的层井段 2600~2750m 钻遇了 10 余层荧光—油迹等低级别油气显示,系列对比 8~9 级,对应气测全烃较低,为 1.55%~2.26%。完井井壁取心颗颗有显示,均在油斑以上,系列对比均在 11 级以上,远远高于岩屑显示。该井在目的层钻进中发生过卡钻(井深 2721m),随即向井内注入含柴油和沥青成分为主的解卡钻井液 18.0m³,经过 36h 长时间含油钻井液浸泡解卡。这种情况下,壁心显示(滴水快渗)是钻井液浸泡造成的假显示还是地层真显示无法确定,为解释评价和试油选层增加了难度。为此,应用定量荧光录井技术对壁心逐颗分析,发现四颗壁心荧光谱形与邻井 G67-45、G85-45 标准油样谱形相近,与解卡剂、滤饼谱形有明显不同(图 5-60)。解卡剂、滤饼谱形相同,呈现以 310nm 柴油的轻质峰为主、以沥青的重质多峰为辅的宽谱峰型。标准原油则呈现以 360nm 原油峰为主峰的窄谱弱"双峰"形态。壁心荧光谱形以 360nm 原油峰为主峰的较宽谱"双峰"形态,表明混油钻井液浸泡影响很微弱,壁心油气显示为真显示,解释为油层。该井于 2637.1~2698.0m 井段进行试油,获日产 64t 的高产油流,与定量荧光解释吻合,荧光谱形识别混油钻井条件下真假油气显示收到了很好的效果。

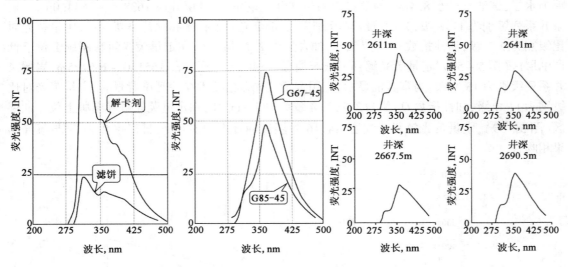

图 5-60　W102X1 井钻井液(左)邻井原油(中)与壁心样品(右)定量荧光谱图对比

当钻井液混入物与所钻地层石油荧光谱形相近时,譬如混入同区原油,往往造成所钻遇地层层层有荧光,录井真假显示混杂难辨。定量荧光分析背景值居高不下,谱形不变或细微改变,峰型及数量一致,从谱形上也不能区分真假油气显示。钻遇含油地层时,定量荧光测值表现为干扰物和储层油测值的叠加,会在高背景上产生高异常值。在扣除"干扰物"背景的情况下,钻遇的油气显示层相比无显示层油含量有成倍增加趋势,利用差谱后定量荧光油含量的变化可以有效地落实真假油气显示。大港油田 GX5 – 21 井在钻至井深 1296m 时,钻井液中加入原油 7t。定量荧光分析钻井液油含量高达 1022.8mg/L,背景值剧增。混入原油的荧光谱形与标准油样(邻井 GX6 – 19 – 1k 井)荧光谱形相近,均反映为以 360nm 为主峰的双峰形态,谱形上不能区分真假显示(图 5 – 61)。通过对储层原始及扣背景后定量荧光测试分析,确认该井 1828～1844m 浅灰色荧光细砂岩、灰色荧光含砾不等粒砂岩显示为真油气显示,其扣背景后油含量为 64.0～652.7mg/L,高于背景(30～50mg/L)2～13 倍。该井 1830～1833.6m 井段进行了试油,日产油 2.3t,对应该井段扣背景油含量为 64.0～165.8mg/L,显示了扣背景油含量变化识别真假油气显示的效果。

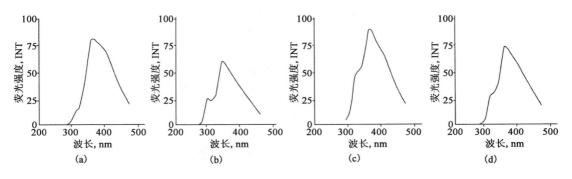

图 5 – 61 GX5 – 21 井混入原油(a)、标准原油(b)、1842m 样品原始(c)和差谱后(d)定量荧光谱图对比

4. 利用定量荧光谱形态,进行油源追踪对比

油源对比在勘探早期找油方向和油气田预测中有重要意义,通常是利用储层油气与可能烃源岩之间的地球化学特征相似性,追踪并找到油气源层。油气藏中单环、双环、三环及多环芳香烃组分含量及组合反映了油气的演化程度及类型。不同油层中的原油所含的芳香族化合物的种类和含量不同,具有特定的荧光光谱,与生油母质类型、石油成熟度、地层地质条件、运移距离的长短、化学组成有关(图 5 – 62)。定量荧光的谱图形态、出峰位置及数量、油性指数等参数能够反映地层中芳香烃物质成分分布、含量大小及组合(表 5 – 18),可以用于油油对比、油岩对比、油源对比。

表 5 – 18 芳香烃环数与对应波长范围表

芳 香 烃	激发波长,nm	发射波长,nm
(苯)单环	265	280～290
(萘)双环	265	310～320
3～4 环芳香烃	265	340～380
5 环以上稠芳香烃	265	>400

定量荧光油源对比工作在青海油田得到了实验和应用,应用发现:

(1)相同沉积环境原油有相同荧光特征。例如取自 XS8 井和 L9704 井冷湖淡水相原油荧光谱图形态一致,为双峰形态,以 320nm 轻质峰为主峰,360nm 中质峰为次峰,油性指数 0.74～0.84,属凝析油范畴,与柴西咸湖相原油谱形有明显不同(图 5 – 63)。取自 D5 井和 NQ1 – 1 井柴西咸湖相原油荧光谱图形态相同,谱图为三峰态,以 365nm 中质峰为主峰,兼有 320nm 的轻质峰和 392nm 的重质峰,油性指数 2.55～2.89,属重质油范畴。

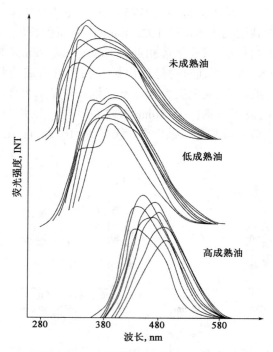

图 5 - 62   不同成熟度样品的荧光特征

（2）相同油源的原油具有相同的荧光特征。例如取自相同油源的塔里木盆地塔河油田的五个不同井油样，它们都具有相同的荧光特征，呈现以 362nm 中质峰为主峰，331nm 轻质峰为次峰的双峰形态，油性指数 1.7～2.1，属中质油范畴（图 5 - 64）。

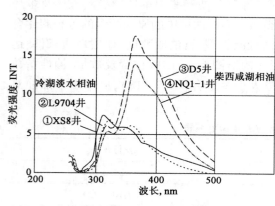

图 5 - 63   定量荧光谱图对比

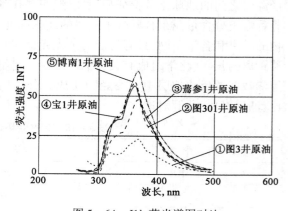

图 5 - 64   J1b 荧光谱图对比

（3）青海油田在 KG3 井进行了定量荧光油岩对比工作。该井奥陶系峰峰组 3458.4～3483.0m 及 3501.9～3547.4m 两个层段的石灰岩中都有工业性油流产出，属重质原油。准确判断该井奥陶系原油的油源，关系到该区古生界碳酸盐岩油气勘探及远景评价。通过定量荧光分析，确认该井奥陶系原油与奥陶系烃源岩（石灰岩）在荧光图谱上有很好的相似性，其原油来源于奥陶系峰峰组石灰岩。二者谱图均呈现以 362nm 中质峰为主峰，320nm 轻质峰为次峰的双峰形态，原油油性指数为 2.52，石灰岩油性指数为 2.82，属中—重质油范畴（图 5 - 65）。

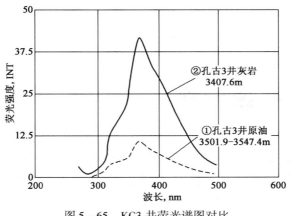

图 5 - 65　KG3 井荧光谱图对比

思考题与习题

1. 现场定量荧光分析主要分析的是哪些样品？

2. 简述数字滤波荧光检测仪(一维定量荧光检测仪)基本结构、原理及功能特点。

3. 简述二维定量荧光检测仪基本结构、原理及功能特点,并与一维定量荧光检测仪比较说明其优点。

4. 简述二维定量荧光谱图及参数的意义。

5. 简述三维定量荧光检测仪基本结构、原理及功能特点。

6. 简述三维定量荧光谱图及参数的意义。

7. 常见钻井液添加剂定量荧光谱图特征是怎样的？ 如何消除这些影响？

8. 如何利用定量荧光录井来判断储层性质,划分油气水层？

9. 如何利用定量荧光录井来判断原油性质？

10. 如何利用定量荧光录井进行油源对比？

11. 简述利用定量荧光参数计算岩石含油量的方法。

第六章
核磁共振录井

近年来,随着地球化学、热解气相色谱、定量荧光等录井新技术的运用与发展,录井行业在油气层评价方面取得了很大的进步,解释符合率明显提高。但面对低孔低渗储集层时,储层地质条件通常较差,非常复杂,储油物性尤为重要。实验室内所采用的常规物性分析技术,仅能够应用到有限的钻井取心层段,不能对岩屑和井壁取心进行分析,不具有及时性。在这种情况下,核磁共振录井技术的出现较好地解决了这一问题。

核磁共振物理现象是 1946 年发现的,已在物理、化学、材料科学、生命科学和医学等领域中得到了广泛应用。1990 年核磁共振成像测井仪器在国外投入商业服务,从此,核磁共振技术在石油工业应用获得巨大发展。1992 年贝克休斯核磁共振 P－K 录井仪问世,两年后国产 P－K 仪诞生。1996 年中国石油勘探开发研究院研制出低磁场核磁共振全直径岩心分析系统。2001 年 Magnetic－2000 便携式核磁共振岩心岩屑分析仪研制成功,使核磁共振技术由实验室走向录井现场,先后在国内四川、辽河、吉林、青海、吐哈等油田进行了现场应用,取得了较好的效果。

核磁共振录井将分析对象从单纯的岩心拓展到岩屑、井壁取心及流体,分析参数包括总孔隙度、绝对渗透率、含油饱和度、可动流体饱和度、束缚水饱和度、可动水饱和度等,具有样品用量少、分析速度快、成本低、岩样无损、参数多、准确性高、连续性强、可随钻分析等特点,能够提供准确的孔隙度和渗透率,在划分储层、研究孔隙结构、识别流体性质等方面发挥了重要作用,与岩石热解、定量荧光等分析数据相结合可以及时有效地对油气层进行精确地评价,应用领域日趋扩展。

第一节　核磁共振录井原理

一、岩石核磁共振分析原理

原子核能产生核磁共振现象是因为特定的原子核具有核自旋特性,其原子核自旋时必然会产生核磁矩,称为磁性核。如 ^1H、^{19}F、^{13}C 等原子核都是磁性核。迄今为止,只有自旋量子数为半整数的原子核,其核磁共振信号才能够被人们利用。如 ^1H、^{11}B、^{13}C、^{17}O、^{19}F、^{31}P,其中氢原子核最简单,丰度高,磁矩大,应用最为广泛。岩石核磁共振分析测量也是氢原子核(^1H)与磁场之间的相互作用。由于构成岩石骨架的主要核素 ^{12}C、^{16}O、^{24}Mg、^{28}Si、^{40}Ca 等均非磁性核,对核磁信号无贡献,因而岩石核磁共振分析测量参数与岩石骨架无关,只对孔隙流体有响应。

简单地说,地层流体(油、气、水)中富含氢核,其质子在自然界中是随机取向和任意排列的,当把这些自旋的氢原子核置于静磁场中后,每个氢原子核具有一致取向,每个氢核磁矩的合成,表现为对外具有宏观磁化矢量。磁化矢量的大小与氢核的个数成正比,即与流体量成正比。

当垂直于磁场方向施加一射频场时,如果射频场的角频率与静磁场角频率相同时,氢核吸收这一频率电磁波的能量,从低能级跃迁到高能级,使原子核的能量增加,也就使原子核磁矩与外加磁场的夹角发生变化,这个过程称为核磁共振(NMR)。外加射频电磁波停止后,氢核摆脱了射频场的影响,只受到主磁场的作用,所有核磁矩力图恢复到原来的热平衡状态,即从高能级的非平衡状态向低能级的平衡状态恢复,这一过程称为弛豫。弛豫包含两个部分:一是宏观核磁化矢量在纵轴上的分量最终趋向初始磁化强度,称为纵向弛豫,其时间常数 T_1 称为纵向弛豫时间。在平面上的分量最终趋向于零,称为横向弛豫,其时间常数 T_2 称为横向弛豫时间。纵向弛豫时间 T_1 的测量速度非常慢,所以目前应用中通常测量横向弛豫时间 T_2。

便携式岩心岩屑核磁共振分析仪利用永久磁铁提供横向的恒定磁场,当岩石样品放在磁体中,样品中流体氢核(质子)被磁化,沿着磁场方向排列极化,这样就在原来的强静磁场上叠加了一个小的净磁场,这个净磁场称为磁化矢量,磁化矢量的大小与氢核的数量成正比。

仪器射频振荡器线圈垂直于恒定磁场,利用射频振荡电路施加一个外加的射频电磁波脉冲。将这部分的磁化矢量旋转到与主磁场垂直的方向(90°脉冲),此时样品自旋的氢原子核在磁场中受电磁波激励而发生共振,从射频磁场吸收能量而跃迁到高能级,引起磁化矢量发生变化。

在外加射频电磁波脉冲停止后,氢原子核以特定频率发射出电磁波,将吸收的能量释放出来,使原子核从高能级的非平衡状态向低能级的平衡状态恢复,同时引起磁化矢量幅度衰减。这种磁化矢量信号幅度变化以及磁化矢量的衰减过程,会引起检测线圈中感应电动势的相应变化,产生自由感应衰减曲线FID。磁化矢量的衰减过程称为核弛豫过程,重建系统平衡所需要的时间称为弛豫时间。90°脉冲后检测到的FID初始幅度信号(最初幅值)与样品中氢核的数量成正比(图6-1)。

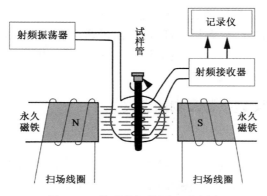

图6-1　核磁共振仪原理示意图

在90°脉冲后,按照一定的时间间隔 T_E 施加一个180°脉冲(对于指定的原子核,回波间隔 T_E 是一个时间常数),180°射频脉冲将磁化矢量翻转后,在接收线圈中将重新出现一个幅值先增长(重聚成回波信号)后衰减的射频信号(磁矩散开信号衰减),在 $t = T_E$ 处出现最大值,这一信号就是自旋回波,其最大幅值小于FID信号的初始幅值且只和物质的横向弛豫有关,是样品本身横向弛豫时间 T_2 的函数。增加180°脉冲个数,可以得到不同时间间隔($n \cdot T_E$)的多个自旋回波,几百个自旋回波形成回波串(图6-2)。这些回波信号最大幅值之间的变化代表了样品横向磁化强度 T_2 衰减的变化,即 T_2 衰减曲线。核磁共振录井测量的原始数据就是射频脉冲之后采集到的 FID 信号幅度以及 T_2 弛豫衰减曲线。

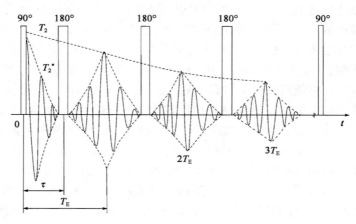

图6-2 自旋回波法脉冲序列

磁化矢量的衰减过程与样品的物理性能有关,不同的物质有着不同的弛豫时间。大量水(例如试管中装 1mL 水)的弛豫时间约 3s,但当这些水被紧闭在岩石孔隙中时 T 就小得多,约在 1ms 至几百微秒之间。这是因为孔隙的禁闭表面给氢核释放所吸收的射频场能量提供了条件,扩散运动使得分子多次与岩石表面发生碰撞,在每次碰撞中,可能会发生两种弛豫过程:一是质子将能量传给岩石颗粒表面,从而产生出纵向弛豫 T_1;二是自旋相位发生不可恢复的相散,从而产生出横向弛豫 T_2。T_1 和 T_2 包含着相同的信息,是岩石内孔隙大小、固体表面性质以及流体性质等的综合反映。大孔隙内的流体受固体表面的作用力小,因此弛豫速度慢,T_2 弛豫时间大。反之,小孔隙内的流体受固体表面的作用力大,弛豫速度快,T_2 弛豫时间小。

便携式核磁共振岩样分析仪通过对核磁信号初始幅度的标定,可以把仪器数据直接转换为岩石孔隙度;进行简单的 T_2 谱解析,可以计算出渗透率、可动流体、束缚流体等重要的岩石物理特性;通过添加顺磁离子二次分析的方法,可以得到含油饱和度等重要的油层物理参数,这些信息恰恰是常规录井无法提供的。

二、核磁共振录井测量参数及物理含义

1. 核磁共振孔隙度

岩石样品中流体的含量越高,氢原子核数目就越多,从射频磁场中吸收的能量也就越多,产生的信号也就越大。核磁信号初始幅度与测量区内所含的氢核数目即流体量成正比。当岩石孔隙被流体饱和时,核磁测量的总信号(磁化强度)与样品的孔隙度成正比,通过刻度,磁化强度可以转化为孔隙度。核磁孔隙度不受岩石矿物影响,准确可靠。

刻度方法:用已知孔隙度的一组标准样进行仪器标定,建立标准样孔隙度与核磁共振信号的线性关系曲线,见式(6-1)。未知样品测量信号代入线性公式,便可计算得到核磁共振孔隙度(ϕ)。核磁共振孔隙度标定线性关系式:

$$\phi = aS/V + b \qquad (6-1)$$

式中 ϕ ——核磁共振孔隙度；

    S ——核磁信号大小；

    V ——样品体积；

    a,b ——定标求得的系数值。

2. 含油饱和度(%)

含油饱和度的测量分两步。首先,在饱和状态下对岩样进行测量,得到油水的总信号;然后,用规定浓度的 $MnCl_2$ 溶液浸泡岩样,将水的弛豫信号缩短到仪器检测极限以下,再次测量,获得油的信号(图 6 – 3)。两次测量结果通过下述公式计算,可得到含油饱和度及有效含油饱和度。

$$S_{oi} = \frac{\int_0^{T_{2max}} A_o(t)\,dt}{\int_0^{T_{2max}} A_{ow}(t)\,dt} \times 100\% \qquad (6-2)$$

$$S_{oiA} = \frac{S_{oi} \times \phi_t}{\phi_{tA}} = \frac{V_{Ro}}{V_{Pt}} \times \frac{V_{Pt}}{V_R} \times \frac{V_R}{V_{PA}} = \frac{V_{Ro}}{V_{PA}} \qquad (6-3)$$

式中 $A_{ow}(t)$ ——第一次测量弛豫时间为 t 时的油水信号幅度,s；

    $A_o(t)$ ——第二次测量弛豫时间为 t 时的油信号幅度,s；

    S_{oiA} ——有效含油饱和度,%；

    S_{oi} ——含油饱和度,%；

    ϕ_t ——总孔隙度,%；

    ϕ_{tA} ——有效孔隙度,%；

    V_{Ro} ——石油占据的孔隙体积,mL；

    V_{Pt} ——总孔隙体积,mL；

    V_R ——岩样体积,mL；

    V_{PA} ——有效孔隙体积,mL。

3. T_2 弛豫时间谱反演与各种孔隙度求取

岩石中单个孔道内流体的核磁共振弛豫特性服从单指数衰减,可以用单个 T_2 弛豫时间来表达:

$$A(T_e) = A(0)\exp\left(-\frac{T_e}{T_2}\right) \qquad (6-4)$$

其中

$$T_e = 2n\tau \quad (n = 1,2,\cdots,\tau)$$

式中 T_e ——回波间隔的一半,即 180°脉冲到回波最大值之间的时间；

    $A(T_e)$ ——各 T_e 时刻测得的回波信号幅度；

    $A(0)$ ——零时刻的回波幅度,即 90°射频脉冲刚结束时 FID 信号的初始幅值。

由此可以确定单个孔隙内横向弛豫时间 T_2。

实际上岩石孔隙是由不同大小的孔道组成的,在实际测量过程中,获取的 T_2 衰减曲线是由许多不同孔隙中流体衰减信号的叠加而成的,是一系列单指数衰减的线性叠加。总的核磁弛豫信号 $S(t)$ 是这些孔道流体核磁弛豫信号的叠加,可以用一个多指数函数表示:

$$S(t) = \sum_i A_i \exp(-t/T_{2i}) \qquad (6-5)$$

式中 T_{2i}——第 i 组分(第 i 类孔隙)的 T_2 弛豫时间;

A_i——第 i 组分所占的比例,即弛豫时间为 T_{2i} 的孔隙所占的比例。

当固体表面性质和流体性质相同或相似时,横向弛豫时间 T_2 的差异主要反映岩样内孔隙大小差异。孔隙越大,氢核越多,核磁共振信号越强,衰减越慢,对应的弛豫时间 T_2 越长。在油层物理上,核磁共振 T_2 谱的含义是岩石中不同大小孔隙的体积占总孔隙体积的比例,即 T_2 谱包含了孔隙大小分布信息。通过求解样品各个流体单元(岩石孔隙)横向弛豫时间 T_{2i} 及其在总流体(岩石总孔隙)中的相应贡献 A_i,来构造 T_2 弛豫时间谱(图 6-3、图 6-4)。

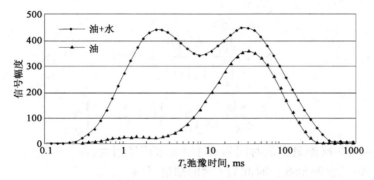

图 6-3   含油饱和度的测量

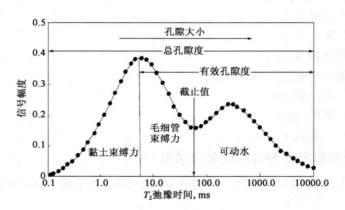

图 6-4   不同类型孔隙度与核磁共振 T_2 谱关系

T_2 谱曲线以 T_{2i} 和与其对应的 A_i 幅度连点绘制。T_2 谱的横坐标表示 T_2 弛豫时间,对应于孔隙大小,与孔隙大小之间有正比关系。大孔隙对应的弛豫时间长,小孔隙对应的弛豫时间短;纵坐标幅度对应于孔隙体积,幅度与孔隙体积之间有正比关系。具有特定弛豫时间的孔隙体积越大,占总幅度的比例也就越大,其幅度也就越高。总幅度为 T_2 谱所有点的幅度之和。

在岩样孔隙全部为流体所饱和时,黏土束缚流体、毛细管束缚流体及可动流体所占据的孔隙体积总和与岩样体积的比值为总孔隙度(ϕ_t),以百分数表示。毛细管束缚流体及可动流体所占据的孔隙体积总和与岩样体积的比值,为有效孔隙度,以百分数表示。

从核磁共振弛豫机制中可知,岩石中不同类型孔隙中的流体具有不同的弛豫时间(图 6-4)。当流体受到孔隙固体表面的作用力很强时,如微小孔隙内的流体或较大孔隙内与固体表面紧密相接触的流体,流体的 T_2 弛豫时间很小,流体处于束缚或不可动状态,称为束缚流体或不可动流体。反之,当流体受到孔隙固体表面的作用力较弱时,如较大孔隙内与固体表面不是紧密相接触的流体,流体的 T_2 弛豫时间较大,流体处于自由或可动状态,称为自由流体或可动流体。因此,利用核磁孔隙度和 T_2 谱数据,可以计算岩石总孔隙度、有效孔隙度、岩石的黏土束缚水孔隙度(微孔)、毛管束缚水孔隙度(小孔隙)以及可动流体孔隙度(大孔隙),对裂缝、溶洞型岩石还可得到裂缝孔隙度、溶洞孔隙度、裂隙孔隙度、基质孔隙度、泥质孔隙度等一系列参数。例如裂缝孔隙度和溶洞孔隙度计算方法是:用 T_2 谱裂缝峰或溶洞峰各点的幅度和除以 T_2 谱所有点的幅度和再乘以岩样的核磁总孔隙度。即可得到裂缝孔隙度或溶洞孔隙度,其他以此类推。

4. 弛豫时间与岩石比表面、孔隙半径关系

在岩石孔隙中,流体的 T_2 弛豫时间可以用下式表示:

$$\left(\frac{1}{T_2}\right)_{\text{total}} = \left(\frac{1}{T_2}\right)_{\text{S}} + \left(\frac{1}{T_2}\right)_{\text{D}} + \left(\frac{1}{T_2}\right)_{\text{B}} \tag{6-6}$$

式中 $\left(\dfrac{1}{T_2}\right)_{\text{S}}$——来自岩石颗粒表面的弛豫贡献;

$\left(\dfrac{1}{T_2}\right)_{\text{B}}$——来自流体本身的弛豫贡献(体弛豫);

$\left(\dfrac{1}{T_2}\right)_{\text{D}}$——来自分子扩散的弛豫贡献。

在石油核磁共振研究和应用中,体弛豫和扩散弛豫项通常可以忽略,流体的 T_2 弛豫时间主要取决于表面弛豫。岩石表面弛豫的一个重要特征是与岩石比表面有关,岩石比表面(指岩石中孔隙表面积与孔隙体积之比)越大,弛豫越强,T_2 弛豫时间越小,反之亦然,因此岩石表面弛豫可表示为

$$\left(\frac{1}{T_2}\right)_{\text{S}} = \rho_2 \left(\frac{S}{V}\right)_{\text{pore}} \tag{6-7}$$

式中 $\dfrac{S}{V}$——孔隙比表面,m^2/g;

ρ_2——表面弛豫速率(常数),$\mu\text{m}/\text{ms}$;

T_2——弛豫时间,ms。

储层岩石孔隙半径分布是油气田开发中重要的参数。孔隙半径与孔隙比表面关系是 $S/V = F_\text{S}/r$,F_S 为孔隙形状因子,无量纲,其大小与孔隙模型有关。令 $C = 1/(\rho_2 F_\text{S})$,核磁共振弛豫时间 T_2 与孔隙半径对应关系为

$$r = CT_2 \tag{6-8}$$

式中 r——孔隙半径,μm;

C——转换系数,小数。

可见,将核磁共振 T_2 谱图的横坐标乘以一个换算系数,能够使核磁共振弛豫时间分布定量换算成以长度为单位的孔隙半径分布(图6-5),从而进行岩石孔隙结构研究。换算系数大小具有地区经验性,分布范围为 $0.01 \sim 0.1\,\mu\text{m}/\text{ms}$,但同一油田同一层位岩样(储层)的换算系数值通常很接近。

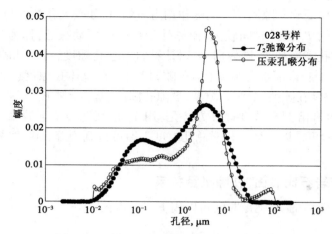

图 6 - 5   岩心 T_2 分布与压汞孔径分布对比

5. 可动流体 T_2 截止值与可动流体百分数

T_2 弛豫时间谱代表了岩石孔径分布情况,当孔径小到某一程度后,孔隙中的流体将被毛管力所束缚,而无法流动。因此,在弛豫谱上存在一个界限,当孔隙流体的弛豫时间大于某一弛豫时间时,流体为可动流体,反之为束缚流体。这个弛豫时间界限,称为可动流体截止值,是评价储层的一个重要指标,研究可动流体及其截止值的特征和规律对油田勘探和开发具有重要的意义。

可动流体 T_2 截止值通常是通过比较离心前后样品的 T_2 谱的变化来确定的。对离心后 T_2 谱的所有点的幅度求和,然后在离心前的 T_2 谱中找出一点,使得该点右边各点的幅度和与离心后 T_2 谱所有点的幅度和相等,则该点对应的横坐标即为所分析岩样的可动流体 T_2 截止值(图 6 -6)。

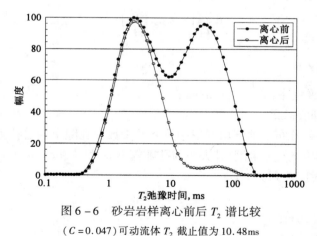

图 6 - 6   砂岩岩样离心前后 T_2 谱比较
($C = 0.047$)可动流体 T_2 截止值为 10.48ms

严格来说,不同的岩样应有不同的可动流体 T_2 截止值。在实际应用中,通常是对一个地区有代表性的一定数目岩样进行室内分析,首先求得每块岩样的可动流体 T_2 截止值,然后取其平均值作为该地区核磁共振测井录井解释的可动流体 T_2 截止值标准。

国内油气田砂岩储层可动流体 T_2 截止值具有地区经验性,分布范围大致为 4.79 ~ 29.09ms,

主要分布在 5 ~ 20ms 之间,平均值约为 12.85ms 左右。岩样黏土含量大小是影响 T_2 截止值的重要因素,岩石物性如孔隙度、渗透率等对 T_2 截止值也有影响。对砂岩而言,T_2 截止值通常位于 T_2 谱中两峰的交汇点附近,根据 T_2 截止值的这个特征,可以实现可动流体的快速确定(图 6 – 6、图 6 – 7)。

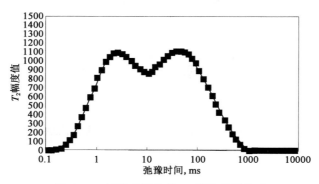

图 6 – 7　核磁共振录井 T_2 谱示意图格式

可动流体 T_2 截止值确定以后,位于 T_2 谱截止值右侧各点幅度和与总幅度和比值即为可动流体百分数,反映储层中可动流体所占的孔隙流体的比例。

6. 渗透率

对于岩石而言,其渗透率(K)取决于岩石的孔隙结构,仅与岩石性质有关,与流体性质无关。核磁共振技术在反映储层孔隙直径大小及其分布等方面具有独特的技术优势,较好地反映岩石的孔隙结构,为直接确定储层的束缚水饱和度和渗透率提供了更有效的方法,核磁共振渗透率一般采用以下 4 种经验公式计算。

$$K_{nmr1} = \left(\frac{\phi_{nmr}}{C_1}\right)^4 \left(\frac{BVM}{BNI}\right)^2 \qquad (6 – 9)$$

$$K_{nmr2} = C_2 \phi_{nmr}^4 T_{2g}^2 \qquad (6 – 10)$$

$$K_{nmr3} = C_3 \phi_{nmr}^2 T_{2g}^2 \qquad (6 – 11)$$

$$K_{nmr4} = C_4 \phi_{nmr}^m T_{2g}^n \qquad (6 – 12)$$

式中　K_{nmr1}、K_{nmr2}、K_{nmr3}、K_{nmr4}——核磁共振绝对渗透率,$10^{-3} \mu m^2$;

C_1、C_2、C_3、C_4——地区经验常数,与地层的形成过程有关,随不同层位或地区而变化,需要通过室内岩心分析校准来确定;

ϕ_{nmr}——核磁共振总孔隙度,%;

BVM——可动流体百分数,%;

BVI——束缚流体百分数,%;

T_{2g}——T_2 的几何平均值。

从油层物理学分析,岩石中束缚水饱和度与岩石本身性质有关,岩石孔隙中无论充填什么流体,其束缚水饱和度是不变的。因此,式(6 – 4)的核磁共振渗透率评价模型(Coates 等,1999)更具有普遍性,更适合现场。尽可能选取有代表性的区域岩心样品求取地区经验常数,才能使未知样品渗透率的计算更加可靠、准确。

第二节　核磁共振录井资料录取与整理及影响因素

一、核磁共振录井资料录取及整理

1. 收集资料

收集区域地质资料和试油资料,重点收集邻井储层物性和流体资料。

2. 设备及材料准备

(1)主机:核磁共振分析仪一套。

(2)附属设备:计算机、打印机、抽真空装置1套、UPS电源1套、电子天平1台。

(3)实验室:要求必须能够保持16~29℃恒温。

(4)备品:标准样品(3%~27%)1套、试管、取样瓶、脱脂棉、榔头、钳子、镊子、滤纸、$MnCl_2$溶液(浓度15000mg/L)、模拟地层水(根据地层资料配制)。

3. 仪器安装、调试与标定

仪器安装、调试与标定遵照核磁共振录井操作规程。

4. 样品挑选

1)岩心样品取样要求

(1)全直径岩心出筒后应尽快取样,尽快上机检测,尽量减少因风干等引起的油水损失。如不能及时进行样品检测,应对岩样妥善保存。一是蜡封,二是用保鲜膜将岩样缠紧缠实(多缠几圈,然后用透明胶带扎紧)浸入盐水或模拟地层水中。密封的岩样应避免阳光直射,避免置于高温环境中。

(2)样品要取自全直径岩心的内部,尽量减少钻井液滤液、密闭液侵入、轻烃挥发等对含油饱和度测定的不利影响。

(3)岩心样品无形状要求,重量不少于30g,便于制样。

2)岩屑样品的取样要求

(1)岩样必须清洗干净,表面无钻井液等污物。

(2)湿样条件下挑样,挑样前切勿烘干或风干。

(3)选取粒径大于2mm的具有代表性的岩屑样品。

(4)岩屑样品尽量挑取外形规则、厚实的颗粒。

(5)一般挑取2~3g左右的样品。

(6)上机检测前,应将岩屑样浸泡于模拟地层水中。

5. 样品处理及测量

严格遵守核磁共振录井操作规程处理样品和上机分析。一般要经过样品修整、测体积、抽真空、饱和地层水、浸锰溶液、上机分析等多个步骤。

（1）岩样修整：将样品处理成大小合适、无棱角、尽量圆滑的形态。

（2）岩样体积测量：将岩样用天平称重法或量筒实测法获取岩样的体积。

（3）岩样抽真空和饱和地层水：做物性分析前，应将岩样浸泡在混合盐水中抽真空，使岩样排气吸水。抽真空和饱和水的时间要据样品的致密程度和干湿、新鲜程度而定，一般岩屑样品饱和时间不少于0.5h，岩心和井壁取心样品饱和时间不少于2h。抽真空后饱和地层水的样品，需要去除表面水，即将岩样倒在微湿状态滤纸上（地层水微浸湿），用镊子来回拨动，直至岩样表面水汪汪的状况消失。

（4）岩样全信号测量：即岩样经过修整、测体积、抽真空、饱和地层水后的核磁测量，目的是获得样品物性和流体数据。全信号分析时，样品孔隙内充满液体，核磁共振测量得到的是油和水的信号，可以得到孔隙度、渗透率、可动流体饱和度、束缚水饱和度、可动水饱和度等参数。

（5）岩样锰离子溶液浸泡：做含油饱和度分析前，应将全信号测量后的含油气样品浸泡在浓度不小于$10g/L$的$MnCl_2$水溶液中，浸泡规定时间后，用浸过锰溶液的微湿滤纸将岩样的表面水擦干，再次核磁共振测量。当Mn^{2+}充分扩散到岩样内的水相中，达到一定浓度时，就能够将水相弛豫时间缩短至仪器的探测极限以下，再次测量得到的仅是油相的核磁信号。根据两次测量结果，利用式（6-2）、式（6-3）就可以计算得到含油饱和度。

（6）岩样洗油：用四氯化碳等溶剂浸泡含油干样，溶出岩样孔隙中的原油，一般要求岩样洗油至荧光三级以下。洗油的目的是恢复岩样孔隙表面的润湿性为亲水性，提高岩样孔隙度、渗透率、可动流体、束缚水等测量精度。含油干样的含油饱和度测定没有意义，其样品分析前也必须经过洗油处理，这是因为含油岩样风干后，原油与岩石孔隙固体表面直接接触，使得孔隙固体表面的润湿性为强油湿，如果不洗油，直接饱和水进行核磁共振测量，将导致可动流体和渗透率偏大、孔隙度降低。

（7）样品上机分析：将装有样品的试管放入仪器探头内，进行孔隙度、渗透率、可动流体等测量。不含油样品经过样品修整、测体积、抽真空、饱和地层水、上机分析等步骤一次完成岩样全信号测量。含油干样与不含油样品分析过程相同，但其样品处理前要增加岩样洗油过程。含油新鲜样品要经过二次测量，一是全信号测量，二是岩样浸泡锰离子溶液后的含油饱和度测量，两次测量结果可以计算得到含油饱和度。含气样品一般指取自气层的岩心样品。岩屑样品和井壁取心样品中气和轻质油散失较多，进行含气饱和度测定没有意义。新鲜含气样品要经过两次或三次测量，一是及时进行岩样原始状态测量，测量结果为油水所占的孔隙大小，测不到气体所占孔隙的信号；然后浸入饱和盐水中，进行第二次全信号测量，浸入的盐水占据了气体所占的孔隙，浸入盐水孔隙大小即为含气孔隙度；最后将样品用Mn^{2+}溶液浸泡，进行第三次测量，测量的孔隙为含油孔隙度。

注意事项为在整个制样处理过程中，岩样绝对不可以接触Mn^{2+}溶液，泡锰的容器要单独放置，不可与饱和水容器混用（含油分析除外）；接触过Mn^{2+}的镊子、试管等要单独存放；分析时盛样用试管必须保持清洁干净、干燥无水渍，每次分析前可用脱脂棉将其擦拭干净；样品体积测量要准确。

6. 核磁共振录井资料整理

根据岩样分析原始数据，编制"核磁共振录井T_2弛豫谱"，格式见图6-7。

按照核磁共振录井规范上交资料要求，对原始数据进行整理，编写核磁共振分析记录表（表6-1）。

表 6 - 1　　× × 井核磁共振分析原始记录表

序号	井深, m	岩性	样品类型	孔隙度, %	渗透率 $10^{-3}\mu m^2$	含油饱和度, %	可动流体 %	分析时间	备注
1	3741.0	灰色粉砂岩	岩屑	13.62	2.75	0	31.20	2011.01.07	
2	3745.60	灰褐色油斑粉砂岩	岩心	15.61	3.15	39.76	37.00	2011.01.10	
…	…	…	…	…	…	…	…	…	…

利用本地区解释标准,依据岩样分析数据,结合核磁共振井 T_2 谱分析,进行储层评价和流体评价,编写"核磁共振录井解释成果表",格式见表 6 - 2。

核磁共振录井要上交的资料包括核磁共振分析记录表、核磁共振 T_2 谱图、核磁共振录井解释成果表、解释图版、数据库。

表 6 - 2　　× × 井核磁共振录井解释成果表

序号	层位	井段, m	厚度, m	岩性	孔隙度 %	渗透率 $10^{-3}\mu m^2$	可动流体 %	含油饱和度, %	解释结果	备注
1	q^4	3738 ~ 3741	3.0	灰色粉砂岩	12.5	2.4	32.1	0	水层	
2	q^4	3744.0 ~ 3746.0	2.0	灰褐色油斑粉砂岩	14.7	2.9	36.3	37.2	油水同层	
…										

二、核磁共振录井影响因素

核磁共振技术优势体现在对规则与非规则形状岩心及岩屑样品的快速测量、可动流体评价、一样多参数等方面,但也有缺点,在实际应用中要注意以下问题。

1. 岩石性质的影响

岩石性质的影响主要体现在岩屑样品的核磁共振分析中,对岩心样品影响很小。其影响表现在以下几个方面:

(1)成岩性差、胶结疏松的地层,尤其是浅部岩层,当其岩屑从井底返到井口,受钻头的冲击、钻井液的浸泡冲刷等影响,已然变得过于细碎不成颗粒,孔隙结构发生了很大变化,无法呈现地层的真实情况,不能用于核磁共振分析。如含砾砂岩基本都变成了单个的石英颗粒,挑不出成块的岩屑,即使挑出小岩屑,分析出的孔隙度也不能代表地层的真实情况。

(2)岩石通常是非均质的,在其破碎成岩屑过程中,其颗粒表面的孔隙在一定程度上会受到破坏,易碎处往往是孔隙发育处。因此,样品往往是胶结致密、孔隙度偏低的坚硬部分,导致分析结果偏低。

(3)核磁共振分析中,要经过"泡盐水饱和"和"泡顺磁锰离子"等浸泡过程,易于泡散膨胀的样品不能用于分析。泥质含量较高的砂岩、渗透率特低的砂岩以及泥岩样品在"泡盐水饱和"过程中,被盐水完全饱和是很困难的,使得核磁孔隙度测量结果会偏低。

2. 岩屑颗粒大小和重量的影响

将岩心破碎,模拟成不同粒径的颗粒岩屑,进行核磁共振分析,实验表明,岩屑过于细碎、颗粒过小、样品用量过少对核磁共振分析结果会产生很大影响(表 6 - 3、图 6 - 8),要保证核磁共振分析结果的可靠性,岩屑颗粒大小至少要大于 1.5mm,岩屑样品重量在 0.5g 以上。

表6-3 ××井岩心样品孔隙度

样品井深 颗粒大小	3698.4m	3701.7m	3702m
5mm	16.93	17.14	17.7
3mm	18.75	16.58	17.53
2mm	17.97	17.43	16.08
1mm	23.44	21.18	20.4

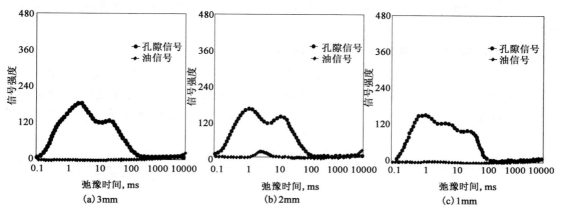

图6-8 井深3702m岩心核磁共振T_2谱图

3.原油性质的影响

地层原油黏度对T_1和T_2均有较大的影响,T_1和T_2随原油黏度的升高而下降。原油黏度较高时,特别是当原油黏度大于30mPa·s后,核磁信号的衰减很快,信号弱,横向弛豫时间T_2很短,原油核磁共振信号常常缩短到T_2截止值左侧(束缚区间内),使不可动流体计算值(束缚水饱和度)偏大,可动流体计算值偏小。当原油黏度大于200mPa·s时,可动流体测定失去实质性意义,随着原油黏度增大,原油中胶质、沥青质含量高,在相同体积条件下,原油中氢核的数目要小于稀油(黏度小于25mPa·s)和水中的氢核数目,即视含氢指数变小且小于1,如果不进行校正,必然导致孔隙度、含油饱和度偏低。

不同地区、不同层位的原油,其性质不同,T_2弛豫谱也有所不同,录井前用邻井原油进行修正可以提高核磁共振分析精度,尤其是原油黏度较大的稠油层,必须进行校正。校正方法:单位体积标样信号量除以单位体积脱水原油核磁信号量作为原油修正系数,对所测的原油孔隙体积乘以修正系数,再加上岩样中水的孔隙体积,即可以得到修正后的总孔隙体积。同理,用修正后的原油孔隙体积除以修正后的总孔隙体积可以计算出含油饱和度。

4.样品处理的影响

样品干燥处理中岩样表面水的去除程度是影响核磁共振分析结果的关键因素。受盛装样品小试管内径的限制,样品直径不能太大,多为2mm左右,颗粒多,表面积大,在干燥处理过程中会失去过多的孔隙水,导致分析结果偏低。碳酸盐岩多为裂缝性储层,表面的干燥程度难以控制。因此,需要通过实验得到不同仪器、不同岩性最佳干燥时间和饱和水时间,使测量结果更加准确可靠。

第三节　核磁共振录井资料的解释与应用

一、核磁共振录井资料的解释

核磁共振录井资料一般从储层物性判定、流体性质识别、T_2 谱形态解析三个方面进行解释。

1. 利用核磁共振录井数据评价储层特性

利用核磁共振录井现场采集的各项参数，对照储层分类评价标准（表 6-4、表 6-5、表 6-6），对储层物性进行初步评价，区分储集层与非储集层、有效储层和无效储层、渗透层与干层等。储层的分类评价标准一般由油田区域储层测试资料、试油资料和现有的工艺水平综合确定。

表 6-4　储集层孔隙度分类表

分　类	碎屑岩孔隙度，%	非碎屑岩基质孔隙度，%
特高孔	≥30	
高孔	≥25 ~ <30	≥10
中孔	≥15 ~ <25	≥5 ~ <10
低孔	≥10 ~ <15	≥2 ~ <5
特低孔	<10	<2

表 6-5　储集层渗透率分类表

分　类	油藏空气渗透率，$10^{-3}\mu m^2$	气藏空气渗透率，$10^{-3}\mu m^2$
特高渗	≥1000	≥500
高渗	≥500 ~ <1000	≥100 ~ <500
中渗	≥50 ~ <500	≥10 ~ <100
低渗	≥5 ~ <50	≥1.0 ~ <10
特低渗	<5	<1.0

表 6-6　××油田储层物性评价表

孔隙度，%	渗透率，$10^{-3}\mu m^2$	束缚水饱和度，%	储层评价
<5	<0.1	>80	差（五类）
5 ~ 10	0.1 ~ 1	65 ~ 80	较差（四类）
10 ~ 15	1 ~ 10	50 ~ 65	中等（三类）
15 ~ 20	10 ~ 100	35 ~ 50	较好（二类）
>20	>100	<35	好（一类）

2. 利用核磁共振录井数据解释油气层

通过核磁共振物性参数、含油饱和度参数,配合地球化学、定量荧光等其他录井技术可以直接或间接地对储层流体进行评价。

1) 核磁共振录井参数直接评价

结合核磁共振技术的特点和试油试采资料,利用核磁孔隙度、渗透率、含油饱和度、含水饱和度、束缚流体饱和度、可动流体等参数建立油水层解释标准(表6-7),对表评价简洁、方便。含油饱和度是核磁录井中唯一能够反映储层含油性的参数,核磁共振评价图版也多采用含油饱和度参数与孔隙度、可动流体等物性参数相配合,进行油水层评价。核磁共振录井含油饱和度—孔隙度(图6-9)、核磁共振录井含油饱和度—可动流体(图6-10)是国内油田常用的核磁共振评价图版。

表6-7　××油田 SH2 区块核磁共振录井解释参考标准

储　集　层	孔隙度,%	渗透率,$10^{-3}\mu m^2$	可动流体含量,%	含油饱和度,%
油层	>10	>1	>35	>35
油水同层	>10	>1	>35	10~35
水层	>10	>1	>20	<10
低产油层	8~12	0.1~3.0	20~35	<35
干层	<8	<0.1	<20	<10

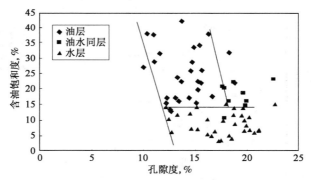

图6-9　核磁共振录井含油饱和度—孔隙度油水层评价图版

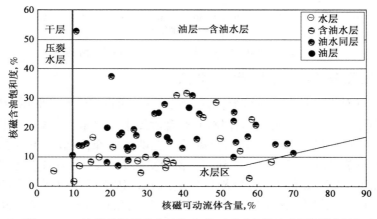

图6-10　核磁共振录井含油饱和度—可动流体油水层评价图版

2)配合其他录井技术,精细评价油气层

在配合其他录井技术进行油气层评价时,核磁共振录井提供孔隙度、渗透率、可动流体等物性数据,与地球化学烃含量、定量荧光含油量等相配合,可以组成不同的含油量—核磁共振录井物性油水层评价图版。图版能够同时反映储层物性和含油性,随着核磁共振物性的变好,含油量的增大,储层产油可能性越高。如储层地球化学 P_g—核磁共振孔隙度 ϕ 油水层评价图版(图6-11)、地球化学 P_g—核磁可动流体油水层评价图版等(图6-12),在录井油气层解释评价中,核磁共振录井得到了广泛的应用。

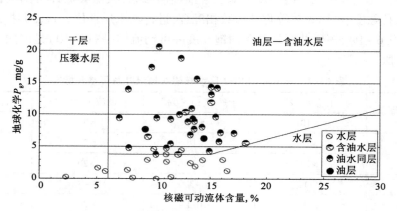

图6-11　地球化学 P_g—核磁孔隙度油水层评价图版

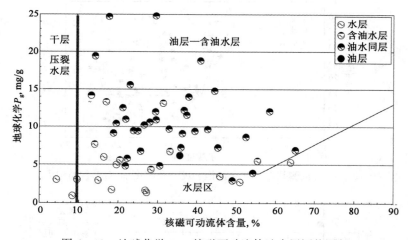

图6-12　地球化学 P_g—核磁可动流体油水层评价图版

3. 利用 T_2 弛豫谱形态定性判断储层性质

核磁共振 T_2 谱对岩性具有响应特征,通过形态解析,可以定性判断储层性质(岩性、孔洞、裂缝等)。一般泥岩 T_2 谱呈单峰态,峰体靠前,弛豫时间小于 10ms(图6-13、图6-14);砂岩 T_2 谱除具有类似泥岩孔隙的前峰外,还有反映较大孔隙的后峰,一般在 10~20ms 出峰,呈双峰态(图6-15);砾岩 T_2 谱与砂岩相比,还有一部分更大的孔隙,呈三峰形态或者多峰态。由于砾石表面大孔隙与其他孔隙之间孔径大小连续性较好,因而弛豫时间最大的峰与前一峰体呈连续性(图6-16);裂缝性岩样的 T_2 谱呈三峰态,裂缝孔隙与其他孔隙之间孔径大小连续性较差,裂缝孔隙内流体的 T_2 弛豫时间约为 1000ms 左右(图6-17);溶洞型岩样的 T_2 谱呈三峰态,溶洞孔隙与其他孔隙之间孔径大小没有连续性,溶洞孔隙内流体的 T_2 弛豫时间与自由状态下流体的 T_2 弛豫时间值接近,远大于 1000ms(图 6 – 18)。

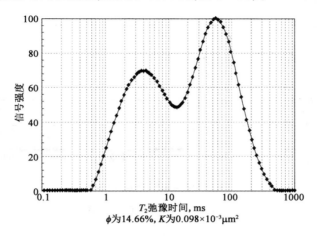

图 6 – 13 泥岩样品 T_2 谱

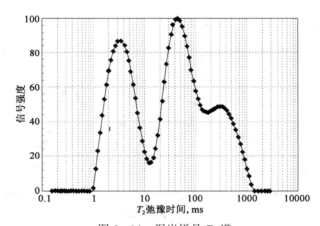

图 6 – 14 泥岩样品 T_2 谱

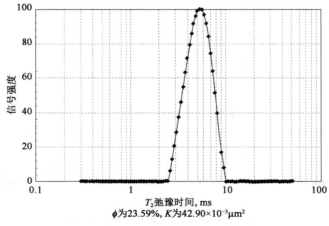

图 6 – 15 砂岩样品 T_2 谱

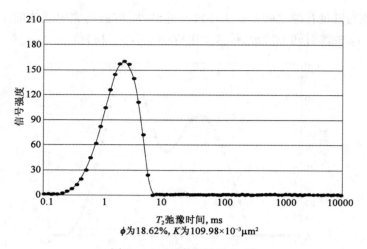

T_2弛豫时间, ms

ϕ为18.62%, K为109.98×10^{-3}μm^2

图6-16 砾岩岩样的 T_2 谱

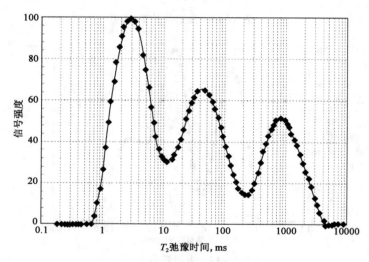

T_2弛豫时间, ms

图6-17 裂缝性火成岩样品 T_2 谱

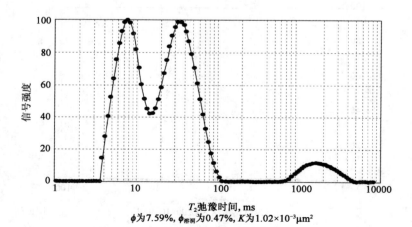

T_2弛豫时间, ms

ϕ为7.59%, $\phi_{溶洞}$为0.47%, K为1.02×10^{-3}μm^2

图6-18 有溶洞的石灰岩的 T_2 谱

此外,还可以利用核磁共振 T_2 谱截止值判断储集层性质(图 6 – 19)。以 T_2 谱截止值为界限,非储层表现为虽有孔隙度,也基本上为黏土束缚水孔隙度和毛管束缚水孔隙度,没有或仅有很小的可动流体,T_2 弛豫时间很短,峰值位于截止值左侧,多呈单峰状态。差储集层特征为 T_2 弛豫时间短,T_2 谱谱形靠左,在 T_2 谱截止值左侧存在较大的峰值,微孔隙发育,可动流体少,大部分流体呈束缚状态;好储集层特征是 T_2 弛豫时间长,分布面积较大,在截止值右侧存在较大的峰值,谱形靠右,中、大孔隙发育,大部分流体为可动状态;随着储层物性由差变好,T_2 幅度较大的峰值逐渐右移,T_2 图谱面积自左向右由小变大。

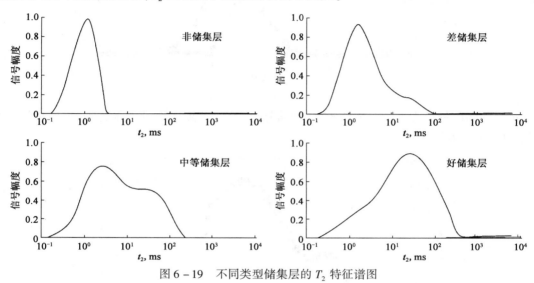

图 6 – 19　不同类型储集层的 T_2 特征谱图

4. 利用 T_2 弛豫谱形态定性识别油气水层

1)典型油层、水层、干层 T_2 谱图特征

油层一般具有孔隙度好、渗透率好、可动流体高、含油饱和度高的特点。在 T_2 谱中表现为弛豫时间较长,弛豫谱右半部分发育,可动流体值高,表明储集层物性较好;油信号谱峰高,且大部分处于可动状态,表明储集层含油饱和度高,绝大部分为可动油(图 6 – 20)。

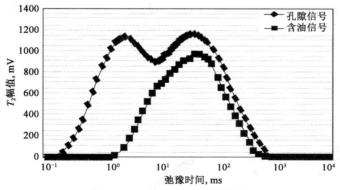

图 6 – 20　油层 T_2 弛豫谱特征

当储层孔隙被油水两相饱和时,在孔隙结构特征一定的情况下,储集层产油、产水的关键是确定油水两相的各自饱和度和赋存状态(可动或束缚)。因此,利用 T_2 谱准确地检测储集层孔隙中的油、水的饱和度及其赋存状态是油水层识别的关键问题之一。油水同层的谱图特

征为油信号谱峰与水层相比较高,但大部分孔隙空间被可动水充填,含油饱和度一般为10% ~ 40%(图6-21)。

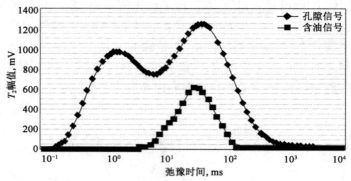

图6-21 油水同层 T_2 弛豫谱特征

水层的谱图特征为可动流体值较高,油信号谱峰低、孔隙中以可动水为主,一般情况下含油饱和度小于10%(图6-22)。

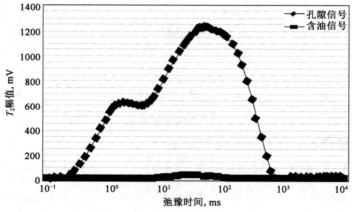

图6-22 水层 T_2 弛豫谱特征

干层表现为四低特点:低孔隙度、低渗透率、低可动流体、低含油饱和度。在 T_2 谱中表现为弛豫时间短,弛豫谱右半部分不发育;可动流体值低,一般小于20%,流体绝大部分处于束缚状态;油信号谱峰低或无,表明储集层含油饱和度低(图6-23)。

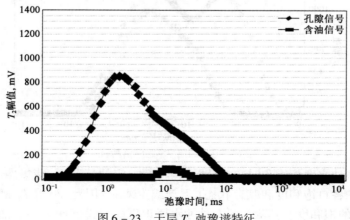

图6-23 干层 T_2 弛豫谱特征

2)气层核磁共振分析方法与 T_2 弛豫谱特征

利用核磁共振技术对气层解释评价时,分析的对象是岩心,最好是密闭取心。出心后,立即取样蜡封。岩心样品要进行 3 次分析,通过三次核磁共振测量,可计算出油气水各自的饱和度。气层 T_2 谱上特征如图 6-24 所示,与油层响应特征相反,气层饱和盐水信号明显高于未饱和盐水信号,二者差异即为含气孔隙度。浸泡 Mn^{2+} 溶液信号为含油孔隙度。除去油气信号为含水孔隙度。

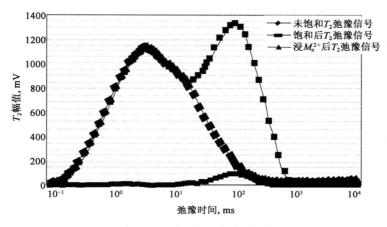

图 6-24　气层 T_2 弛豫谱特征

二、核磁共振录井资料的应用

核磁共振录井资料既可以单项应用也可以配合地球化学等其他录井资料进行应用。其主要作用有三,一是提供物性数据,进行储集层性质评价;二是直接或间接进行油气层评价;三是利用 T_2 谱及各项参数解释疑难层,也可以用于核磁共振测井刻度定标工作,从而参与更多的勘探开发过程。

1. 及时提供物性参数,快速评价储层性质

核磁共振录井技术实现了岩石物性分析从室内到钻井现场的迁移。不仅能分析岩心,而且可以分析岩屑,从中获得孔隙度、渗透率、可动流体饱和度、束缚流体饱和度、含油饱和度、孔径分布等重要的油层物理参数。在不进行钻井取心的情况下,为油田勘探开发动态分析提供准确的物性参数,以及油水饱和度、可动水含量等变化情况。划分和评价有效储层,尤其对低孔低渗、隐蔽性储层物性评价有十分重要意义。

最常见的用途就是识别渗透层与非渗透层(干层)。核磁共振物性数据是区别渗透层与非渗透层的主要依据。通过核磁共振孔隙度、渗透率等参数评价储层性质(表 6-8),可以很好区别渗透层与非渗透的干层,识别油(气)层与差油(气)层。油层评价中储油物性的识别是至关重要的,如非渗透层的干层,虽然含油饱和度高,录井显示级别高,地球化学分析值高,但在目前储层改造技术能力情况下试油,很难获得流体,当然也就很难获得油流,是没有价值的储油层。例如吉林探区干层标准是油田核磁共振录井孔隙度 <8% ,可动流体 <13% ;测井孔隙度 <4% ,此类层常规试油为干层,压裂为水层。

表 6 - 8　辽河油田核磁共振录井渗透率、孔隙度评价储集层标准

按渗透率分级			按孔隙度分级		
级别	核磁渗透率, $10^{-3}\mu m^3$	储集层评价	级别	核磁孔隙度, %	储集层评价
1	≥1000	极好	1	≥20	极好
2	1000 ~ 100	好	2	20 ~ 15	好
3	100 ~ 10	中等	3	15 ~ 10	中等
4	10 ~ 1	差	4	10 ~ 5	差
5	≤1	非渗透性	5	≤5	无价值

吐哈油田 ShB16 井 2965.0 ~ 2990.0m 井段,岩性为棕色粉砂岩、细砂岩,岩心致密,油气显示不均,呈条带状、团块状分布,非均质性严重;气测录井反映含油性好,定量荧光录井显示油质较轻。核磁孔隙度平均 13.5% ,有效孔隙度平均 5.0% ,渗透率平均 $8.0 \times 10^{-3}\mu m^2$ 、束缚流体饱和度平均 63% , T_2 谱峰形靠左,前高后低(图 6 - 25),判断储层非均质性严重,可动流体少,大部分呈束缚状态,物性差,虽然含油性较好,但产液能力不强。试油时,酸化压裂 15次,出残酸 $6.64m^2$ 。

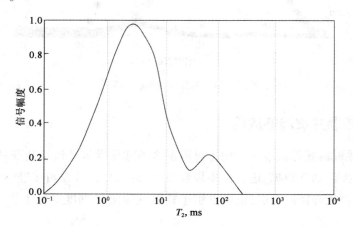

图 6 - 25　ShB16 井 2965.0 ~ 2990.0m 井段 T_2 谱

胜利油田 G898 井位于济阳坳陷东营凹陷樊家—金家鼻状构造带西翼。该井沙四段2619.7 ~ 2627.4m 岩心岩性为棕黄色油浸细砂岩、灰色油斑细砂岩;该层电阻率测井具有低电阻率特征。核磁孔隙度 22.01% ~ 24.19% ,渗透率 39.10×10^{-3} ~ $80.28 \times 10^{-3}\mu m^2$,可动流体73.73% ~ 78.17% ,与常规物性分析结果相近(表 6 - 9),判断该层为中孔隙度、中渗透率储集层,物性较好。核磁含油饱和度平均为 16.31% (原油逸散较多),核磁解释为油层,试油日产油 17.6t,不产水,与核磁解释结论相吻合。

表 6 - 9　G898 井部分岩心样品孔隙度、渗透率对比

岩样编号	井深,m	岩　性	核磁孔隙度 %	常规孔隙度 %	核磁渗透率 $10^{-3}\mu m^2$	常规渗透率 $10^{-3}\mu m^2$
1	2619.7	棕黄色油浸细砂岩	24.19	23.6	58.38	22.3
2	2620.1	棕黄色油浸细砂岩	22.01	24.4	29.94	53.4
3	2624.2	棕黄色油浸细砂岩	22.39	24.3	39.10	72.6
4	2624.5	棕黄色油浸细砂岩	23.73	24.2	80.28	53.8

2. 利用核磁共振信息,精细解释油气水层

核磁共振录井除了能够提供孔隙度、渗透率等重要参数外,还能提供可动流体、束缚流体、含油饱和度等参数,对描述储层单相流体、混相流体等流体流动特性有重要意义,是储层流体性质精细评价不可缺少的重要技术手段。

1)在油田开发中应用

表 6 - 8 是辽河油田 SH2 区块核磁共振油层评价标准,对照区块标准,依据核磁孔隙度、渗透率、含油饱和度和 T_2 弛豫谱特征进行解释评价,在 SH2 区块取得了较好的效果。SH2 - 5 - 032 井生产井段内共打开 8 层,岩屑录井显示为油斑级别,井壁取心显示为油浸级别,录井显示较好,射开的层段经核磁共振录井分析物性相对较差。解释油层 1 层:孔隙度为 14.98% 、渗透率为 $5.66 \times 10^{-3} \mu m^2$ 、可动流体含量为 40.42% 、含油饱和度 37.91% , T_2 弛豫谱特征为弛豫时间长、可动流体含量高、油峰高(图 6 - 26)。解释低产油层 7 层:各层孔隙度为 8.5% ~ 13.5% 、渗透率为 $(0.5 ~ 2.3) \times 10^{-3} \mu m^2$ 、可动流体含量为 25.5% ~ 35.5% 、含油饱和度在 19.6% ~ 30.5% 之间。投产后产油 3.2t/d,核磁解释结论与生产结果相符。

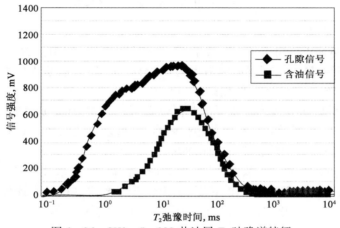

图 6 - 26　SH2 - 5 - 032 井油层 T_2 弛豫谱特征

图 6 - 27 是辽河油田采用的核磁可动流体与含油饱和度交汇图版。可动流体反映了储集层中可动资源的多少;含油饱和度反映了储集层中油的充填程度。通过这两项参数可以判断储集层中流体可动部分所含油和水的相对关系,从而识别出油水层。辽河油田 N74 区块 N74 - 13 井应用了核磁共振录井技术,该井 41、42、44、45 号层核磁共振数据见表 6 - 10。从核磁数据分析,41、42 号层显示油层特征,在 N74 区块可动流体与含油饱和度交汇图版中均落在油层区内(图 6 - 27);44、45 号层显示油水同层特征,在 N74 区块可动流体与含油饱和度交汇图版中均落在油水同层区内。投产后日产油 5.8t/d,日产水 5.1t/d,含水 46.8% ,解释结果与生产结果一致。

表 6 - 10　N74 - 13 井生产层核磁共振数据表

层号	孔隙度,%	渗透率,$10^{-3} \mu m^2$	可动流体,%	含油饱和度,%	解释结论
41	13.61	8.41	45.78	40.32	油层
42	14.28	8.62	42.58	39.65	油层
44	13.12	4.27	43.52	20.21	油水同层
45	12.86	3.74	42.85	19.18	油水同层

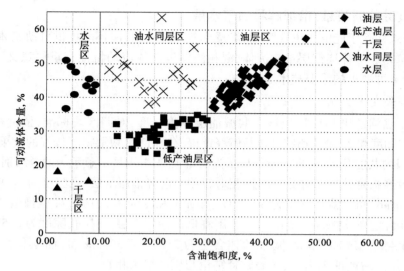

图 6 - 27　N74 区块可动流体与含油饱和度交汇图版

2）评价低阻油层

红 152 井是吉林油田红岗地区一口探井，该井 71 号电测油水同层，井段 1750.6 ~ 1758.0m，深测向电阻率为 13.44Ω·m，深感应电阻率为 8.04Ω·m，明显低于水层电性标准，是相对低阻油层，造成低阻的原因是红岗局部地区地层水矿化度异常增高（高于平均值 2 ~ 5 倍）。以实物采集分析为基础的录井技术很少受测井低电阻因素影响，在识别低阻油层方面有很重要的意义。红 152 井 71 号层录井为灰色油迹粉砂岩，井壁取心为灰色油斑粉砂岩，气测有明显的异常，全烃峰基比 3.04，地球化学 S_0 为 0.80mg/g、S_1 为 5.24mg/g、S_2 为 3.36mg/g，定量荧光相当油含量 487.21mg/L，油性指数 2.2，各项录井指标都达到了录井油层标准，核磁共振孔隙度 17.26%，可动流体 39.72%，含油饱和度 28.5%，位于核磁共振录井评价图版有利位置（图 6 - 10），录井解释为油层。该层试油日产油 25.4m³，证实为低阻油层。

3）配合其他录井技术评价油水层

利用核磁共振孔隙度、渗透率、可动流体等物性数据反映储层流体流动性，配合地球化学录井烃含量、定量荧光录井含油量等参数，可以有效地进行油水层评价，充分利用了地球化学录井、定量荧光录井烃含量测定及时准确的优点。图 6 - 11、图 6 - 12 是吉林油田中质油储层地球化学 P_g—核磁孔隙度 ϕ 油水层评价图版、地球化学 P_g—核磁可动流体油水层评价图版等。依据解释层数据点在图版中的位置，结合储层可动流体或者束缚水饱和度，可以更为准确地确定储层产液性质。

吉林油田 H171 井 38 号层，井段 1511 ~ 1516m，录井为灰褐色油斑粉砂岩，气测全烃异常明显，峰基比 2.6，甲烷为 0.5620%，曲线形态为倒三角形，灌满系数低，反映储层上油下水，解释为油水同层；热解色谱谱图正构烷烃组分齐全，碳数范围宽，峰形饱满，呈规则梳状结构，色谱流出曲线基线隆起明显，识别为中质油水同层，储层含水量大（图 6 - 28）；地球化学 P_g 为 11.91mg/g，核磁共振孔隙度为 10.12%，可动流体为 35.56%，含油饱和度为 32.47%，落于地球化学 P_g—核磁解释图版油水同层区（图 6 - 11、图 6 - 12）、核磁单项技术解释图版油水同层区（图 6 - 10），地球化学录井、核磁共振录井解释为油水同层；定量荧光相当油含量为 3515.53mg/L，油性指数为 2.3，达到了中质油水层标准，解释为油水同层，录井综合解释为油水同层。该层试油日产油 2.88m³、产水 70.36m³，原油密度为 0.8850g/cm³，与解释结论相一致。

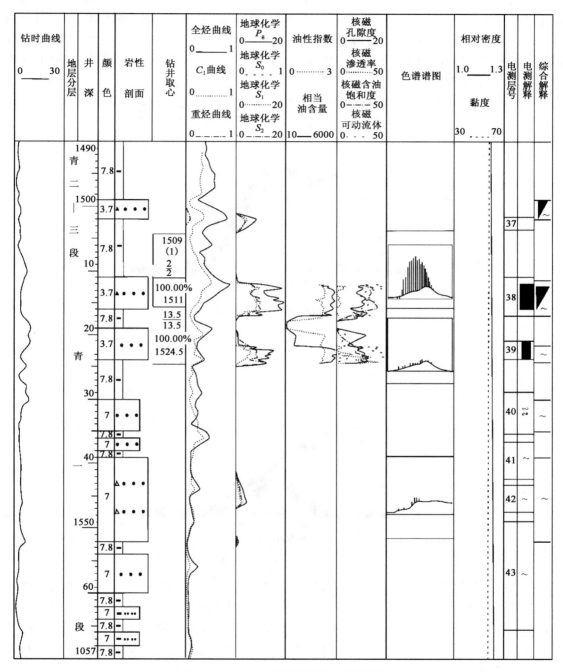

图 6 - 28　H171 井录井综合解释成果图

3. 应用 T_2 弛豫谱特征，解释特殊疑难储层

核磁共振 T_2 弛豫时间谱特征与储层流体性质、流动性密切相关，可以定性识别油水层，尤其在束缚油显示水层、裂缝油层、裂缝煤层气层等疑难层评价方面发挥了重要作用。

1)T_2弛豫谱形态识别油水层

N74－16－16井为辽河油田 N74 区块的一口生产井,生产井段 3295.3 ~ 3334.7m,核磁共振录井解释 6 层 17.8m,油层 3 层,低产油层 3 层。油层 T_2 弛豫谱表现为弛豫时间长、可动流体值高、含油饱和度高的特征(图 6 － 29)。低产油层 T_2 弛豫谱表现为弛豫时间相对较短、可动流体值较低、含油饱和度低的特征(图 6 － 30)。该井试油日产油 6.7t/d,产水 1.0t/d,含水13.2% ,解释结果与生产结果一致。

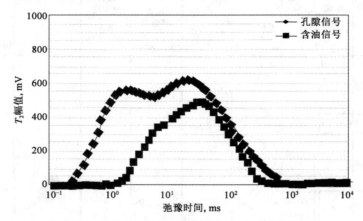
图 6 － 29   N74 － 16 － 16 井油层 T_2 弛豫谱特征

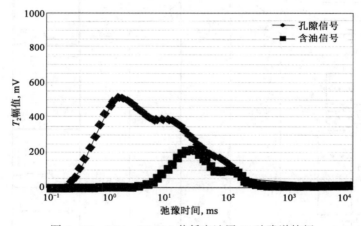
图 6 － 30   N74 － 16 － 16 井低产油层 T_2 弛豫谱特征

C2 － 3 － 35 井为辽河油田 C2 区块的一口调整井,生产井段 3218.5 ~ 3326.3m,核磁共振录井解释含水油层 1 层,低产油层 2 层,干层 2 层,油水同层 2 层,水层 2 层。试油日产油1.1t/d,产水 28.0t/d,含水 96.3% ,核磁解释结果与试油结果一致。该井油水同层 T_2 弛豫谱特征为弛豫时间长、可动流体值高、含油饱和度低,储集层中孔隙空间大部分被可动水充填(图 6 － 31)。

2)T_2 弛豫谱特征识别煤层气裂缝产层

随着石油资源的减少,煤层气勘探开发显得越来越重要,利用录井技术在钻井现场识别煤系地层,进而对煤层和煤层气产层进行识别划分,是开发煤层气资源的重要手段之一。孔洞、裂缝的存在能够极大地扩大煤层以及火成岩储层储集空间,而微裂缝的存在能够使渗透性至

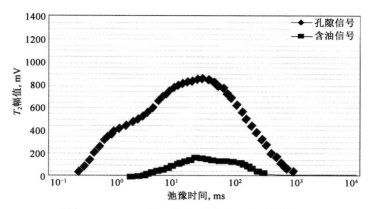

图6-31 C2-3-35井油水同层 T_2 弛豫谱特征

少增加十几倍。在煤层识别和煤层气开采中,核磁共振录井技术发挥了一定的作用。由于样品的限制,核磁共振录井不能识别较大的、人眼能够直接观测到的明显裂缝,但在产层段微裂缝发育时,核磁共振 T_2 谱可以较好地识别微裂缝,划分裂缝产层的等级。

一般产煤层 T_2 谱为低弛豫时间低幅单峰态,反映黏土束缚孔隙(图6-32)。煤层气产层由于裂缝发育,会在较大弛豫时间处出现反映裂缝的峰,具有多峰形态,并且孔隙峰与其他峰之间的连续性也较差(图6-33)。

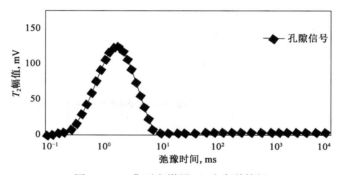

图6-32 典型产煤层 T_2 弛豫谱特征

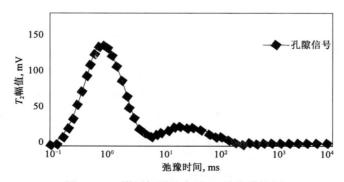

图6-33 煤层气裂缝产层 T_2 弛豫谱特征

辽河油田 X19 井井段 1925.0～2007.0m,发现煤层 7 层、厚度 30.5m,气测全烃值最大 45.7%,最小 1.19%,平均为 21.13%,气测评价为价值层。该层段核磁共振录井 T_2 谱后峰发育,表明煤层的裂缝(割理)发育(图6-34)。综合分析认为,该生产层段总体上属于良好的

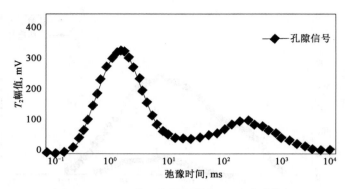

图 6 - 34　X19 井生产层段煤层 T_2 弛豫谱特征

裂缝性储层,具有开采价值。射孔试采,日产气量 1100.0 m^3/d 左右。

辽河油田 X29 井井段 2010.5 ~ 2040.5m,发现煤层 4 层、厚度 9.4m,气测全烃值最大 3.74%,最小 1.08%,平均为 2.03%,气测评价为非价值层。该层段核磁共振录井 T_2 谱后峰不发育,反映煤层的裂缝(割理)也不发育(图 6 - 35)。综合分析认为,总体上属于开采价值低的非产层。射孔试采后,井口见少量气,常规生产不出气,结论为干层。

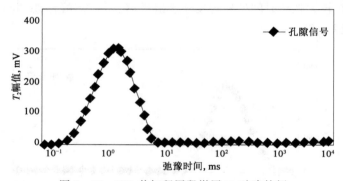

图 6 - 35　X29 井解释层段煤层 T_2 弛豫特征

4. T_2 弛豫谱特征识别束缚油显示水层

低孔隙度、低渗透率油田储层物性很差,很多以致密粉砂岩、细砂岩为主的储层含油饱和度虽然较高,但储层中原油大部分被束缚在孔隙内难以流动,即使经过储层改造也很难获得油流,以产水为主。此类束缚油显示水层核磁共振孔隙度低、渗透率差,在 T_2 弛豫谱上与一般油水层有显著差别,表现为束缚油信号强,含油信号在截止值左侧(束缚流体一侧)存在较大的峰值,可动油没有或很少,可动油信号区面积远远小于束缚油区面积,可动流体基本是水(图 6 - 36)。核磁共振录井能够获得独立的原油信号是识别束缚油显示水层的必要条件。

在吉林油田,核磁共振录井证实束缚油显示水层广泛分布在情字井、乾安、让字井、伊通等多个地区。R58 井电测 42 号层、43 号层,井段 2037.73 ~ 2043.21m,岩心录井为灰褐色油浸粉砂岩,岩心出筒时油味浓,油质感强、染手、滴水不渗或微渗,岩心分析,孔隙度 7% ~ 11%,平均 9.4%,渗透率 (0.05 ~ 1.1) × 10^{-3} μm^2,平均 0.35 × 10^{-3} μm^2,含油饱和度 30% ~ 40%,平均 31.7%。地球化学 P_g 平均值为 7.76mg/g,定量荧光相当油含量平均值为 2417.46mg/L,油性指数 1.79;热解气相色谱识别为常规油层特征。核磁共振录井谱图显示孔隙中油与水以束缚状态为主，T_2 谱峰形靠左，前高后低(图 6 - 37)，孔隙油大部分呈束缚状态，可动油很少，可动流体基本是水，具有典型的束缚油显示产水层特征，核磁解释为含油水层。压裂试油日产油 0.26t/d，产水 17.2t/d(原油密度 0.867g/cm²)，后抽汲测试求产，产水 14.41t/d，见油花。

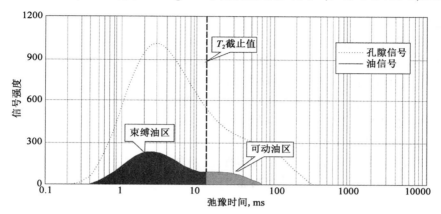

图 6 - 36　束缚油显示层 T_2 弛豫谱特征

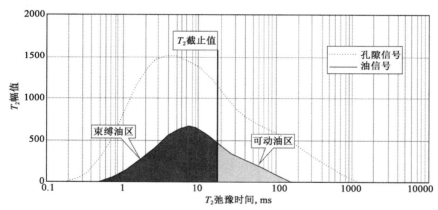

图 6 - 37　R58 井束缚油显示水层 T_2 弛豫谱特征

图 6 - 38 是让字井斜坡区 Q227 井 23 号层典型束缚油显示水层的核磁共振谱图，岩心录井为灰褐色油斑粉砂岩。储集层流体以可动水为主，孔隙度较高，为 18.25%，含油饱和度低，为 9.63%，核磁共振录井解释为水层。压后抽汲测试，日产油 0.01t/d，产水 5.17t/d。

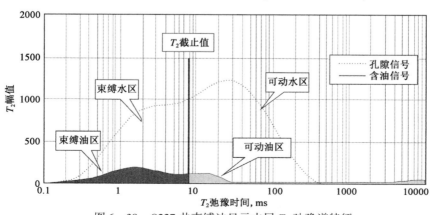

图 6 - 38　Q227 井束缚油显示水层 T_2 弛豫谱特征

思考题与习题

1. 简述核磁共振的基本原理。
2. 何为纵向弛豫和横向弛豫?
3. 核磁共振岩石分析中的核磁共振信号是如何检测的?
4. 什么是 T_2 弛豫时间? 简述测量该参数的作用。
5. 简述核磁共振分析中孔隙度渗透率含油饱和度的检测方法。
6. 核磁共振分析中是如何得到油的信号的?
7. 如何利用核磁共振录井评价碎屑岩储层物性?
8. 如何利用核磁共振录井识别储层流体性质,解释油气水层?
9. 如何利用核磁共振录井评价非碎屑岩?

第七章

元 素 录 井

在石油钻井施工中,准确获取岩性资料是录井的基本任务,是及时建立地层剖面、准确评价油气层性质、正确预测下部地层的前提,也是指导钻井正常运行最基础的工作。

元素录井技术是从 2007 年才提出并建立起来的,该技术基于 X 射线荧光分析技术,引入录井进行岩屑岩性识别、地质卡层和流体识别等,X 射线荧光分析技术有着坚实的理论基础和实践依据,这种方法在地质矿产资源的勘探中已经有了近 50 年的应用历史,随着近年来装备技术、分析技术和计算机技术的发展,这项技术已经十分成熟。2007 年,我国地质录井学者将 X 射线荧光分析技术引进到石油钻井地质录井中,建立了石油钻井岩屑 X 射线荧光录井技术流程,为岩屑录井技术瓶颈的突破带来曙光。

目前该项技术已经不断完善和成熟,建立了相应的解释评价方法可有效解决 PDC 钻头、空气钻井等钻井工艺的推广应用所造成的常规岩屑录井方法面临的困难,在塔里木盆地、鄂尔多斯盆地和四川盆地等的应用证实元素含量变化与岩性变化具有很强的相关性,X 射线荧光元素分析技术可作为录井岩性识别和地层划分的新手段,同时定量的元素分析数据为岩性、物性、地层的定量解释评价提供了技术支持。

第一节　元素录井基础

一、元素的地球化学基础

元素是表示物质组成的宏观概念。物质世界是由 100 多种元素组成。

元素地球化学是研究地壳中或地表各类岩石、矿物、矿石及各种地质体中化学元素的组成、含量、分布及时空变化的学科,也是研究各种化学元素地球化学行为的主要学科。根据化学元素在地质体中含量的多少主要分为常量元素地球化学、微量元素地球化学、稀土元素地球化学等类型。

中国元素地球化学数据库,以中国科学院广州地球化学研究所元素地球化学实验室、岩石学实验室、有机岩石学实验室、岩石学化学分析实验室及矿物实验室长期积累的各类岩石矿物样品的元素分析数据为主要数据源,并收集国内外研究文献而建成。数据库可以实验室这些数据的模糊查询。可以广泛应用于地质、岩石、沉积学、化探、地球化学及矿产勘探及研究等各个领域。个别元素的地球化学研究,有助于有计划地寻找和勘探各种元素的矿床,阐明它们与人类生活的关系,提供有力的理论依据。

1. 元素的基本概念

1）元素

元素（element）又称化学元素，是具有相同核内质子数（即核电荷数）的一类原子的总称，属于宏观概念，用于描述宏观物质而且用种类来描述。不论带不带电，也不管有多少中子，只要原子核内具有同样数量的质子数就是同一种元素。

粒子是微观概念，如电子、质子、原子、离子、分子等。

原子由核外带负电的电子和带正电的原子核构成，原子核由带正电的质子和不带电的中子构成。原子是组成元素的具体微粒，是化学变化中的最小粒子，在一切化学反应中，反应前后元素的种类、原子的种类、原子的数目和原子的质量都不变。

带电的原子或原子团叫离子。带正电的叫阳离子；带负电的叫阴离子。

分子由原子构成，分子是保持物质化学性质的最小粒子。

到目前为止，人们在自然中发现的物质有 3000 多万种，但组成它们的元素目前（2010 年）只有 118 种，其中 94 种是存在于地球上。拥有原子序数大于 83（即铋 Bi 及之后的元素）都是不稳定，并会进行放射衰变。第 43 和第 61 种元素（即锝 Tc 和钷 Pm）没有稳定的同位素，会进行衰变。可是，即使是原子序数高达 94，没有稳定原子核的元素都一样能在自然界中找到，这就是铀和钍的自然衰变。

所有化学物质都包含元素，即任何物质都包含元素，随着人工的核反应，更多的新元素将会被发现。

2）元素周期表

现代化学的元素周期律是 1869 年俄国科学家门捷列夫首创的，他将当时已知的 63 种元素依相对原子质量大小并以表的形式排列，把有相似化学性质的元素放在同一行，就是元素周期表的雏形。利用周期表，门捷列夫成功预测当时尚未发现的元素的特性（镓、钪、锗）。1913 年英国科学家莫色勒利用阴极射线撞击金属产生 X 射线，发现原子序数越大，X 射线的频率就越高，因此他认为核的正电荷决定了元素的化学性质，并把元素依照核内正电荷（即质子数或原子序数）排列，后来又经过多名科学家多年的修订才形成当代的元素周期表。

元素周期表中共有 118 种元素。将元素按照相对原子质量由小到大依次排列，并将化学性质相似的元素放在一个纵列。每一种元素都有一个编号，大小恰好等于该元素原子的核内质子数目，这个编号称为原子序数。在周期表中，元素是以元素的原子序数排列，最小的排行最先。表中一横行称为一个周期，一列称为一个族。

元素在周期表中的位置不仅反映了元素的原子结构，也显示了元素性质的递变规律和元素之间的内在联系。使其构成了一个完整的体系称为化学发展的重要里程碑之一。

2. 元素地球化学

元素地球化学是地球化学最主要的分支学科，它通过逐一阐明个别元素的地球化学和宇宙化学特征及其与其他元素的组合关系来研究自然界化学演化规律的学科，是地球化学的传统研究内容和主干学科。它力求完整地了解元素的地球化学旋回及其演化历史和原因，揭示元素含量变化对自然过程的指示意义。

1）元素在地壳中的分布

地壳元素丰度研究表明，虽然地壳元素有 90 多种，但元素的相对平均含量极不均匀

（表 7 - 1），丰度最大的元素 O(47%) 比丰度最小的元素 Rn(7×10^{-16}) 在含量上可大 1017 倍数量级。若按克拉克值递减的顺序排列各种元素,则前两种分布最广的元素(O、Si)的质量占地壳总质量的 76.5%,前 10 种元素(O、Si、Al、Fe、Ca、Na、K、Mg、Ti、Mn)的质量占 99.58%,其余元素的质量不超过地壳总质量的 0.5%。

表 7 - 1　岩石圈中元素的克拉克值(据 A. Π. 维诺格拉多夫,1962)

十进制编号	元素种数	元素(以克拉克值降低为序)	总量	累计
I	2	O,Si	76.5%	76.5%
II	6	Al,Fe,Ca,Na,K,Mg	22.53%	99.03%
III	2	Ti,Mn	0.55%	99.58%
IV	9	P,F,Ba,S,Sr,C,Cl,Zr,Rb	0.377%	99.957%
V	18	V,Cr,Zn,Ce,Ni,Cu,Nd,Li,Y,La, Nb,N,Ga,Co,Pb,Th,B,Sc	0.0685%	100.025%
VI	20	Pr,Sm,Gd,Dy,Tb,Be,Cs,Er,Sn,Ta, U,Br,As,Ho,Ge,Eu,W,Mo,Hf,Tl	65.3×10^{-4}	
VII	7	Lu,Sb,I,Yb,Tu,In,Cd	26.8×10^{-5}	
VIII	4	Hg,Ag,Se,Pd	21.6×10^{-6}	
IX	3	Bi,Au,Te	14.3×10^{-7}	
X	1	Re	7×10^{-8}	

美国学者克拉克(F. W. Clarke)最早研究了大陆地壳元素的平均含量,1908 年他的《地球化学资料》一书出版,该书发表的地壳中 50 种元素平均含量的数据,至今仍有重要的参考价值。因为最早系统地研究元素在地壳中的分布或丰度是从 F. W. 克拉克开始的,为了表彰他在这方面的贡献,把元素在地壳中的相对平均含量称为"克拉克值"。若以质量表示,则称为"质量克拉克值"。通常采用 10^{-6}、10^{-9}、10^{-12} 和 g/t 来表示。

对于地壳中元素的平均含量,迄今已做过大量工作,代表性成果见表 7 - 2。从表中可以看出,多数学者所得的数值是比较接近的,但也存在某些差异。其差异的原因,除可能的分析误差外,还由于不同作者对地球结构模式认识不同和所选用样品的代表性不同而造成。

表 7 - 2　地壳中元素丰度表　　　　　　　　　　　　　　单位:10^{-6}

原子序数	元素符号	克拉克与华盛顿 (1924)	费尔斯曼 (1933—1939)	戈尔德施密特 (1937)	维洛格拉多夫(1949)	维洛格拉多夫(1962)	马逊 (1982)	黎彤 (1976)
1	H	8000	10000	—	1500		1400	1400
2	He	—	0.01	—	—	—	—	6.3×10^{-5}
3	Li	40	50	65	65	32	20	21
4	Be	10	4	6	6	3.8	2.8	1.3
5	B	10	50	10	3	12	10	13
6	C	870	3500	320	230	200	200	2800
7	N	300	400	—	19	19	20	18
8	O	495200	491300	466000	47000	47000	466000	4.6×10^5
9	F	270	800	800	270	650	625	450

原子序数	元素符号	克拉克与华盛顿（1924）	费尔斯曼（1933—1939）	戈尔德施密特（1937）	维洛格拉多夫		马逊（1982）	黎彤（1976）
					（1949）	（1962）		
10	Ne	—	0.005	—	—	—	—	7×10^{-7}
11	Na	26400	24000	28300	26400	25000	28300	23000
12	Mg	19400	23500	20900	21000	18700	20900	2.8×10^4
13	Al	75100	74500	81300	88000	80500	81300	83000
14	Si	257500	260000	277200	276000	295000	277200	2.9×10^5
15	P	1200	1200	1200	800	930	1050	1200
16	S	480	1000	520	500	470	260	400
17	Cl	1900	2000	480	450	170	130	280
18	Ar	—	4	—	—	—	—	0.04
19	K	24000	23500	25900	26000	26000	25900	17000
20	Ca	23900	32500	36300	36000	29600	36300	52000
21	Sc	0. x	6	5	6	10	22	18
22	Ti	5800	6100	4400	6000	4500	4400	6400
23	V	160	200	150	150	90	135	140
24	Cr	330	300	200	200	83	100	110
25	Mn	800	1000	1000	900	1000	950	1300
26	Fe	47000	42000	50000	51000	46500	50000	5.8×10^4
27	Co	100	20	40	30	18	25	25
28	Ni	180	200	100	80	58	75	89
29	Cu	100	100	70	100	47	55	63
30	Zn	40	200	80	50	83	70	94
31	Ga	$X \times 10^{-5}$	1	15	15	19	15	18
32	Ge	$X \times 10^{-5}$	4	7	7	1.4	1.5	1.4
33	As	X	5	5	5	1.7	1.8	2.2
34	Se	0.0x	0.8	0.09	0.6	0.05	0.05	0.08
35	Br	X	10	2.5	1.6	2.1	2.5	4.4
36	Kr	—	2.14×10^{-4}	—	—	—	—	—
37	Rb	X	80	280	300	150	90	78
38	Sr	170	350	150	400	340	375	480
39	Y	—	60	28.1	28	25	33	24
40	Zr	230	250	220	200	170	165	130
41	Nb	—	0.32	20	10	20	20	19
42	Mo	X	10	2.3	3	1.1	1.5	1.3
43	Tc	—	0.001	—	—	—	—	—
44	Ru	$X \times 10^{-5}$	0.05	—	0.005	—	0.01	0.001
45	Rh	$X \times 10^{-5}$	0.01	0.001	0.001	—	0.005	0.001

原子序数	元素符号	克拉克与华盛顿（1924）	费尔斯曼（1933—1939）	戈尔德施密特（1937）	维洛格拉多夫		马逊（1982）	黎彤（1976）
					（1949）	（1962）		
46	Pd	$X \times 10^{-5}$	0.05	0.01	0.01	0.013	0.01	0.01
47	As	0.0x	0.1	0.02	0.1	0.07	0.07	0.08
48	Cd	0. x	5	0.18	0.5	0.13	0.2	0.2
49	In	$X \times 10^{-5}$	0.1	0.1	0.1	0.25	0.1	0.1
50	Sn	X	80	40	40	25	2	1.7
51	Sb	0. x	0.5	（1）	0.4	0.5	0.2	0.6
52	Te	0.00x	0.01	（0.0018）？	0.01	0.001	0.01	0.0006
53	I	0. x	1	0.3	0.3	0.4	0.5	0.5
54	Xe	—	3×10^{-5}	—	—	—	—	—
55	Cs	0.00x	10	3.2	7	3.7	5	1.4
56	Ba	470	500	430	500	650	590	390
57	La	—	6.5	18.3	18	29	30	39
58	Ce	—	29	41.6	45	70	60	43
59	Pr	—	4.5	5.53	7	9	8.2	5.7
60	Nd	—	17	23.9	25	37	28	26
61	Pm	—	？	？	—	—	—	—
62	Sm	—	7	6.47	7	8	6	6.7
63	Eu	—	0.2	1.06	1.2	1.3	1.2	1.2
64	Gd	—	7.5	6.36	10	8	5.4	6.7
65	Tb	—	1	0.91	1.5	4.3	0.9	1.1
66	Dy	—	7.5	4.47	4.5	5	3	4.1
67	Ho	—	1	1.15	1.3	1.7	1.2	1.4
68	Er	—	6.5	2.47	4	3.3	2.8	2.7
69	Tm	—	1	0.2	0.8	0.27	0.5	0.25
70	Yb	—	8	2.65	3	0.33	3.4	2.7
71	Lu	—	1.7	0.75	1	0.8	0.5	0.8
72	Hf	30	4	4.5	3.2	1	3	1.5
73	Ta	—	0.24	2.1	2	2.5	2	1.6
74	W	50	70	1	1	1.3	1.5	1.1
75	Re	—	0.001	0.001	0.001	7×10^{-4}	0.001	5×10^{-4}
76	Os	$X \times 10^{-4}$	0.05	—	0.05	—	0.005	0.001
77	Ir	$X \times 10^{-4}$	0.01	0.001	0.001	—	0.001	0.001
78	Pt	0.00x	0.2	0.005	0.005	—	0.01	0.05
79	Au	0.00x	0.005	0.001	0.005	0.0034	0.004	0.004
80	Hg	0. x	0.05	0.5	0.07	0.083	0.08	0.089
81	Tl	$X \times 10^{-4}$	0.1	0.3	3	1	0.5	0.48

原子序数	元素符号	克拉克与华盛顿（1924）	费尔斯曼（1933—1939）	戈尔德施密特（1937）	维洛格拉多夫		马逊（1982）	黎彤（1976）
					（1949）	（1962）		
82	Pb	20	16	16	16	16	13	12
83	Bi	0.0x	0.1	0.2	0.2	0.009	0.2	0.004
84	Po	—	0.05	—	2×10^{-10}	—	0.2	0.001
85	At	—	?	—	—	—	—	—
86	Rn	—	?	—	7×10^{-12}	—	—	—
87	Fr	—	?	—	—	—	—	—
88	Ra	$X \times 10^{-6}$	2×10^{-6}	—	10^{-8}	—	—	—
89	Ac	—	—	—	$X \times 10^{-10}$	—	—	—
90	Th	20	10	11.5	8	13	7.2	5.8
91	Pa	—	7×10^{-7}	—	10^{-6}	—	—	—
92	U	80	4	4	3	2.5	1.8	1.7

克拉克值反映了岩石圈中的平均化学成分,提供了衡量各组成部分元素分配的尺度,如各类地质体、岩石或矿物中某元素的平均含量若高于其克拉克值,表明该元素相对集中;反之,则说明相对分散。因而常用地质体中某元素平均含量与克拉克值的比值(称为浓度克拉克值)表示元素的集散状况。浓度克拉克值大于1,说明该元素在地质体中相对集中;反之,则分散。浓度克拉克值的概念,对研究元素的分散、集中与迁移,进行地球化学找矿工作很有意义,对于地质录井中岩性识别、地层判别和储层评价也有很大的意义。

石油钻井的主要目的是石油和天然气的勘探开发,同时石油钻井获得的地质成果也为基础地质研究、综合找矿研究提供了非常丰富的基础资料。综合找矿也是对石油钻井地质的基本要求。如某油田技术人员在研究高伽马砂岩成因中,发现高伽马砂岩是由放射性 U 元素引起的,并且 U 元素含量超过了 U 矿最低可采品位,因此在石油天然气勘探中提交了 U 矿储量。X 射线荧光录井通过元素分析建立了系统的元素地球化学剖面,掌握元素浓度克拉克值的知识,有利于提高综合找矿能力。

2)元素的存在形式

元素的存在形式是指元素在一定的条件下与周围原子结合的方式及其物理化学状态,即赋存状态。研究元素的存在形式有很重要的意义,因为在同一种成岩、成矿作用中,不同的元素可以有不同的存在形式;而同一种元素,在不同的成矿阶段、不同的物理化学条件下也有不同的存在形式。因此,反过来说,同一元素的不同存在形式可以反映不同的成矿条件。元素的存在形式主要有独立矿物、类质同象、胶体吸附等。

(1)独立矿物:指自然形成的能够在肉眼或显微镜下进行矿物学研究的、可用机械的或物理的方法分离出单矿物样品的矿物颗粒(粒径 $>0.001\text{mm}$)。

独立矿物是元素在宏观的集中状态下的主要存在形式。大多数元素都能以独立矿物的形式存在,如常量元素(O、Si、K、Na、Ca、Mg、Fe、Al)和某些丰度值较高的元素(P、Zr、Ti 等)常以独立矿物形式存在,甚至很多微量元素(Be、Ni、As、Mo、Cu、Pb、Sn 等)在一些特殊环境下,也可以微小颗粒的独立矿物存在于岩石和各种松散的沉积物中,局部甚至富集成矿。具体而言,独立矿物在自然界中有自然元素、化合物和显微包裹体三种形式。

（2）类质同象：指性质上相近的原子、离子、配离子在晶体中以可变量彼此替换的现象。类质同象的"类质"可理解为同类元素；同象是指发生替换的前后，晶体结构保持不变，或化学结构式相同。

类质同象是微量元素重要的存在形式，很多微量元素（Ga、In、Ge、Tl、Cd、Se、Ra、Rb、Hf 等）均主要以类质同象的形式存在于各种矿物之中，甚至有微量元素虽然能形成独立矿物，但其主要部分还是呈类质同象的形式赋存于其他独立矿物之中。元素以类质同象混入的矿物叫寄主矿物，它既可以是造岩矿物（包括副矿物），也可以是矿石矿物。寄主矿物的存在也可以指示微量元素在岩石中的存在和富集程度。例如，在中性和酸性岩石中的黑云母可指示出 Li、Cs、Cu、Zn、Nb、Ta、Sn、W 的存在和富集程度；闪锌矿可以指示出 Cb、Ga、In、Ge 等元素的存在和富集程度等。

类质同象是支配地壳中元素共生组合的基本规律之一。它反映了矿物、岩石中微量元素和常量元素之间的依赖、制约关系。利用这些关系可以预测稀有元素、分散元素的赋存与集散，可作为选定找矿指示元素的理论根据；掌握这种规律还有利于综合找矿和开展矿产的综合利用，充分发挥矿产资源的作用。

（3）胶体吸附：胶体是一种物质的极细微粒分散在另一种物质之中所形成的不均匀的细分散系。例如蛋白石就是 SiO_2 的极细微粒分散在 H_2O 中。通常把前者称为分散质或分散相；后者称为分散媒体或分散介质。分散质的量远大于分散媒体的胶体称为胶凝体；而小于分散媒的则称为胶溶体。胶体是带电的，常以各种方式吸附各种离子，而参与成岩成矿作用。

根据胶体粒子吸附阴阳离子的不同，可分为正胶体和负胶体两种。正胶体可吸附多种配阴离子，如 Fe_2O_3 的胶体粒子能吸附 VO_4^{4-}、CrO_4^{2-}、PO_4^{3-}、AsO_4^{3-} 配阴离子。负胶体可吸附多种阳离子，如 MnO_2 的胶体粒子能吸附 Cu、Pb、Zn、Co、Ni、Ba 等 40 多种阳离子，腐殖质胶体粒子能吸附 Ca、Mg、Cu、Ni 等阳离子。此外，晶体表面也具有一定的吸附离子的作用。很多浮石和黏土矿物也具有很强的吸附能力。

（4）有机质：研究有机质的作用，对于了解元素的赋存状态和相互结合的规律已显得越来越重要。例如，通过对某些元素沉积富铁矿的研究，发现它们多半不是水体中简单的化学作用形成的，而是生活在海洋里或沼泽湖泊中的铁细菌生物化学作用的产物。还有很多例子说明生物在其生命活动中有选择地吸收某些元素作为营养或作为其躯体的一部分。

生物不仅活着的时候，能够有选择地摄取并富集某些元素，死后，特别是通过各种腐殖酸的作用，也能吸附许多元素或某些元素形成有机配合物。

除了上述元素的主要存在形式外，还有诸如气液包裹体、机械混入物等很多的存在形式。对元素存在形式的研究，在地球化学找矿和本项目研究中，无论样品采集、样品分析、地层评价等，都有重要的作用。

元素周期表中的同一族元素或位置相邻的元素具有相似的化学、物理性质，这也决定了在地球物质运动过程中，同族元素或相邻元素将具有相似的存在形式，也导致元素的共生现象，如 K 和 Na 就常常共存。元素的共生组合是指有成因联系而性质相近的某些元素在某一地质体中同时赋存的现象。但应注意，虽然是共生，并不意味着共富集，即性质上的相近并不意味着富集上的相似。

3）主要岩石类型的元素分布特征

元素在地壳中的分布具有极大的不均匀性。造成这种不均匀性的主要原因，是由于地壳中分布着化学元素含量不同的各种类型的岩石。不同类型岩石的出现，实际上是元素的不同地球化学性质及其形成环境差异的必然结果。各主要元素在不同类型岩石中有一定的分配特征。

（1）元素在岩浆岩中分配的一般规律：

①Fe、Mg、Cr、Ni、Co 和 Pt 族等，按超基性岩、基性岩、中性岩、酸性岩的顺序含量递减。

②Ca、Al、Ti、V、Mn、Cu 和 Sc 等在基性岩中含量最高，而在超基性岩、中性岩及酸性岩中含量降低。

③碱金属元素 K、Na、Li、Rb、Cs 及 Si、Be、Ti、Sr、Ba、Zr、Hf、U、Th、Nb、Ta、W、Mo、Sn、Pb 和稀土元素等，随着由超基性岩向基性岩、中性岩、酸性岩过渡，其含量明显递增。碱性岩中 K、Na 的含量达最高值。

④某些元素在各类岩浆岩中富集的倾向不明，或含量变化不大，例如 Au、Ge、Sb、As 等。

对同种类型岩浆岩来说，酸性喷出岩与酸性侵入岩相比，前者岩浆基性元素的分配量较高而酸性岩浆元素的分配较低；基性喷出岩与基性侵入岩相比，前者岩浆基性元素的分配量较低而酸性岩浆元素的分配量较高。不同时代形成的同类岩浆岩中元素的分配量也有类似规律。例如，不同时代酸性侵入岩随着时代的更新，岩石酸性程度逐渐增高，其中酸性岩浆元素的分配也逐渐增高；不同时代基性喷出岩随着时代的更新，岩石的基性程度逐渐增高，其中基性岩浆元素的分配也逐渐增高。

主要类型的岩浆岩元素的丰度值见表 7-3。

表 7-3　主要类型岩浆岩中化学元素平均含量

[据涂里干和魏德波尔（Turekiap and Wedepohl），1961；维诺格拉多夫（Вдлоградов），1962]

单位：10^{-6}

元素符号	超基性岩		基性岩（玄武岩）		中性岩		酸性岩		
	（涂和魏）	（维）	（涂和魏）	（维）	正长岩（涂和魏）	闪长岩（维）	富钙（涂和魏）	贫钙（涂和魏）	花岗岩（维）
Li	0. x	0.5	17	15	28	20	24	40	40
Be	0. x	0.2	1	0.4	1	1.8	2	3	5.5
B	3	1	5	5	9	15	9	10	15
N	6	6	20	18	30	22	20	20	20
F	100	100	400	370	1200	500	520	850	800
Na	1200	5700	18000	19400	40100	30000	28400	25800	27700
Mg	201000	259000	46000	45000	5800	21000	9400	1600	5600
Al	20000	4500	78000	87500	88000	88500	82000	72000	77000
Si	205000	190000	230000	240000	291000	260000	314000	347000	323000
P	220	170	110	1400	800	1800	920	600	700
S	300	200	300	300	300	200	300	300	400
Cl	85	50	60	50	530	100	130	200	240
K	40	300	8300	8300	48000	23000	25200	42000	33400
Ca	25000	7000	76000	67200	18000	46500	25300	5100	15800
Sc	15	5	30	24	3	2.5	14	7	3
Ti	300	300	13800	9000	3500	8000	3400	1200	2300
V	40	46	250	200	30	100	88	44	40

元素符号	超基性岩		基性岩(玄武岩)		中性岩		酸性岩		
	(涂和魏)	(维)	(涂和魏)	(维)	正长岩(涂和魏)	闪长岩(维)	富钙(涂和魏)	贫钙(涂和魏)	花岗岩(维)
Cr	1600	2600	170	200	2	50	22	4.1	25
Mn	1200	1500	1500	2500	850	1200	510	390	600
Fe	94300	98500	86500	85600	36700	58500	29600	14200	27000
Co	150	200	48	45	1	10	7	1	5
Ni	2000	2000	130	160	4	55	15	4.5	8
Cu	10	20	87	100	5	35	30	10	20
Zn	50	30	105	130	130	72	60	35	60
Ga	1.5	1.5	17	18	30	20	17	17	20
Ge	1.5	1	1.3	1.5	1	1.5	1.3	1.3	1.4
As	1	0.5	2	2	1.4	2.4	1.9	1.5	1.5
Se	0.05	0.05	0.05	0.05	0.05	0.05	0.05	0.05	0.05
Br	1	0.5	3.6	3	2.7	4.5	4.5	1.3	2.7
Rb	0.2	2	30	45	110	100	110	170	200
Sr	1	10	465	440	200	800	440	100	300
Y	0. x	—	21	20	20	—	35	40	34
Zr	45	30	140	100	500	260	140	175	200
Nb	16	1	19	20	35	20	20	21	20
Mo	0.3	0.2	1.5	1.4	0.5	0.9	1.6	1.3	1
Pd	0.12	0.12	0.02	0.019	?	—	0.00x	0.00x	0.01
Ag	0.06	0.05	0.11	0.1	0.0x	0.07	0.051	0.037	0.05
Cd	0. x	0.05	0.22	0.19	0.13	—	0.13	0.13	0.1
In	0.01	0.013	0.22	0.22	0.0x	—	0.0x	0.26	0.26
Sn	0.5	0.5	1.5	1.5	X	—	1.5	3	3
Sb	0.1	0.1	0.2	1	0. x	0.2	0.2	0.2	0.26
I	0.5	0.01	0.5	0.5	0.5	0.3	0.5	0.5	0.4
Cs	0. x	0.1	1.1	1	0.5	—	2	4	5
Ba	0.4	1	330	300	1600	650	420	840	830
La	0. x	—	15	27	70	—	45	55	60
Ce	0. x	—	48	4.5	151	—	81	92	100
Pr	0. x	—	4.6	4	15	—	7.7	8.8	12
Nd	0. x	—	20	20	65	—	33	37	46
Sm	0. x	—	5.3	5	18	—	8.8	10	9
Eu	0. x	0.01	0.8	1	2.8	—	1.4	1.6	1.5
Gd	0. x	—	5.3	5	18	—	8.8	10	9
Tb	0. x	—	8	0.8	2.8	—	1.4	1.6	2.5
Ho	0. x	—	1.1	1	3.5	—	1.8	2	2

元素符号	超基性岩		基性岩（玄武岩）		中性岩		酸性岩		
	（涂和魏）	（维）	（涂和魏）	（维）	正长岩（涂和魏）	闪长岩（维）	富钙（涂和魏）	贫钙（涂和魏）	花岗岩（维）
Er	0. x	—	2.1	2	7	—	3.5	4	4
Tm	0. x	—	0.2	0.2	0.6	—	0.3	0.3	0.3
Yb	0. x	—	2.1	2	7	—	3.5	4	4
Lu	0. x	—	0.6	0.6	2.1	—	1.1	1.2	1
Hf	0.6	0.1	2	1	11	1	2.3	3.9	1
Ta	1	0.018	1.1	0.48	2.1	0.7	3.6	4.2	3.5
W	0.77	0.1	0.7	1	1.3	1	1.3	2.2	1.5
Au	0.006	0.005	0.004	0.004	0.00x		0.004	0.004	0.0045
Hg	0.0x	0.01	0.09	0.09	0.0x		0.08	0.08	0.08
Tl	0.06	0.01	0.21	0.2	1.4	0.5	0.72	2.3	1.5
Pb	1	0.1	6	8	12	15	15	19	20
Bi	?	0.001	0.007	0.007	?	0.01	?	0.01	0.01
Th	0.004	0.005	4	3	13	7	8.5	17	18
U	0.001	0.003	1	0.5	3	1.8	3	3	3.5

（2）元素在沉积岩中分配的一般规律：沉积岩由于处于表生环境下，元素在各类岩石中的含量变化更加明显。

①Si 以极大的优势富集于砂岩中，Al 和 Si 倾向于在页岩和黏土岩中浓集，而 Ca 和 Mg 则以碳酸盐岩为最大浓集场所。

②绝大多数微量元素在页岩和黏土岩石中的丰度一般均高于在砂岩类和碳酸盐类岩石中富集。

③Sr 与 Mn 等显著地富集于碳酸盐类岩石中，而 Zr 和 REE 元素等则倾向在砂岩类岩石中富集。

④碱金属元素 Li、Na、K、Rb、Cs 等在页岩和泥质岩中含量最高，碳酸盐岩中最低，含量之差常达 10 倍（Li、Cs）至数十倍（K、Na）。

⑤镁在深海碳酸盐沉积物中并不富集，这是因为 $MgCO_3$ 溶解度大于 $CaCO_3$ 溶解度。由于 Mg^{2+} 离子在大洋深部环境能交换微粒长石中的 K^+ 形成绿泥石，因而海洋泥质沉积物比钙质沉积物相对富镁（约高 5 倍）。

⑥过渡元素 Mn、Co、Ni 在深海沉积物中含量高，因而在深海沉积物中形成了巨大的海底锰结核矿产，并伴有 Ni、Co 等可供综合利用。与 Mn 类似，在深海沉积物中富集的元素还有 B、Na、Ba、P、S、Cu、Mo、Pb 及卤素元素 F、Cl、Br、I 等，它们的含量都高于各自在岩浆岩中含量的最高值。

此外，不同时代形成的或不同成因的同种类型沉积岩中元素的分配量也是不同的。例如，从元古宙至新生代形成的陆源沉积泥岩中 K、Al、Ti、Fe、Ni 等元素的含量是普遍降低的，而其他元素的含量是普遍升高的。又如，在滨里海洼地和西西伯利亚低地的侏罗系和下白垩统中，在从淡水泥岩向海相泥岩过渡时，B，Sr 的含量增长了 3 倍。

主要类型沉积岩中元素的丰度值见表 7-4。

表 7 – 4　主要类型沉积岩中化学元素平均含量

[据涂里干和魏德波尔(Turekiap and Wedepohl),1961;维诺格拉多夫(Вдлоградов),1962]

单位:10^{-6}

元素符号	页岩(涂和魏)	页岩 + 黏土(维)	砂岩(涂和魏)	碳酸盐岩(涂和魏)	深海沉积物	
					碳酸盐(涂和魏)	黏土(涂和魏)
Li	66	60	15	5	5	57
Be	3	3	0. x	0. x	0. x	2.6
B	100	100	35	20	55	230
N	7	600	?	?	?	?
F	740	500	270	330	540	1300
Na	9600	6600	3300	400	20000	40000
Mg	15000	13400	7000	47000	4000	21000
Al	80000	104500	25000	4200	20000	84000
Si	73000	238000	368000	24000	32000	250000
P	700	770	170	400	350	1500
S	2400	3000	240	1200	1300	1300
Cl	180	160	10	150	21000	21000
K	26000	22800	10700	2700	2900	25000
Ca	22100	25300	39100	302300	312000	29000
Sc	13	10	1	1	2	19
Ti	4600	4500	1500	400	770	4600
V	130	130	20	20	20	120
Cr	90	100	35	11	11	90
Mn	850	670	X × 10	1100	1000	6700
Fe	47200	33300	9800	3800	9000	85000
Co	19	20	0.3	0.1	7	74
Ni	68	95	2	20	30	225
Cu	45	57	X	4	30	250
Zn	95	80	16	20	35	165
Ga	19	30	12	4	13	20
Ge	1.6	2	0.8	0.2	0.2	2
As	13	6.6	1	1	1	13
Se	0.5	0.6	0.05	0.08	0.17	0.17
Br	4	6	1	6.2	70	70
Rb	140	200	60	3	10	110
Sr	300	450	20	610	2000	180
Y	26	30	40	30	42	90
Zr	160	200	220	19	20	150
Nb	11	20	0.0x	0.3	4.6	14
Mo	2.6	2	0.2	0.4	3	27
Pd	7	—	?	?	?	?
Ag	0.07	0.1	0.0x	0.0x	0.0x	0.11
Cd	0.3	0.3	0.0x	0.035	0.0x	0.42

| 元素符号 | 页岩（涂和魏） | 页岩+黏土（维） | 砂岩（涂和魏） | 碳酸盐岩（涂和魏） | 深海沉积物 | |
					碳酸盐（涂和魏）	黏土（涂和魏）
In	0.1	0.05	0.0x	0.0x	0.0x	0.08
Sn	6	10	0.x	0.x	0.x	1.5
Sb	1.5	2	0.0x	0.2	0.15	1
I	2.2	1	1.7	1.2	0.05	0.05
Cs	5	12	0.x	0.x	0.4	6
Ba	580	800	X×10	10	190	2300
La	92	40	30	X	10	115
Ce	59	50	92	11.5	35	345
Pr	5.6	5	8.8	1.1	3.3	33
Nd	24	23	37	4.7	14	140
Sm	6.4	6.5	10	1.3	3.8	38
Eu	1	1	1.6	0.2	0.5	6
Gd	6.4	0.5	10	1.3	3.8	38
Tb	1	0.9	1.6	0.2	0.6	6
Dy	4.5	4.5	7.2	0.9	2.7	27
Ho	1.2	1	2	0.3	0.8	7.5
Er	2.5	2.5	4	0.5	1.5	15
Tm	0.2	0.25	0.3	0.04	0.1	1.2
Yb	2.6	3	4	0.5	1.5	15
Lu	0.7	0.7	1.2	0.2	0.5	4.5
Hf	2.8	6	3.9	0.3	0.41	4.1
Ta	0.8	3.5	0.0x	0.0x	0.0x	0.0x
W	1.8	2	1.6	0.6	0.x	X
Au	0.00x	0.001	0.00x	0.00x	0.00x	0.00x
Hg	0.4	0.4	0.03	0.04	0.0x	0.x
Tl	1.4	1	0.82	0.0x	0.16	0.8
Pb	20	20	7	9	9	80
Bi	?	0.01	?	?	?	?
Th	12	11	1.7	1.7	X	?
U	3.7	3.2	0.45	2.2	0.x	1.3

（3）元素在变质岩中分配的一般规律：元素在变质岩中分配与元素在岩浆岩和沉积岩中分配是不同的。一般来说，元素在各类变质岩的分配量，特别是微量元素的分配量很不稳定。这是因为元素的分配量在很大程度上与变质岩的原岩成分有关，各类变质岩的化学成分受原岩（沉积岩和火成岩）所控制。

4）主量元素和微量元素分布及意义

（1）主量元素：地球重量的 90% 是由 Fe、O、Si 和 Mg 等 4 种元素贡献的。含量大于 1% 的元素还有 Ni、Ca、Al 和 S，而 Na、K、Cr、Co、P、Mn 和 Ti7 种元素的含量均为 0.01% ~ 1%。也就是说，地球几乎全部由上述 15 种元素所构成。这些元素在周期表中位于 8 号到 28 号之间，相对来说，重元素和太轻的元素在地球中的含量较少，如果说 Fe、O、Si、Mg 四种元素是地球大厦的"砖瓦",那么其余的 11 种元素就是"砖瓦"之间的"黏合剂"。

从物质组成的角度来看，地球是由岩浆岩、变质岩和沉积岩组成。这 3 种岩类也主要由 O、Si、Al、Fe、Ca、Mg、Na、K 等元素组成，因此它们也被称为造岩元素，就是说在各种类型的岩石中它们都普遍存在。

同其他主要元素相比较，氧是唯一以阴离子形式存在于形成岩浆岩的岩浆中，氧可以与那些半径小、电价高、离子电位高的元素，如 Si^{4+}、Al^{3+} 等，呈配位键结合，形成络阴离子；而与 Na^+、K^+、Mg^{2+}、Fe^{2+}、Ca^{2+} 等元素相互作用时，只能呈离子键结合，这些元素在争夺氧方面的本事根本不能与硅和铝相比，除非在硅和铝极少时，Fe^{3+}、Mg^{2+}、Fe^{2+} 才能代替它们与氧形成络阴离子，否则只能在硅（铝）氧络阴离子之外，形成自由离子。元素的晶体化学性质决定了 Mg、Fe、Ca、Na、K 的极化能力依次降低，因此，Mg^{2+}、Fe^{2+} 倾向与那些有效电价高的硅氧络阴离子（如 $[SiO_4]^{4-}$ 等）结合，而 Ca^{2+}、Na^+、K^+ 则倾向与有效电价低的络阴离子（如 $[AlSi_3O_{10}]_5$、$[Si_2O_5]_2$ 等）结合，所以，在岩浆的演化过程中按超基性岩→基性岩→酸性岩顺序进行，即按硅氧络阴离子的有效电价由高向低方向演化的序列，这些元素的析出顺序与其极化能力大小相一致：Mg→Fe→Ca→Na→K。Mg、Fe 含量递减，Na、K 含量递增，Ca 在基性岩中含量最高。

根据主量元素以上的性质，可以辨别各类岩浆岩，如上面提到的超基性岩、基性岩、中性岩和碱性岩、酸性岩等岩浆岩大类就是按其 SiO_2 含量来划分的，它们的 SiO_2 含量分别为小于 45%、45%～52%、52%～65%、大于 65%。同时，依据其他主量元素氧化物含量的不同，还可以对上述几个大类的岩石进行细分；按照由超基性岩向基性岩变化时 MgO/FeO 下降的趋势，可将超基性岩和基性岩划分为 5 种类型；由岩石中 K_2O、Na_2O 的含量来区分 SiO_2 含量相近的中性岩和碱性岩，顾名思义，碱性岩中 K、Na 含量高。

不论是岩浆岩，还是沉积岩（海洋或湖泊沉积物经埋藏压实作用形成的），在某一时期，如果受到强大的地壳应力作用，在一定的温度和压力条件下，岩石中的矿物都将发生物相的变化，这个过程称为变质作用，由此形成的岩石称为变质岩。在变质作用过程中，温度和压力的变化使主量元素重新组合和再分配，但成分和含量没有明显的变化，可把它们当作一种等化学过程，因而，利用主量元素特征就可对其原岩（岩浆岩和沉积岩）进行恢复。当然，如果发生变质作用的过程是开放的，体系中有大量其他物质的加入与带出，进行物质的替换作用，与原岩相比，变质岩中主量元素可能会有很大变化。在这个过程中，主量元素的活动性一般按从大到小的顺序：K_2O、Na_2O、CaO、MgO、FeO、Fe_2O_3、SiO_2、Al_2O_3、TiO_2。

上述的主量元素除了可以用来进行岩浆岩分类和变质岩原岩恢复外，它们在地表的岩石化学风化作用研究过程中也可大显身手。化学风化作用是指在一定温度和压力下形成的岩浆岩和变质岩暴露于地表时，由于组成岩石的矿物在地表常温常压下变得不稳定，在雨水的作用下发生分解，产生在地表条件下稳定的新的矿物组合。前面我们已经提到，由于 K、Na、Ca 在岩石中争夺氧的能力不强，倾向于呈自由离子，所以当矿物遭受风化时，它们最容易发生迁移。而 Al 刚好相反，在矿物中主要是作为硅的替代物与氧结合形成铝氧四面体结构，在化学风化作用过程中稳如泰山。根据以上 4 个元素的特点，地球化学家把 $(K_2O + Na_2O + CaO)/Al_2O_3$ 作为指示化学风化作用强度的一个地球化学指标，比值越小，风化作用越强烈。Mg、Fe 也是构成造岩矿物的主要元素，而且它们的二价离子半径也相近，表面上看它们在风化作用中的表现应一致，然而事实并非如此：与 Mg 易发生迁移不一样，Fe 是变价元素，在地表的氧化条件下 Fe^{2+} 氧化成 Fe^{3+}，生成难溶的 Fe(OH) 和 Fe_2O_3，常残留在风化产物中，SiO_2 在风化作用过程中是相对比较稳定的。因此，可根据主量元素在风化作用中的稳定性大小，来判断造岩矿物的稳定性。

（2）微量元素：在地球化学中，常把主量元素以外的其他元素称为微量元素，它们在地球中的含量总共还不到0.1%，甚至达到以10^{-6}或10^{-9}数量级来表示。在大多数情况下，它们往往以次要组分的方式分布在主量元素形成的矿物、熔体或溶液中，当微量元素的离子半径、电价、电负性、配位数等与主量元素相似时，可以替代一些主量元素进入造岩矿物的晶格中，否则只好在残余岩浆或其他液相中。

虽然微量元素在地球中含量极微，但它们的作用却不可低估。主量元素构筑了地质体的地球化学性质，一些微细的地球化学过程的判别和恢复却需要微量元素来刻度。

在岩石学研究中微量元素被用于划分岩石类型，判断岩石的成因及其物质来源。首先看岩浆岩，根据其微量元素的组成，如Li、Bc、Rb、Cs、W、Sn、Nb、Ta等亲石元素和稀土元素的含量，可以划分不同类型的花岗岩类。这些元素含量高，表示该类花岗岩是由地壳物质重熔形成的，含量低则表示是由基性岩浆分异而成的。根据岩浆岩中微量元素的特点，可判别陆相火山作用和海相火山作用；铂族元素在超基性岩和基性岩中的分布情况，可以用来确定其成因，并进行分类。对于沉积岩来说，微量元素含量及其比值可以帮助判别陆相和海相地层，若高B、Sr/Ba、V/Ni，低Th/U则为海相地层等。在变质岩中，微量元素可用来判别变质岩的原岩类型，如在角闪岩中，若Ti、Mg、Cr、Ni、Co、V、Sc、Cu等亲铁、亲铜元素含量高，表示此角闪岩是由岩浆岩变质形成的；若B、Li、Rb、Ba、Sn等亲石元素含量高，则表示此角闪岩是由沉积岩变质形成的。根据某些矿物中的微量元素含量的变化，可以判断其变质程度，如磁铁矿中Ni、Cr含量高是深变质的、由岩浆岩变质形成的变质岩的标志。

微量元素可以作为某种矿物形成条件的判据。矿物中的一些微量元素的含量可定性地估计矿物形成时的温度，如高温形成的独居石[（Ce，La…）（PO_4）]含钍高，低温形成的独居石含钍低。另外，依据微量元素在不同矿物相中的分配和温度与压力之间的关系，可定量求出矿物形成时的温度和压力。

前面曾提到用主量元素可以划分岩浆的演化阶段。同样，用微量元素之间比值或微量元素与主量元素的比值也可以进行岩浆演化阶段的判别。如Rb/K、Rb/Sr、Ga/Al、Li/Mg、Co/Ni、Sr/Ba等随岩浆的分异程度加强，比值增大；Ta在岩浆结晶晚期趋向富集，在花岗岩中尤为明显；Hf也是富集于岩浆分异作用的晚期。随岩浆演化，稀土元素中的$\sum Y/\sum REE$、$\sum Y/\sum Ce$的比值呈规律性增加。

微量元素在某些矿物中的分布也被广泛应用于矿床成因方面的讨论。例如，成因多样、分布广泛的黄铁矿（分子式为FeS_2）中的（Co、Ni、Se、Te、Au等微量元素的分布，为探讨矿床成因、划分矿床类型提供了许多有用的信息。一些资料表明，与岩浆作用有关的矿床，如黄铁矿中的Co、Ni、Se含量高，且Co/Ni>1；而与沉积作用有关的矿床与此相反。微量元素还可判断成矿的深度，如自然金中的微量元素Pb、Zn、Sb等含量随深度的增加而明显减小。

总的说来，微量元素在地球化学中作用是极广泛的，以上所介绍的仅是冰山之一角。

二、X射线荧光分析技术

1. 分析化学基础

1）分析化学概念

分析化学是应用各种理论、方法、仪器等来确定物质的化学组成、测量各组成的含量、表征物质的化学结构、形态和能态，并跟踪其变化的一门科学。

2）分析化学内容

吸取当代科学技术的最新成就（包括化学、物理、数学、电子学、生物学等），利用物质的一切可以利用的性质，研究新的检测原理，开发新的仪器设备，建立表征测量的新方法和新技术，最大限度地从时间和空间领域里获取物质的结构信息和质量信息。根据分析对象分为无机分析、有机分析、药物分析、水质分析、食品分析、元素分析、工业分析等。

3）发展趋势

现代分析化学的前沿技术包含了光谱分析、电化学分析和色谱分析。

（1）光谱分析：原子发射光谱以 ICP-AES 为主流，并主要集中在各种等离子体光源和级联光源的研究开发上；原子吸收光谱主要是仪器本身某些设计（如光源）方面的改进；而分子光谱分析（如紫外—可见光谱、分子荧光光谱等）主要侧重于反应体系的机理和实际应用技术方面的研究。

（2）电化学分析：电化学分析的研究重点，基本上还是各种电极的研制。在生物与生命科学领域中，以生物传感器的开发和微电极伏安法的应用研究为主，而化学修饰电极和光谱电化学的发展，又使电分析化学从宏观到微观，实现了新功能电极体系的分子设计及分子工程研究。

（3）色谱分析：气相色谱的研究热点以交联毛细管色谱柱技术、手性固定相在生命科学中的应用技术、大进样量的厚液膜大中口径柱的直接进样技术、程序升温浓缩技术及多维色谱技术等为主。高效液相色谱的应用技术研究热点以专用固定相和高灵敏度检测器的研制为主；理论上是以描绘生物大分子的分离原理和手性识别理论的研究与探索为主。

分析化学的主要发展趋势见图 7-1。

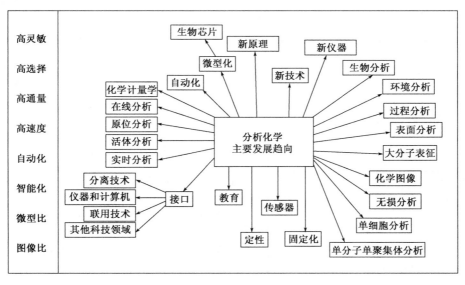

图 7-1 分析化学主要发展趋势图

2. 光分析基础

1）光分析法的概念

在科学上的定义，光是指所有的电磁波谱。光是由光子为基本粒子组成，具有粒子性与波动性,称为波粒二象性。光可以在真空、空气、水等透明的物质中传播。光是人类生存不可或缺的物质。

光分析法是根据物质发射的电磁辐射或电磁辐射与物质相互作用建立起来的一类分析方法(图7-2、表7-5)。

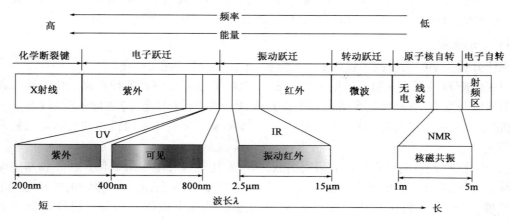

图7-2　光波谱区及能量跃迁相关图

表7-5　电磁波谱分区表

波谱区名称*	波长范围**	波数 σ, cm^{-1}	频率范围, MHz	光子能量***, eV	跃迁能级类型
γ 射线	5~140pm	2×10^{10}~7×10^{7}	6×10^{14}~2×10^{12}	2.5×10^{6}~8.3×10^{3}	核能级
X 射线	10^{-3}~10nm	10^{10}~10^{6}	3×10^{14}~3×10^{10}	1.2×10^{6}~1.2×10^{2}	内层电子能级
远紫外光	10~200nm	10^{6}~5×10^{4}	3×10^{10}~1.5×10^{9}	125~6	子能级
近紫外光	200~400nm	5×10^{4}~2.5×10^{4}	1.5×10^{9}~7.5×10^{8}	6~3.1	原子及分子的价电子或成键电子能级
可见光	400~750nm	2.5×10^{4}~1.3×10^{4}	7.5×10^{8}~4.0×10^{8}	3.1~1.7	
近红外光	0.75~2.5μm	1.3×10^{4}~4000	4.0×10^{8}~1.2×10^{8}	1.7~0.5	分子振动能级
中红外光	2.5~50μm	4000~200	1.2×10^{8}~6.0×10^{6}	0.5~0.02	
远红外光	50~1000μm	200~10	6.0×10^{6}~10^{5}	2×10^{-2}~4×10^{-4}	分子转动能级
微波	0.1~100cm	10~0.01	10^{5}~100	4×10^{-4}~4×10^{-7}	
射频	1~1000m	10^{-2}~10^{-5}	100~0.1	4×10^{-7}~4×10^{-10}	电子自旋核自旋

　紫外(包括远紫外和近紫外)、可见及红外(包括近、中、远红外)波谱区合称光学光谱区,由于远紫外为空气所吸收,所以也称真空紫外区; * 1pm(皮米) $=10^{-12}$m,1nm(纳米) $=10^{-9}$m,1μm $=10^{-6}$m;波长单位也可用Å(埃),1Å $=10^{-10}$m,红外区常用波数表示"波长"范围;* * * 1eV(电子伏特) $=1.6020\times10^{-19}$J(焦耳),或96.55kJ·mol^{-1},相当于频率 $\nu=2.4186\times10^{14}$Hz,或波长 λ 为 1.2395×10^{-6}m或波数 σ 为8067.8cm^{-1}的光子所具有的能量。

光分析法特点包括能源提供能量、能量与被测物之间的相互作用和产生信号三个基本过程;电磁辐射范围为γ射线—无线电波所有范围;相互作用方式包括发射、吸收、反射、折射、散射、干涉、衍射等。

光分析法在定性、定量和研究物质组成、结构表征、表面分析等方面具有其他方法不可取代的地位。

2)光分析法分类

光分析法分为光谱法和非光谱法两类。而光谱法可分为原子光谱法和分子光谱法(图7-3)。

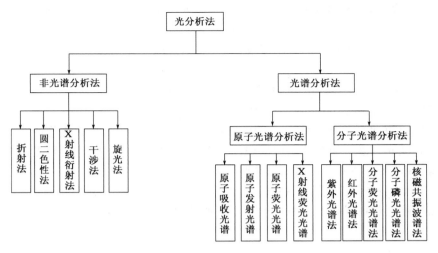

图 7 – 3　光分析法分类图

光谱法是基于物质与辐射能作用时,测量由物质内部发生量子化的能级之间的跃迁而产生的发射、吸收、散射、辐射的波长和强度进行分析的方法。

非光谱法是不涉及能级跃迁的光分析法。物质与辐射作用时,仅改变传播方向等物理性质。非光谱法如偏振法、干涉法、旋光法等。

3)光谱法分类

光谱分析法比较多,图 7 – 4 显示的是主要的光分析方法,可分为原子光谱、分子光谱和连续光谱法三大类,其中连续光谱法中以发射光谱法和吸收光谱法最为常用。

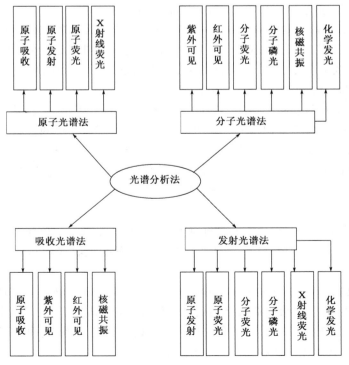

图 7 – 4　光谱法分类图

（1）原子光谱（线性光谱）：由原子外层或内层电子能级的变化产生，由若干条强度不同的谱线和暗区相间而成的光谱。最常见的三类：

①基于原子外层电子跃迁的原子吸收光谱（AAS）、原子发射光谱（AES）和原子荧光光谱（AFS）；

②基于原子内层电子跃迁的 X 射线荧光光谱（XFS）；

③基于原子核与射线作用的穆斯堡谱。

（2）分子光谱（带状光谱）：由分子中电子能级、振动和转动能级的变化产生，由几个光带和暗区相间而成的光谱。如紫外光谱法（UV）、红外光谱法（IR）、分子荧光光谱法（MFS）、分子磷光光谱法（MPS）、核磁共振与顺磁共振波谱（NMR）。

（3）连续光谱：在一定范围内，各种波长的光都有，连续不断，无明显的谱线和谱带。

光谱法按照电磁辐射和物质相互作用的结果，又可分为发射光谱法、吸收光谱法和联合散射光谱法三种。

4）各种光分析法简介

（1）原子发射光谱分析法：以火焰、电弧、等离子炬等作为光源，使气态原子的外层电子受激发射出特征光谱进行分析的方法。

（2）原子吸收光谱分析法：利用特殊光源发射出待测元素的共振线，并将溶液中离子转变成气态原子后，测定气态原子对共振线吸收而进行的定量分析方法。

（3）原子荧光分析法：气态原子吸收特征波长的辐射后，外层电子从基态或低能态跃迁到高能态，在 10^{-8} s 后跃回基态或低能态时，发射出与吸收波长相同或不同的荧光辐射，在与光源成 90° 的方向上，测定荧光强度进行定量分析的方法。

（4）分子荧光分析法：某些物质被紫外光照射激发后，在回到基态的过程中发射出比原激发波长更长的荧光，通过测量荧光强度进行定量分析的方法。

（5）分子磷光分析法：处于第一最低单重激发态分子以无辐射弛豫（辐射能量）方式进入第一三重激发态，再跃迁返回基态发出磷光。测定磷光强度进行定量分析的方法。

（6）X 射线荧光分析法：原子受高能辐射，其内层电子发生能级跃迁，发射出特征 X 射线（X 射线荧光），测定其强度可进行定量分析。

（7）化学发光分析法：利用化学反应提供能量，使待测分子被激发，返回基态时发出一定波长的光，依据其强度与待测物浓度之间的线性关系进行定量分析的方法。

（8）紫外吸收光谱分析法：利用溶液中分子吸收紫外和可见光产生跃迁所记录的吸收光谱图，可进行化合物结构分析，根据最大吸收波长强度变化可进行定性定量分析。

（9）红外吸收光谱分析法：利用分子中基团吸收红外光产生的振动—转动吸收光谱进行定量和有机化合物结构分析的方法。

（10）核磁共振波谱分析法：在外磁场的作用下，核自旋磁矩与磁场相互作用而裂分为能量不同的核磁能级，吸收射频辐射后产生能级跃迁，根据吸收光谱可进行有机化合物结构分析。

（11）顺磁共振波谱分析法：在外磁场的作用下，电子的自旋磁矩与磁场相互作用而裂分为磁量子数不同的磁能级，吸收微波辐射后产生能级跃迁，根据吸收光谱可进行结构分析。

（12）旋光法：溶液的旋光性与分子的非对称结构有密切关系，可利用旋光法研究某些天然产物及配合物的立体化学问题，旋光计测定糖的含量。

（13）衍射法：X 射线衍射研究晶体结构，不同晶体具有不同衍射图。

电子衍射是透射电子显微镜的基础,研究物质的内部组织结构。

3. X 射线荧光分析发展历史

1895 年德国巴伐利亚州维尔茨堡大学的伦琴教授(W. C. Röntgen)在实验室里发现了一种新的辐射,这是一种能透过人的骨组织,又能使照相底片感光,穿透力极强的射线。由于不清楚这种射线的本质,于是用"X"这个数学上表示未知数的符号来命名它,这就是 X 射线,也被称为伦琴射线。由于发现了 X 射线,又在 X 射线的性质方面进行了卓有成就的研究,伦琴在 1901 年成为第一位诺贝尔物理学奖的获得者,在 1927 年前又有五位科学家在 X 射线学领域继伦琴后获此殊荣。

X 射线光谱和 X 射线荧光光谱分析的方法是经过几代科学家和实验人员的努力才发展至今日在学科理论和实验技术上的日趋完善和成熟。以下是 X 射线光谱分析发展的大事记。

1895 年伦琴发现 X 射线。

1908 年巴克拉(C. G. Barkla)和沙特拉(Sadler)发现物质受 X 射线辐照后会发射出和物质中组成元素相关的谱线并把它称作标识辐射,也就是所谓的特征谱线。

1912 年劳厄(M. V. Laue)证实 X 射线在晶体中的衍射。结合 1906 年巴克拉发现的 X 射线偏振特性确认了 X 射线的波动性本质;布拉格等发现的电离特性证明 X 射线的粒子性;共同归纳了 X 射线是一种电磁波,具有波粒二象性。

1913 年布拉格(W. L. Bragg,W. H. Bragg)父子根据 X 射线选择性衍射的特点,建立了简单实用的布拉格定律。

1913 年莫塞莱(Moseley)研究了各种元素的特征光谱,发现元素的特征谱线波长倒数的平方根与该元素原子序数成正比,这就是有名的莫塞莱定律,它奠定了 X 射线光谱分析的基础。

1922 年哈丁(A. Hadding)第一次把 X 射线光谱法用于矿物的元素分析。

1923 年科斯特(D. Coster)和赫维西(G. von Hevesy)在锆英石中发现第 72 号元素铪,这是用 X 射线光谱辨认出的第一个元素。

1926 年格洛克尔(R. Glocker)使用不同于原来的原级 X 射线光谱法,应用二次发射进行定量分析。

1928 年盖革(H. Geiger)和密勒(Muller)首次提出用充气计数管代替照相干板法来进行 X 射线的测量。

1948 年弗里德曼(H. Friedman)和伯克斯(L. S. Birks)研制出第一台商品 X 射线荧光光谱仪。

1966 年勃劳曼(Browman)等将放射性同位素源和 Si(Li)探测器结合使用。

1969 年伯克斯(Birks)等研制出第一台能量色散 X 射线荧光光谱仪。

1970 年约翰逊(Johansson)报道了几个北电子伏特能量质子轰击样品引起元素特征谱线。

1971 年 Yoneda 和 Horiuchi 首次报道将全反射技术应用在少量样品的痕量分析上。

1974 年 Y. Dzubag 首先把偏振技术应用于能量色散 X 射线荧光分析。

以后的几十年里,随着现代科学技术的发展,尤其是电子技术、真空技术、光学技术、计算机技术的发展,在各国科学家和从事 X 射线荧光光谱分析领域研究的几代人的努力下,X 射线荧光光谱分析技术和分析仪器都得到了很大的发展。

我国的 X 射线光谱分析起步于 20 世纪 50 年代末,中国科学院长春应用化学研究所等单位先后从苏联引进原级 X 射线光谱仪,60 年代初,李安模、马光祖等人着手进行我国第一台原级X射线谱仪的研制。以后国内相关研究院所从欧洲和日本等国家和地区引进商品X射线荧光光谱仪,并进行了大量的应用研究和技术开发工作,陈远盘等我国老一代的科研人员从早期的主要进行难分离元素如铌、钽、锆、铪、铀、钍等的分析,开始对该领域从理论到应用进行更全面的研究和实践。

20世纪80年代是我国X射线荧光光谱分析研究非常活跃并取得长足进步的年代,除了对理论的探究,在轻元素分析、基体校正软件的开发和国外的交流等各方面也取得了很大的成绩,最重要的是涌现了一支至今还活跃在此领域的专家和骨干科研及应用队伍,为X射线荧光分析技术在我国的普及、提高和后继人员的培养做出了极大的贡献。

现在,X射线荧光光谱分析的应用十分广泛,已成为各种材料的主量、次量和痕量组分高精度、高自动化的分析技术,尤其在企业生产质量控制和质量管理方面成为不可缺少的工具。X射线荧光分析在地质、矿探、钢铁、生物科学、生命科学、环境科学、电子、微电子、考古、博物、艺术等领域得到了广泛的应用。除了波长色散荧光分析,能量色散、全反射荧光分析、偏振激发、同步辐射激发、微束X射线、质子激发、质子探针等也在我国得到了广泛的重视,在这些方面的研发和应用工作正紧紧和世界先进水平同步进行。

4. X射线荧光分析在地质分析中的作用

在众多的地质分析方法,尤其是现代仪器分析方法中,X射线荧光光谱是一种应用较早,且至今仍具有独特魅力的多元素分析技术。在半个世纪的历史发展中,它不但自身日渐成熟,而且相继派生出引人注目的多项X射线光谱新技术。XRF引入地质分析就像一把利剑首先解决了化学性质极为相似,困扰了岩矿分析者多年的矿石中Nb和Ta、Zr和Hf及单个稀土元素(REE)的测定问题;接着又力克岩矿分析中工作量最大、最繁重、耗时多的主次组分快速分析的难题;在大规模的化探样品多元素分析中,它又成为最快速、最廉价的主导方法;灵敏度低,取样量大本是XRF的一大缺陷,而全反射X射线荧光分析的出现却使它一跃而成了当今灵敏度高、取样量又少的痕量、超痕量分析方法。

我国引进这一技术是在20世纪50年代末至60年代初,中国科学院应用化学研究所、地质所、地质部地学科学院、冶金部地质所、二机部三所、五所等单位相继建立了XRF实验室。XRF分析仪器全由日本、荷兰等国外引进。

我国引进XRF仪器的第二个高潮是在改革开放后的80年代。除原有的XRF实验室大都更新仪器外,在地方地质实验室和大型企业又新建了一大批XRF实验室。这时的仪器性能有了大幅度提高:仪器完全由计算机控制,自动化程度高,特别是大大改善了对轻元素的探测能力并配备有功能较强的软件系统。XRF分析仪器全由日本、荷兰、德国等国外引进。这些仪器的引进大大缩小了我国XRF分析技术与国外的差距,迅速提高了应用水平,也促进了有关研究工作的发展。

20世纪90年代以来,随着计算机的普遍应用,分析技术迅速进入自动化、智能化和信息化的时代。现代化的多元素仪器分析技术已成为主量元素、次量元素和包括全部稀土元素在内的许多痕量元素日常分析的主角,地质分析的整体分析技术日趋成熟。同时在XRF仪器研制方面,我国出现了一些民营的研制、生产X射线荧光分析仪器的企业,各个研究所和院校也在X光谱分析的各个领域进行深入的研究,都取得了一定的成绩。

目前,X射线荧光分析技术已在我国地质领域得到全面应用。近年来地质分析进展主要体现在:地质和环境材料分析技术取得显著进步,研究热点主要表现在微区和原位分析、形态和环境分析,绿色技术越来越受关注;地质和环境材料分析技术研究和应用结合越来越紧密;

分析实验室质量控制研究进一步深入。

地质分析未来发展趋势为：随着分析仪器的改进，将进一步降低分析的检测限，提高测定的选择性和精密度；地质分析技术的应用将跟随地质学研究的需求而变化。在未来，地质分析技术还将在全球变暖、环境研究、地质灾害防治、稀有材料发现以及资源和能源的可持续发展发挥更加重要的作用。

三、元素录井的概念及应用

1. 元素录井概念

广义地讲，元素录井技术是利用元素分析技术，以随钻岩屑、钻井液、地层等作为分析对象，从中获得随钻岩屑、钻井液、地层的元素组合（组分、含量及其分布规律）信息，通过数据分析处理，进而识别岩性、流体性质、解释储层和判断地层的综合技术。

狭义地讲，元素录井技术是利用 X 射线荧光分析技术获取随钻岩屑粉末的特征 X 射线，通过元素组合特征分析，辨识岩性、划分地层和解释储层物性、含油气性的创新应用技术（图 7 – 5）。本书以狭义元素录井为主线进行阐述。

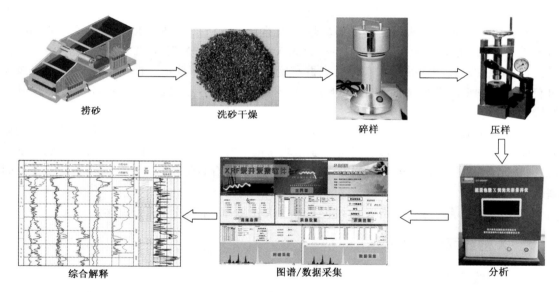

捞砂　　洗砂干燥　　碎样　　压样

综合解释　　图谱/数据采集　　分析

图 7 – 5　元素录井流程示意图

2. 元素录井在石油工业中的应用现状

石油工业的发展是建立在地质研究的基础上，因此，X 射线荧光分析技术作为石油地质基础研究，曾发挥了一定的作用，如采用 XRF 和 XRD 技术建立准确的地质层序剖面，并且随着石油勘探开发对象的复杂化，X 射线荧光分析技术会发挥其越来越大的作用；在石油钻井工程中，利用 X 射线荧光分析监测钻井液中的铬含量和水基钻井液组分等，在钻井液质量监控及环境保护方面发挥作用；在石油产品质量监测方面，X 射线荧光分析的应用已经有 30 多年的历史，在石油产品、添加剂、润滑油、塑料及填充材料的分析方面得到广泛应用，如 XRF 分析可测量燃料中的硫，燃油中的硫、镍、钒以及汽油中的铅等。

X 射线荧光分析技术独特魅力和卓越表现引起了我国地质录井专家学者极大关注。2007年，经过我国地质录井行业的多年潜心研究，开发出具有我国独立知识产权的 X 射线荧光录井方法和石油钻井 X 射线荧光录井仪器,并成功应用于钻井现场岩屑录井。这一技术的出现,首先解决了 PDC 钻头、气体钻井等条件下的细小岩屑岩性识别的难题,并且随着对这一创新技术的深入研究和探讨,它在石油钻井随钻地质评价中发挥的作用是难以估量的。

随钻 X 射线荧光分析获得的岩样元素信息,为准确识别岩性和正确判断地层提供了强有力的技术支持,有效解决了 PDC 钻头、气体钻井等钻井条件下的录井技术瓶颈问题,同时为定量化录井技术的发展奠定了基础。

第二节 元素录井原理

X 射线荧光光谱分析是目前材料化学元素分析方法中发展最快、应用领域最广、最常用的分析方法之一,并在常规生产中很大程度上取代了传统的湿法化学分析。

X 射线荧光录井技术是建立在两项成熟理论基础上的一种创新技术,其理论基础一个是 X 射线荧光分析理论,另一个是岩石地球化学理论。

X 射线荧光光谱分析是一种非破坏性的仪器分析方法。它是由 X 射线管发出的一次 X 射线激发样品,使样品所含元素辐射特征荧光 X 射线,即二次 X 射线,根据荧光 X 射线的波长(能量)和强度对被测样品中元素进行定性和定量分析的一种技术。根据谱线的波长和强度对被测样品中元素进行定性和定量分析。X 射线荧光光谱法也被称为 X 射线二次发射光谱法。

岩石地球化学是研究岩石的化学组成,包含岩石成分的来源、含量、分布、种类及化学变化的地球科学。岩石地球化学是近代岩石学和地球化学的交叉学科。研究各类岩石中的主量元素、微量元素和同位素,用于探讨岩石源区、岩石成因、岩石演化和岩石产出的构造环境等方面基础理论问题。

狭义的元素录井也就是指 X 射线荧光岩屑录井,下面就其技术进行讲述。

一、X 射线荧光分析原理

1. X 射线分析

X 射线是指波长范围为 0.001 ~ 50nm 的电磁波,X 射线的能量与原子轨道能级差的数量级相同,X 射线光谱可分为 X 射线吸收、X 射线荧光、X 射线衍射三种光谱分析技术。

X 射线荧光分析是利用元素内层电子跃迁产生的荧光光谱,应用于元素的定性、定量分析和固体表面薄层成分分析。

1)X 射线波长

和可见光一样,X 射线也是一种电磁辐射,但它的波长比可见光短得多。X 射线介于紫外线和 γ 射线之间,并在短波端和 γ 射线重叠,在长波端逼近远紫外辐射。如图 7 - 6 所示,X 射线的波长范围约在 0.005 ~ 10nm,和物质的基本单元原子直径处于相当的数量级。

X 射线作为电磁波,具有波动和粒子二象性。它的波动性表现为 X 射线是随时间变化的、以一定几何方式振荡的电场,具有表示场强的波峰和波谷,以一定频率和距离(波长)在真空中沿直线方向传播,传播速度等于光速。除了速度还表现反射、衍射和相干散射等特性。

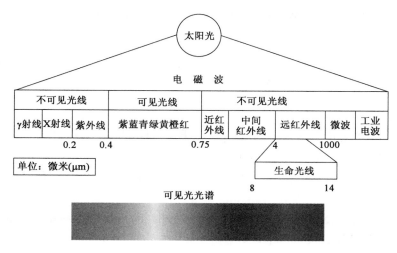

图 7 – 6　电磁波谱图

而 X 射线的粒子性可看成它是由大量以光速运动,具有确定能量的粒子流——X 射线光(量)子;具体体现在它的动能、光电吸收、非相干散射、气体电离、闪烁现象等,X 射线光子具有可计数性。

X 射线的波动性和粒子性呈共存,常以 X 射线的波动性来解释射线的传播;以 X 射线的粒子性来分析 X 射线和物质相互作用时产生的种种现象。

2)X 射线特性

(1)感光作用:X 射线能使照相底片感光变黑,此特性被用在常见的照相术和医学 X 光片。

(2)电离作用:X 射线能电离气体,利用它电离某些惰性气体(例如 Ar、He、Kr 等)设计出充气型正比计数器类型的 X 射线探测器。

(3)荧光作用:X 射线照射 NaI、ZnS 等物质产生接近可见光荧光(X 射线的闪烁现象),探测 X 射线强度的闪烁计数器就是利用该原理进行设计的。

(4)衍射现象:X 射线通过晶体时发生衍射,可以利用分光晶体作为单色器对 X 射线进行衍射分光,把不同波长的谱线分开,然后分别进行探测。

(5)折射率接近 1:X 射线通过不同介质时几乎不折射,基本仍是直线传播。所以,X 射线不能像可见光那样利用折射现象对 X 射线聚焦。

(6)穿透能力强:X 射线能透过许多材料,如木材、玻璃、某些金属、不同密度的生物组织,所以能用于金属材料的探伤和医疗中拍摄透射生物器官的 X 光片等。

(7)不受电场和磁场的影响:在电磁场中不发生偏转。

3)X 射线能量

X 射线光子能量 E 和波长 λ 之间的关系见式(7 – 1),此公式可视为波粒二象性的统一:

$$E = h v = h \frac{c}{\lambda} \qquad (7-1)$$

式中　h——普朗克(Plank)常数,6.62618×10^{-34} J·s;

　　　v——X 射线光子频率,Hz;

c——光速,为常数,3×10^8m/s;

λ——波长,nm。

简化后:
$$E = \frac{1.2398}{\lambda} \text{或} E \approx \frac{1.24}{\lambda} \tag{7-2}$$

能量 E 的单位为 keV(千电子伏特)。

4)X 射线强度

物理学上 X 射线强度是指平行的 X 射线光束单位时间 s(秒)通过和它垂直的单位面积(cm^2)X 射线的总能量,以 eg/s(尔格·秒$^{-1}$)表示。

在 X 射线荧光光谱分析中,是以单位时间通过探测器窗口的入射 X 射线光子数即计数率来表示。

荧光 X 射线分析中,X 射线强度单位为计数率 cps(counts per second)或 kcps(kilo counts per second),是指每秒计数或每秒千计数。

X 射线强度所用的符号通常为 I(Intensity),I_i 是指 i 元素的强度。

5)X 射线的吸收

利用物质吸收 X 射线进行分析的方法。当一强度为 I_0 的平行单色 X 射线束照射到一具有均匀厚度和密度的吸收体上时,由于吸收作用,使得出射的 X 射线平行光束具有小于原强度 I_0 的强度 I,此时 I 与 I_0 符合光吸收定律:
$$I = I_0 \exp(-\mu_1 l) \tag{7-3}$$
式中　I——X 射线出射强度,单位 J/(m^2s);

I_0——X 射线入射强度,单位 J/(m^2s);

μ_1——线性吸收系数;

l——吸收体厚度,cm。

6)元素的 X 射线吸收光谱

一个特征 X 射线谱系的临界激发波长称为吸收限(吸收边)。在元素的 X 射线吸收光谱中,质量吸收系数发生突变;呈现非连续性;上一个谱系的吸收结束,下一个谱系的吸收开始(图 7-7)。

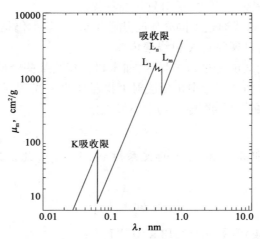

图 7-7　钼的质量吸收系数与波长的关系

7）X 射线的散射

以观测 X 射线穿过样品后的散射强度为基础，并根据散射角度、极化度和入射 X 光波长对实验结果进行分析。用于揭示物质的晶体结构、化学组成以及物理性质，包括小角 X 射线散射、广角 X 射线散射、康普顿散射、共振非弹性 X 射线散射、X 射线拉曼散射等，如图 7 − 8 所示。

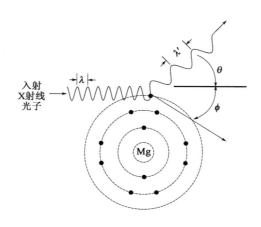

图 7 − 8　X 射线的散射图

8）X 射线的衍射

X 射线衍射技术是基于 X 光在穿过长程有序物质所发生的弹性散射。大量原子散射波的叠加、干涉而产生最大程度加强的光束，用于研究分子的构象或形态，包括单晶 X 射线衍射、粉末衍射、薄膜衍射等。

2. X 射线与光谱

1）X 射线的产生

当高速运动的电子或带电粒子（如质子、粒子等）轰击物质时其运动受阻和物质发生能量交换，电子的一部分动能转变成为 X 射线光子辐射能，以 X 射线的形式辐射出来，图 7 − 9 表示 X 射线如何产生，也是 X 射线荧光光谱分析常用的 X 射线管的工作示意图。

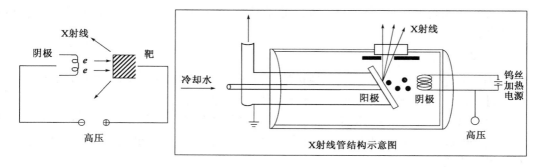

图 7 − 9　X 射线的产生

真空条件下，在阳极靶和阴极灯丝之间加上一高电压，阴极灯丝在管电流的作用下，发射出大量加速电子，轰击靶面，使阳极元素的内层电子激发，产生 X 射线辐射。

2）X 射线光谱

X 射线光谱涉及核内层电子能级的改变。当高能粒子（如电子、质子）或 X 射线光子撞击原子时，会使原子内层的一个电子被撞出，而使该原子处于受激态。被撞出电子的空位将立即被较高能量电子层上的一个电子所填充，在此电子层上又形成新的空位，该新的空位又能由能量更高的电子层上的电子所填充，如此通过一系列的跃迁（L→K，M→L，N→M），直至受激原子回到基态。

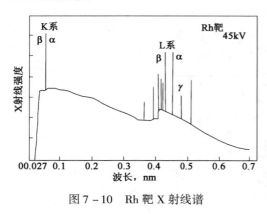

图 7-10   Rh 靶 X 射线谱

从 X 射线管辐射的一次 X 射线（也被称作初级 X 射线，原级 X 射线）是由两种本质完全不同的 X 射线组成。一种为连续谱线，是强度随波长连续分布的多色 X 射线谱。另一种是特征谱线，它是叠加在连续谱上，具有阳极靶元素特征的单色（线状）X 射线谱。

图 7-10 为 45kV 电压下铑（Rh）靶 X 射线管辐射的 X 射线光谱图，其中包括有连续谱线和阳极靶材 Rh 的 K 系和 L 系的特征谱线。这两种光谱产生的机制、规律、特点和在 X 射线荧光光谱分析中的作用有所不同。

3. 特征谱线与特征荧光 X 射线

当能量高于原子内层电子结合能的高能 X 射线与原子发生碰撞时，驱逐一个内层电子而出现一个空穴，使整个原子体系处于不稳定的激发态，激发态原子寿命约为 $10^{-12} \sim 10^{-14}$ s，然后自发地由能量高的状态跃迁到能量低的状态。这个过程称为弛豫过程。弛豫过程既可以是非辐射跃迁，也可以是辐射跃迁。当较外层的电子跃迁到空穴时，所释放的能量随即在原子内部被吸收而逐出较外层的另一个次级光电子，此称为俄歇效应，也称次级光电效应或无辐射效应，所逐出的次级光电子称为俄歇电子。它的能量是特征的，与入射辐射的能量无关。当较外层的电子跃入内层空穴所释放的能量不在原子内被吸收，而是以辐射形式放出，便产生 X 射线荧光，其能量等于两能级之间的能量差。因此，X 射线荧光的能量或波长是特征性的，与元素有一一对应的关系。

特征谱线又名标识谱，是单色 X 射线。它是若干波长一定而强度较大的 X 射线光谱，特征 X 射线体现了靶材的特征，和靶材元素的原子结构及原子内层电子跃迁过程有关，是样品的又一激发源。

1）特征谱线产生

当 X 射线管电压达到一定高度，高速运动的电子具有足够的能量可以激发靶元素原子内层的电子时，就会产生反映靶元素原子结构特征的谱线，即特征谱线。

在连续光谱上会有几条强度很高的线光谱，但是它只占 X 射线管辐射总能量的很小一部分。特征光谱的波长和 X 射线管的工作条件无关，只取决于对阴极组成元素的种类，是对阴极元素的特征谱线。

阴极射线的电子流轰击到靶面，如果能量足够高，靶内一些原子的内层电子会被轰出，使原子处于能级较高的激发态。图 7-11（b）表示的是原子的基态和 K、L、M、N 等激发态的能级图，K 层电子被击出称为 K 激发态，L 层电子被击出称为 L 激发态，依次类推。原子的激发态是不稳定的,此时内层轨道上的空位将被离核更远轨道上的电子所补充,从而使原子能级降低,这时,多余的能量便以光量子的形式辐射出来。图 7-11(a)描述了上述激发机理。处于 K 激发态的原子,当不同外层的电子(L、M、N…层)向 K 层跃迁时放出的能量各不相同,产生的一系列辐射统称为 K 系辐射。同样,L 层电子被击出后,原子处于 L 激发态,所产生一系列辐射则统称为 L 系辐射,依次类推。基于上述机制产生的 X 射线,其波长只与原子处于不同能级时发生电子跃迁的能级差有关,而原子的能级是由原子结构决定的,因此,这些有特征波长的辐射将能够反映出原子的结构特点,称为特征光谱。

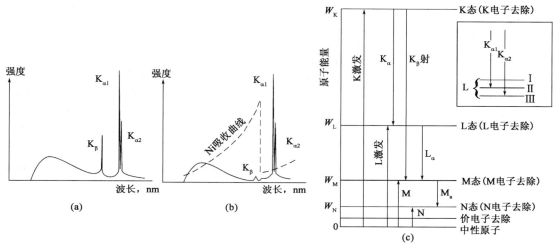

图 7-11 元素特征 X 射线的激发机理

2)莫塞莱定律

莫塞莱研究了几十种阳极靶的 K 系和 L 系特征谱线得出特征谱线波长 λ 和原子序数 Z 的关系:

$$\sqrt{\frac{1}{\lambda}} = k \cdot (Z - \sigma) \tag{7-4}$$

式中,k,σ 均为常数,其中 k 随线系不同而不同,σ 为屏蔽常数。

式(7-4)表示元素特征谱线的波长倒数的平方根和原子序数成正比。由于不同元素具有不同的原子结构,相对同一线系的特征谱线,出于能量不同,波长也不同。图 7-12 为莫塞莱定律所表达的原子序数和波长的关系图。

莫塞莱定律很好地揭示了周期表上各元素之间的内在联系,提供了辨别不同元素的判据。利用这种关系,根据物质所辐射的特征谱线的波长 λ,就可以知道原子序数为 Z 的元素存在,即可对物质进行定性;根据元素特征谱线强度的大小可进一步设法对物质中存在元素的含量进行确定,也就是定量分析。莫塞莱定律奠定了 X 射线光谱分析的基础。

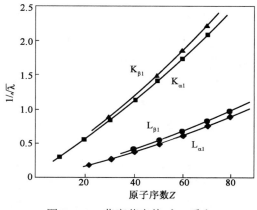

图 7-12 莫塞莱定律对 K 系和
L 系线谱线的图示

3)特征荧光 X 射线

来自 X 射线激发光源的一个光子被样品吸收(撞出一个电子),产生一个在内电子层有一空穴的正离子,当外电子层中的一个电子跃入该空穴时,则发射一个 X 射线光子。只有当初级辐射是由于吸收 X 射线光子引起时,辐射才是荧光 X 射线。荧光辐射的波长比吸收辐射的波长长。荧光辐射的强度与样品中荧光物的浓度成正比。

同样为特征谱线,特征荧光 X 射线和靶材的特征谱线不同之处在于前者是射线管阴极发出的电子对靶材元素原子内层的激发,而特征荧光 X 射线由 X 射线管发出的一次 X 射线(原级 X 射线)激发样品而产生的具有样品元素特征的二次 X 射线。

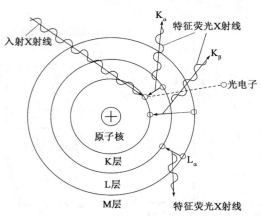

图 7 - 13　特征荧光 X 射线的产生

(1)特征荧光 X 射线的产生:当施加给 X 射线管的电压达到某一高度值,X 射线管发射的一次 X 射线的能量足以激发样品所含元素原子的内层电子,被逐出的电子为光电子,同时轨道上形成空穴,原子处于不稳定状态。此时,外层高能级的电子自发向内层跃迁填补空位,使原子恢复到稳定的低能态,同时辐射出具有该元素特征的二次 X 射线,也就是特征荧光 X 射线,图 7 - 13 为特征荧光 X 射线的产生示意图。

特征荧光 X 射线谱系的命名:位于某壳层的电子被激发称为某系激发,产生的 X 射线辐射称为某系谱线。例如:一次 X 射线逐出 K 层电子,外层向 K 层跃迁产生的荧光 X 射线为 K 系线,逐出 L 层电子,外层向 L 层跃迁的为 L 系线……。

特征荧光 X 射线的波长 λ 和原子序数 Z 的关系符合莫塞莱定律,即元素特征荧光谱线的波长倒数的平方根和原子序数成正比。

(2)特征荧光 X 射线的特点:

①周期表上各元素谱线是有规律排列的。

②对同一元素,它的不同线系的波长 $\lambda_K < \lambda_L < \lambda_M < \lambda_N$,同一线系的波长随跃迁位能差的增加而波长变短,也就是 $\lambda_{K_\beta} < \lambda_{K_\alpha}$。

在定性谱图上,以角度为横坐标,同一元素的 K_β 线永远在 K_α 的左侧,也就是小角度侧。如以能量为横坐标,则情况相反。

③对于不同元素的同一线系,随着元素原子序数的增加,能量变大,波长减小。

④并非高、低能级之间都能发生跃迁,必须满足电子跃迁的选择定则。

⑤有的伴随 X 射线荧光光谱被检出的弱峰是那些不能满足上述选择原则的非图标线,它常常是由于 X 射线光子与原子的两个内层电子同时撞击而产生能量不同的双电离继而引起的双跃迁现象,被称为伴线或卫星线,伴随在主峰的近旁,或高能侧或低能侧。

大部分伴线都比较弱,但对 K 系线特别是低原子序数元素 K 系线的伴线有时会较明显。例 AlK_{α_3}(伴线)强度大约是 AlK_{α_1}、AlK_{α_2} 的 10% 左右。在一般定性分析中可检出伴随在轻元素 Kα 线旁的伴线谱,见图 7 - 14。

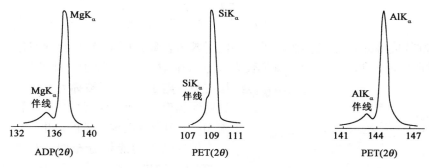

图 7 – 14　伴随在主峰旁的伴线

⑥特征荧光 X 射线和可见光光谱相比较,可见光光谱是由原子外层电子跃迁产生,它受原子的化学、光学、电学特性的影响;而特征荧光 X 射线作用的是内层电子,化合物的结合状态对内层能级影响较小,在多数情况下按常规分析考虑认为 X 射线光谱和原子化学键或化学状态可忽略。在精确测量 X 射线谱时会发现元素的化学状态或化学键对谱峰位置的某些影响,尤其是对于低原子序数元素。

(3)特征荧光 X 射线的能量:特征 X 射线或特征荧光 X 射线光子的能量由电子跃迁前后的电子壳层能级差决定,等于电子跃迁所涉及的初级能级 i 和最终能级 j 的能量差。

$$\Delta E = E_j - E_i = \frac{hc}{\lambda} \qquad (7-5)$$

式中　E_j——原子 j 电子层的能量;

　　　　E_i——原子 i 层的能量。

(4)特征 X 射线的强度:当 X 射线管的靶材确定后,特征 X 射线强度和 X 射线管电压、管电流的关系为

$$I \propto (V - V_0)^n i \qquad (7-6)$$

式中　I——特征 X 射线强度;

　　　　V——X 射线管电压,kV;

　　　　V_0——激发电势,kV;

　　　　i——X 射线管电流,mA;

　　　　n——和 X 射线管有关的常数,当 V 是 V_0 的 2 ~ 3 倍时,n 为 2 左右。如果 V 大于 V_0 的 3 倍,n 接近 1。

提高 X 射线管的电流、电压能提高 X 射线的强度,但同时也提高了连续谱线散射背景的强度。

对于额定功率 W 的射线管,它所允许设定的电压 V 和电流 i 必须永远满足以下条件,即

$$Vi \leqslant W \qquad (7-7)$$

对于同一线系来说,它每条特征谱线的相对强度主要取决于电子在各能级之间的跃迁概率,另外,还和处于激发态的原子数和初始态能级的电子数,也就是说和元素的原子结构有关。由于 L 层电子向 K 层跃迁的概率比其他电子层向 K 层的跃迁概率大,这样单位时间辐射出 K_α 的光子数多,所以 K_α 线的强度最大,其中 K_{α_1} 的强度是 K_β 的 5 倍,是 K_{α_2} 的 2 倍左右。

通常,K_{α_1} 和 K_{α_2} 波长和能量相差较小而不可分辨,K_α 是表示 K_{α_1}、K_{α_2} 双线,波长为线系相对强度 $I_{K_{\alpha_1}} : I_{K_{\alpha_2}} = 2 : 1$ 的加权平均值计算而得

$$\lambda_{K_\alpha} = \frac{2\lambda_{K_{\alpha 1}} + \lambda_{K_{\alpha 2}}}{3} \tag{7-8}$$

（5）俄歇效应（Auger 效应）：当原子内层电子被激发离开原子,轨道出现空位,较外层电子跃入填充时所释放的能量没有形成特征荧光 X 射线辐射,而是在原子内部被吸收而逐出较外层的另一电子,该电子被称为俄歇电子,这种无荧光射线辐射的现象叫俄歇效应。图 7-15 是以元素 Mg 为例示意俄歇电子的产生。

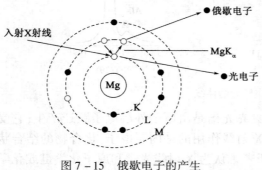

图 7-15 俄歇电子的产生

俄歇电子的能量分布曲线称为俄歇电子能谱,它能反映电子所属原子和原子的结构状态特征,由于对材料表面的高灵敏度和轻元素的分析优势,俄歇电子能谱也是材料表面化学元素分辨分析、化合物价键分析和材料晶粒间界分析的有力工具。

（6）荧光产额:特征荧光 X 射线辐射和俄歇效应是两种互相竞争、互为消长的物理现象,俄歇效应使物质原子辐射的荧光 X 射线光子数低于电子壳层被激发电子后产生的空穴数。

荧光产额 ω 就是用来表示产生荧光 X 射线的概率,它和俄歇电子发生率（俄歇产额）的总和为100%。

以 K 系激发为例:

$$\omega_K = \frac{I_K}{N_K} \times 100\% \tag{7-9}$$

式中　I_K——单位时间来自样品元素的 K 系谱线的总光子数;

　　　N_K——同一壳层的空穴数。

图 7-16 为荧光产额和原子序数关系图,其中实线为荧光产额和受激元素原子序数的关系,虚线为俄歇效应即俄歇产额和原子序数的关系。

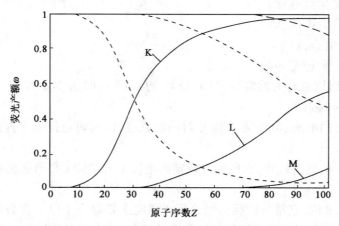

图 7-16 荧光产额和原子序数的关系

X 射线荧光光谱分析关心的是荧光 X 射线强度和与之相关的荧光产额。俄歇电子发射和元素原子序数 Z 有关。轻元素由于外层电子结构松弛,俄歇现象较为严重。一般当 $Z < 30$ 时,俄歇电子发射占了优势。较低的荧光产额也严重影响了轻元素分析的灵敏度,对原子序数小于 10 的超轻元素影响尤其大。表 7-6 列举了某些元素 K 系线的荧光产额。

表 7 - 6　部分元素 K 系线的荧光产额

元素	$_6$C	$_7$N	$_8$O	$_{10}$K	$_{26}$Fe	$_{29}$Cu	$_{42}$Mo	$_{62}$Sm	$_{92}$U
ω_K,%	0.09	0.15	0.22	14	32	41	77	93	97

二、分析元素的选择

自然界元素有 90 多种,如果能在钻井现场快速分析所有元素,对于随钻地质评价无疑是最美好的事情。然而,目前根本没有同时检测所有元素的仪器和技术方法,并且很多方法既难以适应钻井现场条件,又难以达到随钻地质评价的经济技术要求。因此,现场主要选择能量色散型 X 射线荧光作为元素分析方法,是在充分考虑钻井现场条件和随钻地质评价的技术经济要求而做出的较理想的选择。

1. 钻井时效对元素录井分析的要求

作为随钻元素录井,样品的分析周期必须达到要求。目前,国内报道的最高钻井速度记录是 1200m/d,按照 1 包/m 取样间距,一天可产生 1200 包岩屑。但一般情况下进尺最快的井段是上部非目的层段,该井段取样间距一般较大,甚至不进行岩屑录井。正常情况下,目的层段一天岩屑量一般不超过 300 包。

选择分析元素应考虑时效问题,有时为了提高精度会延长分析时间,有时为分析某些重元素会采用多次变压分析,增加了分析时间。另外,样品处理(干燥、粉碎、压片)也需要时间。

一个样品的分析周期应不超过 5 分钟,每天分析样品数量应达到 300 个左右,就基本满足各类钻井分析要求。

2. 目前复杂钻井工艺下的录井需要解决的难题

(1)解决 PDC 钻头、气体/泡沫钻井条件下细碎岩屑的岩性识别难题;

(2)建立 X 射线荧光分析技术方法,为录井仪器拓展一个全新的发展领域;

(3)为随钻地质评价开辟一条崭新途径,为盆地研究提供地球化学基础资料;

(4)元素录井方法应适用于任何粒级岩屑,分析时间小于 120s。

鉴于上述目的和经济技术要求,且所形成的技术有利于全面推广,应首先考虑解决技术瓶颈问题,并有利于建立通用的、可靠的、可行的元素录井方法。

3. 分析元素初步选择

(1)仪器的结构配置和工作参数设置对该 12 种元素分析最有利。

(2)地壳中 O、Si、Al、Fe、Ca、Na、K、Mg、Ti、H、P、C、Mn、S、Ba、Cl 这 16 种元素占地壳元素总量的 99.769%,其他元素仅占 0.231%。但 O、Na、H、C 这 4 种元素不适宜 X 射线分析。

(3)在岩石化学计算中,通常用 Si、Al、Fe、Mg、Mn、Ca、Na、K、Ti、P 这 10 种元素的氧化物进行岩石化学计算以及采用图解方式对岩石进行分类和命名。

(4)根据上述分析和探讨,初步选择了 Mg、Al、Si、P、S、Cl、K、Ba、Ca、Fe、Mn、Ti 共 12 种元素。

(5)上述 12 种元素对 X 射线荧光随钻元素录井提供了较充分的数据基础,即:Si 元素可用于砂质含量计算和砂岩质量的评价;Al 元素可用于泥质含量计算和泥岩纯度的评价;Ca 元素可用于灰质含量计算和石灰岩纯度评价;Mg 元素可用于白云质含量计算和白云岩纯度评价;S 元素可用于石膏层、煤层的发现和评价;其他元素可配合上述元素进行岩性识别、储层评价和地层、沉积相研究等。

三、X 射线荧光分析元素录井仪器

现代科学技术的发展,特别是微电子学和计算机技术的迅猛发展,为 X 射线荧光光谱仪的发展提供坚实的物质基础,同时又对光谱仪的性能和应用提出了更高的要求。现代 X 射线荧光光谱仪已发展成为一个大家族(图 7 - 17)。

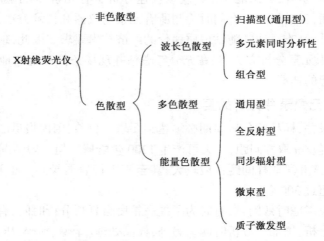

图 7 - 17　X 射线荧光分析光谱仪分类

用于岩石元素成分分析的 X 射线荧光分析仪器主要有波长色散型和能量色散型两种。波长色散分析仪是用多个衍射晶体分开待测样品中各元素的波长,由此对元素进行测量[图 7 - 18(a)]。能量色散分析仪只有一个探测器,它对测量 X 射线能量范围是不受限制的,而且这个探测器能同时测量到所有能量的 X 射线。也就是说只要激发样品的 X 射线的能量和强度能满足激发所测样品的条件,对一组分析的元素都能同时测量出来[图 7 - 18(b)]。

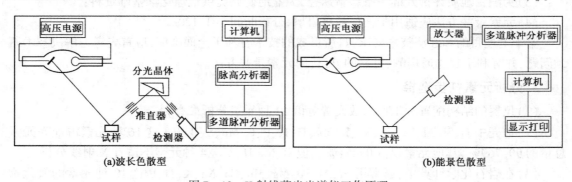

图 7 - 18　X 射线荧光光谱仪工作原理

X 射线荧光光谱仪在结构上基本上由激发样品的光源、色散、探测、谱仪控制和数据处理等几部分组成。

X 射线荧光光谱仪按对来自样品的分析元素特征谱线色散方式和功能构造来区分,大致可分为能量色散型 X 射线荧光光谱仪(EDXRF)和波长色散型 X 射线荧光光谱仪(WDXRF),能量色散 X 射线仪器和波长色散仪器的差别在于由样品发出的特征 X 射线光谱的色散方法不同。

波长色散型 X 射线荧光分析仪是根据 X 射线衍射原理,用分光晶体为色散元件,以布拉格定律为基础,对不同波长的特征谱线进行分光,然后进行探测。波长色散型谱仪基本由四大部分组成,即激发源、分光系统、探测系统和仪器控制及数据处理系统。

布拉格定律(Braggs law):假设入射波从晶体中的平行原子平面作镜面反射,每个平面反射很少一部分辐射,就像一个轻微镀银的镜子一样。在这种类似镜子的镜面反射中,其反射角等于入射角。当来自平行原子平面的反射发生相长干涉时,就得出衍射束。

考虑间距为 d 的平行晶面,入射辐射线位于纸面平面内。相邻平行晶面反射的射线行程差是 $2d\sin x$,式中从镜面开始量度。当行程差是波长的整数倍时,来自相继平面的辐射就发生了相长干涉。这就是布拉格定律。

布拉格定律用公式表达为

$$2d\sin x = n\lambda \tag{7-10}$$

式中　　d——平行原子平面的间距;

λ——入射波波长;

x——入射光与晶面的夹角。

布拉格定律的成立条件是波长小于等于 $2d$,布拉格定律是晶格周期性的直接结果。

在波长色散(晶体)光谱仪中,不同波长辐射在检测之前,是按其波长进行色散或排列的,因此探测器每次只能接受测量一个波长。在能量色散光谱仪中,探测器接受了样品中所有元素未经色散的发射线谱线。探测器把所吸收的每一个 X 射线光子变成一个幅度和光子能量成比例的电流脉冲,其输出经放大后,再进行脉冲高度选择,根据脉冲平均高度进行分离,脉冲高度的能量和强度就是能量色散的定性和定量分析的依据(图 7-19)。

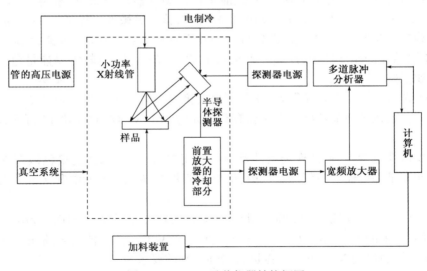

图 7-19　XRF 录井仪器结构框图

能量色散型 X 射线荧光分析仪在基本的 X 射线物理基础方面和波长色散型 X 射线荧光分析完全相同,所不同的是能量色散型仪器是用固体半导体探测器等直接探测 X 射线,通过多道分析仪器进行能量甄别与测量。能量色散型谱仪省却了波长分光色散系统,主要由激发源、探测系统和仪器控制及数据处理系统组成。

能量色散 X 射线荧光光谱仪是将来自岩屑样品的特征 X 射线荧光不经分光直接由半导

体检测器接收,并配以多道脉冲高度分析器,按脉冲幅度大小分别计数。以计数率即荧光强度为纵坐标,以脉冲幅度即通道号,或 X 光子能量为横坐标,得到能量色散型仪器的荧光光谱(图 7 - 20)。

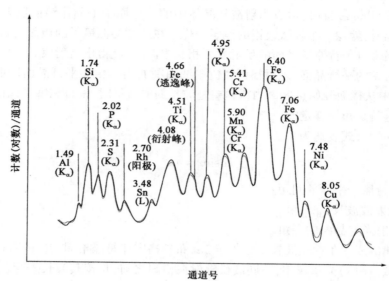

图 7 - 20　能量色散谱图

波长色散型 X 射线荧光分析仪具有分辨率好、灵敏度高等优点。但仪器结构复杂、价格昂贵,样品需要复杂处理等弱点。

与波长色散型 X 射线荧光光谱仪相比,能量色散型仪器设备简单、紧凑、小型化、仪器稳定、样品可不处理或简单处理、分析速度快、价格便宜、检测灵敏度可提高 2 ~ 3 个数量级、没有高次衍射谱线的干扰问题,并可同时测定样品中几乎所有元素。但对轻元素,仪器的分辨率有限,半导体检测器需经制冷使用,连续光谱构成的背景(基体效应)较大是能量色散型仪器存在的主要问题。

X 射线荧光光谱仪档次差异很大,商品化程度极高。波长色散型仪器从数十万到数百万元人民币不等。能量色散型仪器仅探头就有数千元的 Si-PIN 材料到高达 15 万元以上的 SDD 材料。

考虑到仪器性能特点、钻井现场条件及推广应用的可行性,选择能量色散型 X 射线荧光分析仪作为元素录井仪器。在仪器组成中,最核心的是 X 荧光的激发源和 X 荧光能量色散检测器。

国内录井用元素录井仪有 CIT3000 型石油 X 荧光岩屑分析仪和 EDX3600B 型 X 荧光光谱仪,能测量岩屑中的 Si、Al、Fe、Ca、K、Mg、P、S、Ti、Mn、V、Cr 等 12 种元素,根据岩石元素化学组成,这些元素可满足用 XRF 分析数据进行岩性识别的要求。

国外如哈里伯顿公司的 LaserStrat 元素录井仪,能够测量岩屑中的 10 种氧化物、22 种微量元素和 10 种稀土元素,但价格昂贵,二次开发难度大。

四、X 射线荧光分析元素录井技术特点

1. 技术优势

X 射线荧光光谱分析之所以获得如此迅速的发展,一方面得益于微电子和计算机技术的

飞跃发展,另一方面是为了满足科学技术对分析的要求。具有如下技术优势:

(1)分析速度快。X 射线荧光光谱分析中元素的测定时间视分析要求的精度而定,通常 50 ~ 300s。

(2)能分析各种状态和各种形状的样品如固体样品中的块样和粉末样品、液体样品、有机物中的无机元素等。

(3)非破坏性分析。由于 X 射线荧光光谱分析的非破坏性,所以可用于考古和古文物分析,例如出土的陶器、瓷器及兵器、生产工具等,也能用于金银等贵金属和贵金属制品的无损分析。

(4)谱线基本不受价态的影响。在精细测定时,可利用化合物化学价态不同引起的谱峰位移来得到物质化合状态的各种有用信息。

(5)分析元素范围广。可分析周期表^{4}Be ~ ^{92}U 中的绝大多数的元素;可以分析同族难分离元素,例如稀土分量、钨钼、铌钽、锆铪等。

(6)分析含量范围广。可分析从 0.0001% ~ 100% 的含量范围,如进行前处理,可以再下降 2 ~ 3 个数量级,全反射 X 射线荧光光谱能实现 10^{-9} ~ 10^{-12}g 的检测限。

(7)分析精度高,重现性好。由于仪器从光源到各部件的高稳定性,使 X 射线荧光光谱分析的高精度可以和湿法化学分析方法媲美。

(8)谱线简单容易做定性分析。由于是对原子的内层激发,荧光 X 射线和一般发射光谱的谱线相比比较简单,容易解析,容易进行定性分析。配合适合的软件,半定量分析已能达到很高的准确度。

(9)可进行薄膜的组分和厚度的分析。由于 X 射线荧光分析探测深度一般涉及样品的表面信息,所以能进行样品表面的镀、涂层分析,也能进行薄样分析。

(10)易于实现自动化及在线分析。随着电子工业和计算机技术的发展,X 射线荧光光谱仪本身的自动化、小型化和智能化已充分实现。

在现场录井中,涉及的地质样品有固体的岩心、岩屑样品,有混合乳浊的钻井液样品,也有从钻井液中游离的气体样品。因此除气体样品不能通过 X 射线荧光分析外,其他样品都能进行 X 射线荧光分析。

2. 技术局限性

X 射线荧光分析技术对于钻井现场的岩石分析,其技术的局限性主要有:

(1)轻元素由于外层电子结构松弛,荧光产额较低,俄歇现象较为严重。一般当 $Z < 30$ 时,俄歇电子发射占了优势。较低的荧光产额也严重影响了轻元素分析的灵敏度,对原子序数小于 10 的超轻元素影响尤其大。

(2)产生荧光 X 射线的基本条件是激发电压必须达到该元素某线系所需的临界激发电势,元素的原子序数越大,所需的激发电压越高,因此,元素分析范围和精度受仪器的激发电压的限制。若激发电压小,重元素难以分析;若激发电压大,轻元素就难以分析;若采取变压分析,耗时间太长。

(3)基体效应是 X 射线荧光分析中普遍存在的问题,是元素分析的主要误差来源。石油钻井中,三大成因岩类肯定都能遇到,同一成因岩类其岩石类型也是千差万别,因此基体效应也是随研究区和研究层位不同而表现出极大差异,因此,如何消除或校正基体效应,始终是 X 射线荧光分析领域中的重要研究课题。

(4)元素分析精度受靶材影响,有些靶材适用于轻元素分析,有些则适合于重元素分析,选择合适的靶材也是技术关键之一。

第三节　元素录井数据处理

XRF 录井采集的数据是岩屑中被原级 X 射线激发出来的荧光 X 射线(也称特征 X 射线)在 Si-PIN 检测器中记录到的脉冲数(单位是脉冲/秒,N/s),这些脉冲是按能级分布在 Si-PIN 检测器的 1024 或 2048 个通道上的,按各能级脉冲数的多少,确定岩屑中各化学元素的含量。该数据通过 XRF 岩屑分析仪器的前置计算机完成数据采集。

基础数据的准确是一切研究工作的基础和前提。针对"能量色散型 X 射线荧光分析仪"元素录井仪,需要对使用的仪器的准确可靠性进行验证,确保不同时期、不同方法、不同仪器的重复性、稳定性、准确性得到可靠保证,下面以塔巴庙区块进行分析。

一、数据重复性分析

需要采用分析实验井或施工井实钻岩屑样品,粉碎至标准粒级,压片处理后置入 X 射线荧光分析仪器,真空度达到标准后连续分析不少于 10 次,获得 Mg、Al、Si、P、S、Cl、K、Ba、Ca、Fe、Mn、Ti 共 12 种元素分析数据,并计算所有分析元素的相对平均误差。

1. 实验分析

在塔巴庙区块,采用 CIT-3000SY 型石油 X 荧光岩屑分析仪,通过 6 个时期、同一型号的不同仪器、不同样品的 281 次重复性试验,实验表明:Mg 元素重复性试验误差最大,平均误差 7.43%;Fe 元素复误差最小,平均误差 0.54%;12 种元素的平均重复性误差为 3.64%。

2. 重复性误差原因分析

通过重复性实验结果分析研究认为,引起 X 射线荧光分析重复性误差的主要原因是自然界元素自身特征和元素含量分布特征,次要原因是仪器特性和样品特征。其理由是不同时期、不同仪器的重复性误差,存在着规律性变化,即总是 Mg 误差最大,其次是 P、Al、S、Ba、Cl,再次是 Mn、Si、Ti、K,误差最小的是 Ca、Fe。

1)元素特征和元素分布特征影响情况

(1)元素的原子序数越小,因产生的 X 射线额度越低,信噪比越小,其重复性误差就越大。

(2)元素的克拉克值越小,信噪比就越小,其重复性误差越大。

2)仪器特性及样品特性影响情况

(1)同一型号不同仪器的重复性误差具有明显的差异,或所有元素都整体增大,或整体变小,说明不同仪器的特性不同其重复性误差程度也不同。

(2)同一台仪器不同时期的重复性误差具有稍微差别,早期误差偏大,后期误差变小,说明仪器越来越稳定;但也有个别仪器,后期因岩屑粉尘污染而造成重复性误差大的情形。

重复性试验表明:X 射线荧光分析的 12 种元素中,大部分元素的重复性较好,元素分析数据可靠。尤其是反映砂岩、泥岩、石灰岩、煤层的特征元素 Si、Fe、Ca、S 等元素,其重复性误差都较小。因此对研究区主要岩性的 X 射线荧光分析实验提供了较为标准的基础数据。

二、数据稳定性分析

1. 单元素工业标样稳定性检验

采用仪器配带的 Fe、Ca 标准样品进行仪器稳定性试验。每天岩屑分析前,首先分析标样,观察 Fe、Ca 元素的主峰位置(能量值)和峰值(脉冲数)。

如果在一口井的 X 射线荧光录井中,元素分析数据遭遇规律性的下降(或上升)变化,可考虑用数学校正的方法对该井数据进行校正。

但岩石样品中每种元素的变化趋势和幅度是不一样的,且元素在不同数量级含量范围内的变化也不一定都是线性的,因此数学校正方法应建立在能代表本区岩性的工区岩石标样分析数据基础上,需用岩石标样进行稳定性实验。

2. 多元素岩石标样稳定性检验

采用工区岩石样品(一般用泥岩样品),对样品中的 Mg、Al、Si、P、S、Cl、K、Ba、Ca、Fe、Mn、Ti 共 12 种元素都进行 X 射线荧光分析。每次开机以及连续工作 8 个小时后都用同一岩石标样进行稳定性检验分析,观察所有元素的稳定性状况。

根据不同工区的要求,制定与相对应的稳定性分析标准,便于规范操作。

三、数据准确性分析

1. 采用厂家单元素标样验证

采用的仪器为重庆奥能瑞科石油技术有限责任公司生产的石油 X 荧光岩屑分析仪。分析仪器型号为 CIT-3000SY 型(3 台)、CIT-3000 型(1 台)。

仪器配带 12 个标样,分别作为硅、铝、铁、钙、钾、镁、钛、磷、锰、硫、钡、氯共 12 种元素的标定之用。该标样为仪器厂家自行生产的,标样由上述 12 种元素的单质或化合物辅以有机黏合剂组成。

标定和校验方法是将标样放置在仪器中进行分析,观察标样元素的能谱位置和出峰高度,并与出厂前标定数据对比。

用标样对仪器进行标定和校验,确保出峰高度都在仪器误差范围之内。

2. 采用不同仪器的对比分析

对使用的多种分析仪器型号,采用对比分析的方法确保不同型号仪器分析数据的准确性。

3. 与元素测井资料对比分析

地层元素测井(ECS)测量记录非弹性散射与俘获时产生的瞬发 γ 射线,利用波谱分析直接得到地层的元素(硅、钙、铁、硫、钛、钆等),通过氧化物闭合模型、聚类因子分析和能谱岩性解释可定量得到地层的矿物含量。

4. 采用薄片分析成果对比分析

上述几种准确性实验方法,主要是定性的和对比性的实验方法。采用薄片分析成果与 XRF 的元素分析成果的对比验证,更直接地验证仪器的准确性。

5. 采用常规元素分析结果对比分析

采集研究区大量样品同时进行实验室常规元素分析和 X 射线荧光分析,获得 X 射线荧光分析仪器的准确性数据,验证分析仪器的准确性。

6. 采用国家标准物质验证

为了更准确地验证分析仪器的准确性,采用国家标准物质进行 X 射线荧光分析。

7. 对 S 元素的验证

含膏盐层和煤层等地层中普遍含有 S 元素,采用重晶石与含 S 样品的不同比例混合样进行 XRF 分析,验证 S 元素分析准确性。

不同的 X 射线荧光分析仪器对不同的地质剖面类型具有不同的适宜性,仪器使用者首先应认识工作区地质特征,针对工作区剖面类型选择合适的分析仪器,并有针对性地进行元素准确性检验。

另外,数学理论校正方法、数学地质分析方法、逻辑推理方法,都可以弥补在元素分析数据失真情况下岩性识别和地层评价,但最直接的手段还是提高仪器对地层剖面的适宜性。

四、风险分析与规避

狭义的元素录井应属于岩屑录井技术范畴,岩屑录井中的各种风险在元素录井中都能遇到,因此,已形成的岩屑录井技术规范都适用于元素录井。同时元素录井又有其特殊性,它是通过 X 射线荧光分析仪器对岩屑进行分析,因此该技术还存在着仪器和样品处理的风险。

通过室内实验和钻井现场随钻元素录井认为,元素录井主要受钻井工程、常规录井工程、仪器性能、仪器操作、资料解释等方面影响,其风险程度和规避方法阐述如下。

1. 钻井工程风险

元素录井钻井工程的风险主要表现在因非正常的钻井作业或钻井事故,造成无岩心、岩屑实物样品,或者岩心、岩屑实物受到污染,或者岩心、岩屑实物失真等。

当发生钻井事故或采用特殊钻井作业时,如果有岩心、岩屑实物,最有效的规避方法是:

(1)按常规录井规范做好有关记录。

(2)根据丰富的钻井知识和经验对岩屑进行深度归位。

(3)根据丰富的地质知识挑选有代表性的样品。如果没有岩心、岩屑实物,对 X 射线荧光录井来说,风险是无法规避的,只能借助常规录井的手段推测地质属性。

2. 常规录井风险

元素录井目前只是常规录井之外的辅助录井,它还受到常规录井作业的影响,主要表现在岩心、岩屑的归位和失真上。

风险规避的方法是元素录井人员与常规录井人员紧密配合,严格按常规录井规范进行岩屑录井。

3. 样品采集、处理、分析风险

样品的采集、处理、分析风险是元素录井的最大风险,主要表现在取样代表性、粉碎方法、粉末压片、抽真空、分析时间和数据存储。

同时,规避样品采集、处理、分析风险的方法可以通过制定规范进行风险规避。

4. 分析仪器风险

分析仪器的风险主要表现在仪器的重复性分析、稳定性分析和准确性分析。规避风险的方法是使用高性能的分析仪器、规范的仪器操作和严格的仪器管理制度。

5. 资料解释技术风险

资料解释技术风险表现在 3 个方面：

(1)技术本身的局限性，没有岩石结构、构造信息；

(2)地质体的复杂性，没有沉积相信息，宏观地质体不清楚；

(3)录井人员的经验和技术素质局限性。

规避元素录井的资料解释技术风险的方法有：

(1)认识局限性，扬长避短；

(2)掌握地质知识、地球化学知识，熟悉区域地质资料和邻井地质资料，认真观察，勤于思考，宏观微观紧密结合；

(3)掌握元素录井的数学地质方法，提高解释水平。

第四节　元素录井的解释评价方法

通过 X 射线荧光分析获得元素信息，利用元素信息识别岩性，以此解决 PDC 钻头、空气钻井等条件下细碎岩屑的岩性识别难题。

通过 X 射线荧光光谱分析的手段获得的元素信息，包括直接的谱图信息和由谱图解析的元素含量信息。元素含量信息最初是由元素的特征 X 射线强度反映的，其单位为脉冲计数。元素的特征 X 射线强度与元素的含量呈正相关关系，因此，可以通过数学运算及一定的校正方法获得元素质量分数数据。

因 X 射线荧光分析存在着复杂的"基体效应"，而且面对的又是极其复杂的地质体，因此，岩石中元素的质量分数计算也是极其复杂的。

一、基本解释方法

XRF 录井需要解决的基本地质问题是：通过岩石元素成分及其组合特征识别岩石性质，进而通过岩性的组合特征判断地层层位。

当然，国际上 XRF 分析在岩石化学领域中的前沿科学是 Rb－Sr 地质年代分析，即用 XRF 对全岩 Rb、Sr 含量测定（通过同位素稀释法对 USGS 标准岩样和 NBS－70a 钾长石中 Rb、Sr 含量作标定），确定岩石的地质年代。但对此种分析技术要求极高，不适合录井作业。

根据上述地质目标，目前对 XRF 录井的解释方法定位在三个层次：数学地质解释、谱图解释及曲线解释。

1. 数学地质解释

地质多元统计是数学地质的基础，也是石油数学地质的主要方法。20 世纪 70 年代以前，数学地质的主要研究内容就是地质多元统计方法及其在实际地质研究工作中的应用。而目前地质多元统计的方法已经比较完善，其统计方法包括回归分析、趋势分析、聚类分析、判别分析、因子分析、对应分析、典型相关分析、时间序列分析、非线性映射、马尔科夫链等主要数学方法。不同的石油地质应用，多元统计的方法也有所不同，数学建模方式也有很大差异。

一般来说，根据录井岩性识别和地层层位判断的地质目标，采用判别分析方法能够取得很好的效果。判别分析有两种判别准则,即费歇(Fisher)准则和贝叶斯(Bayes)准则。

在 XRF 岩屑录井中,这两种判别准则都要遵循,前者是在前期工作中通过已知岩屑建立判别函数模型,后者是在现场条件下判断岩屑的归属。

简要介绍建模步骤:

第一步,在已知岩屑样品中计算各元素在同层位、同岩性组内的累加和、平均值与不同层位、不同岩性的组间平均值之差;

第二步,计算各元素的组内离差平方和;

第三步,在各组岩屑中求两两元素之间的联合叉积离差和;

第四步,组织线性方程组;

第五步,解方程组;

第六步,建立判别函数式(解释模型);

第七步,求现场采集的未知岩屑样品的判别值;

第八步,计算马氏距离;

第九步,多元平均值的差异性检验;

第十步,计算每种元素在多元平均值"总距离"中所占的百分比,这就是这种元素在判别中的"权重"。

值得指出的是:上述十个步骤,介绍的是建立在最基本的两组样品判别基础上的,在实际岩屑录井中,将解决的是多种岩性和多种层位(甚至包括细、薄小层),因此在判别分析中属于多组判别。多组判别分析的数学原理和计算步骤非常复杂,一般在现场录井中没有必要深究,只要大致了解方法原理,在应用中都由计算机程序来计算。此外,岩屑 XRF 分析的元素变量太多时,一是可以选择代表性元素,二是可以采用逐步判别分析的方法。

2. 图谱解释

XRF 岩屑分析的元素图谱是根据 Si-PIN 检测器 1024 个或 2048 个通道中记录的荧光 X 射线的脉冲数,以每秒脉冲数为纵轴,以元素能级为横轴绘制出来的(图 7−21)。

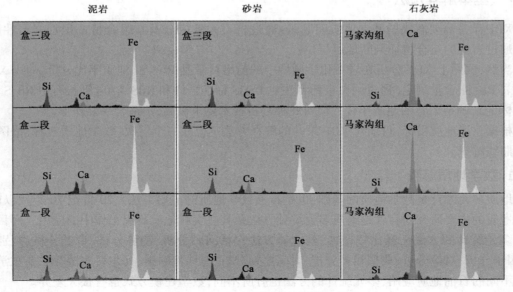

图 7−21　某井不同岩性图谱实例

理论上 XRF 分析的范围涵盖原子序数 5（B）~92（U），但根据沉积岩的常量元素成分和检测成本的考虑，只针对 Mg、Al、Si、P、S、Cl、K、Ca、Ba、Ti、Mn、Fe 等 12 种元素的检测（按照实际需要还可以扩展）。虽然 C、O、Na 等岩石中的常量元素也在可测范围内，但对源和检测方式还有特殊要求，在钻井现场检测有困难。各元素荧光 X 射线的能级按照顺序依次排布在 Si-PIN 的通道上。其位置靠标样来确定。每种元素的谱峰，可用色块填充加以区分（颜色可定义）。

对 XRF 图谱的识别，主要提取两部分特征：一是光谱特征。对每一种元素的人工赋色进行光谱鉴识；二是纹理特征。一般来说图像的纹理结构是指图像细部的形状、大小、位置、方向以及分布等特征，这些特征是图像判读的主要依据，也是模式识别的主要依据。对 XRF 图谱而言，纹理特征相对简单，一般只需对谱线进行跟踪处理即可。

在解释实践中，需对本地区大量的已知岩屑建立图谱模版或图谱库，通过图像模式识别的方法来精确判定。

3. 曲线解释

曲线解释是地质工作者最为常规和习惯的做法，虽然很难避免经验因素的影响，但它毕竟太传统、太直观、太方便、太快捷，所以是任何一个地质工作者都难以割舍的。

通过 5 年来的元素录井应用研究，现场的录井工作者总结了许多卓有成效的解释方法，其中包括：

1）曲线特征综合分析法

岩石的母岩不一样，风化、搬运、沉积、成岩作用不一样，造成元素的分异方式和结果也不一样，反映在元素的相互关系上也不一样，即不同组段元素的相关特征是不一样的，可以根据这些元素的数学地质特征参数，对地层的特征进行定量描述和准确划分。

2）曲线交会法

在砂泥岩剖面中，硅元素含量代表着砂质含量，而铁、锰等元素代表着泥质含量。通过地区研究，可以选择最能代表泥质含量的元素（如鄂尔多斯盆地上古生界的铁元素）与硅元素两条曲线进行交会，正交会（硅元素升高、铁元素降低）为砂岩，负交会为泥岩（硅元素降低、铁元素升高），交会幅度代表着岩性纯度（图 7－22）。

3）曲线反转法

在同一地区同一沉积环境形成的岩石，其元素含量常常表现为极大的相关性。如鄂尔多斯盆地上古生界的正常砂泥岩剖面中，X 射线荧光分析的 12 种元素之间都具有很强的相关性。硅元素与其他 11 种元素都表现为负相关，而 11 种元素之间都表现为极强的正相关。

然而当沉积环境发生大的变化（突变或灾变）时，打破了元素与元素之间的相关性，由正相关变为负相关或负相关变为正相关或变为不相关。表现在曲线上的反转现象，而反转点为地层（或岩层）变化界线（图 7－23）。

4）元素比值法

当沉积环境发生渐变时，虽然元素与元素之间的变化是一致的，但不同元素的变化幅度也在渐渐地发生着变化。这种变化也许很小，因此从元素曲线上难以发现地层的变化，但不同元素之间的比值发生着较为明显的变化，据此进行一些特殊岩性的识别（图 7－24）。

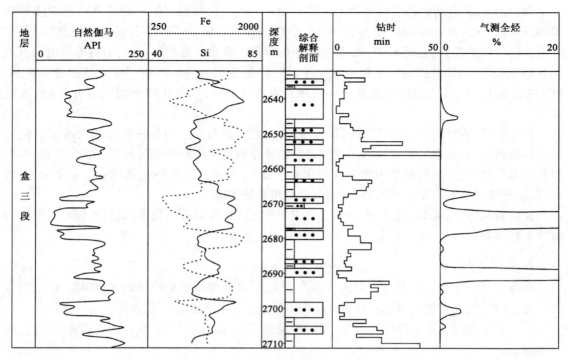

图 7 – 22　某井元素交会图实例

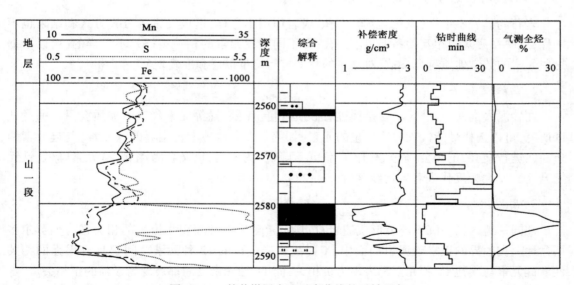

图 7 – 23　某井煤层中硫元素曲线的反转现象

二、岩性解释

1. 方法建立

基于 X 射线荧光元素分析的岩性识别方法主要有图谱法、图版法、定量解释法以及曲线法。图谱法主要是根据 X 射线荧光图谱特征识别岩性;图版法是利用所建立的标准岩石化学成分交汇图进行岩性判断;定量解释法是根据 Si、Fe、Ti、Ca 等元素含量来解释砂泥岩、碳酸盐岩等;曲线法是根据 X 射线荧光元素分析数据,绘制成元素含量随井深变化的曲线图,并根据各元素曲线特征综合分析进行岩性识别的方法。

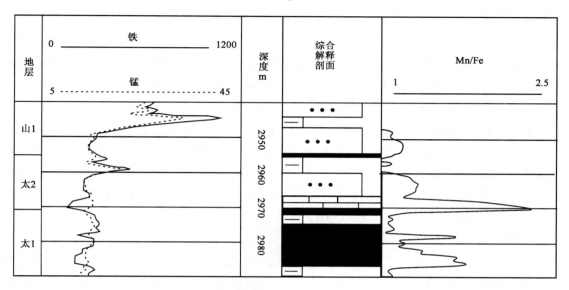

图 7 - 24　某井铁、锰元素曲线及铁锰比值曲线

用 X 射线荧光录井的数据可以进行砂岩的泥质含量、灰质含量计算,其中泥质含量计算的依据是碎屑岩的成分成熟度,灰质含量的计算是利用 Ca、Mg 含量直接计算岩石中方解石和白云石的总含量。

X 射线荧光元素录井所需岩屑量少,具有不受岩屑大小限制、分析时间短等特点,可解决细小岩屑岩性识别问题。

2. 图谱法

在岩石化学中,常用 Si、Al、Ti、Fe、Mg、Mn、Ca、Na、K、P 等 10 种元素的氧化物进行有关岩石化学计算以及采用图解方式对岩石进行分类和命名。常用的图解方式有二元成分变异图解和三元系图解。不管对区域地质资料了解和掌握有多深厚,对于一口井,尤其是高级别的科学探索井、普查井、预探井等施工来说,设计误差的情况常常会发生。并且,在很多情况下,感觉岩性发生了变化,但面对着细碎、甚至是粉尘状岩屑,发生了什么变化很难判断,此时,不可能考虑用什么经典图版进行岩性识别,首先要考虑的是钻遇的岩性可能是哪一成因类型的岩石(图 7 - 21)。

在砂泥岩剖面中,一般情况下,Si 代表砂质含量,Fe 代表泥质含量,Ca 代表灰质含量。通过肉眼观察 Si、Fe、Ca 三元素图谱大小可大致判断岩性。

3. 曲线解释法

曲线解释法简便、快捷、直观,是最灵活、适用的岩性解释方法。这种方法不但要考虑元素绝对含量的变化,还要观察元素含量的相对变化趋势,非常符合基于混合岩屑元素分析的录井技术。

曲线解释法是通过数十口井的 X 射线荧光分析试验及与测井曲线的对比研究而建立起来的。研究表明,无论是碎屑岩、碳酸盐岩、煤层、石膏层,X 射线荧光分析的 12 种元素含量变化曲线与测井曲线都具有一定的相关性。在砂泥岩剖面中,Si、Fe、Ti 含量变化曲线与测井自然伽马曲线具有极强的相关性;在碳酸盐岩剖面中,Ca含量变化曲线与测井电阻率曲线、自然伽马曲线具有极强的相关性。煤层、石膏层中,S元素含量升高,而其他元素含量降低。因此,X射线元素分析对砂泥岩、碳酸盐岩等岩性的识别具有明显的效果。

1)曲线特征综合判断法

根据元素富集规律和XRF分析元素含量变化情况综合分析,进行岩性识别。该方法要求岩性识别人员要有一定的岩石地球化学知识。与其他方法相结合更为有效。

2)曲线交汇法

利用能代表砂泥含量的两种元素进行交汇,根据交汇的方向确定岩性。

在砂泥岩剖面中,硅元素含量代表着砂质含量,而铁、锰等元素代表着泥质含量。通过地区研究,可以选择最能代表泥质含量的元素(如鄂尔多斯盆地上古生界的铁元素)与硅元素两条曲线进行交会,正交会(硅元素升高、铁元素降低)为砂岩,负交会(硅元素降低、铁元素升高)为泥岩,交会幅度代表着岩性纯度(图7-22)。

3)曲线反转法

在同一地区同一沉积环境形成的岩石,其元素含量常常表现为极大的相关性。如鄂尔多斯盆地上古生界的正常砂泥岩剖面中,X射线荧光分析的12种元素之间都具有很强的相关性。硅元素与其他11种元素都表现为负相关,而11种元素之间都表现为极强的正相关。

然而当沉积环境发生大的变化(突变或灾变)时,打破了元素与元素之间的相关性,由正相关变为负相关或负相关变为正相关或变为不相关。表现在曲线上的反转现象,而反转点为地层(或岩层)变化界线(图7-23)。

4)元素比值法

当沉积环境发生渐变时,虽然元素与元素之间的变化是一致的,但不同元素的变化幅度也在渐渐发生着变化。这种变化也许很小,因此从元素曲线上难以发现地层的变化,但不同元素之间的比值发生着较为明显的变化,据此进行一些特殊岩性的识别。

元素比值法是用能代表砂、泥含量的两种或多种进行比较,得到一组数值,根据数值的相对大小进行岩性识别的方法。

在碳酸盐岩中,用能代表方解石和白云石的两种或多种不同元素的比值也可识别石灰岩与白云岩。

图7-24是鄂尔多斯盆地某井X射线荧光元素分析图,图中看出,铁、锰曲线变化一致,难以发现特殊的物质,但锰铁比值看出在2966~2970m发现高比值井段。锰铁比值代表了沉积水体的深度。图中泥岩、中砂岩、粗砂岩、石灰岩不同岩性具有不同的锰铁比值,反映了不同的沉积水体深度,由此可帮助识别岩性甚至沉积环境。

三、储层物性评价

碎屑岩的物性与岩性有着密切的关系,与组成岩石的碎屑颗粒成分、粒度、形状、分选性和填集性质有关。岩石颗粒变化或填集性质变化,都势必影响岩石成分的变化,因此,岩石化学成分变化也反映了物性变化。

X射线荧光录井获得的岩石元素信息,作为岩屑的内在本质,其元素含量变化与岩石物性变化有着极强的相关性,为识别储层和储层物性评价提供了新的手段。

1. 储层快速识别及评价方法

大量的实验和分析研究证实了元素含量变化与岩石物性的变化有着较强的相关性,因此可以利用元素信息对储层进行初步识别和评价。元素含量变化最直观的表现形式是元素曲线,因此可利用元素曲线特征进行储层识别和评价。常用的储层快速识别和评价方法有以下两种。

1)曲线法

曲线法就是直接利用元素曲线变化进行储层的识别和评价的方法。在 X 射线荧光录井中,主要观察 Si、Al、Fe、Ca、Ti 等 5 种元素的变化,Si 元素含量变大,说明储层质量变好;而 Al、Fe、Ti 等 3 种元素含量变大,预示着储层质量变差;Ca 元素变化对储层的影响如图 7 – 25 所示。

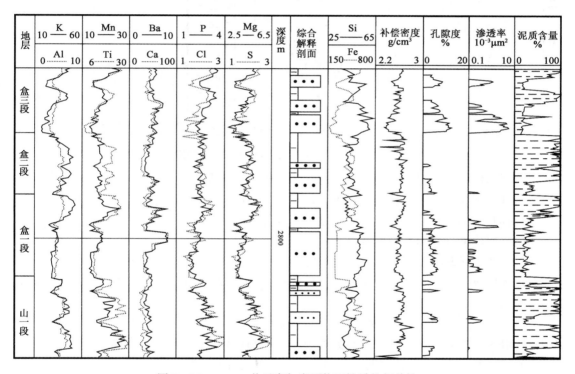

图 7 – 25 ×××井元素与岩石物理性质的相关性

2)曲线交会法

对元素的研究表明,Si、Al 比值的变化预示着岩石粒度的变化,Si、Fe 比值的变化反映了充填物的变化,而 Fe、Ca 比值反映了化学胶结物的变化。因此,可利用 Si—Al、Si—Fe、Fe—Ca 曲线交会法,实现储层的快速、直观的识别和物性评价。

从图 7 – 26 看出 Si—Al、Si—Fe 曲线的正交会幅度越大,气测显示值越高,反映出与气测曲线的正相关关系,Fe—Ca 曲线正交会幅度越大,反映了化学胶结物含量越大,反映出与气测曲线的负相关关系。并且这一关系也从测试结果得以证明。

2. 碎屑岩孔隙度定量解释方法

1)解释模型

(1)解释模型 Ⅰ:

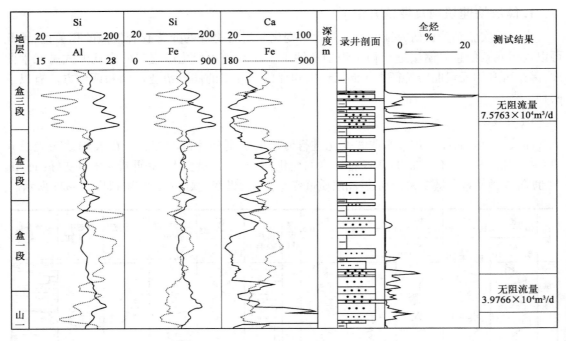

图 7 – 26　×××井曲线交会法储层识别实例

①选择与砂质含量呈正相关的元素进行归一化数据处理；

②选择与泥质含量呈正相关的元素进行归一化数据处理；

③选择与灰质含量呈正相关的元素进行归一化数据处理；

④建立对应的元素与孔隙度计算公式。

（2）解释模型Ⅱ：

通过地区某层位大量的岩心实验室分析实验，采用多元回归分析方式计算碎屑岩孔隙度。采用公式为

$$POR = a + bX_1 + cX_2 + dX_3 + eX_4 + \cdots \tag{7 – 11}$$

式中　POR——根据 X 射线荧光分析元素值多元回归计算的陆源碎屑岩孔隙度，%；

$X_1, X_2, X_3, \cdots$——与孔隙度相关的元素分析值，脉冲计数或%；

$a, b, c, \cdots$——回归方程的系数。

2）应用效果

从图 7 – 27 可见，由 XRF 处理的孔隙度与测井处理的孔隙度、化验室分析的孔隙度具有较好的相关性，说明 X 射线荧光岩心分析数据求取孔隙度的方法是可行的。

随着 XRF 录井技术研究的深入，XRF 录井资料定量解释方法会越来越多，解释结果会越来越准确。

3. 碎屑岩孔隙度定量解释方法应用范围

碎屑岩孔隙度定量解释方法并非放之四海而皆准的方法，它存在着非常强的区域性和层位性，其原因如下：

（1）不同地区的沉积物源不一样，因此颗粒骨架和杂基性质不一样；

（2）不同层位压实程度不一样，因此影响着颗粒排列方式；

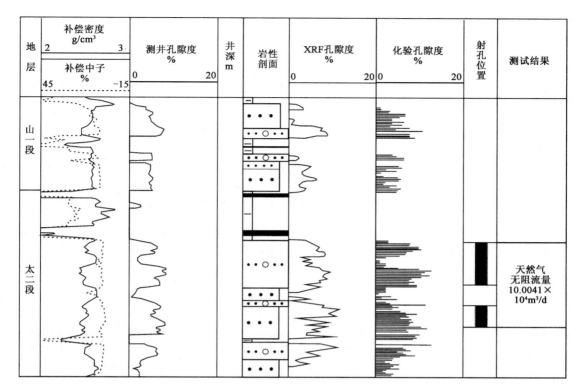

图 7-27　×××井岩心 XRF 分析孔隙度实例

（3）不同沉积环境和成岩环境产生的化学沉淀物多少和性质不一样；

（4）其他不确定的因素。

因此，利用元素含量计算孔隙度时，一定考虑区域性、层位性，并在大量的实验基础上形成适合本地区的孔隙度计算方法。

四、地层判别

在钻井过程中，对地层的判别是贯穿于整个施工过程。地层划分与对比是最基础性的研究工作，同时也是最综合性的研究工作，它通过颜色、岩性、岩石组合、厚度、埋深、古生物等众多信息，对地层归属进行正确判别。简单地靠某单项技术对地层进行判别是很不可靠的。

然而，在 PDC 钻头、气体（泡沫）钻井介质等钻井工艺下，岩屑细小甚至为粉末状，影响了岩性识别，而造成的地层判别失准。

X 射线荧光录井获得的元素信息，不单单预示着岩性信息，同时它还蕴含着丰富的地层形成和演化历史。X 射线荧光录井以定量化的数字形式准确反映地层变化，以曲线的形式直观反映地层的面貌，因此，在随钻过程中，为地层判别、划分和对比提供了很多崭新的技术手段。

利用 X 射线荧光录井获得的元素信息，分析元素含量变化或谱图的特征，可以为地层划分、沉积环境、沉积物物源研究提供证据。

1. 建立区域标准井元素地球化学剖面

随着 X 射线荧光录井的深入，可以建立更多典型的元素地球化学剖面（图 7-28），不但为区域综合地质研究提供基础资料，同时为随钻 X 射线录井提供更加可靠的技术支持。

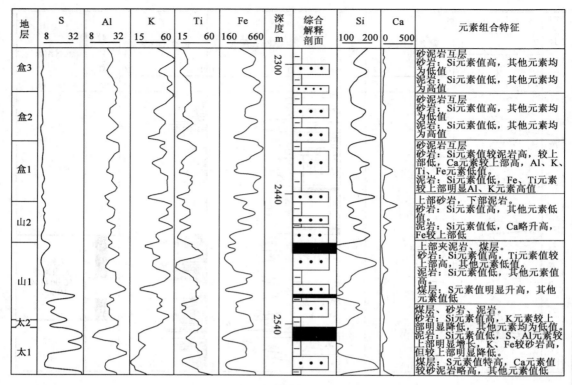

图 7 - 28　×××地区标准井地球化学元素剖面

2. 地层判别基本方法

地层判别采用的方法有很多种,地层判别是个综合性的技术工作。

X 射线荧光元素录井属定量录井,获得的是定量化的元素含量数据,这就为数学地质分析方法打下基础。数学地质是地质学与数学互相渗透、紧密结合而产生的一门边缘学科。它是以数学为方法,以计算机为手段,对地质问题(包括地质理论问题及实际找矿问题)进行定量研究的实用性方法学,其最终目的是使地质学实现定量化研究。本项目主要采用数理统计、正态分布、相关分析等方法开展地层判别方法研究。

通过对 X 射线荧光录井资料研究及在生产实验中的经验归纳出基于元素的地层判别方法有下列几种:

1) 数理统计法

这种方法适合岩心分析数据,或者是精挑细拣岩屑分析数据,也就是说元素分析资料必须准确可靠。

元素在岩石中的分布一般呈正态分布,描述正态分布或者不同井、不同层位进行元素分布对比时,一般采用下列参数:最大值、最小值、极差、平均值、中位数、众数、方差和标准差、变异系数等。

2) 相关性分析法

岩石的母源性质不一样,风化、搬运、沉积、成岩作用不一样,造成元素的分异方式和分异结果也不一样,反映在元素的相互关系上也不一样。利用元素之间的相关性分析可以帮助进行地层的判别。这种地层判别方法既适合于岩心样品,也适合于岩屑样品。

图 7-29 是 D70 井利用相关性分析的方法进行地层特征研究的实例。图中看出,不同组段的元素不但相关程度有很大差别,同时元素与元素之间的相关特征也不一样。因此,可以根据这些元素的数学地质特征参数,对地层特征定量描述和准确划分。

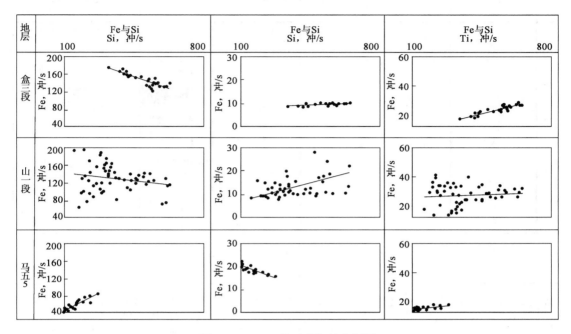

图 7-29　D70 井元素相关分析图

利用元素相关分析进行地层判别时,不能简单地考虑一组元素的相关性特征,应尽量多考虑几组元素相关特征。另外,在进行地层对比时,应尽量选择与施工井最近的井进行对比,因为研究区目的层的沉积环境是复杂多样的,比如,鄂尔多斯盆地太原组可能是三角洲相、潮坪相、潟湖相、障壁岛相、碳酸盐陆棚相等,同一沉积相还存在着亚相。不同沉积环境其元素组合是不一样的。

3)特征元素法

特殊岩性是指在某套地层中出现具有标志性的岩石。特殊岩性的出现,预示着钻遇新地层。如山一段富含气煤层,一般煤层多,厚度大,这是区别于上覆地层的标志特征。因此,见到煤层(S 值高)时,就表明进入了山一段(图 7-30)。

4)岩石组合法

岩性是组成地层的基本单元,岩性特征反映了地层特征。利用特殊岩性和岩石组合特征判别地层是最常用的方法。元素曲线是最直观反映岩性变化,进而反映地层的变化。当沉积环境发生重大变化时,势必造成地层岩石的元素组合特征发生极大变化。因此可以通过元素曲线变化快速判别地层。

特殊岩性的出现,预示着新地层的钻遇。如山一段富含煤层,一般煤层多,厚度大,这是区别于上覆地层的标志特征。因此见到煤层时,就表明进入了山一段。从图 7-31 可明显看出,Ca、Mg、Ba、K、Cl 等 5 种元素在 3178m 处发生突变,急剧增大,同时 Si、Fe、Mn、Ti 等 4 种元素急剧减小,以此可明确识别石炭系太原组和奥陶系马家沟组的地层分界线。

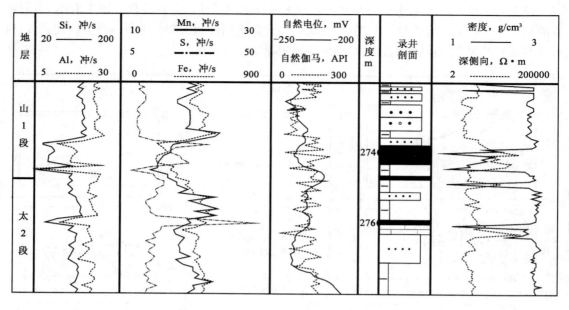

图 7 – 30　D×××井山一段元素分析图

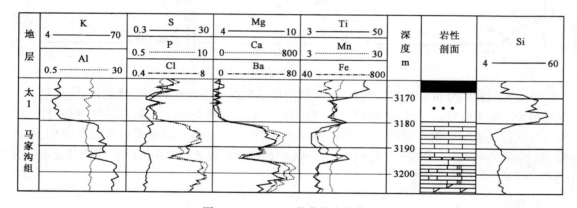

图 7 – 31　×××井曲线变化特征

第五节　元素录井的应用实例

X 射线荧光元素录井能够灵敏地捕捉到地层变化信息,在岩性判断、层位卡取等方面是常规录井手段的有益补充,特别在碳酸盐岩、膏岩等特殊岩性的识别上具有其他方法不可比拟的优势。X 射线荧光元素录井技术应用于随钻录井不但解决了细碎岩屑的岩性识别难题,也为录井定量化技术发展迈出了坚实的一步。

一、岩性识别

在同一地区同一沉积环境形成的岩石,其元素含量常常表现为极大的相关性。

根据镇泾区块岩性组合特征研究结果和多口井的 X 射线荧光分析试验成果证实,12 种元素变化较充分地反映镇泾区块岩性变化。图 7－32 是 DJ×××井的 X 射线荧光分析成果与测井成果对比图,从图中看出,X 射线荧光分析的元素曲线与测井曲线有着较强的相关性,砂岩、泥岩、煤层、油页岩等岩性在 XRF 分析曲线上都有明显的特征。

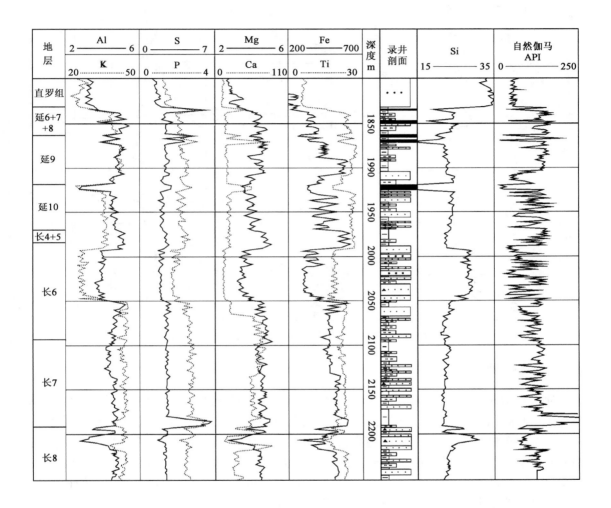

图 7－32　DJ×××井 X 射线荧光分析成果与测井成果对比图

图 7－33 是塔里木盆地塔河油田 TK×××井的 X 射线荧光(XRF)分析成果、测井成果和录井成果综合分析图。该井分析井段为 3590～6313m,岩屑录井间距为 1 包/1m,地层为主要目的层白垩系、侏罗系、三叠系。从图 7－33 中看出,X 射线荧光(XRF)分析成果的 12 种元素含量变化曲线与测井曲线都具有较好的相关性。

四川海相沉积的巨厚碳酸盐岩地层,常规录井常常难以区分其微小的岩性差异,在层位划分上多要等待测井资料出来后才能作最后确定。而通过 XRF 的分析可以明显看出其元素的组合特征。在图 7－34 中,不仅将其中所夹的膏盐层、泥岩层反映十分清晰,就连白云岩内部的岩性差异也反映得非常明显。

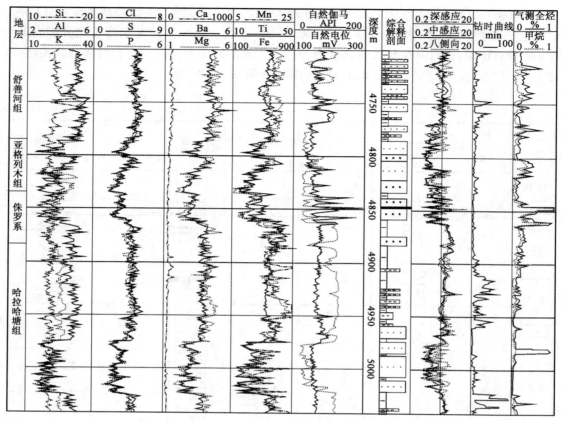

图 7 – 33　TK×××井 X 射线荧光(XRF)分析成果图

二、物性评价

通过利用 Si—Al、Si—Fe 交会发现可快速判别岩石储集性能。Si—Al 交会正幅度(Si 大 Al 小)差值高,岩石粒度粗,石英含量高,岩石物性好。反之,正幅度差值小,岩石物性差。Si—Fe 交会正幅度(Si 大 Fe 小)差值高,岩石石英含量高,泥质含量小,岩石物性好。反之,正幅度差值小,岩石物性差。图 7 – 35 是 DJ×××井 Si—Al、Si—Fe 交会图及录井、测井综合分析图,从图中看出,Si—Al、Si—Fe 交会的幅度差值与气测录井的全烃含量具有较好的相关性,同时与测井的密度—中子交会和测井孔隙度解释结果也有较明显的相关性。

图 7 – 36 是 DJ×××井长 8 储层物性分析图,图中看出,自然伽马测井成果、测井解释的孔隙度成果及岩性成果都表明长 8 储层物性上下变化不大,但 XRF 分析成果却不同。从 Fe 元素反映的泥质看,该层泥质含量上下一致,但 Ca 元素从 2172m 以后增大,Si 元素含量减小,说明长 8 油层从 2172m 以后物性变差,这从常规录井的气测变化和含油性观察验证了这一点。

图 7 – 37 是 D×××井元素分析图,图中看出,经过一定算法计算,元素孔隙度和测井孔隙度具有较好的相关性。

图 7 – 38 为四川一口雷一 1 亚段的水平井成果图,储层顶为石膏盖层,储层为孔隙白云岩,底板为石灰岩。由图可见,以 Mg 元素的含量可准确判断进入储层,其高低可判断孔隙的好坏,而 Ca 的含量可准确判断进入底板,判断储层好坏,与气测和碳酸盐含量分析对比性好。

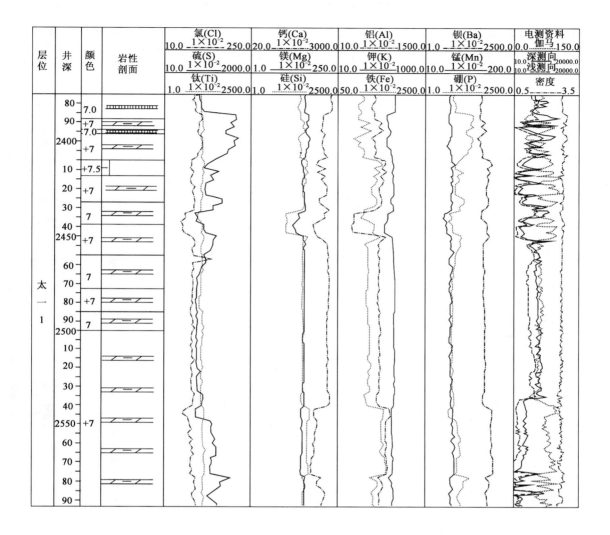

图 7 - 34   四川碳酸盐岩地层 XRF 录井图

三、地层识别

1. 风化壳识别

图 7 - 39 是塔河 DH2 井的元素分析成果、测井成果和录井成果综合分析图。该井分析井段为 5250 ~ 5923m,岩屑录井间距为 1 包/1m。从图 7 - 39 可见,井深 5776m 进入奥陶系地层,12 种元素分析中,与岩性变化都有极强的相关性。

图 7 - 40 是塔里木盆地北部 H2 井在奥陶系顶界附近的元素录井图,志留系砂岩直接覆盖在奥陶系碳酸盐岩之上。从图上可以看出,从下到上 Si、Fe 和 Ti 元素含量突然增大,但 Ca 元素含量剧烈减小。6222 ~ 6226m 井段为元素变化过渡段,测井资料也显示出该段与上下的不同。元素录井特征综合常规测井、常规录井资料,可准确判断下伏地层岩性为碳酸盐岩且含泥质,上覆地层为砂质岩,井深 6222m 为分界线,6222 ~ 6226m 判断为风化淋滤带。

图 7 - 41 是塔里木盆地 TK 井元素录井和测井成果图,图中看出,钻遇奥陶系桑塔木组时,第一层泥灰岩 Ca 元素含量为 244(脉冲计数)、第二层石灰岩 Ca 元素含量为 536(脉冲计数),而东河塘组 Ca 元素含量只有 190(脉冲计数)左右,所以钻遇两层泥灰岩后就基本确定进入奥陶系桑塔木组。

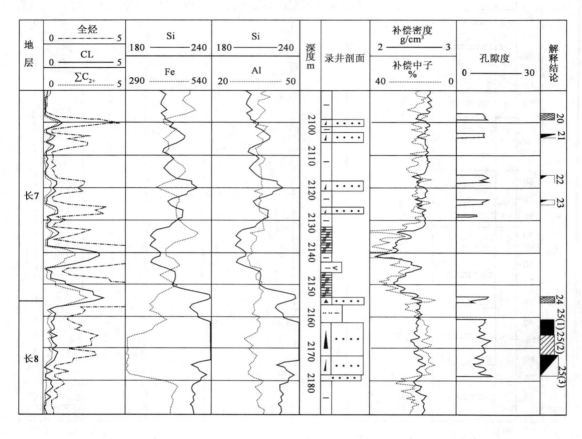

图 7 - 35 DJ×××井 Si—Al、Si—Fe 交会成果与气测录井、测井成果对比图

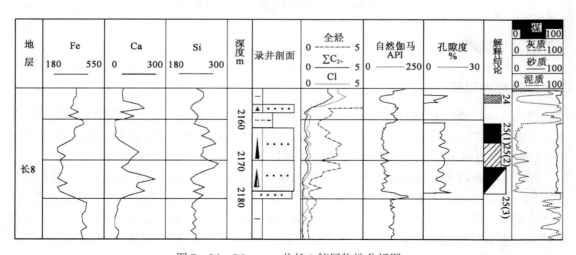

图 7 - 36 DJ×××井长 8 储层物性分析图

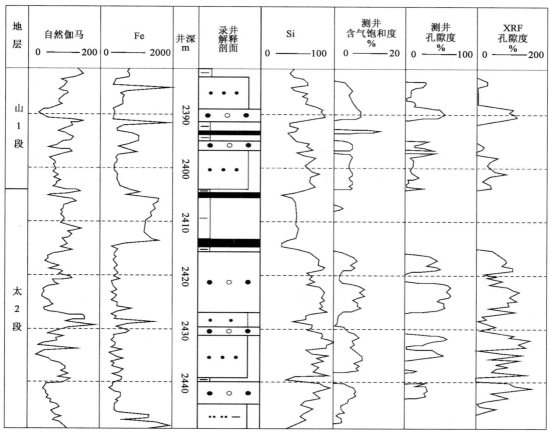

图 7 − 37　D×××井元素孔隙度与测井孔隙度对比图

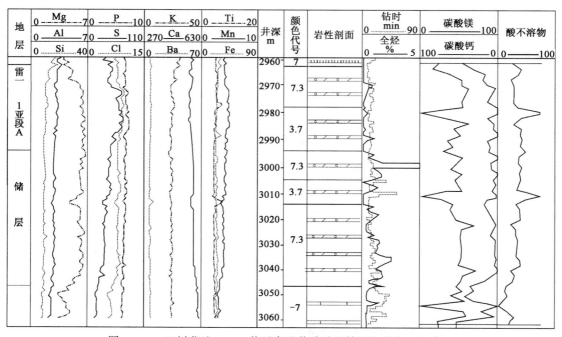

图 7 − 38　四川盆地×××井元素录井碳酸盐储层评价应用综合图

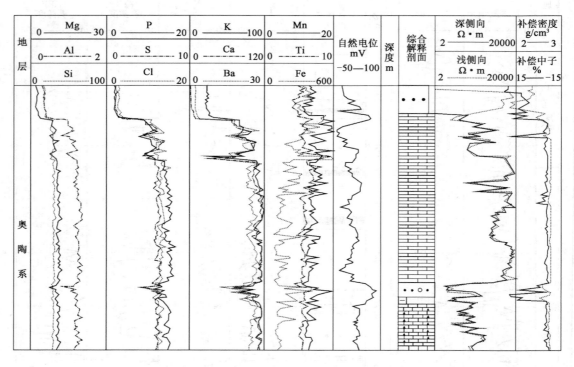

图 7 - 39　塔河 DH2 井 X 射线荧光(XRF)分析成果图

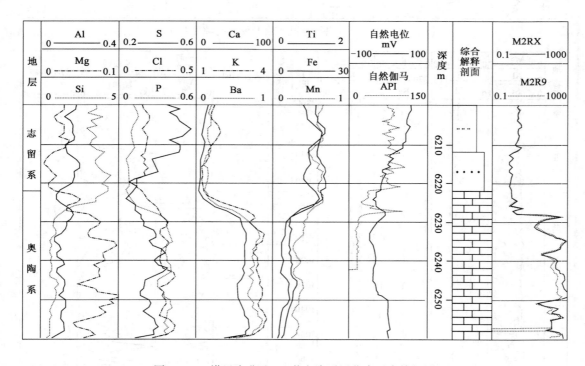

图 7 - 40　塔里木盆地 H2 井奥陶系风化壳元素特征图

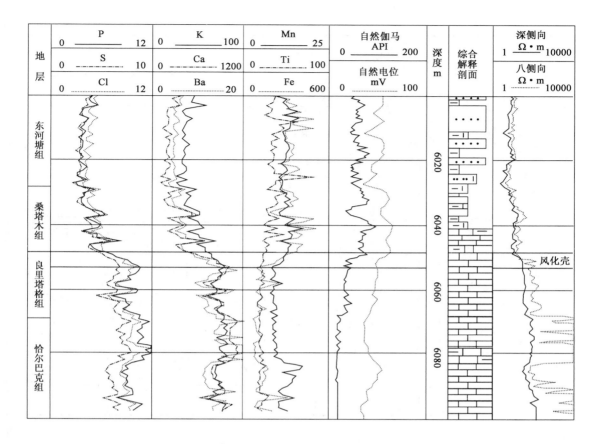

图 7-41 塔里木盆地 TK 井奥陶系风化壳元素特征图

良里塔格组顶部也是一个风化壳,虽然上覆地层桑塔木组为灰质泥岩和泥灰岩,但良里塔格组的石灰岩纯度高,表现为 Ca 元素值自上而下急剧升高,因此风化壳较易识别。结合常规录井、测井资料判断,井深 6049~6053m 为风化淋滤带。

图 7-42 是塔里木盆地北部 LG 井元素录井图,图中看出,石炭系巴楚组双峰石灰岩元素特征明显,这就为预测奥陶系鹰山组风化壳打下良好基础。该井奥陶系顶界为井深 5762m,实际上井深 5725m 以后,虽然 Ca 元素没有明显的增大,但是元素的组合关系已经发生变化,5725~5762m 井段元素相关性特征明显具有过渡带的性质,可判断其沉积物源为古奥陶系鹰山组潜山。

2. 地层判识

通过四川多口井的部分层位 X 射线荧光图谱的对比,各层位的岩石成分差异是十分明显的:碎屑岩地层的 Si 质、Ti 质和 Fe 质含量远高于碳酸盐岩地层,相反碳酸盐岩地层 Ca、Mg、K 等含量高于碎屑岩地层,S 含量在蒸发岩地层明显增高,在碳酸盐岩颜色分层段含燧石段 Si 增高明显,颜色深地层 Si 质、Ti 质等增高,颜色显褐色段 Fe 质含量增高(图 7-43),完全符合沉积岩化学成分规律,为地层判断提供了有力证据。

从图 7-44 可见,页岩在不同层位不同构造中所反映的 X 射线荧光谱差异较大。

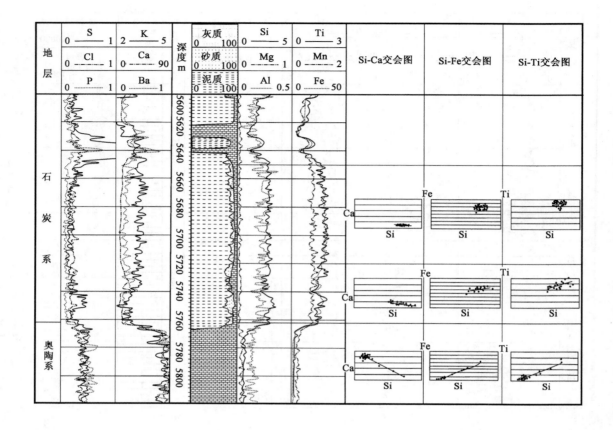

图 7 – 42　塔里木盆地 LG 井元素录井特征图

从图 7 – 45 可见,砂岩在不同层位不同构造中所反映的 X 射线荧光谱差异也明显。

图 7 – 46 为四川一口雷一[1] 亚段的水平井成果图,储层顶为石膏盖层,储层为孔隙白云岩,底板为石灰岩。从图可见,在储层钻进至 3308m 后钻遇正断层,岩性由孔隙白云岩突变为膏质云岩,其元素录井特征以 S、Al、Si、K、Fe 和 Ca 元素组合突变为特征明显,分层清楚。

从图 7 – 47 可见,不同构造同一层位相同沉积体的元素图谱极其相似,而不同层位同一岩性的元素图谱差异极大,这更是四川地区元素录井分层的依据。

3. 地层对比

XRF 的元素曲线与测井曲线有着极强的相关性,因此可以像测井曲线一样,利用 XRF 曲线的变化实现对地层的划分。图 7 – 48 是 DJ5 井与 DJ5 – 8 井元素分析成果对比图,图中 A 线是延安组和延长组分界线,两口井元素变化特征一致,这一划分方案与常规录井一致。图中 B 线上下 Ca 元素变化较大,说明沉积水体的 pH 值发生了较大变化,分析认为,B 线应为长 6、长 7 分界线,这与常规录井划分不一致。图中 C 线为长 7、长 8 分界线,C 线上下元素变化大,主要表现在:S、P 元素升高,说明生物活动活跃,Fe、Si 元素变为正常的泥质含量。

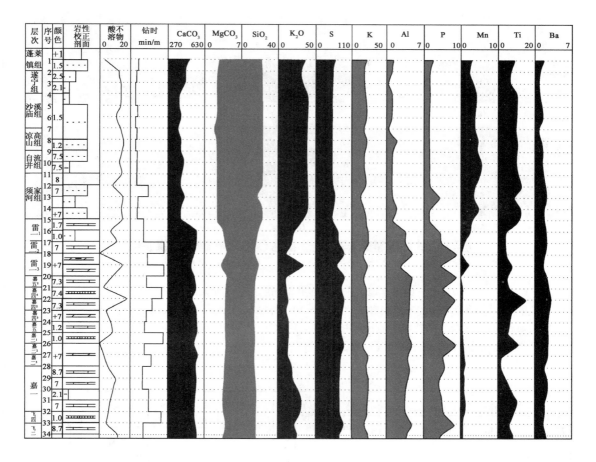

图 7 – 43 川东×××井元素录井地层识别综合图

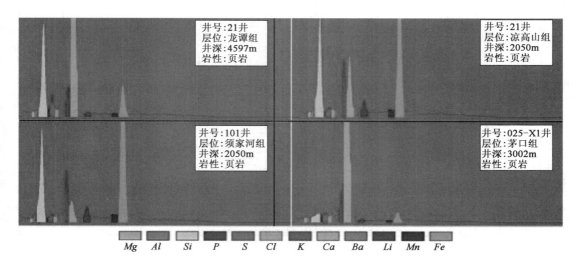

图 7 – 44 四川盆地川东地区多井不同层位页岩元素录井图谱对比

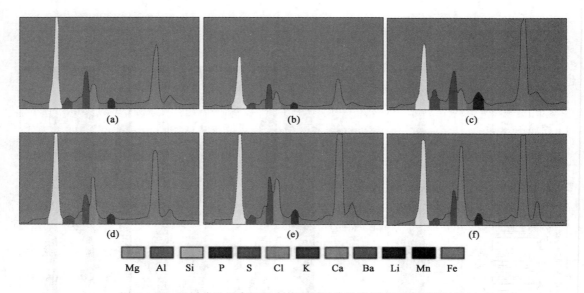

图 7 – 45　四川盆地川东地区多井不同层位砂岩元素录井图谱对比

（a）21 井，2318m，须家河组，灰色细砂岩；（b）025-X1 井，1208m，须家河组，浅灰色中砂岩；（c）101 井，2488m，须家河组，浅灰色细砂岩；（d）101 井，2366m，须家河组，灰色粉砂岩；（e）1 井，3576m，凉高山组，灰色细砂岩；（f）1 井，3906m，自流井组，灰色细砂岩

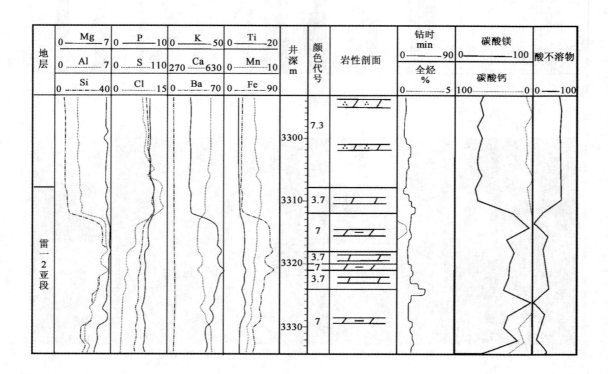

图 7 – 46　四川盆地×××井元素录井地层卡层图

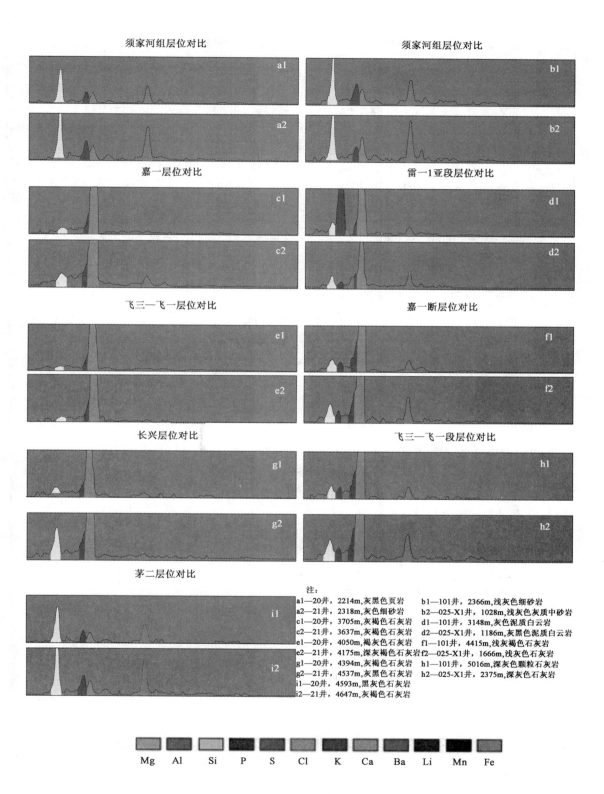

须家河组层位对比

须家河组层位对比

嘉一层位对比

雷一1亚段层位对比

飞三—飞一层位对比

嘉一断层位对比

长兴层位对比

飞三—飞一段层位对比

茅二层位对比

注：
a1—20井，2214m，灰黑色页岩
a2—21井，2318m，灰色细砂岩
c1—20井，3705m，灰褐色石灰岩
c2—21井，3637m，灰褐色石灰岩
e1—20井，4050m，褐灰色石灰岩
e2—21井，4175m，深灰褐色石灰岩
g1—20井，4394m，灰黑色石灰岩
g2—21井，4537m，灰黑色石灰岩
i1—20井，4593m，黑灰色石灰岩
i2—21井，4647m，灰褐色石灰岩

b1—101井，2366m，浅灰色细砂岩
b2—025-X1井，1028m，浅灰色灰质中砂岩
d1—101井，3148m，灰色泥质白云岩
d2—025-X1井，1186m，灰黑色泥质白云岩
f1—101井，4415m，浅灰褐色石灰岩
f2—025-X1井，1666m，浅灰褐色石灰岩
h1—101井，5016m，深灰色颗粒石灰岩
h2—025-X1井，2375m，深灰色石灰岩

Mg　Al　Si　P　S　Cl　K　Ca　Ba　Li　Mn　Fe

图7-47　四川盆地川东地区地层元素录井图谱对比

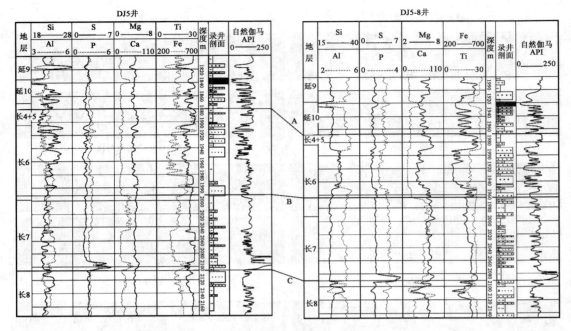

图 7 – 48 DJ5 井与 DJ5-8 井元素录井地层对比图

思考题与习题

1. 为什么基于 X 射线荧光元素录井存在技术风险？

2. 如何利用元素录井资料进行地层综合判识？

3. X 射线荧光元素录井需要掌握哪些方面的基础知识？

4. 元素录井的概念是什么？

5. X 射线荧光元素录井数据处理有哪些检验方法？

6. 元素录井如何进行岩性识别？

7. 元素录井进行地层判识的方法有哪些？

8. 元素录井如何进行物性评价应用？

9. 简述元素在地壳中的分布。

10. 简述元素录井的影响因素。

11. 简述元素录井在录井现场的作用。

第八章

成 像 录 井

录井的首要任务是在钻探现场快速、准确发现、识别钻遇岩石岩性和地下储层所含油气水信息,进而准确确认地层和评价油气层。

传统录井主要依靠现场地质技术人员依据自身技术、经验并借助简单的物理、化学试验手段对钻探岩屑、岩心进行人工描述、现场试验、采样鉴定等。其地质认识、地质成果的准确性与价值性多受技术人员自身技术能力、水平影响和限制。

成像录井,改变了传统地质录井基本技术模式,将岩屑、岩心实物转换成彩色显微数字图像,并运用计算机技术进行处理、分析、识别,大大降低了人为因素对钻探岩屑、岩心分析、认识的影响,大大提高了现场录井地质成果的有效性、实效性与可视性。

成像录井主要包括岩屑(岩心)成像录井和荧光岩屑(岩心)成像录井,是国内近年开发、形成的一项录井新技术,是目前数字化程度最高、可视化效果最好、智能化技术较先进的录井技术之一,已初步应用于录井生产。

成像录井技术的发展经历了漫长的历史时期,大致可分为三个阶段:

第一阶段:20世纪初、中期,录井现场以人工采样、肉眼(或借助低倍放大镜、实物显微镜、荧光灯)观察、描图、文字描述记录为基本模式,同时也借助于较简易的实验室分析、鉴定技术。

第二阶段:20世纪中、末期,主要是将部分实验室技术(如中、高倍实物、薄片显微镜技术等)移植到录井现场进行观察、描述、鉴定,以胶片、数字照相机拍摄图像为主,其图像主要作为基础资料存储,缺乏针对图像的直接分析技术。

第三阶段:20世纪末、21世纪初期,以显微数字图像仪为技术平台,以数字图像分析技术为核心,在录井现场实现录井岩屑、岩心岩性、含油性自动化、可视化分析和评价,并实现录井地质信息数字化、永久性、无损性网络化应用。目前,岩心成像录井技术、荧光显微薄片分析技术在各油田应用较为普遍,岩屑成像、荧光岩屑成像技术已在部分油田开始应用。

第一节 成像录井原理

一、成像录井的定义

成像录井是综合应用现代地质学、光学、图像学和计算机技术成果,应用数字成像仪采集岩石(岩屑、岩心)显微彩色数字图像并进行图像处理和分析,在录井现场实现录井岩石(岩屑、岩心)岩性特征、沉积成岩特征、含油特征等信息的数字化、智能化、可视化分析和评价。

成像录井的基本原理是利用录井岩石(岩屑、岩心)的不同组成、不同结构所对应的图像要素特点,特别是岩石(岩屑、岩心)含油性差异所对应的图像要素特征,运用数学方法、计算机技术快速分析岩石(岩屑、岩心)的图像要素,自动建立识别模型,进而自动化、可视化识别录井岩石(岩屑、岩心)的岩性和含油性。

成像录井,改变了长期以来录井以实物介质为基础分析对象的传统实物录井技术模式,开创了以岩石特征信息彩色数字图像为介质的数字化录井新技术模式;改变了人工描述、采样化验、文字图示的纸介质技术体系,开发了以专家知识为依托、彩色数字图像为基础、计算机技术为手段的自动化、可视化分析、评价、应用新技术体系;改变了录井地质信息的实物存储、应用价值随时间推移而逐渐消失的旧信息体系,形成了录井地质信息数字化、永久性、无损性网络化应用的新信息体系。

二、成像录井技术的分类

成像录井技术是一项涉及多学科、多技术、多对象的综合性应用技术,严格、科学的分类较为困难也不太实用,暂采用以分析技术、分析样本类型相结合的简单组合式分类方法。

(1)首先按分析技术,分为(日光)成像录井和荧光成像录井两大类。

(2)再依据分析样本,分为岩心成像录井技术和岩屑成像录井技术两大类(包含相应的实物和薄片),并形成具体分类方案(表8-1)。

表8-1 成像录井技术分类

分类依据	成像录井技术分类							
分析技术	(日光)成像录井技术				荧光成像录井技术			
分析样本	岩心		岩屑		岩心		岩屑	
	薄片	实物	薄片	实物	薄片	实物	薄片	实物
分类方案	岩心薄片成像录井	岩心成像录井	岩屑薄片成像录井	岩屑成像录井	荧光岩心薄片成像录井	荧光岩心成像录井	荧光岩屑薄片成像录井	荧光岩屑成像录井

第二节 成像录井方法

成像录井技术类型较多,但其技术本质主要是针对不同的分析目的而采用的分析技术不同,成像录井技术分析样本的差异及其对样本制作的工艺差异并不直接影响技术本质。所以,主要对岩屑成像录井、岩心成像录井和荧光岩屑成像录井技术进行较为详细的分述,其他技术可参照上述技术相应内容。

一、岩屑成像录井技术

岩屑成像录井,即在钻井现场,对随钻岩屑进行清洗后直接采集混合岩屑数字图像并实时进行图像处理、分析,现场识别录井岩屑岩性和含油性,实时自动生成岩屑成像分析报告和成像录井综合图。

1.技术准备

1)岩屑成像录井硬件技术

岩屑成像录井的基础在数字成像采集、分析仪器,主要由三大系统组成:显微采图系统、数字成像系统、图像处理分析系统。核心技术是数字成像系统(图8-1)。岩屑成像录井仪结构简捷,操作简便;图像色彩真实、鲜艳、立体感强、实时性好。适用于生产现场岩屑实时描述,图像采集、处理、分析和智能化识别岩性、含油性。

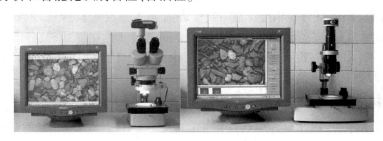

图8-1 岩屑成像录井仪

岩屑成像录井硬件准备:首先是检查电源系统的正常性与安全性;第二是检查环境和图像分析仪光源系统是否正常;第三是检查、调节摄像系统与计算机系统是否正确连接与匹配;第四是设置、调节图像采集参数,检查图像是否清晰、色泽是否正常、自然。

由于数字图像采集、处理、分析技术均涉及图像数字转换问题,不同的仪器会产生微小变化或差异。因此,岩屑图像采集应尽量使用同类型、同规格仪器。

数字摄像头类型、质量,是图像采集质量的根本性控制因素,必须严格把握,要尽量选择同类型的高质量数字摄像头。

照明光源类型、质量及光强度,是影响图像色彩的最关键因素,要求对同一类型、同一用途的岩屑图像采集必须使用同类型、同强度的照明光源。

图像采集仪器参数、采集环境对图像质量也有一定影响,要尽可能使用同样的采集参数和选择同样的采集环境。尤其是图像采集环境的湿度对图像色彩、清晰度等影响较大。因此,采集岩屑图像应尽量选择湿度较小的环境。

2)岩屑成像录井软件技术

岩屑成像录井专业软件均采用模块化、菜单式设计,一般包含四大系统:图像采集系统、图像处理系统、图像分析系统和图像应用系统。

岩屑成像录井必须配备专业的操作软件和应用软件。一是摄像系统自带的采集软件和图像处理软件,一般具通用性和与其硬件的独自匹配性,具体准备按其操作说明进行。二是专业的图像采集、处理、分析软件,一般兼容常用的图像采集设备又自成体系(各家软件系统虽然具体使用存在一定的差异,但均随带较详细的操作手册),均采用简捷的界面提示性操作方式,其常规的操作、准备都非常简单,按其菜单提示逐步进行即可。

3)岩屑成像录井样品准备

岩屑样品质量是控制图像质量的关键,也是整个图像技术最基础的原始资料。岩屑成像录井对样品的总体要求主要有两点:

(1)岩屑真实性要好:岩屑要清洗干净,颗粒表面无附着物,岩石结构、纹理清晰,岩石本色真实、新鲜,样品晾干或烘干(采集含油岩屑图像尽量不要烘烤岩屑)。

(2)岩屑代表性要好:PDC岩屑粒径一般为0.5~2.0mm,而以岩屑粒径1.0mm左右的岩屑代表性最好。过筛去掉块、去杂样后取样20~50g,并使所取岩屑样品的整体表面尽可能平整,置于摄像系统载物台即可。

针对岩屑图像的不同用途,对岩屑样品、处理方法也有一定的具体要求:

(1)现场描述:用湿样(颗粒表面无积水),实现实时采图、描述、处理、分析。图像真实性、颜色的鲜艳性高效果最好,但岩屑表面水膜对图像处理效果有一定影响。

(2)图像分析、处理、存储:用近干样(颗粒表面无水膜反光),保证图像清晰、新鲜,少杂色。采集图像质量最好。岩屑纹理、结构最清楚。最适合于作图像处理、分析。

(3)批量采集:用干样,提高工作效率。同时也能满足图像处理质量要求。但样品存放时间不能过长,以岩屑真实颜色未改变为标准。

2. 图像采集

准备好成像录井硬、软件系统和岩石样品后,便可进行图像采集。其采集操作非常简单,只需按系统提示进行即可。只需注意以下三点:

(1)要预览图像是否清晰,视情况分析原因并进行相应的硬件参数调节或样品整理,直至图像清晰为止。

(2)预览图像色泽是否正常、自然,视情况分析原因并进行相应的硬件参数调节或采集参数调节,直至图像色泽正常、自然为止。

(3)观察图像视域内的主要地质目标是否存在或突出,可视具体情况调整样品位置使之符合要求即可。

3. 图像存储

图像存储操作也很简单,按系统提示确认即可,只需注意图像的存储命名原则,即单井、同类图像的一致性和多井多区、多类图像的区别性与统一性。一般系统都规定了具体命名原则,只需按照要求执行即可。

图像的编辑、调用、查询等,因图像应用软件系统也都带有专门的操作指南,可具体查阅。

4. 成像录井成果

岩屑成像录井成果主要包括三大部分:原始图像、分析报告和录井成果图。

1)原始图像

原始图像是岩屑成像录井最基础、最重要的成果。系统设计时均设计了专门数据库进行存储、管理,只需按系统要求操作和按说明书指导便可规范建库并灵活编辑、查询或调用(图8-2)。

2)分析报告

分析报告是成像录井的基础报告和中间成果,为用户提供形象、直观、量化、标准、结论清楚的基础信息成果。主要包含三个部分:岩屑图像分析图,岩屑图像参数分析图和图像成果统计表(图8-2)。

3)录井成果图

录井成果图是岩屑成像录井形成的最终成果,也是最重要、最全面、最常用的综合技术成果。它包含了地质录井综合成果图的全部内容,并具备地质录井综合成果图的所有灵活性与可编辑性。而关键的是它在地质录井综合成果图的图示岩性剖面基础上增加了实际的真实图像岩性剖面,同时增加了颜色、岩性变化曲线。另外,录井成果图的所有内容均提供多种图示方式选项,大大提高了地质录井综合成果图的直观性、可视性、逼真性、原始性、灵活性和美观性(图8-3、图8-4)。

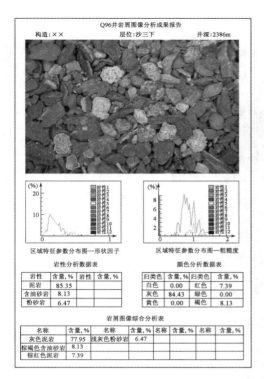

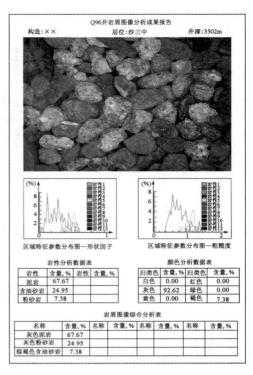

Q96井岩屑图像分析成果报告（左）
构造:×× 　层位:沙三下 　井深:2386m

区域特征参数分布图—形状因子　　区域特征参数分布图—粗糙度

岩性分析数据表

岩性	含量,%	岩性	含量,%
泥岩	85.35		
含油砂岩	8.13		
粉砂岩	6.47		

颜色分析数据表

归类色	含量,%	归类色	含量,%
白色	0.00	红色	7.39
灰色	84.43	绿色	0.00
黄色	0.00	褐色	8.13

岩屑图像综合分析表

名称	含量,%	名称	含量,%	名称	含量,%	名称	含量,%
灰色泥岩	77.95	浅灰色粉砂岩	6.47				
棕褐色含油砂岩	8.13						
棕红色泥岩	7.39						

Q96井岩屑图像分析成果报告（右）
构造:×× 　层位:沙三中 　井深:3502m

区域特征参数分布图—形状因子　　区域特征参数分布图—粗糙度

岩性分析数据表

岩性	含量,%	岩性	含量,%
泥岩	67.67		
含油砂岩	24.95		
粉砂岩	7.38		

颜色分析数据表

归类色	含量,%	归类色	含量,%
白色	0.00	红色	0.00
灰色	92.62	绿色	0.00
黄色	0.00	褐色	7.38

岩屑图像综合分析表

名称	含量,%	名称	含量,%	名称	含量,%	名称	含量,%
灰色泥岩	67.67						
灰色粉砂岩	24.95						
棕褐色含油砂岩	7.38						

图 8－2　岩屑图像分析报告

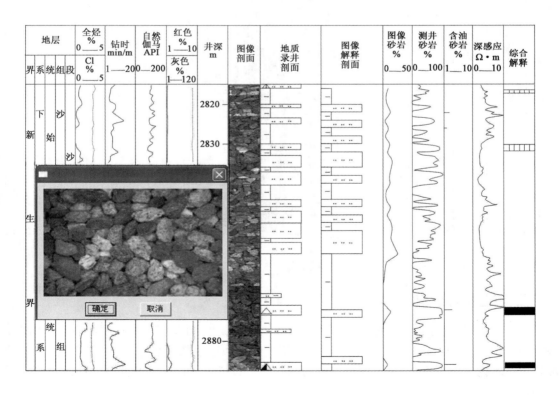

图 8－3　碎屑岩岩屑成像录井图

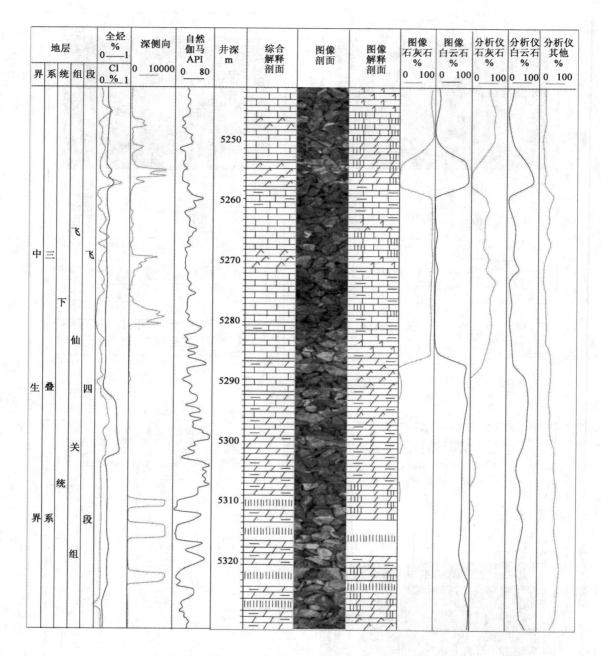

图 8 – 4　碳酸盐岩岩屑成像录井图

二、岩心成像录井技术

岩心成像录井,综合应用地质学、光学、计算机技术成果,在钻探现场或岩心库房应用岩心数字图像扫描仪(岩心表面线性扫描成图)采集岩心表面彩色数字图像,并通过专业软件的图像处理技术构成三维立体、动态图像。对精细研究岩石结构、构造、层理、含有物和含油性具有重要价值。

1. 技术准备

1）岩心成像录井硬件技术

岩心成像录井的基础在数字成像采集、分析仪器。核心技术是数字成像系统（图 8 – 5、图 8 – 6）。

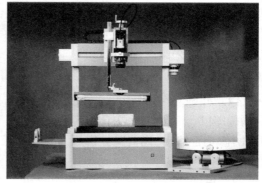

图 8 – 5　岩心成像录井仪

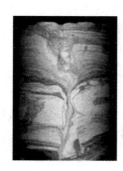

图 8 – 6　岩心柱面和展开面图像

岩心成像录井仪是岩心在样品台上原位自动旋转（由相应传动系统带动）的同时，图像扫描系统同步移动对岩心表面进行线扫描，再经专业处理软件技术构成岩心表面图和三维立体图。

岩心成像录井硬件准备：首先是检查电源系统的正常性与安全性；第二是检查环境和岩心成像仪光源系统是否正常；第三是检查、调节摄像系统与计算机系统是否正确连接与匹配；第四是设置、调节图像采集参数，检查图像是否清晰、色泽是否正常、自然。

岩心是具有一定体积的圆柱形物体，采图是岩心自动旋转的同时摄像系统自动对岩心表面进行线扫描而采集数字图像，摄像系统与岩心的严格同步协调是硬件技术准备的关键和首要技术。

岩的成像录井仪的图像数字转换，数字摄像头类型、质量，图像采集仪参数、环境等要求参照岩屑图像分析仪的技术要求。

2）岩心成像录井软件技术

岩心成像录井专业软件一般包含三大系统：图像采集系统、图像处理系统、图像分析系统。岩心成像录井必须配备专业的系统操作软件和应用软件，其相关要求参见前文岩屑成像录井软件要求。

3）岩心成像录井样品准备

岩心样品质量是控制图像质量的关键，也是整个图像技术最基础的原始资料。岩心成像录井对样品的总体要求主要有两点：

完整岩心：岩心要表面清洗干净，表面无附着物，岩石结构、纹理清晰，岩石本色真实、新鲜，要擦干岩心表面水膜。一块岩心长度一般不要超过1m。

破碎岩心：要按照岩心整理规范将清洗干净的岩心碎块粘合成圆柱形以供线性扫描，也可对破碎岩心进行拍照式采集图像。

2. 图像采集

准备好成像录井硬、软件系统和岩心后，便可进行图像采集。其采集操作非常简单，只需按系统提示进行即可。只需注意以下三点：

（1）预览图像是否清晰，视情况分析原因并进行相应的硬件参数调节或样品整理，直至图像清晰为止。

（2）预览图像色泽是否正常、自然，视情况分析原因并进行相应的硬件参数调节或采集参数调节，直至图像色泽正常、自然为止。

（3）观察岩心旋转及速度与采图系统是否匹配一致，采集图像是否符合质量要求，可视具体情况调整岩心控制装置或图像采集系统设置使之符合要求即可。

3. 图像存储

各类软件均有专门的图像信息数据库设计、要求，图像存储操作也很简单，只需按系统提示确认即可，但要特别注意图像文件的命名原则。即单井、同类图像的一致性和多井多区、多类图像的区别性与统一性。一般系统都规定了具体命名原则，必需严格按照要求执行。

图像的调用、查询，因图像应用软件系统也都带有专门的操作指南，可具体查阅。

4. 成像录井成果

岩心成像录井成果主要包括两大部分：原始图像、图像分析成果。

（1）原始图像：是岩心成像录井最基础、最重要的基础成果。系统设计时均设计了专门的图像数据库进行存储、管理，只需按系统要求操作和按说明书指导便可规范建库并灵活查询或调用和授权网络应用（图8-7、图8-8）。

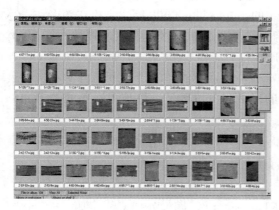

图8-7　岩心图像库

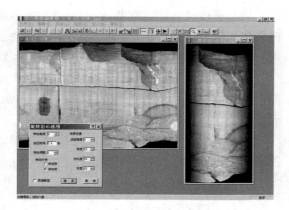

图8-8　岩心图像查询

（2）分析成果：主要为岩石结构分析、沉积特征分析、岩心裂缝分析、岩心含油分析、岩心信息统计分析和录井成果图等成果（图8-9、图8-10、图8-11、图8-12、图8-13）。

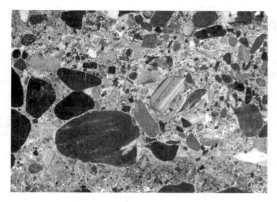

图8-9　岩石沉积结构分析

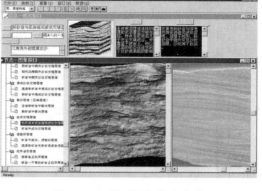

图8-10　岩石沉积构造分析

图8-11　岩石含有物分析

图8-12　岩石裂缝分析

三、岩屑荧光成像录井技术

近年来，PDC钻头普遍使用，录井岩屑十分细小、稀少，致使含油岩屑的发现及其含油性的鉴定、描述非常困难；传统的荧光灯照射描述，实物、纸介质存储、应用模式已极不适应油气勘探开发的实际需求；特别是随着存储条件、时间的变化和推移，岩屑含油性特征根本无法保持原始状态，甚至失去应用价值。

岩屑荧光成像录井，即在钻井现场，对随钻岩屑进行清洗后直接采集混合岩屑荧光数字图像并实时进行图像处理、分析，现场识别录井岩屑岩性和含油性，实时自动生成岩屑荧光成像分析报告和成像录井综合图。实现含油岩屑含油特征信息的原始性、永久性存储，远程异地多用户无损性、重复性、永久性分析、应用，是油气勘探开发的重要基础技术之一。

荧光岩屑成像录井最大的特点是实现了岩屑含油性特征最真实、最快捷的实物图像采集。凡粒径大于0.05mm以上的油砂，图像展示的含油性特征非常明显（图8-14）。该技术不仅从根本上解决了好物性、细含油岩屑挑样、制片技术难题。而且首次实现了岩屑—荧光图像的全对应性采集和全对比分析，有效地解决油气勘探开发生产现场油气的及时发现、准确鉴定、量化分析等重要技术难题。

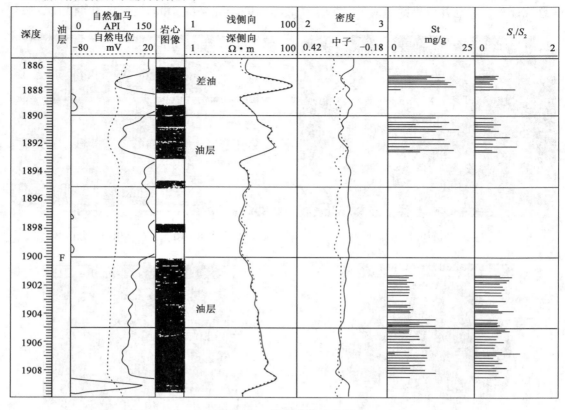

图 8 – 13　岩心成像录井图

图 8 – 14　细粒含油岩屑荧光图像

1. 技术准备

1) 荧光岩屑成像录井硬件技术

成像分析仪主要由三大系统组成：显微采图系统、数字成像系统、图像处理分析系统。成像分析仪的核心技术是数字成像系统。

成像分析仪主要有两类,一类是针对岩石薄片(图8-15),由荧光源系统、薄片显微镜、数字成像仪、计算机系统构成。仪器精度高,常规条件采集荧光图像,图像放大倍数大。适用于岩屑薄片显微荧光图像采集、分析和智能化识别,评价岩屑含油性、烃类型及显微分布特征。

另一类是针对混合岩屑实物荧光图像采集、分析(图8-16)。由荧光源系统、薄片显微镜、数字成像仪、计算机系统构成。仪器分辨率高,可同仪器采集明场岩屑图像和暗场荧光图像。适用于生产现场混合岩屑(尤其是PDC细小岩屑),荧光图像含油性描述,图像采集、处理、识别和图像、成果实时传输。仪器简便灵活、易操作。

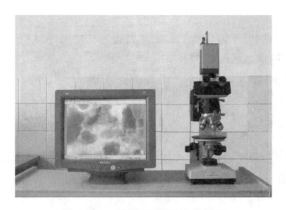
图8-15　薄片荧光图像分析仪

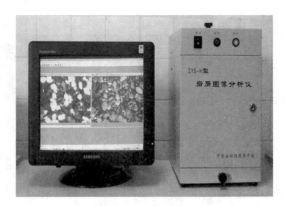
图8-16　实物荧光图像分析仪

荧光岩屑成像录井仪的图像数字转换,数字摄像头类型、质量、图像、采集仪参数、环境等要求参照岩屑图像分析仪的技术要求。

光源,是荧光岩屑成像录井仪最重要的一项基础技术,特别是在同一仪器条件下要实现采集日光、荧光图像均要最好,对日光光源和紫外光光源均有较为特殊的要求。一是紫外光源必须满足绝大部分石油烃激发荧光效果最好,因而对光源波长、波带宽度具有比较特殊的要求;二是要求光源要稳定,而且要求日光、紫外光源之间的相互匹配性要好;三是要求光源的质量要好,适应频繁开关切换,尤其要具有连续耐高温工作性能。照明光源类型、强弱,是影响图像色彩的最关键因素,要求对同一类型、同一用途的岩屑图像采集必须使用同类型、同强度的照明光源。

图像采集仪器参数、采集环境对图像质量也有一定影响,要尽可能使用同样的采集参数和选择同样的采集环境。尤其是图像采集环境的湿度对图像色彩、清晰度等影响较大。因此,采集岩屑图像应尽量选择湿度较小的环境。

仪器使用的灵活性与方便性,也是荧光岩屑成像录井仪的基本要求。首先为适应生产现场应用条件,其体积、质量要尽量做到最小,且抗震动性要好;二是在两种视场条件下存在成像度差异,对切换视场后的成像物距需要能方便作微量调整;三是PDC岩屑特别细小、稀少,尤其是物性好的含油岩屑,有时更是特别难于发现,需要能灵活的全方位、全视场寻找目标。

2)荧光岩屑成像录井软件技术

荧光岩屑成像录井专业软件一般包含四大系统:图像采集系统、图像处理系统、图像分析系统和图像应用系统。

荧光岩屑成像录井必须配备专业的操作软件和应用软件,其相关要求参见前文岩屑成像录井软件要求。

3）荧光岩屑成像录井样品准备

荧光岩屑成像录井样品准备的要求参照前文岩屑成像录井样品准备。

2.图像采集、存储

图像采集、存储的要求和注意事项参照前文岩屑成像录井。

3.成像录井成果

荧光岩屑成像录井成果主要包括三大部分：原始图（包括明、暗场）、分析报告和录井成果图，分别见图8－17、图8－18和图8－19。

图8－17　含油岩屑对比图像

W128-25井荧光图像分析成果报告

构造：××　　　　层位：沙二下　　　　井深：3320m

特征参数分布图-亮度　　特征参数分布图-色调

荧光图像综合分析表

图像分析	含油岩石	非含油岩石	其他
R值	119.1	50.6	
G值	150.0	48.0	
B值	13.5	5.0	
色调	48.9	37.9	
饱和度	72.2	20.9	
亮度	124.7	43.7	
色均度	0.1	0.2	
面积	36.7	63.3	

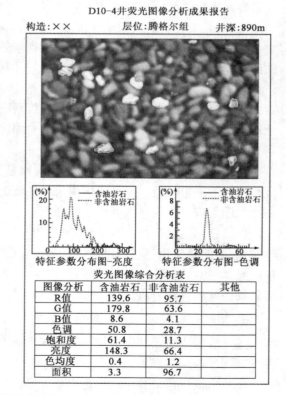

D10-4井荧光图像分析成果报告

构造：××　　　　层位：腾格尔组　　　　井深：890m

特征参数分布图-亮度　　特征参数分布图-色调

荧光图像综合分析表

图像分析	含油岩石	非含油岩石	其他
R值	139.6	95.7	
G值	179.8	63.6	
B值	8.6	4.1	
色调	50.8	28.7	
饱和度	61.4	11.3	
亮度	148.3	66.4	
色均度	0.4	1.2	
面积	3.3	96.7	

图8－18　荧光图像分析报告

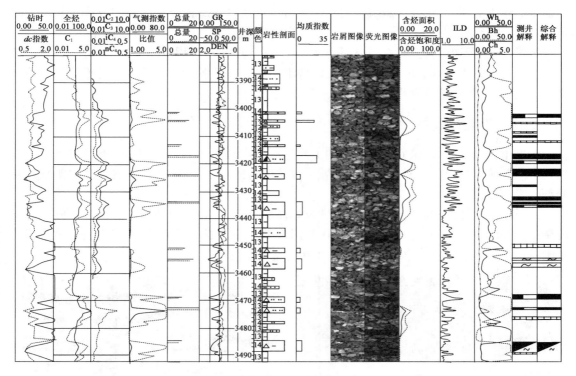

图 8 - 19　荧光岩屑成像录井图

第三节　图像处理技术

图像处理,一是运用数学的方法消除图像采集、传输过程中可能产生的"噪声""蚀变"等,提高图像的真实性;二是对图像的特征信息、识别标志进行增强处理,提高图像分割、识别的有效性;三是应用图像学技术尽量弥补因采集技术、条件、环境对图像视觉效果的影响,增强图像的可视性、美观性;四是对图像进行特殊处理,实现自然堆积颗粒图像边缘检测与分割。

一、图像信息管理技术

岩石成像信息涉及采集图像、分析成果、地质建模等多种不同类型的信息,其数据量大,数据管理技术复杂。

图像文件格式:图像信息软件系统一般均支持 BMP、JPG、TIF 等多种图像文件格式,从图像信息的真实性、处理效率、信息量等诸多因素综合考虑,通常采用 JPG 图像文件格式。

图像文件命名规则:采用井号、类型标识、井深相结合的综合命名方式,便于系统对加载的图像文件自动解析、判断其类型,并自动选择适应的处理、分析、识别、评价一体化技术模型。

数据库结构:参照国内石油系统勘探数据库结构,遵照继承性、可扩充性及实用性原则,把数据分为原始信息、辅助信息、成果信息三大类。其中原始信息主要包括岩屑图像、荧光图像基本数据、现场录井数据、测井、测试等基础数据表。辅助信息是为满足专家知识获取、应用及数据字典管理的需要,创建的新数据表。成果信息包括单幅图像分析成果和成像录井成果图信息等。

数据管理:图像分析系统多以 Access、SQLServer 为数据管理平台。其主要功能是完成各类数据信息的输入、输出、编辑、查询及表结构维护和信息网络化应用等,特别是数据信息的网络化安全性、可扩充性等管理技术。

二、图像增强技术

图像增强技术很多,录井图像常用的主要包括色阶调整、亮度/对比度调整、滤波处理等多项技术。色阶调整、亮度/对比度调整主要是调整图像的色阶、亮度值。滤波处理主要是过滤局部的噪声点。

针对不同的图像,为了不同的目的,锁定具体的目标,综合应用图像色阶调整、亮度、对比度调整、滤波处理等技术突出关注目标,压制图像噪声,强化岩屑颗粒表面纹理特征,改善图像视觉效果(图 8 - 20)。为边缘信息检测、图像分割奠定图像基础。

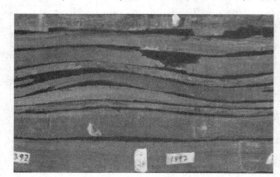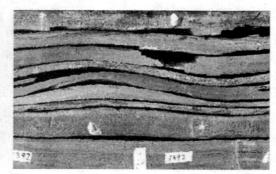

图 8 - 20 图像处理前后对比图

三、边缘信息检测技术

边缘信息检测主要包括 Roberts 边缘检测算子、Soble 边缘算子、拉普拉斯检测算子等多种方法。经典的边缘提取方法是考虑图像的每个像素在某个领域内灰度的变化,利用边缘邻近的一阶或二阶方向导数变化规律检测边缘。

运用像素八邻域微分的拉普拉斯检测技术和采用像素相邻域加权差变化的 SOBLE 检测技术,能较好地解决岩屑颗粒边缘信息精确检测的重要技术难题,为岩屑颗粒自动提取、分析奠定了技术基础。

四、图像分割技术

图像分割是数字图像处理的一项重要技术。图像分割的目的,就是按照要分析和识别对象的个体特征将图像分成若干个区域;进而提取出要分析和识别的个体。就是要利用数学、图像学技术将自然堆积颗粒进行分割、圈定。

针对灰度图的分割算法,如阈值分割、分水岭分割等。彩色图包含大量有图像信息(颜色、纹理),但其自动分割更为困难,尤其是自然堆积岩石颗粒彩色图像,其分割技术就更为复杂。主要方法有基于随机模型的方法、基于直方图的方法、基于边缘的方法、基于特征空间聚类方法等。

目前彩色图像分割,主要应用特征空间聚类和基于边缘方法等分割技术,将彩色图像分割成独立的闭合区域,且每个区域尽可能与岩屑颗粒对应,实现自然堆积岩屑颗粒边缘的自动圈定(图8－21、图8－22)。

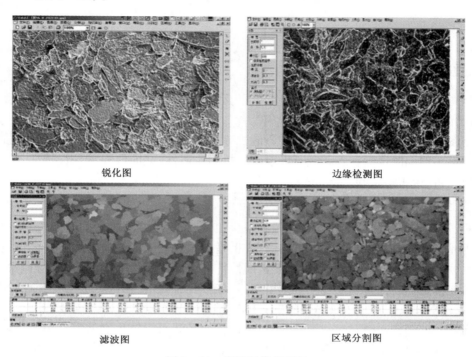

锐化图   边缘检测图

滤波图   区域分割图

图8－21 岩屑图像处理图

锐化图   边缘检测图

区域分割图   岩屑分割图

图8－22 荧光图像处理图

第四节　图像分析技术

一、图像分析地质基础

数字图像提供的地质分析信息主要有色彩及产状、颗粒几何形状、颗粒结构、表面纹理和含油性荧光色彩特征及其产状、分布等要素。

数字图像地质分析的最大难点是岩屑地质特征的复杂性、多变性、渐变性、多解性、交叉性和不唯一性。但同时也存在着某些可供地质分析的普遍性、共同性和特殊性特征。这是岩屑图像地质分析、应用的基础。

1. 岩性识别地质基础

色彩，不同岩性的岩石或相同岩性的不同含油岩石，均会具有各自的图像色彩特征，这是数字图像地质分析、图像处理最重要的信息，也是最复杂的信息。通过在不同色彩空间域分析、提取岩石标准色谱及各类岩石色彩要素属性特征，建立专家知识库，运用神经网络技术，建立用于色彩分析、处理、识别的地质判别模型。由于地质体特征在区域上的差异性较大，实际应用中要根据各地区、各层段岩石图像的具体特征进行训练和建立具体的判别模型。

岩石颗粒的结构、几何形态、表面纹理等特征，均是岩石岩性识别的重要标志。通过大量的统计分析和标准岩谱知识库信息结合，建立专家知识库，运用神经网络技术，建立用于碎屑岩地层岩石岩性分析、处理、识别的地质判别模型。形成了岩石岩性识别基础技术。实际应用中要根据各地区、各层段岩屑的具体特征进行训练和建立具体的判别模型。

2. 含油性识别地质基础

荧光图像提供了岩石含油性地质分析更丰富、更特征的图像要素及其分布、产状特征。

岩石含油性图像分析的最大难点是含油岩石岩性、含油性等地质特征的复杂性、多变性、渐变性、多解性、交叉性和不唯一性，造成荧光图像特征的多变性、多解性。但同时也存在着某些可供地质分析的普遍性、共同性和特殊性特征。这是荧光图像识别岩石含油性的地质基础。

荧光，是反映含油岩屑所含烃类物质属性、丰度等含油性特征所独有的、最重要的信息，也是最复杂的信息。含油岩石因其所含烃类物质的属性差异、饱满程度、分布、产状变化，通常呈现为荧光图像要素的相应变化。经研究：含油岩石显微荧光图像的色彩特征、丰度特征、产状特征与岩石所含烃类物质类型、性质、丰度、产油能力具有一定相关性，且与非含油岩石具有明显的差异性。通过对荧光图像的处理、分析，提取含油岩石、非含油岩石标准荧光色谱及各类岩石图像要素及属性特征、分布特征、产状特征，建立专家知识库，运用神经网络技术，建立用于含油岩石荧光图像分析、识别的地质判别模型，进而实现含油岩石的自动化、智能化识别。

二、岩性识别技术

利用岩石图像识别岩性，具有两种方式，即人机交互图像识别和计算机智能识别。其基本思路是：运用先进的成图技术将肉眼无法辨别的细粒岩石实物转换、放大成可辨别的数字图像，并通过计算机对图像进行处理，提取用于识别岩性的特征属性，运用神经网络技术实现岩性自动识别。具体应用分两个层次：

一是生产现场岩石图像分析。运用图像分析仪,将粒径小于1.0mm的细粒岩石清晰放大20~60倍(薄片可放大数百倍,可通过计算机再次放大2~3倍),地质工作者在其动态摄像图上可轻松、清晰地寻找目标、鉴别岩性、描述特征、分析岩石结构,实时形成现场生产成果报告(同时也可应用计算机技术进行半自动和智能化识别)。并将图像采集入库(图8-23、图8-24)进而可实现网络化查询、应用。

图8-23 空气钻、PDC岩屑图像识别

图8-24 特殊岩性图像识别

二是运用神经网络技术实现岩性自动识别。首先运用图像处理新技术对自然堆积岩石颗粒图像进行目标特征增强、颗粒边缘信息检测、颗粒分割圈定、参数测定分析等技术处理。实现自然堆积岩石颗粒有效分割、精确计算。并依据大量的、标准的岩石图像知识、专家知识,运用神经网络技术训练,建立岩性识别模型,通过计算机实现岩石岩性自动识别(图8-25)、并实时提供图像分析成果图、表。

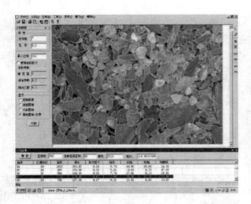

图8-25　岩屑岩性自动识别

三、含油性识别技术

岩石含油性识别,也同样具有两种方式,即人机交互图像识别和计算机智能识别。其基本思路是:运用先进的显微荧光成图技术将肉眼无法辨别的细粒岩石实物转换、放大成可辨别的数字图像,生产现场依据经验、技术直接针对图像识别岩石含油性;再通过计算机对图像进行处理,提取用于识别岩石含油性的特征属性,运用神经网络技术实现岩石含油性自动识别、分析。

1.荧光图像影响因素

样品存放时间、处理方式对含有不同油质类型的岩石的荧光图像具有不同影响。

(1)样品存放时间:样品短时间密封存放对含油岩石的荧光图像特征影响不明显。样品存放时间过长对含轻质、中质油的岩石的荧光图像特征有一定影响,但一般10天内影响较小。对含重质油的样品影响更小,一般在1个月内无明显影响。

(2)样品干燥方式:样品干燥方式对荧光图像效果影响差异较大。样品自然干燥对荧光图像效果影响较小,样品烘烤对荧光图像效果影响较大。要求做荧光图像的岩屑不能烘烤。

(3)有机添加剂:钻井液有机添加剂对砂岩污染造成的荧光假显示受时间、岩屑清洗影响极明显。一般岩屑清洗后添加剂污染就大幅度减小,仅在湿样中有一定的荧光显示,干样基本消失。且荧光图像特征与真含油岩屑的荧光图像特征有明显差异,一般以暗黄绿色、灰绿色为主,而油气层的油砂则以亮黄色、黄色、绿黄色为主。

(4)油砂粒径:通常粒径0.05~0.1mm的油砂其荧光图像效果清楚,即在常规条件下(放大40倍左右)应用荧光图像发现细粒油砂没有困难,但如要进行更深入的细微特征精细分析具有一定困难。粒径大于0.1mm的油砂,不仅荧光图像效果好,而且最适宜做荧光图像精细分析(图8-26)。

凝析气层　　　　　　　　　　　油层

分割图　　　　　　　　　　含油性自动识别图

图 8 - 26　岩屑荧光图像

2. 荧光图像要素

由于原始成油母质、烃类转化程度、油气运移聚集条件等多因素作用,岩石含油性特征的变化极为复杂。而这些复杂的变化及特征与对应的荧光图像参数仍然存在一定的关联。

依据大量的实钻井荧光图像资料,运用先进的图像处理、分析技术,计算、提取、分析了岩石荧光图像的十多项图像参数。依据对已知含油砂岩、油气层的特征认识、产能分析,运用计算机技术综合分析各项参数与含油岩石、油气层及其产油能力的相关性与有效性。并按照荧光图像要素自身区分岩石含油性的有效性,结合其与测井解释参数、试采效果的一致性综合评价,优选对岩石含油性识别具有重要意义的荧光图像要素(不同地区、不同油质其荧光图像要素具有一定的差异性),用于校正、提高地质判别模型识别岩石含油性的有效性。

3. 岩石含油性识别方法

运用单幅荧光图像识别含油岩石的方法可归为人机交互、智能识别两类。智能化识别其程序一般由样本选取、识别模型建立、识别效果校正、识别结果检验四部分构成。

1)含油岩石人机交互图像识别

一是依据识别者自身具备的专业理论知识、实际专业技术技能、经验,在岩石荧光图像上直接确认含油岩石,同时借助计算机工具,对含油岩石进行标示、测定、分析、统计。

二是应用上述知识、技能、工具为含油岩石智能化识别地质模型的建立准确选定学习、训练样本。显然,识别者需具备较好的含油岩石识别技能。

2)含油岩石智能化识别

含油岩石智能化识别就是运用选取的地质样本,结合专家知识,应用神经网络训练技术,建立含油岩石识别地质模型,实现含油岩石自动、定量识别。实际应用中又可视具体目标的识别特征而选用不同的识别模型。

神经网络识别模型:侧重于针对具体目标所选样本运用神经网络训练而建立的识别模型识别含油岩石。该技术通用性较好,对样本的要求相对较宽,对目标的共性特征较为重视,而对目标的特殊性有所忽视,其技术的适用面相对较宽。

专家知识识别模型:侧重于系统已积累的专家知识建立识别模型。此技术针对性较强,对样本的正确性要求较高,容错性较小,对目标的个性特征具有较好重视,因而其适用面相对要小,但识别效果较好。

3)图像要素校正

由于地质目标特征的特殊性、多解性,运用地质模型识别混合岩屑中的含油岩屑总会存在一定偏差,为提高系统识别的有效性,在运用地质判别模型进行智能化识别的同时灵活选用图像识别要素进行校正是必需的,也是合理的。实际应用中主要根据模型识别后存在的问题,依据含油岩石识别图像要素的识别意义,针对性调整要素域值,以期达到更好的识别效果。

4)识别结果检验

由于地质对象识别特征的多解性、渐变性与交叉性,运用计算机技术识别地质目标不可避免地会存在误差,一般需要对智能识别结果进行检验。其方法是运用系统软件提供的单类、多类显示功能,借助系统配置的工具控件,依据检验者的技术、经验在成果分析图上直接进行纠正,从而保证识别结果的准确性。

4. 油气水层解释技术

由于岩石经过钻头破碎后从井底由钻井液携带在井筒中上返会受到各种因素影响,造成不同岩层岩屑相互混杂,因而采集到的岩屑也是混合岩屑。所以,某一包岩屑的荧光图像中含有含油岩屑,并不能肯定当前层就一定是油层。必须依据地下地层组合、岩屑岩性组合、前后岩屑特征等相对变化关系,进行岩性、含油性解释、归位。

油层解释,包括储层流体性质和油质解释。首先依据已知油气层特征与相应的含油岩屑荧光图像要素及其变化规律的相关性规律,系统分析荧光图像中含油岩屑含量、图像要素、含烃系数、含烃丰度等岩屑含油特征,结合其上下邻层的相对变化量、变化趋势、变化规律,运用计算机技术进行自动分析、解释、归类、归位。

1)储层确定

首先结合岩屑岩性分析成果,确定储层与非储层。对于储层再应用含油岩屑识别技术、油质判别技术识别单幅荧光图像中的含油岩屑及其油质,并同时计算、提取、分析相应的图像要素。

2)参数确定

依据解释井、层的区域油气层特征及荧光图像要素特征与变化规律,进行解释参数设置,深度归位处理和综合图图幅、图内容、图示方式定制。

3)自动解释

应用建立的油层判别模型,结合解释层与相邻层的各项要素特征及其相对变化幅度、趋势、规律,运用计算机技术进行油层自动判别、自动成图(图8-19)。

四、岩石特征分析技术

岩石特征分析,主要是应用岩心数字扫描图像,对沉积岩石的沉积、成岩等特征进行直接、直观分析、研究。目前也正在研究计算机自动分析技术,但尚未投入应用。

1. 岩石成分、结构分析

岩石成分、结构分析主要是研究岩石碎屑(颗粒)成分,如矿物成分、岩屑成分等(图8-27)。也可用于研究非碎屑成分如沉积岩中的硅质、碳酸盐等。

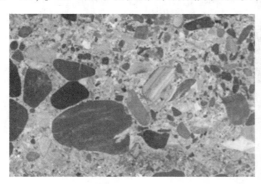

图8-27 岩石成分、结构分析图

岩心数字扫描图像对研究岩石结构也非常好,如碎屑(颗粒)粒度、球度、形状、圆度及其表面结构等。

岩心数字扫描图像对研究沉积岩胶结类型和胶结结构也很有效。

2. 沉积岩沉积微构造分析

岩心数字扫描图像对研究沉积岩层理、层面构造、含有物和变形构造非常直观、真实(图8-28)。

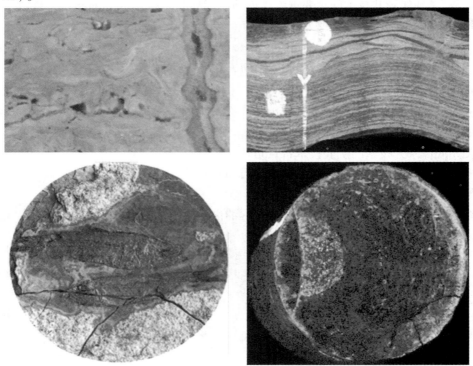

图8-28 沉积微构造、含有物分析图

3. 岩石裂缝分析

利用岩心数字图像研究岩石裂缝的性质、密度、产状及其充填物、充填程度等是最经济、最直接、最真实也是最有效的手段(图8-29)。

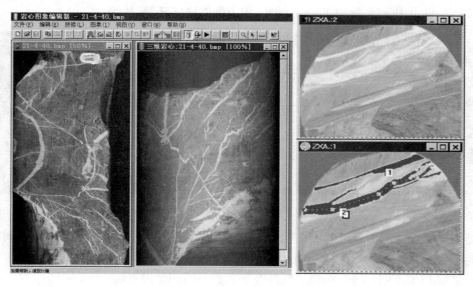

图8-29　岩石裂缝分析图

成像录井技术,改变了传统录井技术以实物介质为基础的基本技术模式,对快速钻井条件下细小岩屑岩性、含油性可视化识别及原始特征信息数字化、图像化存储与网络化应用具有特殊技术优势,是现代录井技术的重要进步与创新。成像录井技术在各油田录井现场生产应用前景广阔,是录井技术发展的重要方向。

思考题与习题

1. 成像录井技术的基本原理及其作用是什么?
2. 成像录井技术的主要技术特点是什么?
3. 荧光成像录井技术的主要技术特点是什么?
4. 成像录井技术能解决哪些录井关键地质问题?
5. 如何应用成像录井信息识别岩石岩性?
6. 如何应用荧光成像录井信息识别岩石含油性?
7. 成像录井中的图像处理技术包括哪些?
8. 成像录井中的图像分析技术包括哪些?

第九章
远 程 录 井

  远程录井技术是应用远程控制技术,实现录井现场无人或少人值守完成录井作业任务的一种录井应用技术。它是现代信息工程与石油录井工程的集成技术。远程录井是指录井人员在录井公司总部通过计算机网络,连通钻井现场的录井设备,将现场录井仪的计算机桌面环境显示到总部计算机上,通过总部计算机对现场录井仪进行配置、调试等操作后完成现场录井数据采集任务。

  GW - RSL 远程录井系统是国内最早由长城钻探工程公司于 2008 年提出并开始研发而成的。该系统主要由远程录井支持、远程同步控制、远程专家决策三个子系统组成。其中,远程录井支持子系统包括远程无线宽带网络、远程数据采集传输、远程技术支持中心等三个模块,为远程录井提供网络、数据及环境支持;远程同步控制子系统包括远程录井作业控制、远程岩屑图像采集、远程生产监控指挥等三个模块,完成对录井现场同步控制与指挥;远程专家决策子系统包括地质录井专家决策、钻井工程辅助决策等两个模块,实现总部专家对现场的远程决策与辅助支持。

  远程录井技术,严格意义上来说,应该称为录井物联网技术,属于石油工程技术物联网的一部分,是物联网技术在录井行业的具体应用。

  GW-RSL 远程录井系统的远程数据采集、远程无线宽带网络、远程专家决策等部分,对应于物联网技术架构的感知层、网络层和应用层(图 9 – 1)。

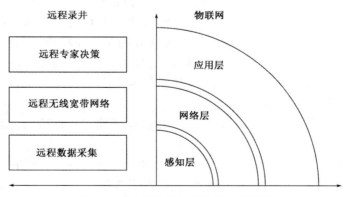

图 9 – 1   远程录井与物联网对应关系

  其中,远程数据采集、远程岩屑图像采集、远程生产监控指挥等模块,利用综合录井仪的各类传感器实现了对石油钻井过程各类设备,包括转机、钻井泵、罐体等各类物体的感知;远程岩屑图像采集实现了对石油勘探过程中最重要的岩屑岩性、含油性的感知;远程生产监控指挥通过音视频设备实现了录井准备、录井过程中人和物的状态的感知,对应于物联网技术架构的感知层,它是物联网获识别物体、采集信息的来源,主要功能是识别物体,采集信息。

  远程数据传输、远程无线宽带网络等模块,为远程录井提供网络支持,对应于物联网技术架构的网络层,负责传递和处理感知层获取的信息。

远程技术支持中心、远程同步控制、远程专家决策子系统等模块,实现总部专家对现场的远程决策与辅助支持,对应于物联网技术架构的应用层,是物联网和用户的接口,它与录井行业需求结合,实现物联网的智能应用。

远程录井技术采用的远程无线宽带网络技术有效解决了物联网技术需要解决的"最后100m"问题,使录井现场的物联网实现成为可能。

第一节　远程录井与井场信息化建设

钻井过程是一项高度复杂、高度专业、高度危险性的工程,由于地下地质条件的复杂性,导致钻井过程中工程情况不断发生变化,要求钻井工艺与具体操作必须做到快速调整。因此,随时采集钻井过程中的一些微小的变化信息是至关重要的,它可以让钻井操作工程师感知地层的状况或变化,从而做出相应的操作。

钻井的现场操作中经常需要非常有经验的钻井工程师,他们经历过各种突发状况,能够给出专业性的判断,并做出正确的决策,以避免设备损坏、井的破坏(井塌、井漏、井涌、井喷)以及人员生命的损失。

井场通常是在非人员密集区域,有时是在人烟稀少地区,譬如海上滩涂、沙漠戈壁,更有甚者有时还会在国外甚至是战事不断的动乱地区,减少现场施工人员数量,是减少人员交通、通信与生活保障费用的一种措施,同时还是减少人员伤害的有效手段,这些伤害可能是井场事故,也可能是海外政府反对派的武装冲突或劫持。

现代石油钻井除了传统钻井的提高钻井速度、降低钻井成本的要求,还要减少对地层、对周边环境的影响,更好保障工程的安全,保障人员与设备的安全。

最近的十余年,计算机及外部设备技术发展与性能提升,更重要的是网络技术也在不断升级,使得可以通过相对便宜的网络通信管道将井场与基地保持通信连接,现场音视频、传感器采集参数等各种数据源源不断传送到基地,做到基地第一时间可以观察到井场所发生的各种事情,也能了解现场各种设备工作状态和地下发生的一些变化。与此同时,基地的油藏、钻井、地质等专业的专家可以根据几乎实时观察到的现场情形,做出他们最专业的判断,并发出操作指令或其他协同要求,这些指令被流畅地传达到现场,指导现场钻井工程师的操作。

现代钻井工程是一门多学科综合的系统工程,钻井过程中同时开展的有地层压力预测、地质导向、随钻测量、随钻测井、固井/完井作业等,这些工作的开展是从多方面来保障钻井工程的安全和有效,同时也采集了地质或地层的信息,为后续钻井、地质勘探、油藏工程提供一手资料,并为油田的整体开发提供专家决策的依据与素材。由于是多专业协同作战,井场越来越需要一个能够集成多种专业系统的综合集成的工作平台,在这样一个平台上,多专业的信息集中呈现,给现场或基地专家一个全面的信息展示与发布,帮助他们综合判断,多专业信息辅助决策。

井场信息中心的数据采集种类比较多,这主要表现在:

(1)数据可以来自钻井参数仪、综合录井仪、随钻测井或随钻测量设备、地质导向设备等。

（2）数据的形式也是多种多样。数据可以是标准的 WITS、WITSML 的协议数据，也可以是解析某个公司制定的传输格式的网络数据包，还可以是通过提取数据库中实时数据库最近时间内的新记录数据。

（3）传输的网络环境的多样性。井场所在地区的网络环境相差非常大，在人群相对多的情况下，手机移动网络速度快、信号稳定，而偏远沙漠、辽阔海洋则没有移动网络，只有靠卫星来传输了。

钻井工程正在经历一场重大变革，原来提供作业现场支持的钻井工程专家现在不用亲自去钻井现场，他们只要在油田基地（远程监控或作业支持中心）就可以为钻井现场提供专业、综合的技术支持，这些专家来自于钻井、地质等多个专业，而且都是经验丰富，身经百战。另外这些专家可以同时为多个钻井现场提供技术支持，在条件比较恶劣、安全保障较差的地区具有安全、经济的好处，这些都是井场信息中心平台带来的。

20 个世纪 80 年代 Amoco、Mobil、Tennceo、Superior 等公司开始了钻井、录井数据远程传输，并开始建立油田数据中心。20 世纪 90 年代，Halliburton 公司开始了远程勘探开发实时油藏解决中心的建设，它既有集成了油藏、钻录测、固井等专业数据的远程传输，也有对这些数据的分析评价，还能做出决策，并建立了全球的卫星通信系统。21 世纪初，BP 公司建设了墨西哥湾的勘探作业和可视化决策指挥中心，更进一步引入了可视化和虚拟现实的技术。国内从 21 世纪也开始录井数据的远程传输，石油公司可以在基地通过网络直接查看井场的钻井工程的情况。目前一些单位正在开始更加深入的应用系统研究。

第二节　井场信息中心系统的体系结构

井场信息系统是一个由通信网络连接起来的信息采集、传输、存储、处理与使用的完整系统。井场钻井平台上安装的各种传感器采集钻井设备以及循环液等的各种参数，它们由采集模块传到采集计算机或者由 CAN 总线传到采集计算机，最后经过专门的软件计算生成具体的物理量参数，并存入现场实时数据库。这些数据可以来自于综合录井仪、随钻随测系统、随钻测井系统、地质导向系统等各种现场应用系统；这些数据将被实时地提供给现场的实时监测与预警系统，它们使用这些数据给现场专家直观展示钻井状态，以做出科学经济的操作。同时这些数据也通过可用的数据通信网络远程传输到油田基地。这些传输网络可能是有线的 Ether 网再转到 Internet，也可能是通过移动网络 GPRS/CDMA/EDGE/3G，还可能是卫星网络，具体使用什么网络主要看现场环境有什么低价网络可以利用。

钻井现场的实时数据库是当时所钻井的局部数据库，它主要汇集与保存本井的一些实时数据，是个局部的数据库，而全局的完整的数据库还在油田基地的数据中心，所以远程传输就是将局部数据汇聚到油田总部，形成全局数据库，该全局数据库由数据中心统一管理和维护。

油田公司各部门的管理人员或专业人员通过 Web 方式或者专业软件来发布与应用这些全局数据库的自己工作范围内井的有关方面的数据。

油田可以建立统一的专业生产管理、指挥与决策中心，这里聚集油田的各类专家，给全油田的各个钻井现场提供全方位的生产协调、技术指导、事故处理与重大决策,它的初级阶段为生产管理中心,中级阶段为技术支持中心,高级阶段为指挥决策中心(图9-2)。

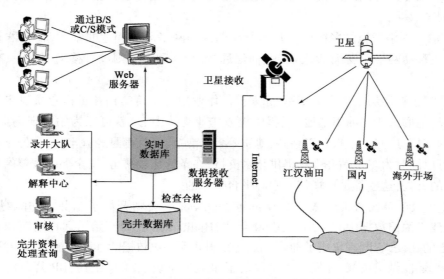

图9-2 江汉油田井场信息中心系统结构

井场信息中心平台首先是一个多专业信息展示与发布的平台,它还是多专业系统的集成平台,如果需要基地与现场连接与集成的话,它还可以是一个远程的指挥与决策支持系统,所以井场信息中心平台有很多的子系统构成,具体的由业务开展的程度来取舍。具体包括下列部分。

一、数据采集计算机

传感器采集的数据通过采集模块,将模拟信号转换成数字信号,再有转换模块将数字信号转化成 RS232/RS485 信号,最后由数据采集计算机接收,并通过数据库访问软件模块保存到现场数据库中。如果现场采用 CAN 总线,则 CAN 节点采集传感器信号并通过 CAN 总线传送到 CAN 主控单元,采集计算机通过与 CAN 主控单元采用 RS485/RJ45 方式的通信来采集数据。数据采集计算机是井场信息中心系统的数据输入单元。

二、井场实时数据库

井场数据库是临时存放当前正钻井采集的实时数据的小规模数据库,这些数据主要作为实时数据的本地副本,它用于井场钻井工程的状态展示与监控,同时用于一些井场专业软件的数据源。

三、远程传输现场客户端

远程传输现场客户端一方面接收或者采集来源于录井仪的时间间隔和深度间隔存储的工程参数、气测色谱、池体积、水力学等多个方面的录井仪数据,常见的支持存盘数据传输的仪器有神开 CMS、贝克休斯 ADVANTAGE、WellStar、WellLeap、长城录井 LEAP、DrillByte、荆鹏 JP2000_SQLDB、法国录井 – ALS2&ALS2.2、神开 DLS2000、中电 22 所 ACE、胜利探索者、Net Logging System、欧申 MUDLOG&GasLOG、中电 22 所 SLZ – 2A、国际录井 DLS2000。

支持实时数据(高密度网络秒级数据)传输的仪器有神开CMS、神开2000、中电22所ACE、中电SLZ－2A、WITS0、荆鹏JPDAS2003、荆鹏JP981。

还接收随钻数据传输可以测斜、伽马、工具面等数据,常见的支持仪器有神开、海蓝、恒泰、赛维、波特奈尔、士奇、WITS0。

远程传输现场客户端的另外一个主要的功能就是将采集到的数据传输或同步到基地数据中心,它通过建立传输数据组,来规定一起同步传输的数据种类和传输频次,并通过现场的传输网络环境将定制的数据传到基地。传输服务器不仅仅传输专业数据,还可以同步井场与基地的其他需要同步的管理数据与文档。它具有传输任务分组、传输事务启动与管理等功能。

四、数据发布展示系统

无论是井场还是油田基地,采集与存储数据都是为了使用,钻井及其他专业数据的实时展示与发布可以用于井场施工的工程监控,保障施工按照设计的目标进行,同时也可以给业务专家判断决策提供直观生动的展示。系统提供的主要浏览数据见图9－3。

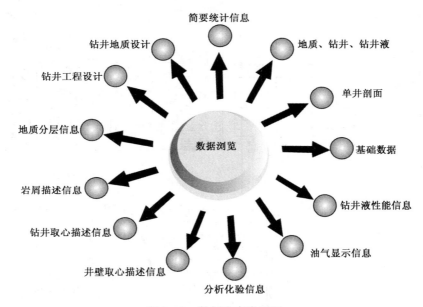

图9－3　数据发布类型图

钻井现场的仪器设备还有油田基地的专业人员可以采用客户/服务器(C/S)方式进行展示,油田公司的领导与一般人员则通过Web方式由浏览器给他们提供数据展示等服务(图9－4)。

五、基地传输服务器

基地传输服务器接收各井场数据传输客户端传输来的井场实时数据,也可以同步需要传输到现场的其他非专业数据以及文档文件。基地传输服务器将需要入库的数据保存到基地中心数据库,做全局数据的永久保存。

基地传输服务器面对所有的钻井现场,在井场数据库、井场远程传输客户端与基地数据中心之间做桥梁与汇集。

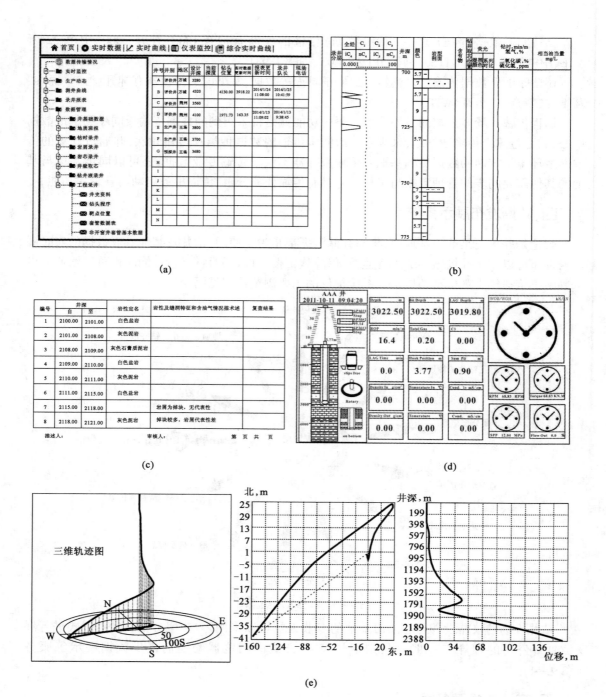

图 9-4 系统展示功能

(a)报表分类布局;(b)图件模版自定义浏览;(c)报表标准格式化处理;(d)数据形象化展示;
(e)不同视角的井眼轨迹图

六、基地数据中心

基地数据中心是全局数据的永久保存中心,所有井的各类专业数据在此汇聚,它为油田的各类应用软件提供数据支持,无论数据查询、数据挖掘、专业计算与应用都要依赖于中心的数据。与井场数据库不同,中心数据库是整个油田所有井的数据,而且它的专业门类也更加齐全,还包括各种完井数据。

七、生产指挥决策中心

生产指挥决策中心是数据的应用中心,它利用井场的各种实时与历史数据,对井场的钻井现状做出专业的判断。因为决策指挥中心聚集了各种极富经验的专家,而且专业门类更加齐全,他们可以为井场出现的状况,进行会诊式的工作,为井场提供更加全面、更科学的指导意见,使得钻井工作更加经济有效,同时避免井场事故的发生。

第三节　远程传输网络

完整的井场信息中心系统包括井场部分和基地部分,它们通过通信网络连接到一起,实现相互之间的通信。但由于钻井现场所处的环境不同,需要采用不同的网络将基地与井场连接起来,进行数据的传输与信息交流。

目前井场信息中心主要采用的通信网络有移动通信网络、无线通信网络(无线电台、网桥)、卫星通信、Internet 的 VPN 等方式,具体构建网络采用哪种方式主要参考井场附近已有的可用网络资源以及通信的资费情况等因素来确定。

下面主要介绍常用的两大类通信网络。

一、移动无线通信 GPRS/CDMA/3G

1. GPRS 通用分组业务通信技术

GPRS 是通用分组无线业务(general packet radio service)的英文简称。基于 GSM 系统,采用无线分组交换技术,它以分组交换(packet switching)为核心技术(图 9－5)。

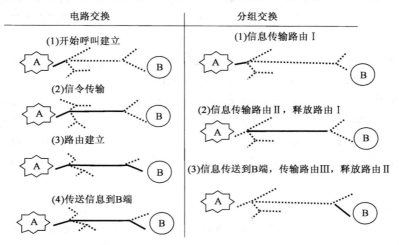

图 9－5　电路交换和分组交换原理比较

1）GPRS 系统结构

GPRS 是在 GSM 系统结构的基础上引入新的部件而组成的无线数据传输系统,它与 GSM 共用基站系统(基站发射台 BTS 与基站控制器 BSC),但增加了数据通信的功能实体,并增加了数据包控制单元,还对基站系统做了软件升级(图9-6)。

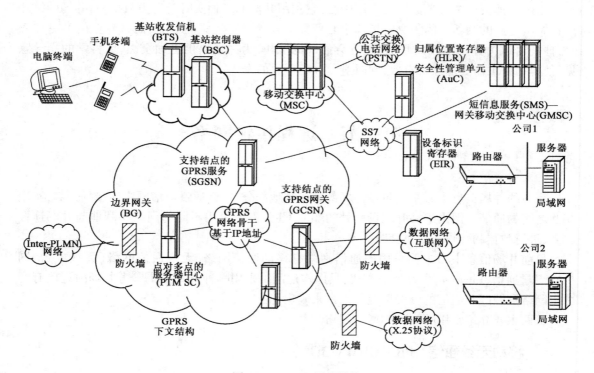

图9-6 GPRS 系统结构

(1)分组控制单元 PCU:它的主要功能包括管理信息的分组,实现信道编码方案的控制,负责传输错误检测和信息重发,完成传输质量和功率控制。

(2)GPRS 业务支持节点 SGSN:SGSN 为 MS 提供服务,和 MSC/VLR/EIR 配合完成移动性管理功能,包括漫游、登记、切换、鉴权等,对逻辑链路进行管理,包括逻辑链路的建立、维护和释放,对无线资源进行管理。

SGSN 为 MS 主叫或被叫提供管理功能,完成分组数据的转发、地址翻译、加密及压缩功能。SGSN 能完成 Gb 接口 SNDCP、LLC 和 Gn 接口 IP 协议间的转换。

(3)GPRS 网关支持节点 GGSN:网关 GPRS 支持节点实际上就是网关或路由器,它提供 GPRS 和公共分组数据网以 X.25 或 X.75 协议互联,也支持 GPRS 和其他 GPRS 的互联。

GGSN 和 SGSN 一样都具有 IP 地址,GGSN 和 SGSN 一起完成了 GPRS 的路由功能。网关 GPRS 支持节点支持 X.121 编址方案和 IP 协议,可以 IP 协议接入 Internet,也可以接入 ISDN 网。

2）GPRS 的特点

(1)GPRS 系统的性能:网络资源利用率高;支持低、中、高速数据传输(提供 9.05～171.2 kb/s 的数据传输速率);GPRS 网络接入速度快;GPRS 基于数据流量、业务类型及服务质量等级进行计费。

（2）GPRS 的优点：

①实时在线（always online）：即用户随时与网络保持联系，用户在访问互联网时，手机就在无线信道上发送和接收数据，即使没有数据传送，手机还一直与网络保持连接，再次进行数据传送时不需要重新发起，不像普通拨号上网那样断线后得重新拨号后才能上网冲浪；

②按量计费：按数据流量计费是指用户可以一直在线，按照用户接收和发送数据包的数量来收取费用，没有数据流量传递时，用户即使挂在网上，也是不收费的。

（3）快捷登陆：GPRS 的用户一开机，就始终附着在 GPRS 网络上，一般只需 1 ~ 3s 就能马上登陆至互联网。

（4）高速传输：GPRS 系统支持多时隙合并传输（最多 8 时隙）；因此，GPRS 可提供9.05kb/s（CS － 1 × 1 时隙）至 171.2kb/s（CS － 4 × 8 时隙）的数据传输速率。

（5）自如切换：GPRS 手机数据传输与话音传输可同时进行或进行切换。

2. CDMA 码分多址通信技术

CDMA 是码分多址的英文缩写（code division multiple access）。给每一个用户分配一个唯一的编码序列，用它对所承载的信息进行编码，即以不同的编码序列来区别不同的用户（图 9 － 7）。

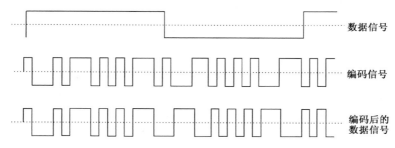

图 9 － 7　数据信号、编码信号及编码后的数据信号

1）CDMA 的关键技术

（1）扩频技术：CDMA 又称为扩频多址接入，因为编码信号的带宽比数据信号的带宽大得多，因此编码处理扩展了数据信号的带宽，这就是扩频调制（图 9 － 8）。

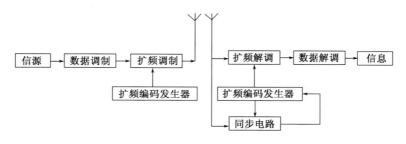

图 9 － 8　扩频通信的基本原理框图

（2）软切换技术：包括硬切换（先断后通）、软切换（先通后断）和更软切换（同一小区的不同扇区间的切换）。

（3）功率控制技术：为了提高系统的容量，要求使每个用户到达基站的功率相同，因此，功率控制性能的好坏直接决定 CDMA 系统的容量。

（4）RAKE 接收机：通过多个相关监测器，分别收集来自不同方向的信号，独立处理，最后经过合并解调出信号。因此,RAKE 接收机抗多径干扰,提高接收性能。

（5）多用户检测:基于 RAKE 接收机原理,将所需用户的信息恢复成语音信号,而将其他用户信号视为干扰信号。

2）CDMA 的网络优势

CDMA 的网络优势主要有系统容量大、系统容量配置灵活、通话质量更佳、频率规划简单、绿色手机、建网成本低、保密性强等。

3.3G 宽带通信技术

IMT-2000 是第三代移动通信系统(3G)的统称。第三代移动通信系统是一种能提供多种类型、高质量多媒体业务,能实现全球无缝覆盖,具有全球漫游能力,与固定网络相兼容,并以小型便携式终端在任何时候、任何地点进行任何种类通信的通信系统。

第三代移动通信系统最早由国际电信联盟(ITU)1985 年提出,考虑到该系统将于 2000 年左右进入商用市场,工作的频段在 2000MHz,且最高业务速率为 2000kbps,故于 1996 年正式更名为 IMT-2000(International Mobile Telecommunication – 2000)。

1）3G 主要特点

3G 包括支持移动多媒体业务、宽带 CDMA 技术、高频谱效率、FDMA/TDMA/CDMA、从电路交换到分组交换高保密性、全球范围无缝漫游系统、微蜂窝结构等。

2）IMT-2000 的目标和要求

IMT-2000 包括:全球统一频段、统一标准、全球无缝覆盖;高频谱效率;高服务质量,高保密性能;提供多媒体业务,速度最高到 2Mb/s(车速环境 144kb/s、步行环境 384kb/s、室内环境 2Mb/s);易于第二代系统的过渡、演进;终端价格低。

3）3G 的标准

国际电信联盟(ITU)在 2000 年 5 月确定 W-CDMA、CDMA2000 和 TDS-CDMA 三大主流无线接口标准,写入 3G 技术指导性文件《2000 年国际移动通讯计划》(简称 IMT-2000)。

（1）W-CDMA:即 Wideband CDMA,也称为 CDMA Direct Spread,意为宽频分码多重存取,其支持者主要是以 GSM 系统为主的欧洲厂商,日本公司也或多或少参与其中,包括欧美的爱立信、阿尔卡特、诺基亚、朗讯、北电,以及日本的 NTT、富士通、夏普等厂商。这套系统能够架设在现有的 GSM 网络上,对于系统提供商而言可以较轻易地过渡,而 GSM 系统相当普及的亚洲对这套新技术的接受度预料会相当高。因此 W-CDMA 具有先天的市场优势。

①W-CDMA 技术特点:核心网基于 GSM/GPRS,保持与 GSM/GPRS 的兼容;核心网基于 TDM/ATM/IP 技术,向全 IP 演进;核心网分为电路域和分组域;无线侧基于 ATM 技术;MAP 技术和 GTP 是移动性管理的关键;新的空中接口技术—W-CDMA。

②W-CDMA 技术特点(RTT 技术):信道带宽 5MHz,码片速率 3.8Mcps;语音编码 AMR;信道编码为卷积码和 TURBO 码;调制方式为上行 QPSK,下行 BPSK;发射分集方式为 TSTD/STTD/FBTD;功率控制为上下行闭环功率控制和外环功率控制;基站同步方式为同步和异步。

（2）CDMA2000:CDMA2000 也称为 CDMA Multi-Carrier,由美国高通北美公司为主导提出,摩托罗拉、Lucent 和后来加入的韩国三星都有参与,韩国现在成为该标准的主导者。这套系统是从窄频 CDMA One 数字标准衍生出来的,可以从原有的 CDMA One 结构直接升级到 3G,建设成本低廉。但目前使用 CDMA 的地区只有日、韩和北美,所以 CDMA2000 的支持者不如 W-CDMA 多。不过 CDMA2000 的研发技术却是目前各标准中进度最快的,许多 3G 手机已经率先面世。

①CDMA2000 技术特点:电路域——继承 2G IS95 CDMA 网络,引入 WIN 为基本架构的业务平台;分组域——基于 MIP 技术的分组网络;无线接入网——以 ATM 交换机为平台,提供丰富的物理接口;空中接口——CDMA2000 兼容 IS95。

②CDMA2000 技术特点(RTT 技术):信道带宽——N×1.25MHz 码片速率:N×1.2288Mcps N=1,3,6,9,12;语音编码——8K/13K QCELP 8K EVRC;信道编码——卷积编码,TURBO 码;调制方式——上行 QPSK,下行 BPSK;解调方式——导频辅助的相干解调;发射分集方式——OTD,STD;功率控制——上下行闭环功率,外环功率控制;基站同步方式——GPS/GLONASS。

(3)TD-SCDMA:该标准是由中国大陆独自制定的 3G 标准,1999 年 6 月 29 日,中国原邮电部电信科学技术研究院(大唐电信)向 ITU 提出。该标准将智能无线、同步 CDMA 和软件无线电等当今国际领先技术融于其中,在频谱利用率、对业务支持具有灵活性、频率灵活性及成本等方面的独特优势。另外,由于中国内的庞大市场,该标准受到各大主要电信设备厂商的重视,全球一半以上的设备厂商都宣布可以支持 TD-SCDMA 标准。

①TD-SCDMA 技术特点:核心网络基于 GSM/GPRS 网络演进,保持与 GSM/GPRS 网络的兼容性;核心网络可基于 TDM/ATM/IP 技术,可向全 IP 演进;核心网络分为分组域和电路域;无线侧基于 ATM 技术,向 IP 方向发展;MAP 技术和 GTP 是核心;TD-SCDMA 空中接口。

②TD-SCDMA 技术特点(3S):智能天线(smart antenna)、同步 CDMA(synchronous CDMA)、软件无线电(software radio)。

③关键技术:智能天线和联合检测、多时隙 CDMA+DS-CDMA、同步 CDMA、信道编译码和交织、接力切换。

3G 技术为视频电话、网络会议、视频监控以及高速宽带的数据传输提供了可能,原来类似于井场视频、成像测井等数据传输也可以开展了,另外由于技术的发展,单位字节量的数据传输成本大幅下降,使得单位通信成本的经济困扰得以解决,更多井场可以建立井场信息中心平台,而不像原来只有重点井才可以上这样的系统。

上述不同制式的参数和功能比较见表 9-1。

表 9-1　不同制式的比较

项　　目	WCDMA	CDMA2000	TD-SCDMA
带宽	5MHz	1.25MHz	1.6MHz
码片速率	3.84Mcps	1.2288Mcps	1.28Mcps
双工方式	FDD	FDD	TDD
核心网	GSM-MAP	ANSI-41	GSM-MAP
网络同步	异步同步(可选)	同步(GPS)	同步
标准进程	R99.R4.R5.R6	3GPP2 R0,A,B,C	R4,R5
扩频方式	DS	DS(1x),MC(3X)	DS
调制方式	BPSK/QPSK	BPSK/QPSK	QPSK
信道编码	卷积码 TURBO 码	卷积码 TURBO	卷积码 TURBO
帧结构	10ms	5/20ms	10ms
功率控制	1500Hz	800Hz	200Hz

二、卫星通信

卫星通信是指地球上的无线电通信站之间利用人造卫星作为中继转发站而实现多个地球站之间的通信。它适用于很少人群居住的环境,如沙漠或海上,这些地区人烟稀少,移动通信公司没有在这些地区建立移动通信基站等设备,因此无法利用前述的移动通信。

1. 卫星通信的特点和使用频率

(1)卫星通信特点:

卫星通信的主要优点有:① 通信距离远,覆盖面积大;② 具有多址连接通信特点,灵活性大;③ 可用频带宽,通信容量大;④ 传输稳定可靠,通信质量高;⑤ 通信费用与通信距离无关(表9-2)。

卫星通信存在一些缺点:① 通信卫星的使用寿命较短;② 卫星通信整个系统的技术较复杂;③ 卫星通信有较大的传输时延。

(2)卫星通信使用频率:

卫星通信频段分布见表9-2。

表9-2　卫星通信频段分布

频段名称	上性频段,Hz	下性频段,Hz	主要用途
UHF	400M	200M	非同步卫星或移动业务用的卫星通信
L	1.6G	1.5G	
C	6G	4G	商业卫星
X	8G	7G	军事卫星
Ku	14G	12G 或 11G	民用或广播电视用卫星
Ka	30G	20G	正在开发(有很大吸引力)

2. 卫星通信系统组成

卫星通信系统主要由通信卫星和地球站两大部分组成,另外还有跟踪遥测及指令系统和监控管理系统,这两部分是为了保证卫星系统的正常工作(图9-9)。

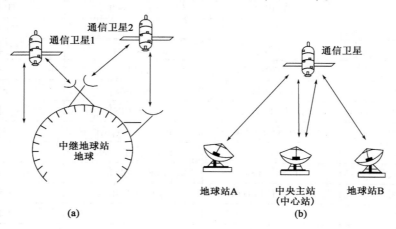

图9-9　卫星通信示意图

1）通信卫星

通信卫星是卫星通信系统中最关键的设备，一个静止通信卫星主要由 5 个分系统组成。

（1）天线分系统：通信卫星天线有两类，一是遥测、指令和信标天线，二是通信天线；

（2）控制分系统；

（3）跟踪遥测指令分系统；

（4）电源分系统；

（5）通信分系统（转发器）：它是通信卫星的主设备，起着直接转发各地球信号的作用。转发器通常分为透明转发器和处理转发器两大类。

2）地面站（图 9 - 10）

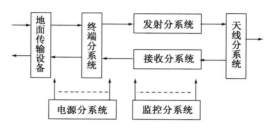

图 9 - 10　地球站设备组成框图

（1）天线分系统：包括天线、馈线和跟踪设备 3 个部分，地球站天线分系统完成发送信号、接收信号和跟踪卫星的任务，是决定地球站容量与通信质量的关键组成部分之一。

（2）发射分系统：地球站发射分系统的主要作用是将终端分系统送来的基带信号，对中频进行调制，再经上变频和功率放大后馈送给天线发往卫星。

（3）接收分系统：主要作用是将天线分系统收到由卫星转发下来的微弱信号进行放大，下变频和解调，并将解调后的基带信号送至终端分系统。

（4）终端分系统：其作用是对经地面接口线路传来的各种用户信号分别用相应的终端设备对其进行转换、编排及其他基带处理，形成适合卫星信道传输的基带信号，另外将接收到的基带信号进行上述相反的处理。

（5）电源分系统：其作用是对所有通信设备和辅助设备供电。

（6）监控分系统：是使操作人员随时掌握各种设备的运行状态，在设备出故障时能迅速处理，并有效地对设备进行维护管理。

第四节　井场数据交换协议标准

井场作业过程中通常会有很多各种类型的设备，它们协同工作，共同完成钻井工程。有时某种设备只采集了部分信息或作为辅助设备，它们需要把采集的数据传递给主要设备或系统，或者设备之间进行数据共享，所以在井场经常会在多个设备或仪器之间进行数据交换，前期不同厂家设备之间的数据交换是比较麻烦的，有时是通过分析数据库结构并设置数据库的代理来传递，或者通过监听网络数据包并分析以获取数据，这样的方式比较麻烦，为了简化共享，尽可能地实现共享，开发的传输协议是非常需要的。这里介绍两种井场设备数据交换的标准协议,它们被广泛地接受与使用。

一、WITS

井场信息传输规范(WITS)是一种通信格式,它应用于从一个计算机系统向另一个计算机系统传输各种各样的井场数据。在石油工业的勘探和开发领域中,它作为一种推荐格式,使作业和服务公司,既可以在联机状态下,也可以批传递方式进行数据交换。

WITS是一种多级格式,它提供一个容易实现的具有灵活性不断增加的较高级别的进入点。在低级别时,使用一种固定格式的数据流;而在高级别时,可应用一种自定义的定制的数据流。

WITS数据流由不连续的数据记录组成。每个数据记录的产生都是独立于其他数据类型,并且每个数据记录都有唯一的触发变量和采样间距。通常,钻机动作决定了在某一给定时间内使用哪个记录,以便只有合适的数据被传输。

WITS还包括远程计算机系统向发送系统发送指令的方式,以便设置或改变某些参数,其中包括传输的数据类型和传输间距。

除规定了数据传输格式外,WITS还定义了一套基本的数据类型,以便增加用户自定义的记录类型。

1. WITS 数据记录结构

WITS(同LIS一样)传输的基本单位是"物理记录"。随后是物理记录包含一个"逻辑记录"。虽然LIS标准有许多类型的逻辑记录,但仅有几种类型用于WITS,使用规定的类型以在不同级别内执行(图9-11)。

图9-11　WITS 数据记录的结构

在WITS中使用的基本逻辑记录类型是数据记录。每个数据记录由一组相关的数据项(字段或通道)组成。而LIS是一个自定义格式,用数据格式说明(DFS)记录来描述其后的数据记录内容,分会认为设置基本的"预定义数据记录"可作为进入该格式的好的进入点,以满足大批作业者的需要,同时也减少了为所要求的更复杂系统开发时间。3级允许用户通过用DFS记录来使用客户记录类型。

2. WTIS 记录级别

1) WITS0 级

它也被称为"井场内部传输"格式,因为它主要是供在井场上的服务公司之间进行数据交换用的。它使用一个简单的带数据项的ASCII码格式,数据项是由其所在预定义数据记录内的位置标记的。这种特殊方法的目的在于用联机(实时)方式,而不是批处理方式传输数据,但它可以适用于相当简单的批传输方法,传输双方必须就通信参数、传输频率均达成一致意见。接收方希望数据在预先定义的记录中以一定的形式表示出来(如:平均的),而不是以希望或要求的任何方式处理数据。然而如果双方预先达成了一致意见,传输的数据可以基本上是原始的,然后再由接收方平均。

零级传输会话由一组数据集组成,数据集表示一组相关的数据项。例如,来自相同时间间距的几个注水泥数据项。一个数据集可以仅由一项组成,也可以包括很多项。事实上,连续的数据集可以包含不同的项目号。一个数据集以一对"&&"的字符开始,跟着是一个回车及换行;以一对"!!"字符和一个回车及换行结束;数据项由一个回车及换行分开。

每项都由一个标识符部分和一个值部分组成。标识符由 4 个字符组成:字符 1 和 2 标识预定义的记录,字符 3 和 4 标识那个记录里的项。

例如:电阻率 1 测量深度(DR 1M)是预定义的记录 8(MWD—地层评价)的 13 项,所以标识符为 0813。

数据项的值部分既可以是一个文本字符串也可以表示一个数的 ASCII 码。

如果是文本串,它一定不能长于在预先定义的记录内规定的长度,但它可以短些,可包括空格,特殊字符等,但不能出现"&&"或"!!"。

如果是数字,它可以长达 16 个字符,但至少要带一个数字,如果带有负号,负号必须是第一个字符。不能以空格或零开头。如果有一个小数点,它可以放在回车和换行结束前的任何位置。

2)WITS1 级

在这一级使用二进制传输为尽可能地把大量数据从发送端传到接收端提供了一个更有效的传输方式(图 9 - 12)。传输是单方向的。该级只包括 LIS 数据记录,没有使用其他的 LIS 逻辑记录类型,也不可能进行双向对话。

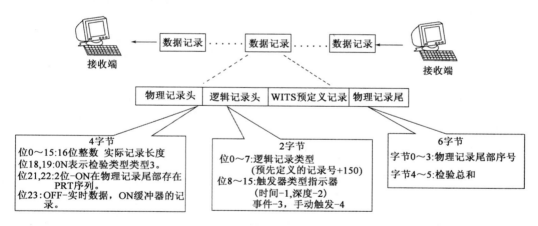

图 9 - 12　WITS1 级的物理记录结构说明

在这一级,只有 WITS 预定义数据记录有效(逻辑记录类型 151～175)。对这些预定义数据记录,唯一可修改的是用其他数据项来取代被指定的备用通道。被发送的记录及其传输问题必须预先商定,且仅能由发送者改变。

3)WITS2 级

WITS2 级也使用预定义数据记录,但包含了允许远程系统(接收端)控制通信会话的各个方面的双向对话。这些命令在 LIS 注释(类型 232)逻辑记录内被发送。因此,在这一级中使用 LIS 数据和注释记录。同 WITS1 级一样,数据记录的修改也只局限于用其他数据项取代备用通道。由发送端进行数据记录的缓冲以及为后续应用而进行再传输或批传送,在这一级是任选的。

4) WITS3 级

WITS3 级除支持预定义数据记录之外,还支持客户数据记录。这样的记录必须在使用前预先指定,由发送端通过传输数据格式或说明记录(LIS 逻辑记录类型 64)给出内容的细节。

该级为数据传输又提供一个非常灵活的格式。然而,尤其是对接收端来说,这也肯定意味着复杂性的增加,因为如果接收端要使用这一格式,就必须能够阅读数据格式或说明记录。预定义数据记录是记录 1 ~ 25(LIS 逻辑记录类型 151 ~ 175)。WITS 数据记录 26 ~ 49(LIS 类型 176 ~ 199)是为指导小组以后定义而保留的,这时客户 WITS 数据记录可以是 50 ~ 80(LIS 类型 200 ~ 230)。在这一级,由发送端进行数据记录的缓冲是强制性的。

3. WITS 预定义数据记录

WITS 标准中根据钻机动作、产生频率和/或者监测项目要求的间距要求,定义了一组预定义数据记录。这些预定义的记录把所有常见的钻机动作都进行了明确,且把每种动作相关的变量一起加以限定。这样就可以让共享数据的设备或系统不会产生二义性,易于交流。

WITS 标准的预定义记录的记录号、记录描述及描述见表 9 - 3。

表 9 - 3　WITS 标准预定义记录表

记录	记录描述	说明
1	通用:以时间为基础	在一定时间间隔内采集的钻井数据
2	钻进:以井深为基础	在一定深度间隔内采集的钻井数据
3	钻进:接单根	在钻井接单根时采集的数据
4	水力学	循环过程中采集的水力学数据
5	起下钻:以时间为基础	起钻与下钻过程中采集的数据
6	起下钻:接单根	起下钻接单根时采集的数据
7	测斜及定向	定向及测斜数据
8	随钻测量(MWD)地层评价	MWD 地层评价数据
9	MWD 力学参数	MWD 机械性能方面的数据
10	压力评价	地层压力评价数据
11	钻井液池体积	钻井液池体积数据
12	气体色谱组分:以分析周期为基础	色谱周期分析数据
13	气体色谱组分:以井深为基础	在深度间隔内采集的色谱分析数据平均值
14	迟到的连续钻井液性能	返出钻井液性能数据
15	岩屑及岩性	岩屑与岩性及相关数据
16	油气显示	烃类气体及相关数据
17	固井(注水泥)	固井作业数据
18	钻杆测试(DST)	测试作业数据
19	结构配置	钻铤与钻机配置数据
20	钻井液报告	钻井液报告数据
21	钻头报告	钻头报告数据
22	注释	无固定格式的注释
23	井标识	井名及相关数据
24	船舶移动及停泊状况	浮式平台移动及泊位情况
25	天气及海洋状况	气象与海况方面的数据

所有预定义记录这里不一一展开描述了,下面就"以时间为基础的通用记录"(记录1)作为例子加以介绍(表9-4)。

表9-4 预定义记录1的字段信息

项目	变量描述	助记		表述码	字节长度	单位	
		长助记	短助记			公制	英制
1	井标识符	WELLID	WID	A	15	—	—
2	侧钻/井眼号	STKNUM	SKNO	S	2	—	—
3	记录标识符	RECID	RID	S	2	—	—
4	序列标识符	SEQID	SQID	L	4	—	—
5	日期	DATE	DATE	L	4	—	—
6	时间	TINE	TIME	L	4	—	—
7	活动码	ACTCOD	ACTC	S	2	—	—
8	钻头深度(测量)	DEPTBITM	DBTM	F	4	M	F
9	钻头深度(垂深)	DEPTBITV	DBTV	F	4	M	F
10	井眼深度(测量)	DEPTMEAS	DMEA	F	4	M	F
11	井眼深度(垂深)	DEPTVERT	DVER	F	4	M	F
12	游车位置	BLKPOS	BPOS	F	4	M	F
13	机械钻速(平均)	ROPA	ROPA	F	4	M/HR	F/HR
14	大钩负荷(平均)	HKLA	HKLA	F	4	KDN	KLB
15	大钩负荷(最大)	HKLX	HKLX	F	4	KDN	KLB
16	钻压(地面,平均)	WOBA	WOBA	F	4	KDN	KLB
17	钻压(地面,最大)	WOBX	WOBX	F	4	KDN	KLB
18	转盘扭矩(地面,平均)	TORQA	TQA	F	4	KNM	KFLB
19	转盘扭矩(地面,最大)	TORQX	TQX	F	4	KNM	KFLB
20	转盘速度(地面,平均)	RPMA	RPMA	S	2	RPM	RPM
21	立管压力(平均)	SPPA	SPPA	F	4	KPA	PSI
22	套管压力	CHKP	CHKP	F	4	KPA	PSI
23	1#泵冲速	SPM1	SPM1	S	2	SPM	SPM
24	2#泵冲速	SPM2	SPM2	S	2	SPM	SPM
25	3#泵冲速	SPM3	SPM3	S	2	SPM	SPM
26	钻井液池体积(活动)	TVOLACT	TVA	F	4	M3	BBL
27	钻井液池体积变化(活动)	TVOLCACT	TVCA	F	4	M3	BBL
28	钻井液流量,%	MFOP	MFOP	S	2	%	%
29	出口钻井液流量(平均)	MFOA	MFOA	F	4	L/M	BBL
30	入口钻井液流量(平均)	MFIA	MFIA	F	4	L/M	BBL
31	出口钻井液密度(平均)	MDOA	MDOA	F	4	KGM3	PPG
32	入口钻井液密度(平均)	MDIA	MDIA	F	4	KGM3	PPG
33	出口钻井液温度(平均)	MTOA	MTOA	F	4	DEGC	DEGF
34	入口钻井液温度(平均)	MTIA	MTIA	F	4	DEGC	DEGF

项目	变量描述	助记		表述码	字节长度	单位	
		长助记	短助记			公制	英制
35	出口钻井液电阻率(平均)	MCOA	MCOA	F	4	MMHO	MMHO
36	入口钻井液电阻率(平均)	MCIA	MCIA	F	4	MMHO	MMHO
37	泵冲数(总计)	STKC	STKC	L	4	—	—
38	滞后泵冲	LAGSTKS	LSTK	S	2	—	—
39	迟到井深(测量)	DEPTRETM	DRTM	F	4	M	F
40	气(平均)	GASA	GASA	F	4	%	%
41~45	(备用1~5)	SPARE1-5	SPR1-5	F	4	—	—

记录 1 是以时间为基础的通用记录;逻辑记录类型 151;WITS 记录标识符 1;自动方式;触发(时间)以一个确定的时间间距(s)传输;数据在实时状态下采集,并按触发间距计算,当触发间距发生时,记录被传输并计算复位。

其他记录信息略。

4. WITS 格式的优点

(1)WITS 定义了数据内容和格式,是由专业化的服务公司和许多主要的作业者同意和审查过的。

(2)WITS 允许一系列的通信选择,从一个经很好定义的记录子集的简单单向数据传输到双向通信会话。

(3)WITS 产生了一个作业和服务公司联系的工具,而无需为软件支持非兼容的传输格式花费无效投资。

(4)WITS 为在井场或以井场进行数据传输方面提供了一种"通用语言"。

二、WITSML

1. WITSML 的产生

WITSML 这个名字,是由现有的 WITS(井场信息传递规范)标准演化而来的,并且还整合了现代的数据代表性标准 XML(可扩展标记语言)。

井场信息传输规范(WITS)是一种通信格式,它应用于从一个计算机系统向另一个计算机系统传输各种各样的井场数据。但它有着自身的缺陷,如二进制数据格式不能跨平台使用,所有的用户自定义数据都较难交换等。

基于这些原因,2002 年,Landmark 公司的一位专家称,原有的 WITS 系统的二进制文件形式太多,实际上没有标准,没有井场与陆上办公室之间的数据兼容性。基于这种情况,油公司与服务公司共同协商的结果就形成了 WITSML。

WITSML 项目启动于 2000 年 10 月,最先参加这一项目的油公司有 BP 和 Statoil 公司,后来 Shell 和 Mobil 也加了进来。还有一些很有名的服务公司如 Halliburton、Landmark 等。

2. WITSML 的意图

WITSML 主要的意图是将钻井数据的格式标准化。参考了 API 标准,定义了应用程序接口,通过这一接口软件,开发者可开发符合 WITSML 格式的数据交换能力。WITSML 是基于网上面向对象的,并使用 W3C 标准,它使用 XML 技术定义数据格式并应用 SOAP 协议进行数据交换。

3. WITSML 的组成部分

1）WITSML 模式(data schema)

XML 模式用于定义一个 XML 文档的内容。规定了 25 个标准数据记录以及另外 74 个用户定义记录。这些记录将按时间和深度顺序来处理钻井和地层评价数据,以及不规则数据(图 9 – 13)。

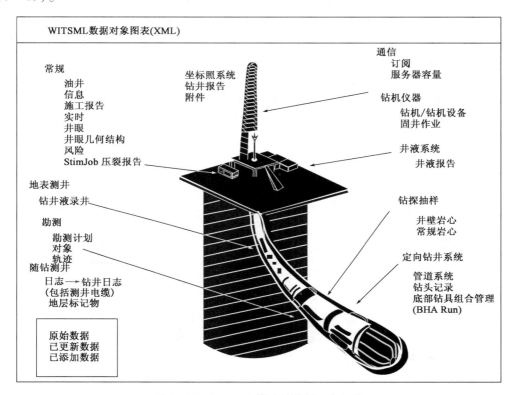

图 9 – 13　WITSML 模式的数据对象图表

该 WITSML 数据模式包含一系列独立又相互联系的数据对象集(data object schema),它定义一个可在 XML 文档内传送的数据对象集(如井、钻机等),而这些数据都与井有关。

数据对象模式包含属性、元素,其中包括组件的子模式。

WITSML Schema(也叫组件架构)中有 5 种不同类别的 Schema。Component Schema 是 XML 模式,但是这些模式并不代表对象的完整数据。一个组件架构可能包含了多个数据对象的架构。所有组件架构均具有前缀(cs)。

以 grp 开头的 Schema 是描述某一对象包含的数据记录。

一个属性组文件(attgrp_uid. xsd)用于定义一个唯一的标识符(UID)元素属性的所有经常性的容器。如 grp_well. xsd 包含了井的合法名称、井的 licence 号、所在油田名、井状态、钻井目的等。

还有以 typ_开头的低水平简单类型的 Schema。每个组件架构文件必须直接或间接地包含文件 typ_dataTypes. xsd。其中 typ_baseType. xsd 是最基础的,它类似于普通程序中的 int、double 等基本数据类型的定义。

最后还有一个 obj 型的，它用来更加详细地描述对象的 Schema，它会嵌套地使用前面提到的各种类型的 Schema。

WITMSL API 定义了在计算机系统之间交换数据动态程序的高级协议。它含有两类主要的接口：典型客户和服务器架构下的存储接口，以及像回调通知系统一样工作的订阅或发布接口。它们都设计为 web 服务，在 WSDL（web 服务描述语言）文件中描述了这些接口。用 SOAP（简单对象访问协议）来实施 API，并将其部署到 HTTP（超文本传输协议）或安全系统 HTTPS 的上方。

WITSML API 服务器将实现存储接口。该接口将提供从数据存储到客户端应用程序的输入和输出读写功能。涵盖存储接口的功能有获取、新增、更新和删除。服务器可以为了每一个定义 WITSML 对象支持所有的或一个的上述功能。这将通过专门的"能力"对象进行传送。为了从服务器读取数据，客户端应用程序发出一个请求，对一个或多个 WITSML 对象进行询问。随后，服务器将用客户端所支持的属性来返回与请求匹配的 WITSML 对象。实际上由部分填补的 WITSML 对象模板组成了查询语言。该语言为"拉"架构，客户端应用程序将发起并控制每一个 WITSML 对象交换（图 9 – 14）。

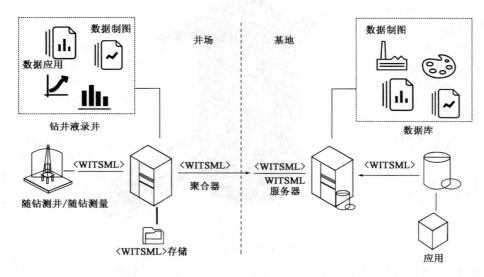

图 9 – 14　WITSML 数据流图

订阅/发布接口则遵守完全不同的方法。这些接口可以视为通知服务，也几乎可以视为 1.2 版 WITSML API 的一项新功能。它采取"推"架构：数据用户应用程序（订阅者）将一个订阅对象发送到服务器（发布者）。订阅定义了订阅者希望从发布者接收到的对象清单。然后，只要满足订阅触发标准，订阅者将等待发布者定期向它发送请求对象。指定 WITSML 对象的新增、更新或删除都会触发数据对象的发送。

4. WITSML 的未来

WITSML 具有实时性和共享性。例如，由于作业者可以更快地获得数据（几乎是实时的），并且还能从多个软件提供商处获得数据，而不需要将服务公司专有技术整合到他们所选的软件解决方案中（软件对数据的格式要求），这使得作业者获益颇多。

另外，WITSML API 服务器将实现存储接口。该接口将提供从数据存储到客户端应用程序的输入和输出读写功能，可实现数据的访问。

当前石油工业发展实时数据处理的协议及工具是当务之急。如果想沿着井眼轨迹钻进，那么需要有实时数据；如果想改进并干预井眼钻进过程，那么实时数据处理的协议与工具就变得十分重要了。

WITSML 随着 WITSML 系统软件的增多，SIG（POSC WITSML 的一个特别利益组织）成员预计其应用范围会不断扩大。

第五节　井场信息系统集成平台

井场信息中心平台从 20 世纪八九十年代开始出现，到现在已经从简单的本地数据收集平台变成了支持本地收集、存储与利用，同时还支持异地数据汇集，现在井场信息中心的功能与内容又在进一步的发展，它已经与基地形成了一个整体系统而作为其中的一个子系统，无论是数据方面还是功能方面都得到了扩展。

一、井场信息平台或数据中心

井场信息中心已不是原来的主要给基地单向传输数据的一个分数据库，而是作为全局数据库的一临时分数据库，像是中心数据库的一个数据源，不断给中心数据库传输所钻井的数据。

它在工程施工中可以从基地数据库中得到正钻井所在地区的最新数据，如区域的最新地质模型，这些数据可能最近因为其他井的钻井、测井而有所修正，如果使用上井之前更新的数据可能没有最新的准确，所以双向的数据传输是非常必要的。

井场信息平台从单一的钻井工程参数的收集，变成了井场各项作业或数据的收集平台，它包括了地质导向、随钻测量或随钻测井、地层压力预测、试油测试等。随着新技术的发展，还会有更多的数据集中进来，临时存储，供现场使用，并通过传输通道传回基地。

二、井场操控与指挥平台

井场信息中心平台现在慢慢地突破只是数据中心的概念，其中渐渐具有了井场设备的操控能力。在现场人员数量不足、现场人员经验有限的情况下，在基地的专家通过网络，远程操控现场的设备已经成为可能，这样现场信息中心系统与基地的专家系统、决策支持系统相关联，使用专家系统或决策支持系统的结论或方案，对现场进行操作。

在这种情形下，井场信息中心系统的一个功能就是基地操作的执行部分了，它们将井场的数据（状态）传回到基地，基地由富有经验的专家或决策支持系统做出判断，给出方案，并操控现场软件或设备来调整钻井施工（图 9 - 15）。

实现远程操控可以通过两种方式来实现，一种就是通过 VNC 之类的方式来实现。

VNC（Virtual Network Computing）是基于 RFB（Remote Frame Buffer）协议进行通信的，是一个基于平台无关的简单显示协议的超级瘦客户系统。VNC 由服务器和浏览端组成，需要先将 VNC 服务器安装在现场被控的计算机上，才能在基地操控中心主控端执行 VNC 浏览器控制被控端。

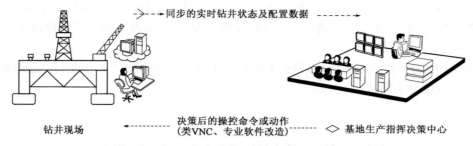

图 9 – 15   井场与基地决策中心的关系图

RFB（远程帧缓存）是一个远程图形用户的简单协议，因为它工作在帧缓存级别上，所以它可以应用于所有的窗口系统如 X11、Windows 和 Mac 系统。

远程终端用户使用机器（比如显示器、键盘、鼠标）的称为 RFB 客户端，提供帧缓存变化的被称为 RFB 服务器。

1. 显示协议

显示协议是建立在"把像素数据放在一个由 x、y 定位的方框内"这单一图形基础之上的。目前采用 Raw、CopyRect、RRE、Hextile 和 ZRLE 等不同的像素数据编码方式，使得可以根据网络带宽、客户端绘制速度、服务器处理速度等灵活处理。通过矩形的序列来完成帧缓存的更新。一次更新代表着从一个可用帧缓存状态转换到另一个可用帧缓存状态。显示协议的更新部分是由客户端通过命令驱动的。这样也可以减少对客户端网络速度和绘制速度的要求。

2. 输入协议

输入协议是基于标准工作站的键盘和鼠标等设备的连接协议。输入事件就是通过把客户端的输入发送到服务器端。这些输入事件也可以通过非标准的 I/O 设备来综合。

RFB 是真正意义上的"瘦客机"协议。RFB 协议设计的重点在于减少对客户端的硬件需求。这样客户端就可以运行在许多不同的硬件上，客户机的任务实现上就会尽量的简单。

RFB 协议对于客户端是无状态的。也就是说，如果客户端从服务器端断开，那么如果它重新连接相同的服务器，客户端的状态会被保存。甚至一个不同的客户端可以用来连接相同的 RFB 服务器。而在新的客户端已经能够获得与前一个客户端相同的用户状态。因此，用户的应用接口变得非常便捷。

只要合适的网络连接存在，那么用户就可以使用自己的应用程序，并且这些应用会一直保存，即使在不同的接入点也不会变化。这样无论在哪里，系统都会给用户提供一个熟悉、独特的计算环境。

当然，VNC 有开源的，通过建立井场软件集成平台来附加 VNC 功能，以实现井场信息中心平台中集成进来的软件（如综合录井仪等）可以由基地生产监控或决策中心来操控。

另外一种方式就是开发、升级或改造专业软件，尤其是那些经常要操作员或现场工程师操作的软件，将它们做成基地与现场版本，基地与现场之间由底层软件通过命令与数据的数据包传递来达到两端的统一。基地上层界面的操作被变成底层的操作命令数据包传到现场，在现场执行；任何的基地操作与钻井状态的改变都被同步到基地，这样基地可以动态地了解现场钻井状态，并感觉到自己操作的效果。

三、焦石坝水平井应用情况

中石化江汉石油工程有限公司测录井公司开发了一套远程录井导向决策系统,通过水平井地质导向软件和水平井后台处理软件把井场数据远程传输到基地,供基地专家分析决策,明显提高了焦石坝地区的导向能力,录井负责的导向准确率和气层穿越率均超过考核指标。

1.提供了水平井地质设计功能模块

该系统提供多种不同的水平井设计方案、自动计算最优化参数、可视化交互式编辑和修改(图9-16)。

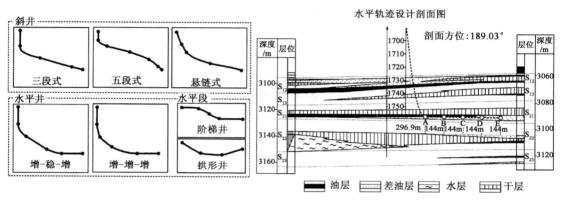

图9-16 水平井地质设计功能

2.实现了一键成图功能

该系统快速自动生成井位图、多井对比图、综合柱状图等(图9-17)。

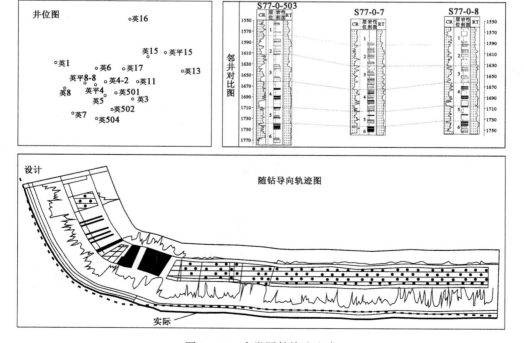

图9-17 多类图件快速生成

357

3. 集成了三维地质导向功能模块

该模块所针对的地质导向方式主要有：

（1）MWD+综合录井+地质模型随钻更新+轨迹动态控制；

（2）MWD+随钻伽马+综合录井+地质模型随钻更新+轨迹动态控制；

（3）常规LWD+综合录井+地质模型随钻更新+轨迹动态控制；

（4）近钻头LWD+综合录井+地质模型随钻更新+轨迹动态控制；

常规水平井一般采用前两种方式，第三种方式费用昂贵，第四种仅有国外大公司才拥有配套工具，且不向国内出售。

三维地质导向功能模块的主要流程如图9-18所示。

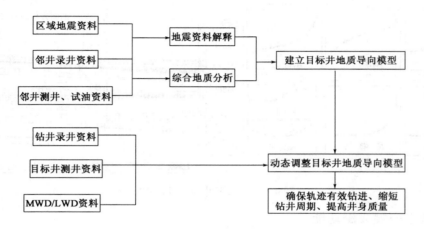

图9-18　三维地质导向流程

现场和基地都可以实现对水平井地质导向的可视化决策。图9-19为焦页14-1HF井的导向情况。

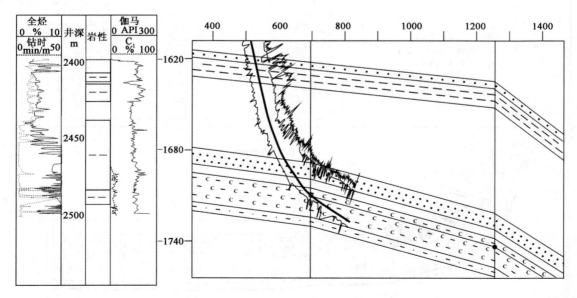

图9-19　焦页14-1HF井的地质导向图

思考题与习题

1. 远程录井的概念与系统组成分别是什么？
2. 井场信息中心的数据采集种类有什么？
3. 井场信息中心系统的体系结构是什么？
4. 远程传输网络的类型及特点是什么？
5. 井场数据交换协议标准是什么？

参 考 文 献

安文武.2004.录井技术文集.北京:石油工业出版社.

蔡剑华,等.2008.核磁共振岩屑录井及现场应用研究.石油地球物理勘探,43(4):453-456.

曹寅,等.2006.石油地质样品分析测试技术及应用.北京:石油工业出版社.

常丽华,曹林,高福红.2009.火成岩鉴定手册.北京:地质出版社.

陈恭洋.2007.油气田地下地质学.北京:石油工业出版社.

陈俊男.2005.三维定量荧光录井技术应用探讨.录井工程,16(2):5-10.

陈曼云,金巍,郑常青.2009.变质岩鉴定手册.北京:地质出版社.

迟清华,鄢明才.2007.应用地球化学元素丰度数据手册.北京:地质出版社.

《地质监督与录井手册》编辑委员会.2001.地质监督与录井手册.北京:石油工业出版社.

方锡贤,等.2010.录井技术现状及空间拓展探讨.录井工程,21(3):28-32.

冯杏芬,等.2007.应用荧光数字图像分析岩屑含油性.录井工程,18(1):18-20.

高成军,等.2007.碳酸盐岩储层测井与录井评价技术.北京:石油工业出版社.

古学进,文必龙.2003.POSC能源电子标准技术及应用.北京:地质出版社.

谷长春,等.2002.现场岩屑核磁共振分析技术的实验研究.波谱学杂志,19(3):281-288.

郭庆霞,等.2005.综合录井资料在油气勘探中的应用.世界地质,24(3):265-269.

何宏,等.2004.气测录井中真空蒸馏脱气自动控制系统的研究.石油学报,25(3):110-114.

侯平,等.2008.应用录井资料综合判别油、气、水层方法.录井工程,19(3):1-8.

胡守仁,等.1993.神经网络导论.长沙:国防科技大学出版社.

黄敦,等.2002.对彩色和亮度通道进行各向异性扩散的彩色图像分割.计算机工程,28(6):166-169.

黄小刚.2007.气测录井甲烷校正法与气测解释方法选择原则.录井工程,18(4):1-5.

黄新林,等.2007.塔里木油田三维定量荧光录井技术研究与应用.录井工程,18(2):13-16.

郎东升,等.1999.储层流体的热解及气相色谱评价技术.北京:石油工业出版社.

郎东升,等.2004.油气水层定量评价录井新技术.北京:石油工业出版社.

李汉林,等.2006.基于气测资料的储层含油性识别方法.中国石油大学学报,30(4):21-23.

李一超,李春山,刘德伦.2008.X射线荧光岩屑录井技术.录井工程,19(1):1-8.

李玉恒,等.1993.储油岩热解地球化学录井评价技术.北京:石油工业出版社.

连承波,等.2007.气测参数信息的提取及储层含油气性识别.地质学报,81(10):1439-1443.

梁钰.2007.X射线荧光光谱分析基础.北京:科学出版社.

刘崇禧,等.1992.油气化探方法与应用.合肥:中国科学技术大学出版社.

刘强国,等.2011.录井方法与原理.北京:石油工业出版社.

刘志刚,等.2004.岩屑图像分析新技术简介.录井工程,(4):11-14.

刘宗林,等.2008.录井工程与管理.北京:石油工业出版社.

陆明刚,等.1993.分子光谱分析新法引论.合肥:中国科学技术大学出版社.

骆福贵.2001.应用地化、热解气相色谱解释海外河油田东营组储层.特种油气藏,8(3):25-28.

毛希安.2000.现代核磁共振实用技术及应用.北京:科学技术文献出版社.

宁刚,等.2005.基于WITSML的钻井数据文档设计实现.微机发展,15(3):121-123.

任中飞,钟宝荣.2012.WITSML标准使用研究.信息系统工程,209(3):98-99.

Rollison H R.2000.岩石地学化学.杨学明,杨晓勇,陈双喜,译.合肥:中国科学技术大学出版社.

斯伦贝谢公司.2009.远程井场支持.油田新技术,21(2):48-58.

宋启泽,等.1992.核磁共振原理及应用.北京:兵器工业出版社.

孙中昌.2006.钻井异常预测技术.北京:石油工业出版社.

童晓光,等.2001.油气勘探原理和方法.北京:石油工业出版社.

王春辉.2009.欠平衡钻井条件下气测参数响应特征及解释评价.录井工程,20(3):64-67.

王丽娜,王兵.2014.卫星通信系统.2版.北京:国防工业出版社.

王清华.2006.塔里木油田录井技术.北京:石油工业出版社.

王振负,等.2006.热解气相色谱技术的应用.石油仪器,20(1):77-80.

吴彦文.2009.移动通信技术及应用.北京:清华大学出版社.

伍有佳,等.2004.石油矿场地质学.北京:石油工业出版社.

夏锦尧,等.1992.实用荧光分析法.北京:中国人民公安大学出版社.

谢元军,邱田民.2011.X射线荧光元素录井技术应用方法研究.录井工程,22(3):22-28.

杨行峻,等.1992.人工神经网络.北京:高等教育出版社.

杨立平,等.2008.现代综合录井技术基础及应用.北京:石油工业出版社.

杨占山,等.2008.综合录井岗位培训.北京:石油工业出版社.

叶齐祥,等.2004.一种融合颜色和空间信息的彩色图像分割算法.软件学报.15(4):522-530.

张殿强,等.2010.地质录井方法与技术.北京:石油工业出版社.

中国石油天然气总公司勘探局.1993.钻探地质录井手册.北京:石油工业出版社.

中国油气聚集与分布编委会.1991.中国油气聚集与分布.北京:石油工业出版社.

钟大康,等.2002.人工神经网络在录井油气水层识别中的应用.西南石油学院学报(自然科学版),24(3):28-30.

朱根庆,何国贤,等.2008.X射线荧光录井资料基本解释方法.录井工程,19(4):6-11.

朱根庆,许绍俊,杨锐.2009.X射线荧光岩屑录井仪器.录井工程,20(1):47-50.

朱筱敏.2008.沉积岩石学.4版.北京:石油工业出版社.

Alvarado R J,Damgaard A,Hansen P. 2003. Nuclear magnetic resonance Logging while drilling. Oilfield Review,15(2):40-51.

Coates G R,Xiao L Z,Prammer M G. NMR Logging Principles and Applications. Houston,US,1999:87124.

Carcione J M,Helle H B, Phametal N H. 2003. Pore pressure estimation in reservoir rocks from seismic reflection data. Geophysics, 68(5):1569-1579.

Moore D M,Reynolds R C. 1997. X-ray diffraction and the identification and analysis of clay minerals. New York: Oxford University Press.

Serebryakov V A. 1995. Method of estimating and predicting abnormal formation pressure. Journal of Petroleum Science and Engineering. 13(2):113-123.

Serebryakov V A,Chilingar G V. 1995. Abnormal pressure regime in the former USSR petroleum basin. Journal of Petroleum Science and Engineering,13:65-74.

Williams R D,S E Jr. 1989. Improved methods for sampling gas and drill cutting. SPE Formation Evaluation,4(2):167-172.

Wright A C,Hanson S A,Delaune P L. 1993. A new quantitative techique for surface gas measurements. SPWLA 6,13-16.